참나무림의
식 생 관 리

참나무림의
식생관리

발행일 2013년 12월 9일 발행인 정상철 대표저자 가메야마 아키라
역자 송호경, 박범진, 최광렬, 이도한, 문석기, 김진선
펴낸곳 충남대학교출판문화원 주소 대전광역시 유성구 대학로 99
전화 042-821-6045 홈페이지 cnupress.cnu.ac.kr E-mail cnupress@cnu.ac.kr

ISBN 978-89-7599-495-1 93520
정가 30,000원

雑木林の植生管理
by Kameyama Akira

참나무림의 식생관리

대표저자 _ 龜山 章(가메야마 아키라)
역자 _ 송호경 · 박범진 · 최광렬 · 이도한
문석기 · 김진선

충남대학교출판문화원

역자 서문

참나무류는 우리나라 전역에서 넓은 분포면적을 차지하고 있으며, 또한 많은 축적을 가지고 있습니다. 한동안 잡목으로 버림받고 연료재로 밖에 대접을 받지 못하던 나무들이었으나, 최근에는 유망한 고급 용재수로 각광을 받고 있습니다.

저는 우연한 기회에 일본 농공대학의 가메야마교수 편저 '잡목림의 식생관리'를 접하게 되었습니다. 이 책은 용재수로서 참나무의 무육 관리방법 뿐만 아니라 생활환경 주변에 널리 분포하고 있는 참나무림이 인간의 생활에 미치는 영향을 바르게 조명한 책으로서, 우리나라 참나무림의 무육 관리에 적용하여도 좋을 것이라고 판단되었습니다.

마침 저의 정년을 맞이하여, 일생동안 몸담았던 충남대학교를 떠남에 대한 아쉬움도 달랠 겸 본 역서를 출간하게 되었습니다. 이제 본인은 시골농부의 새로운 삶에 대한 설렘도 있습니다. 그동안 저를 사랑해주신 모든 분들께 감사의 인사를 드리며, 늘 가정에 평화와 안녕이 함께 하시기를 빕니다.

2013년 12월

대표역자 **송호경**

저자 서문

공원이나 보전녹지 등에 참나무림[1]을 가지고 있는 곳은 전국 어디에나 있다. 새로운 참나무림을 조성하고자 하는 지방 자치단체도 많다. 그러한 자치단체나 주민에게 "참나무림을 어떻게 관리하여야 좋은가?" 라는 주제를 취급한 것이 이 책이다.

졸참나무나 상수리나무 등의 낙엽수로 된 잡목림은 도시 근교의 농촌 풍경으로 친숙하다.

참나무림은 봄의 신록, 여름의 진한 녹음, 가을의 단풍과 낙엽, 겨울의 외로운 나무와 같이 사계절의 변화가 무쌍하며, 종의 수가 풍부하고 이른 봄에 개화하는 봄 식물부터 늦은 가을에 피는 풀꽃까지 항상 꽃이 있는 아름다운 경관을 볼 수 있다. 또한, 곤충류·조류·포유류 등의 다양한 동물의 서식환경의 역할도 가능하다. 그러므로 최근 참나무림은 도시화된 지역에서는 공원으로 이용되기도 하며 녹지로서 보전되는 경우가 많다. 또한 교외에서는 참나무림을 이용한 산림휴양의 장소의 정비가 각지에서 행하여지고 있다. 참나무림은 자연환경이나 산림휴양의 소재로서 인간생활과 관계가 더욱더 깊어져가고 있다.

참나무림은 신탄재를 만들기 위해 벌채되어 유지관리 되어온 이차림이다. 그러나 최근에는 신탄재 등의 경제재를 얻기 위한 목적으로 관리하는 것이 불가능하기 때문에 아름다운 참나무림을 유지하기 위해서는 새로운 관점으로 식생관리 기술을 체계화하는 것이 필요하다.

이 책은 이제부터 참나무림의 식생관리를 위하여 필요한 생태학적 지식을 체계화하고 그것을 근간으로 하여 참나무림의 생태학적 특성이나 구성종에 배려한 식생관리기술에 관하여 정리한 것이다.

참나무림 가운데 동식물의 생태는 인간이 관리하는 방법에 따라 특색있게 형성된

---

[1] 본 저서의 원제목은 "잡목림의 식생관리"이지만 대한민국의 참나무림이 대표적인 잡목림이라는 관점에서 역서에서는 "참나무림의 식생관리"로 수정하였다.

다. 그러므로 식물의 개개의 종의 생태나, 동물과 식물과의 관계 등 흥미깊은 테마가 많다.

참나무림의 식생관리기술은 참나무림의 생태학적 특성을 기본으로 갱신의 방법이나 임상식생의 관리방법이 검토된다. 이에 따라 아름답고 건전한 참나무림의 육성이 가능하게 된다.

참나무림은 인간생활과 여러 가지로 연결되어 그 역사를 정리하는 것도 대단히 중요하다. 또한 오늘날 참나무림과 인간생활과의 관계는 환경교육이나 시민참가형 식생관리 등에 새로운 전개가 기대된다. 또한 외국의 참나무림 식생관리 사례에 대하여 아는 것은 앞으로의 식생관리기술의 전개에 있어서 도움이 될 것이라고 생각된다.

공원이나 보존수림내의 참나무림, 주택단지에 남겨진 참나무림, 골프장의 참나무림, 도시근교의 참나무림에 관하여, 그의 건전한 육성과 관리, 생물종의 보존, 임내의 경관형성을 위하여 이 책이 큰 역할을 하기를 바란다.

1996년 1월

대표저자 **가메야마 아키라**

차 례

Chapter Ⅱ 참나무림의 식생관리기술

참나무림의 개설

참나무림의 개설

1) 잡목림의 생성과 변천

남북으로 긴 일본열도는, 남쪽부터 상록활엽수림대가 펼쳐지고 북쪽으로 낙엽활엽수림대가 이어져 있다.

조엽수림대와 낙엽수림대의 분포지역은 위도적·표고적으로 접하고 있고, 그 접점은 역사적으로 기후 변동의 영향으로 이동해 왔기 때문에, 양자가 접하는 부분은 일본열도에 폭넓게 분포해 있다. 그 폭넓은 지역에 분포하고 있는 것이 잡목림이라 부르는 낙엽활엽수림이다.

잡목림은 조엽수림을 벌채한 뒤에 성립했다고 보는 것과, 낙엽활엽수림을 벌채한 뒤에 성립했다고 보는 것이 있지만, 조엽수림대와 낙엽활엽수림대는 폭넓은 지역에서 접해 분포하고 있기 때문에, 어느 쪽의 수림을 기원으로 한 것인지 모르는 경우가 많다. 또, 과거부터 현재까지의 기후 변동의 영향을 받고 있기 때문에 그 기원을 알기 어렵다.

최근 일본 문화의 기원을 조엽수림 문화와 참나무대문화로 나누어 말하는 견해가 있지만 잡목림은 조엽수림대와 참나무대(낙엽활엽수림)에 걸쳐 분포하고 있는 것이 특징이고, 거기에는 2개 문화의 흐름을 융합시킨 일본열도의 독자적인 산림 문화를 찾아낼 수 있다.

잡목림은 일반적으로 낙엽활엽수림이고, 주로 장작이나 제탄의 원료를 얻기 위한 신탄림으로 사용되기 때문에 정기적으로 벌채를 반복해 온 숲이다. 그것은 임업 생산을 주된 목적으로 한 것이 아니라, 농촌에서 농업 생산이나 농가의 생활에 필요한 다양한 자재를 제공하고, 또 농지의 방풍림이나 수원함양림으로서의 역할을 해 왔으며, 농용림으로서 이용되었다.

신탄재로서의 잡목림의 이용은 고대로 거슬러 올라갈 수 있지만, 농업 생산이나 농가의 생활, 또 도시 거주자의 생활과 관련된 체계적인 이용이 확립된 것은 근세의 에도(江戸)시대 이후의 일이다. 에도 시대 초기 관동 평야에서는 개간을 목적으로 화산재의 척박한 토양에 밑거름이나 퇴비를 공급하기 위해서 잡목림이 필요하게 되었고, 또 농경지의 방풍림으로서도 잡목림이 유용하게 사용되었다(사진 1).

그 후, 잡목림의 이용은 1960년대까지 400년 가까이 계속되어 왔다. 그 사이에 잡목림은 각각의 지역의 자연적 조건과 농업의 생산 양식이나 주민의 생활 양식에 맞추어 다양한 형태로 이용되었고, 잡목림과 연계되는 지역에 고유의 산림 문화를 형성해 왔다.

동경이나 오사카 등의 대도시 시가지의 인접부에 있던 잡목림은, 메이지 시대부터 서서히 도시화되어 감소되었지만, 1950년경까지 전국적으로 큰 변동이 없었다. 그 후 연료였던 장작이나 숯 대신 화석연료를 사용하게 된 연료 혁명과 비료가 퇴비나 인분에서 화학비료로 바뀐 혁명을 거치며 1960년대 후반에는 과거 잡목림의 역할은 대부분 상실되었다. 1960년대에 시작된 경제의 고도 성장은 도시화를 현저하게 진전시켜 왔지만, 그 용지의 대부분은 잡목림이었다(사진2, 3).

도시화에 의해, 시가지의 잡목림은 도시 공원이나 도시의 보전 녹지로 변화된 곳이 많다. 그것을 지지해온 것은 생활 환경 속에 녹지가 풍부한 자연을 요구한 주민이고, 시가지에 남겨진 잡목림이나 교외에 있는 잡목림의 대부분은 생활 환경을 보전하는 산림으로서 존속하는 것이 강하게 요구되고 있다. 따라서, 잡목림을 관리하는 식생 관리 기법의 확립도 큰 과제가 되고 있다.

2) 잡목림의 용어와 특성

오늘날 잡목림의 잡목의 발음은, "조우끼"가 일반적이지만, 예전에는 "잡목"이라고도 불린 적이 있다. "잡목"을 부르는 방법은 주로 임업 관계자들이 사용한 것이고, 잡목림을 "자즈보그린"이라고 읽는 경우도 있다. 잡목이란 용재로는 부적절한 나무, 목재로도 부적절한 나무, 잡다한 나무의 의미이고 삼나무나 편백 등의 유용재가 되는 나무에 대비해 불린 것이다. 그러나 "잡"이란 문자는 쓸데없는 것이나 가치가 없는 것에 사용되고 있는 것이 아니라 제사상에 올리는 음식을 놓는 작은 나무접시를 제기라는 것처럼 다양한 기능이나 효용을 가진 나무로서 친밀감을 넣을 수 있어 부른 것이라고 생각된다.

잡목이 우점하고 있는 숲이 잡목림이다. 잡목림은 생활과 밀착되어 있었기 때문에, 관련 용어에는 다양한 것들이 있다. 그것들은 잡목림의 기능과 입지의 생태적 특성에 기초를 두어, 다음과 같이 사용한다.

사진 1 에도 시대에 개간된 농지의 한쪽에 배치된 잡목림
(사이타마현 사야마시)

사진 2 구릉지에 잡목림이 있는 타마뉴타운의 개발전(1967)의 농촌경관(도쿄도 타마시)

사진 3 타마뉴타운의 건설 후 도시경관

(1) 농용림과 신탄림

기능에 따른 용어에는 농용림과 신탄림이 있다. 농용림이란, 농업 생산이나 농가의 생활과 결부된 숲이고, 잡목림은 같은 의미가 아니다. 일찍이 中島(1948)는 농용림을 "농업자가 농업 경영 및 농업자 자신의 생활상 중요한 직·간접의 필요한 용도를 충당하기 위해서 경영하는 숲의 총칭이다"라고 하면서, 다음과 같이 분류했다.

①정원림, ②경지 방풍림, ③농업용재림, ④신탄림, ⑤낙엽채취림, ⑥방목림, ⑦특용수(녹비용 수목, 사료용 수목, 식료용 수목, 각종 원료용 수목) 재배림.

이 분류에 의하면 잡목림은 경지 방풍림, 농업 용재림, 신탄림, 낙엽 채취림, 방목림, 특용수 재배림으로 사용되고, 농용림의 가치가 크다는 사실을 알 수 있다.

신탄림이란 장작이나 숯 생산을 위해서 수간을 벌채해 이용하는 숲으로서, 많은 경우에 벌채는 정기적으로 반복한다. 신탄림은 잡목림의 가장 대표적인 이용 방법으로 잡목림과 같은 의미로 사용되는 경우가 많다. 위에서 말한 농용림의 분류로, 신탄림은 농가의 자가용 연료를 생산하는 것이 목적이 되고 있지만, 근세 이후의 도시화에 맞춰 도시 주민이 사용하는 장작이나 숯을 생산하는 숲으로서의 역할도 컸다. 이 경우도, 장작이나 숯의 생산은 농가의 일이었다. 신탄림의 수종과 시행 방법은 지방에 따라 다르고, 각각 여러 가지 독특한 경관이 보인다(사진 4).

(2) 평지림과 마을산

농용림과 신탄림은 잡목림의 기능에 따른 통칭인데 반해, 평지림과 마을산은 잡목림이 존재하는 장소(입지)에 따른 명칭이다. 관동 평야에는 관동옥토로 덮힌 홍적대지가 펼쳐져 있고, 그 주변의 완만한 구릉지를 포함해 잡목림이나 삼나무, 편백의 조림지가 광대한 면적으로 분포해 있다. 이러한 산림은 일반적으로 평지림이라고 부르며(이누이, 1992), 졸참나무와 상수리나무 등의 낙엽수로 구성된 잡목림이다. 관동 평야에서는 평지림은 잡목림인 것이 많지만, 평지림에는 삼나무·편백 조림지 등의 많은 유형의 산림이 포함되어 있기 때문에 평지림을 잡목림과 같은 의미로 사용하는 것은 바람직하지 않다.

마을산에는 촌락의 근처에 있는 산, 또는 촌락의 근처에 있으면서 신탄용 목재나 산채 채취에 이용되어 온 산림을 말한다(사진 5). 마을산이 산을 가리키는 것인지, 산림을 가리키는 것인지가 명료하지 않은 이유는 일본에서는 일반적으로 산지의 대부분이 산림으로 덮여있고, 산림의 대부분은 산지에 있기 때문에 산과 산림을 대체로 같은 것으로 보는 경우가 많기 때문이다. 관동지방에서는 평지림에 가는 경우라도 "산에 간다"라고 하는 것도 이 때문이다. 마을산에는 식재림도 있지만, 잡목림이 많이 보이기 때문에, 마을산이라고 말하면 잡목림을 상기하는 경우가 많다.

사진 4 장기간에 걸쳐 맹아 갱신을 반복했기 때문에 뿌리부분이 거대해진 잡목림 (이바라키현 타마리촌)

사진 5 촌락의 근처에서 농지와 결부되어 이용되고 있는 마을산의 잡목림 (나가노현 치노시)

(3) 이차림과 맹아림

잡목림을 생태적 특성으로 표현할 때 이차림과 맹아림이라는 표현이 사용된다. 이차림이란 자연림이 벌채나 산불로 파괴된 후에 2차 천이의 과정에 있는 산림을 말한다. 벌채된 숲이 활엽수림의 경우에는 맹아로 재생한 이차림이 많고, 소나무 등의 침엽수림의 경우에는 하종갱신에 의한 이차림이 많다. 잡목림은 벌채가 반복되어 맹아가 재생된 이차림이고, 이러한 이차림을 맹아림이라고 한다.

3) 잡목림의 매력

잡목림은 매력적인 숲이다. 그 매력은 다음의 네 가지로 요약한다.

첫째, 이 숲이 지역 사람과 자연의 오랜 상호작용 중에 형성된 역사적 문화유산으로서의 매력이다. 잡목림은 각 지역의 자연에 적합한 방식으로 만들어져 관리되어 온 숲이고, 관리 기술에서 배운 것을 적용하여, 환경 공생의 기술과 역사적 문화유산을 공유할 수 있는 것이다.

둘째, 동물이나 식물 등 다양한 생물이 서식하고, 그것이 지역의 자연 환경 기반을 구성하고 있다는 점이다. 잡목림은 생활 환경 가운데 친밀한 생물의 서식처이고, 그것은 잡목림의 관리로 유지되었다. 그 때문에 잡목림의 식생 관리는 생물 다양성 보전을 위해 필수적이다.

셋째, 사계의 변화가 있는 아름다운 경관을 지역에 제공하고 있다는 점이다. 잡목림이 도시의 공원이나 교외의 산림 공원의 경관으로서 호감이 가는 것은 매력이 있기 때문이다.

넷째, 지구 환경의 시대를 맞이하여, 숲을 재생하여 지속적으로 이용할 수 있는 현명한 이용(wise use)의 지혜가 필요한 숲이다. 산림과 농업 사이를 인간의 지혜로 연결하여 독자의 생태계(물질 순환 시스템)를 구축해 온 것은 현재까지의 토지 이용에 큰 공헌이 기대되기 때문이다.

이러한 잡목림의 매력은 식생관리에 의해 유지되고 있는 것을 이해하는 것이 무엇보다도 중요하고, 그것이 이 책을 쓴 목적이다(가메야마 아키라).

Chapter I

참나무림의 생태학

1. 농촌 생태계와 잡목림

1-1 농촌 생태계의 성립

농촌을 특징짓는 토지인 농지나 산림은 마을 생활에 필요한 자재를 공급하는 장소이고, 그것들은 오랫동안 자급 자족적인 생활권을 만들어 왔다. 그곳에서의 폐쇄적인 순환계는 촌락 수준의 농촌 생태계라 말할 수 있다.

거주지역인 마을은 그 촌락 수준의 생태계 중에서 특히 소비의 장소라고 할 수 있지만, 마을을 구성하는 한집 한집의 대지를 보면, 거기에는 야채밭이나 대지임야 등의 생산적 요소도 보이고, 그곳에도 생산과 소비의 작은 계가 성립되어 있는 것을 알 수 있다. 그것은 대지 수준의 생태계라고도 말할 수 있는 것으로 보다 긴밀한 순환계이다.

따라서 농촌 생태계는 작은 순환계인 대지 수준의 생태계와 큰 순환계인 촌락수준의 생태계의 작은 두 개의 계로부터 성립되어 왔다고 할 수 있다.

1) 대지 수준

농촌 생태계의 일반적 이해는 촌락 단위로 보여지는 폐쇄적인 계를 염두에 두고 있는 경우가 많지만, 그 거주지역인 마을을 구성하는 한집 한집의 주택에 있어서도 작은 계가 성립되고 있다.

사진 1 농가와 대지임야

농가의 대지에는 통상 그것을 둘러싸는 대지임야가 보인다(사진 1). 그 구성수종은 지역에 따라 다르고, 추위가 심한 홋카이도(홋카이도)나 동북지방, 눈이 많은 일본해안 지방에는 낙엽송이나 주목, 삼나무 등이 많고, 또 해안부에는 곰솔이나 나한송 등의 주택림이 많다. 그 밖의 많은 지역에서는 느티나무나 떡갈나무의 소위 잡목이 많고, 그것들은 자주 잡목림이라고 부를 수 있을 정도의 넓이를 가진다. 그리고 이런 대지임야보다 세분한 구성에는 주택의 위치에 깊게 관련된다.

농가의 거주지인 주택은 일반적으로 대지의 중앙보다 약간 북쪽에, 남향으로 배치된다. 양지바른 주택의 남쪽에는 넓은 정원이 확보되고, 그것을 둘러싸도록 헛간이나 축사, 퇴비사 등이 위치하고, 그곳이 농업의 장이 된다. 주택의 동쪽 끝에 위치하는 부엌의 근처에는, 연료나 식량을 저장하는 오두막이나 장독대 등 작은 건물이나 채소밭이 있어, 지극히 실용적인 정원을 구성한다. 일반적으로 이것들의 정원에는, 동선을 방해하지 않도록 감나무, 비파나무, 무화과나무 등의 과수가 식재된다. 따라서, 농가의 정원은 농업 생산이나 생활에 관계되는 작업의 장소인 동시에, 밭이나 과수원 등과 같은 농지로서의 성격도 아울러 가지고 있다. 한편, 그 반대측의 옆 뜰은 일반적으로 사랑방으로 향한 정원이기 때문에, 농가의 정원 중에서 실용성과 거리가 가장 멀며, 미적인 구성이라 할 수 있다.

주택의 전면 또는 측면에 위치하는 뜰의 외측에 배치하는 정원은 각각의 정원의 성격이나 인가와의 관계를 고려하여 햇볕을 차단하지 않도록 배려한다. 그 때문에 폭이 넓은 수림은 적고 자주 가지치기를 하게 된다. 가시나무나 종가시나무를 비롯하여 주목이나 나한송의 생울타리 등, 각각의 지역에 특징적인 생울타리는 이렇게 해서 성립한 것이라고 생각된다. 이에 비해서 주택의 북쪽에 위치하는 정원은 그늘이 되는 것을 걱정할 필요가 없고, 또 겨울의 북풍을 막을 필요성 때문에도 폭이 넓은 수림이 조성된다. 그리고 이 수림에는 건물이나 농기구의 용재로서 사용되는 느티나무, 떡갈나무뿐만 아니라 왕대나 맹종죽 등의 대나무림도 많이 보인다.

대지임야는 방풍이나 주택 울타리로서 농가의 생활이나 생산의 환경을 구성하고 보전하는 골격적 요소인 동시에, 건물이나 농기구의 소재, 농업에 사용되는 다양한 자재, 연료, 비료를 공급한다.

또, 대지내의 우물뿐만 아니라 농업이나 생활 속에서 다양하게 사용되는 저수지의 수원공급기능이 중시되는 경우도 많다. 이와 같이 대지임야는 대지 내에 다양한 형태로 물질을 공급해 온 것으로, 그것은 대지의 생태계를 지지하는 토대라고도 말할 수 있다.

2) 촌락 수준

농촌 촌락은 거주지역의 마을과 경작지역의 논밭, 산림지역의 산으로 구성되고, 모식적으로는 마을을 중심으로 논밭, 산 그 외측에 동심원 형태로 전개된다. 그림 1은 그 사례로서 대지와 저지의 경계에 위치하는 몇 개의 촌락의 위치를 나타낸 것이다. 각각의 촌락의 영역은 그 서쪽을 북동에서 서남으로 흐르는 작은 하천변에 넓게 펼쳐 있는 논과 그 양쪽의 대지상의 밭과 산림을 횡단하는 형태로 넓어지고 있다. 따라서 각 촌락은 논, 밭, 산림의 구성을 1개의 단위로서 성립되어 있다. 가와키타(1973)는 농촌 생태계를 논이 넓어지는 산골짜기와 그 주변의 산에 의해 성립되는 산과 산골짜기의 구성으로서 잡고 있지만, 여기에서 보이는 토지 이용 단위 또한 그것의 하나이다.

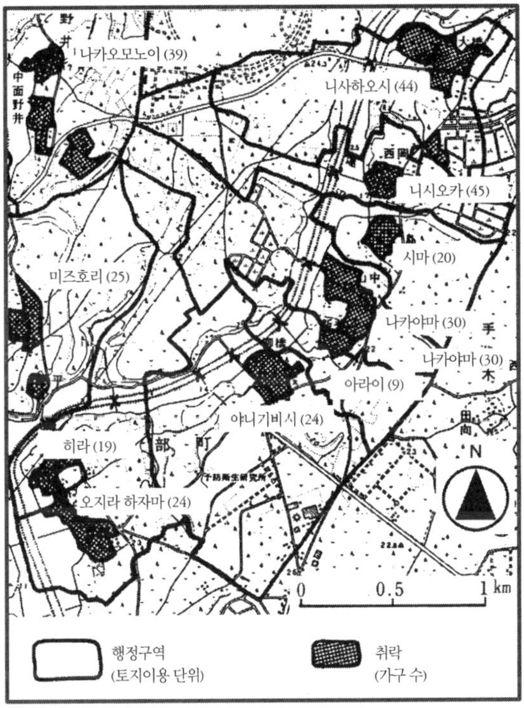

그림 1 농촌 촌락의 토지 이용 단위

에도 시대 중기에 생선 찌꺼기나 깻묵 등의 비료가 이용되기 이전에는, 적어도 경지 면적의 2-3배의 산림이 필요했다. 그리고 비료 사용이 시작된 원록기(元祿期, 히가시야마 천왕시대의 연호, 1688~1704)에 예를 들면 관동지방의 대표적인 개간 촌락에서는 경지면적의 절반 가량이 산림이었다고 추측된다(그림 2).

연료나 사료, 비료의 공급지로 활용되고 있었던 시기의 산림 구성은 크게 상수리나무·졸참나무를 중심으로 하는 소위 잡목림과, 소나무나 곰솔로 구성된 소나무림의 2개로 나누어진다. 전자의 삽목림은 동상 연료로 이용되고, 벌채 후는 그루터기에서의 맹아에 의해 갱신된다. 그것에 반해 후자의 소나무림은 그 목재가 장작으로 이용되고, 벌채 후는 모수로 남겨진 성목이나 주변의 나무로부터의 천연하종에 의해 그 갱신이 이루어진다. 소나무의 종자는 하층식생이 무성하고 부식이 좋게 퇴적한 곳에서는, 비록 발아해도 충분한 성장을 기대할 수 없기 때문에 소나무림의 입지는 상수리나무·졸참나무의 잡목림에 비해 열악한 것이 많다.

관동(關東) 지방을 보면, 지형 조건의 차이가 그것들의 분포를 한정짓고 있는 것을 알 수 있다. 관동지방의 마을산 평지림의 구성과 분포를 관동농정국(1968)에 의해 살펴보면, 서관동에는 숯의 원목으로 잘 사용되는 상수리나무·졸참나무림이 많고, 동관동에는 장작으로 이용되는 소나무림이 많다. 이러한 지역 차는, 메이지 시기에도 관동의 동서에서 각각 장작과 숯의 생산이 특화하고 있던 것이기 때문에, 오래 전부터 성립하고 있던 것이라고 생각된다. 그리고 이러한 지역성이 성립된 배경을 살펴보면, 서관동은 기복이 있는 구릉지형을 배경으로 경량이면서 부가가치가 있는 숯의 생산이 왕성해지고, 한편, 동관동에서는 많은 하천이나 늪을 지닌 평탄한 지형을 배경으로 발달한 배의 교통이 중량이 있는 장작의 생산과 운반을 가능하게 한 것으로 생각된다.

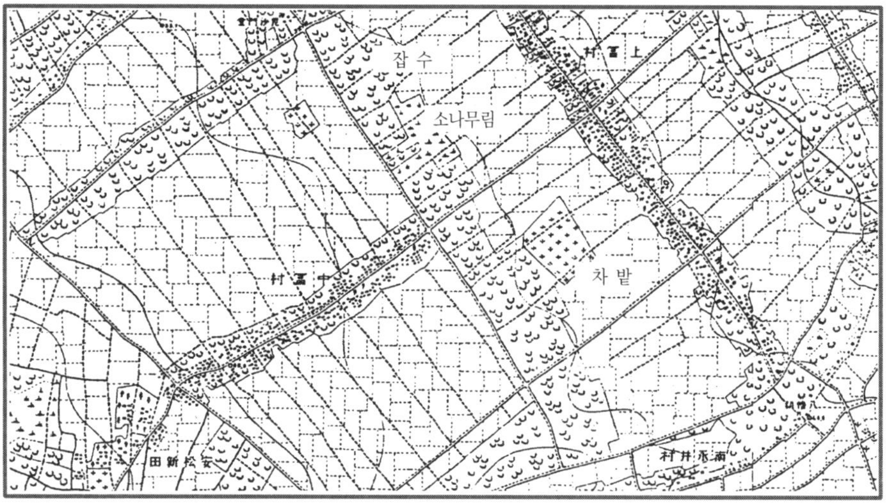

그림 2 개간 촌락에서 본 토지 이용 구성

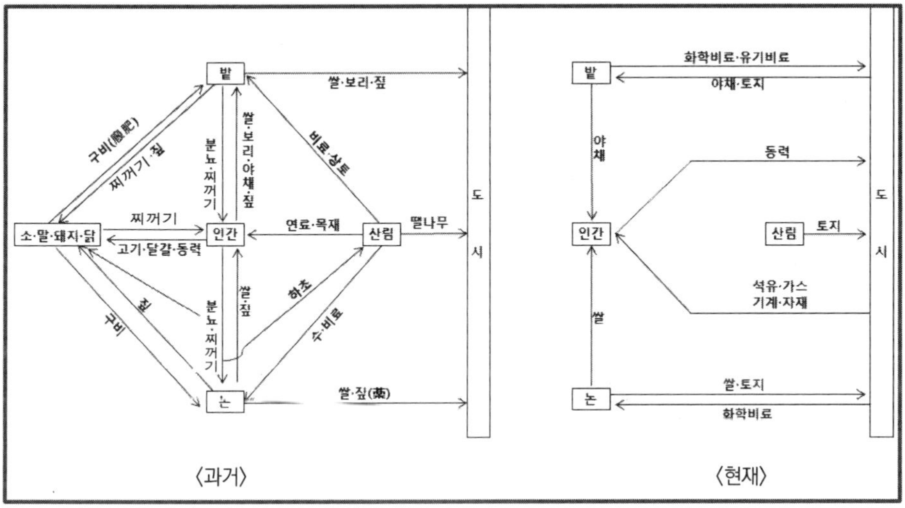

그림 3 농촌생태계의 변화. (후지이, 1981 ; 1994)에 작성

어느 산림이나 그 밑풀은 가축의 사료나 깔기용 짚, 비료로, 또 가지나 잎은 연료, 그리고 낙엽은 온상 재료나 비료로 활용되었다. 따라서, 산림은 농촌의 생산이나 생활을 물질적으로 지지해왔다고 할 수 있다. 더욱이 그 당시는 위에서 서술한 것 같이 도시에 연료를 공급하고 또, 먹을 것과 다양한 생활용품을 공급하면서 농촌은 도시 생활을 지지하고 있던 것이 된다. 그리고 대지임야의 경우와 같이, 산림으로의 물질적 환원은 거의 없었던 것으로 보아 산림은 농촌 생태계, 또 도시를 지지하는 하부 구조였다고 할 수 있다(그림 3).

1-2 농촌 생태계의 변용

1) 농업과 농촌 생활의 근대화

1960년경부터 동력경운기나 동력 탈곡기 등에 의한 농업의 기계화가 급속히 발달하여 과거의 동력원인 말이나 소의 사육 농가가 급격히 감소하였다(그림 4). 말이나 소의 감소에 의해서, 퇴비를 대신한 화학 비료의 이용이 급속하게 진행되어 소위 농업의 근대화가 이 시기에 크게 발달하였다.

농업의 근대화와 함께, 소와 말의 사료로서 풀을 벨 필요가 없어졌으며, 결과적으로 퇴비의 이용이 저하되고, 다른 한편으로는 화학 비료의 보급에 의해서 가축이나 퇴비로 쓰이는 낙엽의 필요성도 저하되었다. 따라서, 이때까지 농업을 지지해 온 산림의 이용도가 저하되고, 그것을 대신해서 석유나 기계가 농업을 지지하는 형태로 전환한 것이다. 이것은 자급자족적인 농촌의 잉여 생산이 도시를 지지하는 구조에서, 도시가 농업을 지지해 농촌은 도시에 토지를 제공하는 구조로 변화했다고 할 수 있다(그림 3).

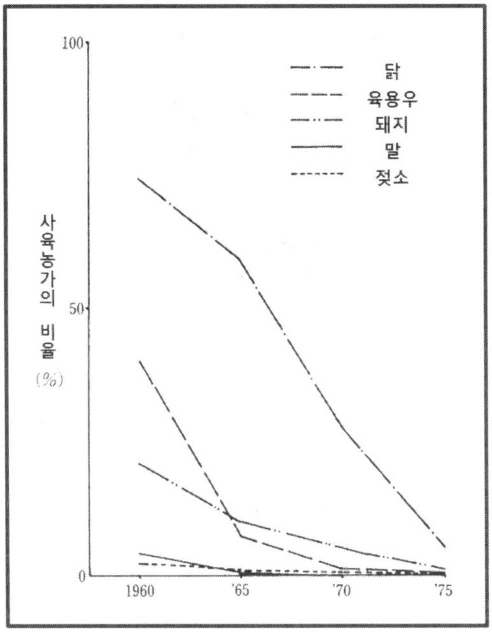

그림 4 이바라키현 토네정에 있어서의 가축·가금 사육의 추이

자립적 물질 순환의 붕괴는 당연한 일이면서 생활면에 있어서도 동일한 변화를 발생시켰다. 농업의 근대화를 통해 가정 연료가 장작이나 낙엽에서 석유나 가스로 바뀌고, 생활용품의 대부분도 석유 관련 제품으로 바뀌는 등, 소위 농촌 생활의 근대화도 진행된 것이다. 그 결과, 연료 공급원인 산림의 가치도 크게 저하되었다.

2) 근대화에 동반한 대지임야의 변용

농가 생활이나 농업 생산의 근대화는 가옥에도 나타나는데 예를 들면 지붕은 볏짚에서 함석이나 기와로 바뀌었다. 이러한 변화는 방풍림으로서의 대지임야의 필요성을 저하시키고, 위에서 서술한 대지임야 이용의 감소와 더불어 대지임야에 큰 변화를 가져왔다. 대지임야의 지엽이나 밑풀이 연료나 비료가 되고 있던 때의 관리는 연료·비료를 얻는 생산과 결부되는 것이었다. 그런데, 그러한 이용이 없어지면서, 관리가 부담이 되기 시작하고, 대지임야는 마침내 벌채되어 블록담 등으로 변화되었다. 그림 5는 괴상촌락의 대지임야의 변화를 본 것이고, 특히 촌락 내부에서의 벌채가 현저한 것을 알 수 있다. 촌락 내부의 수림은 인가에 떨어지는 낙엽이나 그늘이 문제가 되기 쉽고, 벌채되는 것이 많다.

그림 5 괴상촌락의 옥부림(屋敷林) 추이

※ 옥부림(屋敷林): 일반적으로 농가에 방풍 및 방설의 목적으로 형성한 숲

이것에 비해서, 열상촌락의 대지임야의 변천 모양은 약간 다르다. 그림 6은 앞에서 서술한 상부 촌락의 주택 구성을 나타낸 것이고, 그것은 크게 3개의 유형으로 나누어진다. 첫째는, 도로가 거의 남북으로 나있고, 그 양측에 주택이 배열되어 있는 경우

로 여기서의 대지임야는 도로측, 인가와의 경계, 밭 세 장소로 구분할 수 있다. 인가와의 경계림은 특히 북풍을 막는 위치에 있고 밭은 농업과의 관계에서 숲 내에 농업 자재를 임시로 보관하기 위해서 양호하게 보전되고 있는 것이 많다. 또, 도로양측의 대지임야는 그곳에 주택 입구가 있는 관계로, 경관적인 측면에서 간벌이나 전정, 하예 작업이 잘 행해진다. 그것은 농용림적 의미가 강한 지금까지의 대지임야에서, 집의 생활 환경을 구성하는 환경 녹지로의 전환이라고 볼 수도 있다.

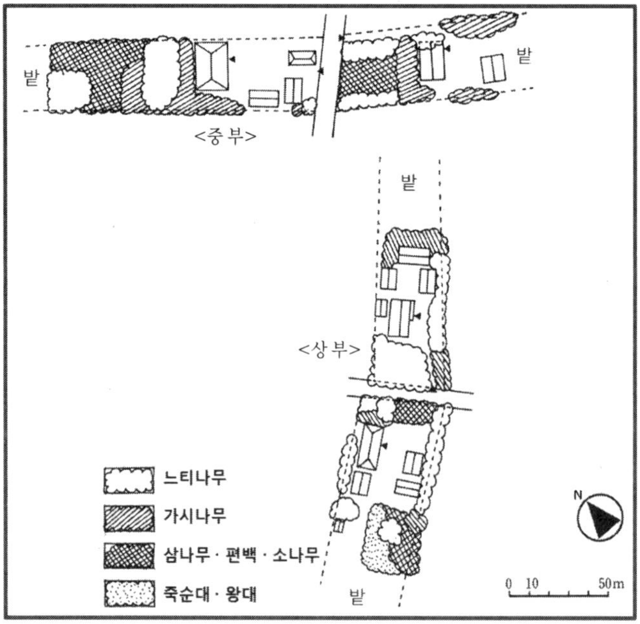

그림 6 열상촌락에 있어서의 대지임야의 구성

다른 두 개의 유형은, 도로가 거의 동서방향으로 나있는 경우로, 하나는 그 도로가 주택의 전방에 있고, 다른 하나는 도로가 주택의 뒤쪽에 배치되어 있다. 전자의 경우, 도로와 주택사이는 넓은 정원이 되고, 그곳이 그늘이 되는 것을 막기 때문에, 대지임야의 대부분은 주택의 배후에 위치해 밭에 인접해 있는 형태가 된다. 따라서, 이 대지임야는 위에서 서술한 경우와 같이, 농업과의 관계로 임내(林內)가 이용되기 때문에 잘 보전되고 있는 경우가 많다. 그것과는 반대로 후자의 경우 대지임야의 대부분이 도로측에 있으며, 그곳에 대지 입구가 있음에도 불구하고, 대지임야가 주택의 후면에 위치하기 때문에, 위에서 서술한 것과 같은 경관적 관리도 되지 않고 방치되고 있는 것이 많다. 이와 같이, 대지임야는 주택과의 위치 관계나 인접하는 토지 이용에 의해서, 그 존재 가치나 보전의 가능성이 달라지므로 보전책은 그것들을 고려하지 않으면 실효를 거두기 어렵다.

3) 근대화에 의한 산림의 변화

농업과 농촌 생활의 근대화에 의해 산림의 농용림적 가치가 저하되고 이에 의해서 산림에는 크게 두 가지의 변화가 나타났다. 하나는 밭농사 지대에서 나타난 변화로, 그것은 산림에서 농지로의 전환이다(그림 7). 그것은, 농용림의 가치의 저하를 반영한 것인 한편, 기계화에 의한 경영 규모 확대의 요구에 따른 것도 있었다. 그러나, 모든 산림이 개간된 것이 아니라, 어느 정도의 산림은 비교적 양호하게 관리된 상태로 확보되고 있었다. 그것은 못자리 재료로서 산림의 낙엽이 필요했기 때문에, 그것에 의해 퇴비화한 낙엽이 밭의 지력 유지에 이용되어 왔기 때문이다.

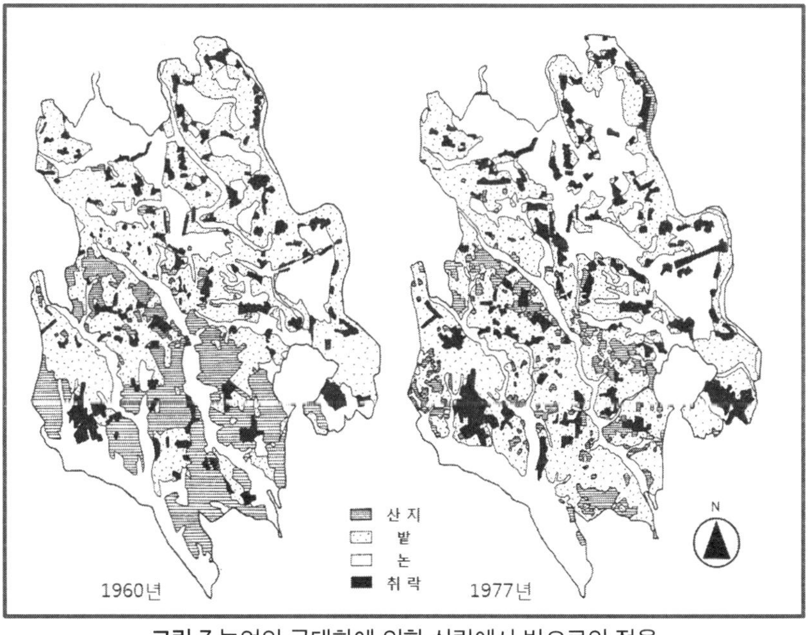

그림 7 농업의 근대화에 의한 산림에서 밭으로의 전용

다른 하나의 변화는 논 지대에서 나타난 것으로, 그곳에서는 연료나 비료로의 이용 감소와 동반해, 목재로써 보다 가치가 높은 삼나무나 편백림으로 전환되었다. 이것은 논 지대의 산림의 대부분이 경사가 있는 산림으로 농지로의 전환이 곤란하였고, 논은 일반적으로 유기물이 풍부한 하천으로부터 유수와 침수에 의해 밭과 같은 퇴비를 필요로 하지 않아 농용림으로 남길 필요가 거의 없었던 것이다.

4) 도시화에 의한 변용

(1) 도시화의 속도

도시화에 의해 농촌의 변용은, 농림지의 도시적 토지 이용의 전용과 농업 종사자의 겸업화, 이농화이다. 그리고, 그 변용의 정도는 도시화 속도에 따라 차이가 났다. 예를 들면, 1960년경에 시작했던 가고시마 공업 개발은, 주변의 농촌 지대에서 많은 노동력을 흡수하고, 불과 20년 동안에 개발 지역을 중심으로부터 약10㎞의 범위의 농촌을 거의 일률적으로 겸업화, 이농화시켰다(그림 8). 그 지역의 산림은 공업 개발을 전후해 방치되고, 임상은 식생천이에 따라 보잘 것 없는 숲으로 변화했다. 이러한 산림은, 농가는 물론 일반의 사람들에게도 황폐한 산림으로 인식되는 경우가 많기 때문에, 이러한 인식이 도시적 토지 이용으로 전환을 앞당기는 것이 되기도 한다. 그리고 산림에서 도시적 토지 이용의 전용은 다음에 밭, 논으로 나아가는 것이 일반적이다.

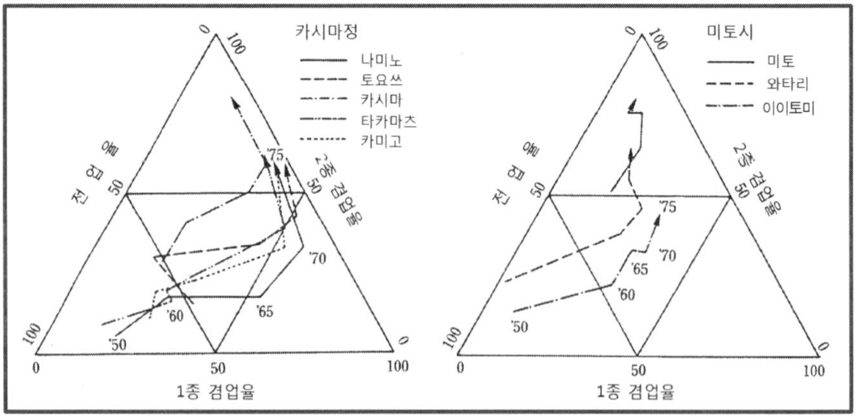

그림 8 도시화 속도에 따른 주변 농촌의 경영형태의 추이

이것에 비하여, 긴 시간을 걸쳐 서서히 도시화된 지역, 예로 미토시에 근접한 농촌 지역에서는, 전업에서 제1종 겸업, 또 제2종 겸업으로 변화되고, 전업 농가도 꽤 많은 비율로 남아 있다(그림 8). 그곳에서는, 도시화의 진행에 따른 환경의 변화에 대응해 생산이나 생활의 양식을 바꾸어 가기 위한 시간적 여유가 있고, 그것이 농업의 지속을 포함해 농가의 다양한 전개를 가능하게 한 것이라고 생각된다.

산림은, 도시화와 동반해 환경 녹지로서의 의미를 더하는 것이 일반적이고 그러한 산림을 보전하기 위해서는, 구 주민인 농가 사람들과 전입해 온 새로운 주민에 의해서, 그 가치가 인식되어야 한다. 그러한 인식을 공유하기에는 긴 시간이 필요하고, 그 때문에 도시화의 속도가 제어될 필요가 있다.

(2) 도시의 고용력

가시마 공업개발과 같이, 츠쿠바 연구 학원 도시도 급속하게 도시 개발이 진행된 지역이지만, 주변 농촌에 미치게 한 영향에는 차이가 있다.

츠쿠바 연구 학원 도시의 서쪽 약 10㎞의 범위에 넓어지는 평지림의 임상식생을 지표로, 그 이용 상황을 보면, 양호하게 이용되고 있는 숲과 버려진 숲이 혼재하고, 그것은 개발 지역에 인접하는 촌락에 있는 것과 같았다. 따라서, 그곳에서는 가시마 지역같이 개발 지역에서 약 10㎞정도 미치는 범위의 산림이, 일률적으로 버려지게 되는 현상은 생겨나지 않았던 것이다.

앞에서 말한 것처럼 츠쿠바 연구학원 도시의 개발은 주변 농촌에 대해 가시마 공업개발 정도의 큰 영향을 미치지 않은 것을 알 수 있다. 가시마 공업 개발이 많은 노동력을 주변 농촌에서 흡수한데 반해, 츠쿠바 연구 학원 도시의 개발에서는 그 정도의 고용력은 나타나지 않았고, 그것이 급속한 개발에도 불구하고, 그들 주변 농촌에 다양한 대응을 가능하게 한 것이라고 생각된다.

따라서, 도시 개발에 대한 주변 농촌의 주체적 대응을 위해서는, 도시화 속도의 제어와 함께, 도시 개발에 의해 발생하는 고용력에 대해서로 충분히 유의해야 한다.

1-3 잡목림의 재평가

1) 종래 시스템의 재평가

(1) 자원의 순환 이용 시스템의 기반

종래의 농촌 생태계는, 대지나 촌락 수준에서 나타난 폐쇄적 시스템이고, 잡목림을 비롯하여 대지임야나 산림은 그 기반을 이루는 구성요소였다. 그런데, 근대화나 도시화가 진행되는 동안에 석유나 관련 제품에 의존하는 시스템으로 전환되고 대지임야나 산림은 농가의 생활이나 농업 생산과는 멀어져 가는 현상이 발생되었다. 이것은 공업이나 수송의 발달에 의한 당연한 결과라고도 말할 수 있지만, 쓰레기 문제나 각종 환경오염 등 농촌의 도시화 같은 문제를 초래한다. 이러한 문제에 대한 대책을 모색하는 동안에 보다 근본적인 해결책으로써 자원의 순환계나, 사람과 생물과의 공생이 현재의 큰 과제가 되고 있다. 이러한 과제에 몰입하는 경우, 종래의 농촌 생태계의 자원 순환 이용 시스템과 그 기술은, 그 시스템을 기반으로 지탱해온 대지임야나 산림의 존재 의의와 맞추어 충분히 인식하고 재평가되어야 할 것이다.

(2) 농촌 생태계의 이용과 경관

농촌의 풍경이 많은 사람들에게 향수나 평안함을 가져오는 것은, 그것이 많은 사람들의 고향인 동시에, 전통문화와 같이 포근함을 지니고 있기 때문일 것이다. 전통문화가 그러하듯이, 농촌의 배후에는 이미 살펴본 것처럼 많은 "이용"이 있고, 이러한 이용이 불필요한 장식을 배제하고, 위화감이 없는 풍경을 만들어 낸 것이다.

또한 농촌의 풍경은 자연을 토대로 긴 세월을 걸쳐 쌓아올려져 온 것이기 때문에, 농촌에는 사람과 자연의 균형이 성립하고, 안정된 경관을 볼 수 있는 것이다. 이와 같이 종래의 농촌 생태계는 이용과 경관을 함께 갖추어, 인간과 자연의 공생계는 하나라고 말할 수 있는 것이다.

(3) 이용과 관리의 융합

종래의 농촌 생태계의 자원 이용은, 이미 말한 것처럼 순환되고 있고, 게다가 그곳에서는 이용과 관리가 표리일체의 관계가 있고, 융합하고 있었다. 예를 들면, 산림의 하예작업도 신탄림의 관리 작업의 하나인 동시에, 그것은 사료나 연료, 비료를 얻는 작업이고, 생산 활동 중의 하나이다. 이용과 관리가 융합된 이러한 시스템은, 분업화가 진행됨에 따라 이용과 관리가 대립하는 현상이 나타나는 등 현재의 시스템이 지닌 다양한 문제를 해결하는 실마리가 될 가능성을 가지고 있다. 이러한 의미에서, 종래의 농촌 생태계는 해석되고, 재평가되는 당연한 대상이다.

2) 향후의 전개

(1) 생산 녹지에서 환경 녹지로의 인식의 전환

대지임야나 산림은 이미 말한 바와 같이 주로 농업 생산과의 관계에서 변화되어왔다. 그러나 그것들이 농가나 농촌 촌락의 생활 환경을 구성하고, 보전해 온 것도 사실이며, 그러한 의미에서 대지임야나 산림을 생산 녹지라고 부를 수 있는 것이다.

그런데, 이미 보여진 것처럼 농용림적 역할은 근대화, 도시화의 진행과 함께 저하되고, 그 환경 보전 기능에 대해서는 충분히 인식되지 않는 채로 벌채나 전용이 급속하게 진행되고 있는 현실이다. 농용림은 이미 살펴본 것처럼 농촌 환경의 기반으로 그것들의 감소가 다양한 문제를 일으키는 것은 또 다른 의미에서 당연하다고 말할 수 있다. 따라서 당면의 과제는 종래의 농촌 생태계가 담당해 온 환경 보전 기능을 평가하고, 특히 대지임야나 산림에 대해서는 환경 녹지로서의 인식을 넓히는 것이 필요하다. 그리고 환경 보전적 기능의 평가에 대해서는 그 생물적, 물리적 효과뿐만 아니라 사회 심리적 효과에 대해서도 충분히 평가하여야 한다. 일례를 들면, 많은 대지임야에는 인가와의 사이를 연결하는 "길"이 통하고 있고, 그것이 이웃의 일상적 교류에 큰 역할을 완수하고, 대지임야는 그러한 교류에 알맞은 공간을 만들어 온 것이다. 따라서, 그 벌채나 블록 담장 등으로 전환은 가까운 이웃의 일상적 교류의 장소와 기회를 잃는 계기가 되기 쉽다.

(2) 환경에 대한 주체성의 유지와 확립

촌락이라는 협의의 영역별로 비교적 폐쇄적인 생태계가 성립해온 종래의 농촌에서는 공동으로 실시해온 도로보수나 수로청소, 대지임야의 전정과 같은, 일상의 행사나 습관으로써 그 환경이 유지되어 왔다. 그것은 전출과 전입이 다소 안정된 농촌 사회 중에서 말하자면 침묵의 이해로서 계속되어 왔다. 그런데 개방계에 전환된 시스템이 거대화되어서, 촌락의 사람들이 충분히 그것들을 인식하여 제어하지 못하는 상황이 되고 있다. 또, 공동체의 행사나 습관으로 계승되어 온 환경 유지도 전출과 전입에 의한 구성원의 유동화나 의식의 다양화로 곤란해지고 있다. 따라서 위에서 서술한 것 같은 환경에 대한 인식을 집단의 의지로 결정해 가는 시스템을 구축하고, 환경에 대한 주체성을 유지하고, 확립할 필요가 있다.

잡목림의 손질 같은 식물에 관계되는 행동은 그 친밀감이나 성과가 눈에 보이는 형태에서 나타나는 특징이 있기 때문에 많은 사람들의 참가를 기대할 수 있다. 또 식물에 대한 관심은 곧 다른 생물이나 토양, 물 등의 환경 요소에도 연쇄되는 것으로, 환경에 대한 주체성을 되찾고, 유지·확립하는 행동으로서 적극적으로 추진되어도 좋은 것이다.

(후지이 에지로)

2. 잡목림의 종다양성

2-1 잡목림에 생육하는 식물의 풍부성

종다양성은 식물 군락을 특징짓는 중요한 생태학적 특성의 하나이지만, 식생의 보전이나 관리를 생각하는 데 있어서도 중요한 지표이다. 최근에 도시 근교의 잡목림에 크게 기대되는 것은, 시민의 휴식이나 레크리에이션, 자연관찰의 장소, 혹은 멸종이 우려되는 식물의 서식의 장소로서의 기능이다. 종다양성이 높은 잡목림은 이러한 것들에 대해 다기능을 지녔다. 여기서는, 주로 식물의 종다양성에 대해서 말하지만, 식물의 종다양성이 높은 군집에서는 잡목림을 먹이나 서식장소로 이용하는 동물도 다양하고, 생태계 전체로서는 다양한 먹이사슬이나 종간의 상호 작용이 있다고 생각해도 좋다. 이러한 의미에서, 종다양성은 자연성의 정도를 측정하는 지표라고도 할 수 있다.

종의 다양성을 비교하는 경우, 일정 면적에 서식하는 종의 수로 비교하거나, 가지각색의 다양성지수로 비교한다. 다양성지수는, 종의 수뿐만 아니라, 각각의 종의 양(수목의 본수나 개체수)을 고려하므로, 이용하는 지수에 의해 결과가 다소 다를 수 있다. 여기서는, 단순하게 일정 면적당 종의 수를 지표로 사용한다. 종의 수를 조사하는 경우, 조사하는 면적을 크게 하면 종의 수가 증가하지만, 면적을 2배로 했기 때문에 종의 수가 2배가 되는 것이 아니라 넓혀 간 조사 면적과 그곳에 출현한 종의 수를 그래프로 표현하면 독특한 곡선(종·면적 곡선)을 얻는다. 이 곡선의 형태에 의하면, 같은 면적으로 비교했기 때문에 다시 말해 단순하게 어느 쪽의 산림의 종다양성이 높은가를 판단할 수 없는 경우가 있다.

예를 들면 원시림과 이차림에서 종의 다양성을 비교해 보자. 같은 낙엽 활엽수의 원시림과 이차림의 평균적인 종·면적 곡선을 비교하면, 조사 면적이 작을 때는 이차림의 종수가 원시림보다 많지만, 면적을 크게 하면 원시림의 종수가 이차림보다 많게 된다(그림 1). 즉, 이차림에서는 지금까지 가해진 인위적 영향에 의해, 독립된 좁은 면적에서 종이 잘 혼재되어 있다고 할 수 있다. 그러나 원시림은 인간의 손이 가해지지 않고 남은 특수한 장소나 인위적 영향에 의한 국소적인 멸종을 피한 종이 남아 있기 때문에, 넓은 면적으로 비교하면 원시림 쪽이 종수가 많게 된다고 생각된다. 따라서 어느 정도의 면적에서 종의 다양성을 비교하는 것이 타당한가하는 점도 중요하다.

관동 지방의 이차림(평지, 구릉지를 모두 포함한다) 38개소에서 조사한 결과(Iida and Nakashizuka, 1995)의 평균적인 종·면적 곡선을 살펴보면, 100m^{2}에서는 수고 2m 이상의 목본식물이 약 4종, 수고 2m 미만의 목본과 초본식물이 약 35종, 1ha에서는 각각 약 35종, 약 210종이었다. 또한 이것들 중에는 산림을 본래의 생육지로 하지 않는 종류도 상당히 포함되어 있다.

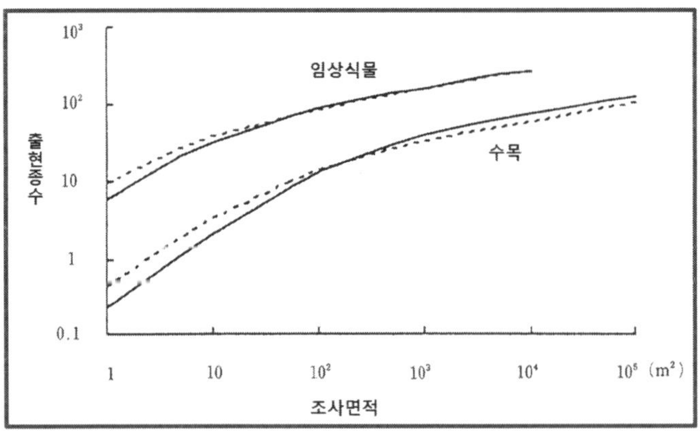

그림 1 원시림(실선)과 이차림(점선)의 유관속 식물의 종·면적 곡선. 관동지방에 있는 20개의 낙엽활엽수 원시림(후카마치·나카시즈카 미발표)과 38개 낙엽활엽수 이차림 data(Iida and Nakashizuka, 1995)

2-2 종의 다양성을 결정하는 요인

잡목림의 종다양성은 수많은 요인에 의해 결정된다. 요인을 크게 분류하면, 요인의 역할을 하는 수준에 의해 지역 수준과 군락 수준으로 나누어지고, 각각 자연적인 요인과 인위적인 요인으로 나누어진다(표 1).

표 1 잡목림의 식물 종다양성을 결정하는 요인

	자연적 요인	인위적 요인
지역 수준 (경관수준)	기 후 지질·지형	토시 이용 (산림을 남겨두는 방법)
군락 수준	미세한 지형 토양 조건 산림 구조	잡목림의 관리 방법

기후나 지질·지형 등은, 그 지역의 생물의 생육 환경을 잠재적으로 결정하고 있다. 일반적으로, 기온이 높고 습한 지역에서는 종 다양성이 높은 경향이 있다. 표고에 따른 종다양성의 변화도 현서하다. 특수한 지질이나 지형의 지역에서는, 생육하는 종류가 제한되고 있다.

군락 수준에 기인하는 요인에는, 미세한 지형·토양 조건이나 산림 구조가 있다. 미세한 지형·토양 조건의 복잡함은, 식물의 생육 환경의 다양함과 관계가 깊기 때문에, 복잡한 지형이나 그것에 대응한 토양 조건이 있으면 종다양성도 높게 된다. 또, 산림의 발달 정도나 모자이크 구조의 유무, 임상의 상태 등의 산림 구조에 의해서도, 종다양성은 영향을 받는다. 일반적으로 발달한 산림으로 모자이크 구조가 현저하면 종의 다양성은 높고(Harris, 1984), 조릿대 같은 단일종이 우점하면 종다양성은 낮게 된다.

잡목림은, 이것들의 자연 요인보다도 인위적인 요인이 보다 더 강하게 영향을 주는 경우가 있다. 토지 이용의 결과로서 산림이 잔존하는 것은 종다양성에 관계되는 문제로 최근 부각되어 왔다(하마바타, 1980 ; 야마모토, 1987, 이데 등, 1989; 이이다·다니모토, 1992). 특히 도시 근교에서는, 산림이 농지나 택지에 둘러싸여 있고, 단편화

고립화되는 경향이 현저하다. 이러한 고립림(forest island; Curtis, 1956)에서는, 연속된 산림에 비해 생육 환경의 다양성이 낮고, 각각의 종 개체군도 작기 때문에 국소적인 멸종이 생기기 쉽고, 다른 산림이나 개체군으로부터 떨어져 있기 때문에 새롭게 침입해 오는 종이 적고 도서생태학(MacArthur and Wilson, 1967)적인 현상이 생긴다. 이 때문에, 고립림의 산림 면적이 작을수록, 혹은 근처와 떨어져 있을수록 종의 다양성이 낮아진다고 예측되고 있다. 또, 고립림의 형태가 복잡할수록 개체군 사이의 거리가 떨어지고, 생육 가능한 장소로의 종자 살포 거리도 길어지기 때문에, 국소적 멸종이 일어나기 쉽고(Diamind, 1976), 면적에 대한 임연부의 비율이 높게 되므로, 산림으로서의 환경을 지킬 수 있는 장소가 상대적으로 좁게 되어 버린다(Ranney et al., 1981). 한편, 고립림과 고립림 사이를 잇는 회랑(corridor)이 있으면, 그것을 이용해 종자 살포나 이동이 일어나므로, 종다양성을 지키기 쉽다(Forman and Godron, 1986)고 말한 의견도 있다.

군락 수준의 인위적 요인으로는, 산림의 관리 방법이 중요하다. 잡목림으로 특히 중요한 것은, 벌채 주기와 임상의 낙엽이다. 벌채 주기가 너무 짧으면, 다음 벌채까지 번식기에 도달하지 않고 도태되는 수종이 나온다(카미야, 1987). 또, 임상의 하예 작업은 수목의 성장이 방해되는 반면, 임상에서의 뿌리대, Pleioblastus chino 등의 우점도가 억제되어 결과적으로 임상식물의 종수는 많아진다(시게마츠, 1988; Iida and Nakasizuka, 1995). 다음 절기부터는, 이것들의 요인 중, 특히 인위적 요인이 어떻게 잡목림의 식물 종다양성에 영향을 주고 있을지, 관동 지방의 이차림을 예로 서술하고자 한다.

2-3 잡목림의 단편화와 종의 다양성

관동 지방의 평지 및 구릉지에는, 잡목림이 급속도로 소실되어 왔다. 관동 지방에서 비교적 잡목림이 남아 있는 지역의 다섯 곳을 선택해 1961년과 최근(1984~1988년)에 촬영된 공중 사진을 비교하면(그림 2), 어느 지역에서나 약 25년 간에 잡목림이 감소 혹은 단편화해 온 것을 알 수 있다(표 2).

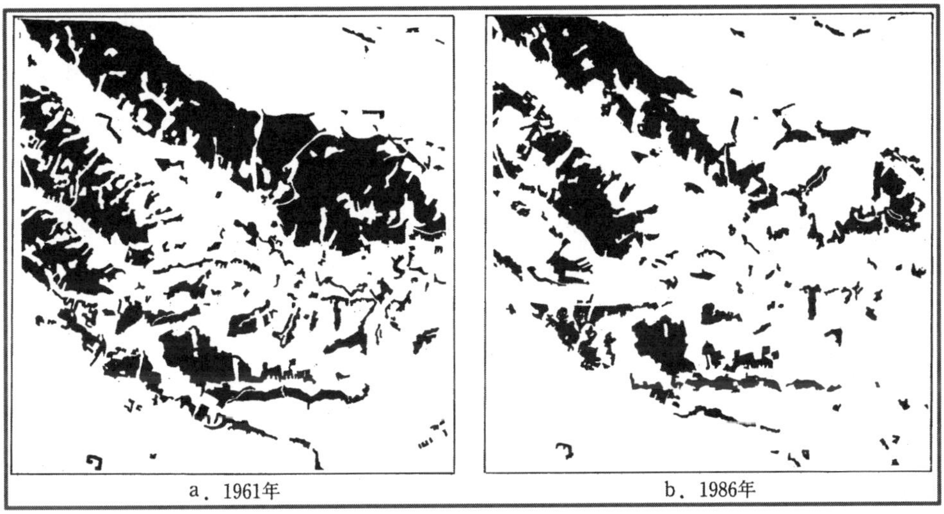

그림 2 공중사진에서 본 도쿄도 하치오지시에 있는 잡목림의 감소와 단편화.
검은 부분이 잡목림, 한 변은 지도상에서 4km

표 2 관동지방 졸참나무림의 감소와 단편화, 1961년과 최근(1984~88년)의 공중 사진으로부터 산출. (Iida and Nakashizuka, 1995)을 일부 수정

	도코로자와	가사마	이와이	미토	하이오지
표고(m)	40-70	70-190	10-20	10-40	100-300
지형	평탄	구릉	평탄	평탄	구릉
산림 면적의 비율(%)					
1961년	28.3	46.2	26.3	20.8	25.7
최근	20.8	48.2	22.0	16.7	15.8
임분의 밀도(㎢당)					
1961년	5.0	6.9	1.0	9.4	4.7
최근	5.7	9.4	10.2	8.7	5.7
임분 한 개의 평균 면적(ha)					
1961년	6.5	10.7	2.5	2.3	6.8
최근	3.8	7.5	2.2	22.1	3.3
임분 간의 평균 거리(m)					
1961년	35	27	41	42	50
최근	47	35	32	75	71

산림 면적의 비율은, 큰 도시와 가까운 지역에서 크게 감소하고 있지만, 가사마같이 대도시와 먼 구릉지에서는 거의 감소하고 있지 않다. 임분의 밀도는 감소한 지역도 증가한 지역도 있다. 임분 간의 거리에 대해서는 멀어지고 있는 지역이 많지만, 반대로 이와 같이 가깝게 된 경우도 있다. 그러나 임분 한 개 당의 면적은 한결같이 작아지는 것을 보면 잡목림은 확실히 단편화되고 있는 것을 알 수 있다. 특히, 도코로자와나 하치오지 등에서 변화가 크다.

이러한 단편화가 집행되는 지역에 38곳의 잡목림을 선택하고, 종·면적 곡선으로부터 임분전체가 가지는 종수를 추정하고, 임분면적과 종수의 관계를 구하면 그림 3과 같이 된다. 산림면적과 종수는 직선에 가까운 관계에 있다. 이 회귀 직선의 기울기로 수목(수고 2m 이상)에 대해서는 산림 면적이 약 4배, 임상식생에 대해서는 약 6배가 되면 종수가 2배가 된다는 것을 알 수 있다. 반대로 말하면 만약 2배의 종수를 가지는 잡목림을 보전하고 싶다면, 수목에 대해서는 4배, 임상식생에 대해서는 6배의 면적을 필요하다는 것을 알 수 있다.

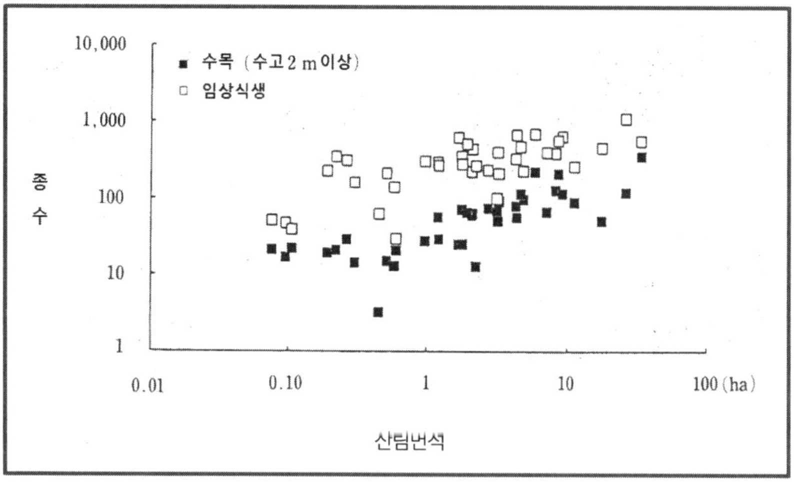

그림 3 임분 면적과 각 임분의 추정 총 종수(유관속 식물)의 관계. 각 임분으로 sample 조사를 실시하여 작성한 종·면적 곡선에서 임분 전체의 종수를 추정하였다. (Iida and Nakashizuka, 1995)을 일부 수정

표 3 잡목림이 종다양성에 미치는 요인의 영향. 단위 면적당의 종수와, 각 요인의 상관 계수로 나타낸다. (Iida and Nakashizuka, 1995)을 수정. 수목은 수고 2m 이상의 목본 식물을 가리킨다.

	수 목		임상식물	
단위면적(㎡)	25	1,000	1	50
지역수준의 요인				
산림 면적의 비율	0.50**	0.36**	0.11	0.14
임분 간의 평균 거리	0.35	-0.02	-0.24	-0.32
임분의 평균 면적	0.39*	0.41**	0.26	0.34*
임분수준의 요인				
각 임분의 면적	0.04	0.40*	0.40*	0.62**
지형의 복잡성#	0.06	0.30	0.31	0.56**
흉고단면적 합계	-0.05	-0.13	-0.07	-0.06
수목 밀도	0.15	0.01	0.19	0.15
*Pleioblastus chino*의 높이	0.24	0.06	-0.60**	-0.45**

주) * 5%유의, ** 1%유의
각 임분의 표고 분포로부터 계산한 지수

단위 면적당 수목의 종수에서 수목은 산림의 단편화 영향을 강하게 받고, 산림 면적의 비율이나 임분의 평균 면적이라고 말한 지역 수준에서의 요인과의 유의한 상관이 보이지만 임상식물과의 상관관계는 매우 약하다(표 3). 차라리, 임상식물은 개개의 임분 면적이나 지형의 복잡함, 비교적 작은 스케일에서 기능한 요인의 영향이 강하다.

임상식물에 대해서는, 각각의 본래 생육 환경을 고려하면, 산림 면적과 종수의 관계도 바뀐다. 임상식물이 출현한 환경(임연과 임내)의 경향을 통계적으로 검정하고, 임내종, 임연종, 저빈도종으로 분류해, 각각의 단위 면적당의 종수와 산림 면적과의 관계를 보았다(그림 4). 총 종수, 임내 종수, 저빈도 종수는 임분면적과 함께 증가하는 경향이 있지만, 임연종은 반대로 감소하고 있다. 임분면적이 작으면, 숲 중앙까지 빛이 많이 들어오고, 임연과 닮은 환경이 되기 때문일 것이다(Levenson, 1981).

빈도가 낮은 종의 출현이 임분 면적과 함께 증가하는 것은, 잡목림의 보전을 생각할 때 시사적이다. 이러한, 출현 빈도가 낮은 종이 산림의 단편화에 의해 민감한 현상은 다른 사람에 의해서도 보고되어 있다(Zacharias and Brandes, 1990). 산림에 보다 많은 종을 보전하기 위해서는, 1개의 대면적 산림을 남길 것인가, 몇 개의 보다 소면적의 산림을 남길 것인가라고 하는 의견이 최근 대두되지만(Wilcox and Murphy, 1985), 이러한 출현 빈도가 낮은 종의 생태나 단편화에 대한 반응은 그다지 고려되지 않았다(Spellerberg, 1991). 잡목림의 보전을 생각하는 데 있어서도, 향후의 큰 과제라고 말할 수 있을 것이다.

또, 이러한 면적과 종수에 대한 강한 관계를 가지는 배경에는, 최근 토지 이용이 중요한 역할을 하고 있다고 생각된다. 현재, 잡목림이 비교적 잘 남겨져 있는 지역은, 구릉지로 기복이 큰 장소이기도 하다. 이러한 장소는, 다른 토지 이용에 적당하지 않기 때문에, 잡목림으로 오랫동안 잔존되어 왔다. 감소한 잡목림의 종다양성을 생각할 때, 기복이 크게 경사진 지역은, 식물에 있어서 다양한 생육지역을 내포하고, 면적으로부터 기대 이상으로 풍부한 종을 유지할 수 있을지도 모른다. 그런 의미에서 야츠다의 사면림(斜面林)을 전체로서 보전하는 수법은 이치에 맞는다고 할 수 있다.

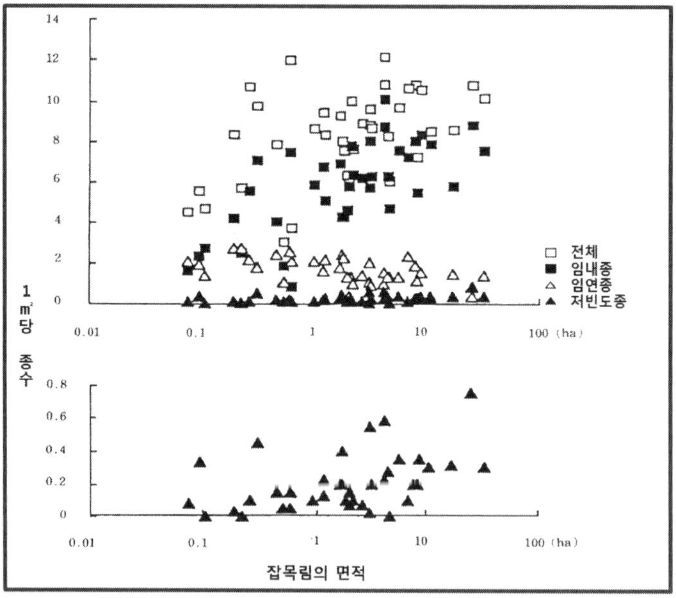

그림 4 임분 면적과 생육환경별 임상식물 종수와의 관계. 임내종, 임연종은 각각 통계적으로 유의해 임내, 임연에 편중되어 출현한 종, 저빈도 종은 출현빈도가 낮아 통계처리하지 않은 종. (Iida and Nakashizuka, 1995)을 수정

2-4 잡목림의 관리와 종의 다양성

이미 말한 것처럼, 종의 다양성에 영향을 주는 잡목림의 관리로는, 벌채 주기와 임상의 낙엽채취가 중요하다. 관동 지방의 평지·구릉림에서는 신탄재로 쓰일 적절한 목재를 얻을 목적으로 10-15년이라는 짧은 주기로 벌채가 행해지고 있었다. 수목의 생활사로 보면, 이 기간 내에 결실 크기에 달하든지 혹은 다른 재생 전략(맹아 등)을 취하지 않으면 도태되어 버린다(카미야, 1987). 임상식물에서도, 보다 밝은 환경에서 개화·결실하는 현상은 일반적이고(시게마츠, 1988), 벌채에 의해 일어나는 빛 환경의 호전은, 대량 결실을 가능하게 하는 기회라고 말할 수 있다. 영국의 잡목림(Coppice forest)도 전통적인 관리 방법으로 다양한 생육 환경이 유지되고, 종의 다양성도 유지되어 왔다고 한다(Peterken, 1991). 벌채 주기가 이러한 임상식물의 개체군 동태에 끼치는 영향을 상세하고 분명하게 한 예는 적지만, 이미 벌채 주기를 크게 초과하여 방치되고 있는 잡목림이 증가하고 있는 현재, 조치를 서두르는 것이 마땅한 문제라고 생각한다.

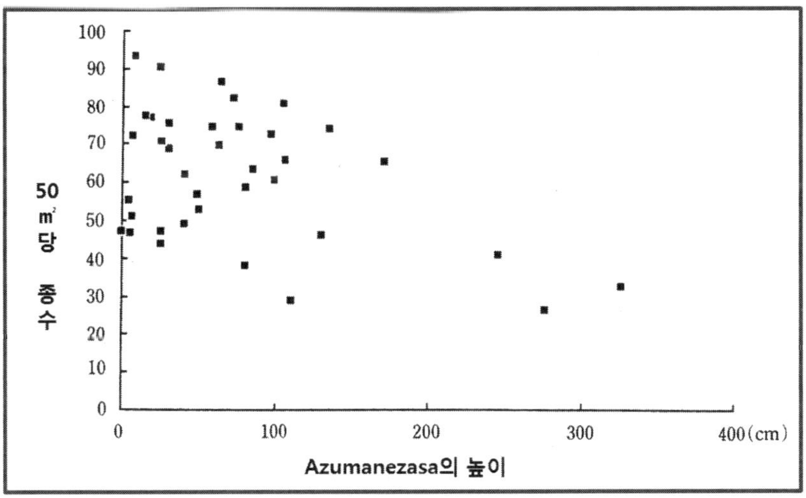

그림 5 *Cpleioblastys chino*의 높이에 따른 단위면적당 임상식물 종수, 상관계수 0.45(1% 유의)

임상의 낙엽채취는 임상 식물의 다양성에 큰 영향을 주고 있다. 잘 관리된 잡목림에서는 낙엽채취를 정기적으로 행해졌기 때문에, 목본의 지상부가 제거된다. 그러나, 낙엽채취는 보통 낙엽기(겨울)에 행하기 때문에, 지하부에 큰 축척이 된 다년성의 임상 식물은 큰 손실이 없다. 관동지방의 뿌리대, 관동의 *Cpleioblastus chino*는, 상록성에서 낙엽채취에 의한 지상부 바이오매스의 손실이 크기 때문에, 빈도가 높은 낙엽채취에 의해 우점이 억제되고 있다. 최근 잡목림이 관리되지 않고 방치되는 경우가 증가하고, 이것들의 조릿대·대나무가 우점도를 늘리고 있다.

*Cpleioblastus chino*가 우점하는 임상은 어둡고, 생육하는 식물은 소수이다. 앞에서 말한 관동지방의 잡목림의 조사에서도, *Cpleioblastus chino*의 높이와 임상식물의 종수 사이에는, 부의 유의 상관이 있고(표 3), *Cpleioblastus chino*의 양이 많아질수록 단위 면적당의 출현 종수는 감소한다(그림 5). 조릿대·대나무와 같이, 관동지방에서는 낙엽채취를 정지한 잡목림에 가시나무나 사스레피나무의 침입이 두드러지는 경우도 많다. 잡목림의 장래적인 방향과 함께, 관리 방법을 생각해야 할 것이다.

이와 같이, 전통적인 잡목림의 관리 방법을 도모하지 않고도 임상 식물의 종다양성을 유지해 왔다고 할 수 있다. 영국의 예(Peterken, 1991)는 이러한 산림의 유지방법을 생각하는 데 있어서 참고해야 할 점이 많다.

(나카시즈카 토루 · 이다 시게오)

3. 일본의 잡목림의 분류와 분포

잡목림의 일반적인 이미지는 신탄림이나 농용림으로서 정기적으로 벌채되고, 유지되어 온 활엽수림일 것이다. 신탄림이나 농용림에서 우점하는 수목의 종류는 다양하지만 맹아 갱신한 수목이 대다수이고, 짧은 벌채시기에 벌채되기 때문에 수고가 낮은 것도 있어 특수한 산림 경관을 나타내고 있다. 이 장에서 취급하는 졸참나무나 물참나무 등의 낙엽성 참나무류를 주체로 한 낙엽 활엽수의 맹아 이차림은 일본의 대표적인 잡목림이다.

이러한 잡목림은 식생학에서는 이차림이라고 불리는 산림 유형에 속하고, 밭이나 공터의 잡초 군락이나 2차 초원과 함께 대상(代償) 식생으로 불린다. 일본의 대표적인 이차림에는 소나무·모빌잣밤나무·구실잣밤나무·종가시나무 등의 상록수림이나 졸참나무·물참나무·상수리나무·떡갈나무 등의 낙엽 활엽수림이 있다. 이와 같이 이차림 중에는 소나무 등의 침엽수림도 포함되어 있으므로 이차림과 잡목림을 동의어로 사용할 수는 없다. 잡목림을 크게 보면 이차림 중에 포함되는 것이다. 거기서 먼저 일본의 이차림의 종류와 그 분포를 살펴보고, 그 안에서 점유하고 있는 잡목림의 위치를 분명하게 해두자.

3-1. 일본의 이차림의 종류와 분포

남북으로 긴 일본에는 다양한 유형의 이차림이 발달하고 있다. 이것들 대부분은 신탄림이나 농용림으로 반복하여 벌채되어 온 숲이다. 또한 일찍이 초본을 채취해온 지역이나 억새 등으로서 유지되어 온 억새 초원 등의 초원이 폐기되고, 그 후에 발달해 온 숲이나, 산불 이후에 성립한 이차림도 있다. 홋카이도에서는 개척기에 자연림을 벌채하거나 완전히 태운 이후에 성립한 이차림도 많이 나타난다.

낙엽성의 졸참나무, 물참나무, 떡갈나무 등의 참나무 종류를 주체로 하는 낙엽 활엽수 이차림은 규슈에서 홋카이도까지 넓은 범위에 분포하고 있다. 한편, 소나무 이차림이나 모밀잣밤나무 이차림, 구실잣밤나무 이차림, 종가시나무 이차림, 후박나무 이차림, 참가시나무 이차림 등의 많은 상록 이차림도 비교적 넓게 분포하고 있다. 또한 혼카와의 표고가 높은 지역이나 홋카이도의 산지 등에는 고채목이나 자작나무 등의 자작나무류가 우점하는 이차림이 발달하고 있다. 오키나와 등의 남부 지역에는 류우큐우마트림이나 상록 활엽수가 우점하는 이차림도 보인다.

이러한 이차림 중 일본에 넓게 분포하고 있는 졸참나무나 소나무림 등이 대표적인 이차림의 분포 특성을 살펴본다. 그림 1~4는 이토·카와사토(1978)가 작성한 이차림의 분포도이다. 이 그림은 환경청이 1975년에 작성한 20만분의 1의 지방공공단체의 현별 식생도를 기초로 해서 5만분의 1의 도면으로 구획하여 식생도에 나타난 각종의 이차림에 대해서 이차림 전체에서 차지하는 면적 비율을 구한 것이다. 그림 중의 큰 원은 이차림에 대해서, 이차림 전체의 차지하는 면적 비율을 구한 것이다. 그림 중의 큰 원은 이차림 전체의 면적의 40% 이상을 차지하는 것, 중간 크기의 원은 전체의 20~40%를 차지하는 것, 작은 원은 20%이하의 면적을 차지하는 것으로서 표현하고 있다. 단, 구획내의 제 1위와 제2위의 이차림의 면적 합에 접근하고 있는 것은 양쪽 모두 중간크기의 원으로, 구획내의 이차림 전체가 차지하는 비율이 현저하게 작은 경우에는, 모든 이차림은 작은 원으로 나타나고 있다.

1) 졸참나무 이차림

졸참나무 이차림은 일본의 잡목림 중에서 가장 보편적인 숲이고, 난온대와 냉온대에 걸쳐 넓게 분포한다(그림 1). 졸참나무 이차림의 분포를 보면 규슈에서 동북 지방까지 넓은 범위에 분포하고 있는 것을 알 수 있다. 자세히 살펴보면 규슈에서는 구마모토현이나 오이타현을 중심으로 한 내륙 지역에 다소 많다. 시코쿠의 태평양 연안부에서는 졸참나무 이차림이 적다. 또, 기후현 북부나 후쿠시마현 서부에서도 졸참나무 이차림의 분포는 적다. 또, 아오모리현이나 홋카이도에서는 분포가 거의 나타나지 않고 있다. 또한 인용한 자료에 포함되지 않았지만, 필자의 소사나 관찰에 의하면, 홋카이도의 남부 지방에서 졸참나무가 우점하는 이차림이 부분적으로 분포하고 있다.

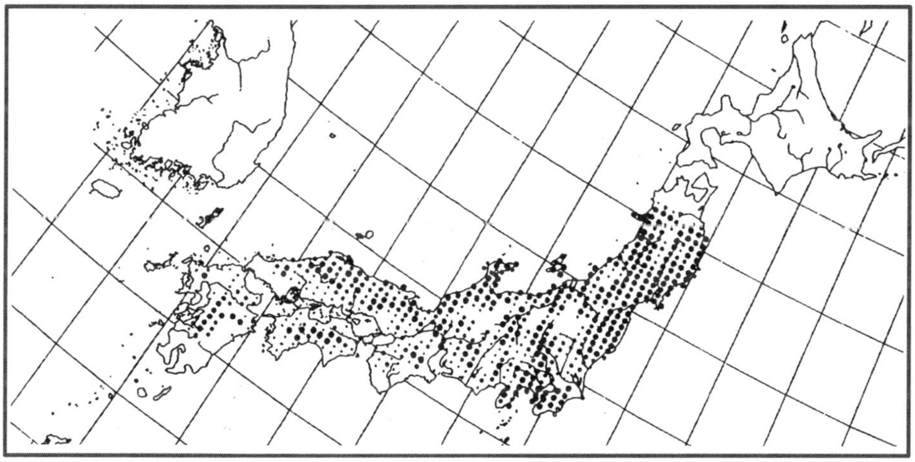

그림 1 졸참나무 이차림의 분포(이토·가와사토, 1978)

2) 물참나무 이차림

물참나무 이차림은 혼슈 중부 이북에 우세하고, 홋카이도까지 분포하고 있다(그림 2). 일반적으로 물참나무 이차림은 졸참나무 이차림보다도 추운 지역에 나타나고, 수직 분포에서는 졸참나무 이차림보다도 상부에, 수평 분포에서는 북부에 분포의 중심이 있다. 이 때문에 규슈, 시코쿠에서의 분포는 산지의 높은 해발고 중심에서 넓게 나타난다. 또 비교적 온난한 관동평야 서쪽의 충적 평야에서는 물참나무림의 분포는 나타나지 않는다.

홋카이도에서는 동부 지역에 물참나무 이차림의 분포가 나타나고 있지만, 실제의 분포지역은 이것보다 넓은 범위에 있다. 이것은 이 그림을 작성하기 위한 자료가 되고 있는 환경청의 범례에서 북해도의 낙엽 활엽수의 이차림이 *Tilia japonica*–에조이타야림 등으로서 일괄되고 있어 이 중에 포함되어 있는 물참나무 이차림이 분포도에는 표시되고 있지 않기 때문이다. 이 점에 대해서는 주의가 필요하다.

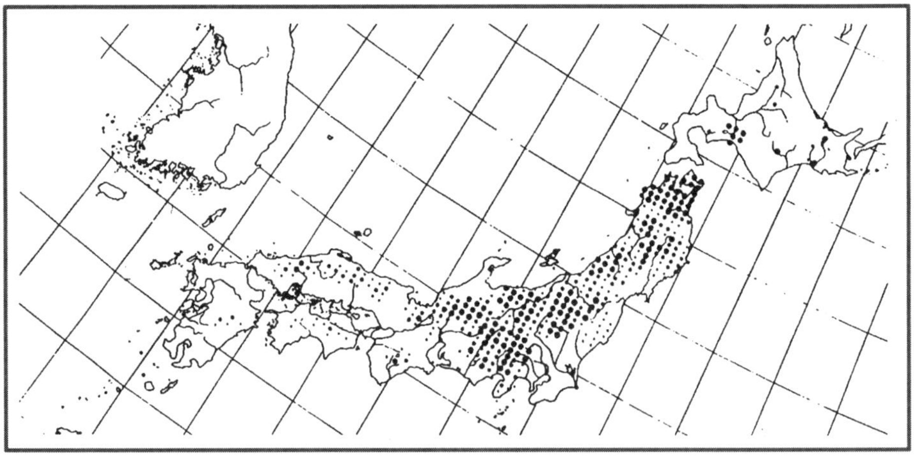

그림 2 물참나무 이차림의 분포(이토·가와사토, 1978)

3) 조엽수 맹아 이차림

조엽수(照葉樹) 맹아 이차림에는 가시나무나 종가시나무, 붉가시나무 등의 가시나무류, 모밀잣밤나무나 구실잣밤나무 등의 구실잣밤나무류, 후박나무, 돌참나무 등의 조엽수로 된 맹아 이차림이 포함되어 있다. 일본의 경우, 조엽수 맹아 이차림과 상록활엽수 맹아 이차림이란 거의 같은 것이라고 생각해도 좋다. 조엽수 맹아 이차림은 규슈의 서부나 남부, 시코쿠의 남부, 귀이 반도, 토카이 지방의 태평양 기슭, 이스 반도, 보소 반도, 이스의 모든 섬 등의 온난한 지역에 나타난다(그림 3). 조엽수 맹아 이차림의 분포는 태평양 쪽 특히 연안부를 중심으로 하고 있지만, 추코쿠 지방이나 긴키 지방의 일본해 쪽의 지역에도 간혹 분포하고 있다. 또한 조엽수 맹아 이차림의 분포는 그림을 보면 난온대 지역에 한정되고 있지만, 오키나와 등에도 이런 유형의 이차림의 분포가 나타나므로, 분포지역은 아열대까지 넓어지는 것이 된다. 조엽수맹아 이차림의 분포지역에는 구실잣밤나무류나 가시나무류 등의 조엽수가 우점하는 숲이 자연림으로 분포하고 있고, 이차림과 자연림의 우점종은 거의 일치하고 있다.

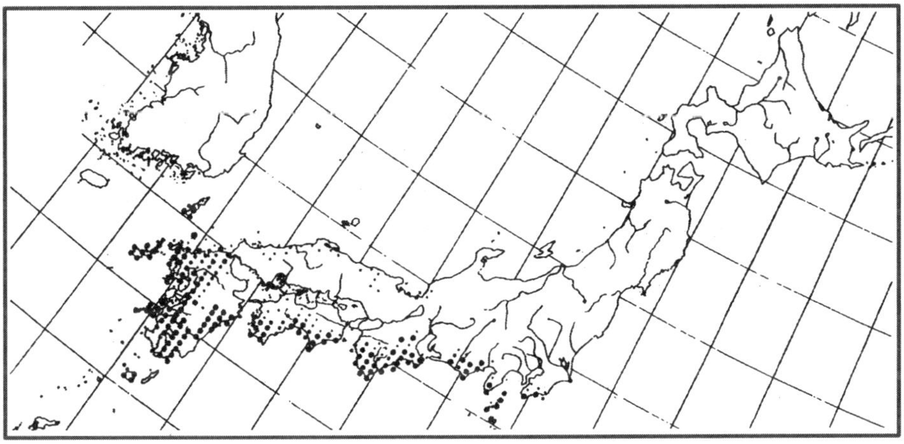

그림 3 조엽수 맹아 이차림의 분포(이토·가와사토, 1978)

4) 소나무 이차림

소나무 이차림은 능선 등의 건조한 입지에 나타난다. 소나무 이차림의 분포는 추고쿠 지방, 규슈 지방 및 시코쿠 북부 등 진키 지방의 서일본에 많다(그림 4). 또, 아이치현 주변에나 부관동의 동부 지역에도 분포가 집중되고 있다. 분포도를 보면, 홋카이도에는 소나무 이차림은 분포하지 않은 것을 알 수 있다. 또 동북지방에 있어서도 후쿠시마현 남부를 제외하고는 소나무 이차림의 분포는 적다. 또한 분포도의 기초가 되는 식생도가 작성된 1975년 이후, 소나무는 소나무재선충 등의 충해에 의해 전국적으로 많이 고사했기 때문에, 현재의 소나무림의 분포는 이 그림에 나타난 것보다도 많이 감소해 있다고 생각된다.

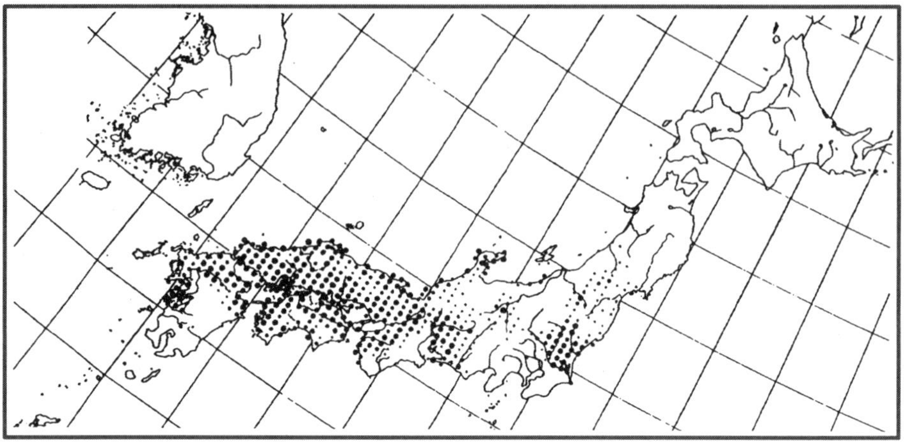

그림 4 소나무 이차림의 분포(이토·가와사토, 1978)

3-2 이차림의 분포 요인

지금까지 말해 온 것처럼 잡목림은 이차림에 포함되는 것이고, 일반적으로는 낙엽 활엽수로 된 맹아 이차림을 잡목림이라고 부르는 경우가 많다. 잡목이란 원래 조림목(유용목)과 비교하여 도움이 되지 않는 나무의 의미로 사용되고 있던 말이다. 이 때문에 잡목림이라고 말하는 경우, 그 표시하는 범위는 사람마다 크게 차이가 난다. 잡목림 가운데 신탄림 등으로 이용되고 있는 조엽수 맹아 이차림을 포함하는 것도 있다. 또한 낙엽 활엽수의 이차림인 졸참나무 이차림이나 물참나무 이차림 중에는 참억새 초원 등의 2차 초원에서 천이된 숲도 포함되어 있지만, 이러한 숲은 맹아림이 아니기 때문에 그 의미는 잡목림의 범위부터 제외시키는 것이 된다.

잡복림이라는 말은 학술적으로 정의된 것이 아니지만, 여기서는 식생학의 입장에서 임관의 우점종의 생활형을 기준으로 한 유형화의 고찰 방법에 따라, 참나무류를 주로 한 낙엽 활엽수 이차림을 소위 잡목림으로 본다.

졸참나무 이차림이나 물참나무 이차림 등의 낙엽 활엽수로 된 이차림은 규슈에서 북해도까지 일본 전국에 분포하고 있지만 그 분포는 편중되어 있고, 이차림으로서 조엽수 맹아 이차림이나 소나무 이차림이 보이는 곳에서는 상대적으로 분포가 제한되어 있다. 이 때문에 잡목림의 분포를 생각하는데 있어서, 조엽수 맹아 이차림과 소나무 이차림의 분포가 어떠한 요인인지 규명하는 것이 중요한 요소가 된다. 그래서 잡목림과 조엽수 맹아 이차림, 소나무 이차림의 분포 요인을 다음과 같이 알아본다.

1) 조엽수 이차림의 분포 요인

Itow(1983)는 서일본의 조엽수 이차림의 분포가 가장 추운 달의 평균 기온이 5℃보다 따뜻한 지역에 분포하고 있는 것을 나타내고 있다. 그리고 온난 습윤한 해양성 기후가 상록성수종의 겨울 광합성을 가능하게 하고, 그 결과로시 높은 맹아력과 높은 생산성을 가지고 있다. 또 이소야(1994)에 의하면, 관동 지방 남부의 상록활엽수 이차림(조엽수 이차림)의 분포는 크게 보면 동아기(11~4월)의 월평균 기온의 적산치가 55℃/월 보다도 따뜻한 지역에 있고, 이것보다도 추운 지역에는 낙엽 활엽수 이차림이 보여지고 있다. 상록 활엽수의 자연림 분포 온도 한계는 가장 추운달의 월평균 기온이 1℃, 혹은 한냉지수 −10℃/월로 되고 조엽수 이차림의 분포역은 이것보다 온난한 지역에 한정되고 있다.

2) 소나무 이차림의 분포 요인

서일본의 소나무 이차림은 위에서도 말한 것처럼 세토나이 연안지역에 많이 분포하고 있다. Itow(1983)는 이러한 소나무림의 분포에 대해서, 건조 지역에서 유리한 염전의 연료용으로 일찍이 매우 빈번하게 벌채가 행해진 것이 이 지역에 소나무림이 많게 된 이유라고 밝혔다. 또, 한 때 철의 정련용으로 많은 산림이 벌채되었기 때문에, 추고쿠 지방에서는 소나무 이차림이 많이 분포하고 있다고도 말하고 있다. 더욱이 늪지나 민둥산에 분포하는 것 같은 강우가 적은 지역에 소나무 이차림이 많은 것도 지적되고 있다(나카니시 등, 1983).

또, 소나무의 분포역은 난온대에서 냉온대에 걸쳐 넓은 범위에 분포되고 있지만, 소나무 이차림의 분포역은 주로 난온대에서 냉온대 하부이다.

소나무 이차림은 지형적으로 보면 능선부에 많고, 사면의 중부나 하부에서의 발달은 그다지 좋지 않다. 지리적인 분포를 보아도 메마른 토지를 중심으로 발달하고 있다. 과도한 벌채에 의해 표층토가 유출된 장소나, 보수력이 적은 유문암이나 화강암 지대에서 우세하게 발달한다고 볼 수 있다.

3) 잡목림의 본포 요인

낙엽 활엽수 이차림의 분포역은 원래 너도밤나무나 물참나무 등의 낙엽 활엽수가 자연림을 형성하고 있는 냉온대 또는 여름은 온난해도 겨울에는 추위가 심하고, 난대 낙엽 활엽수림이라고 불리는 졸참나무 등의 낙엽 활엽수로부터 숲이 발달하는 지역에 주로 분포하고 있다. 또, 일본잣나무·소나무 등이 우점하는 자연림이 발달하는 냉온대의 하부에서 산림의 벌채에 의해 맹아력이 낮은 침엽수를 대신해 낙엽 활엽수의 우점하는 이차림이 발달한다. 이것 이외에 본래 자연림으로서 상록 활엽수림이 발달하는 지역도 있어 상록 활엽수의 이차림이 발달하기 위해서 필요한 겨울철의 기온이 충분하지 않은 지역에서는 이차림으로서 낙엽 활엽수의 숲이 보여지고 있다. 무사시노 지역의 잡목림은 확실히 이러한 장소에 발달한 이차림이라고 말할 수 있다.

규슈 등의 온난한 지역에서는 버섯 재배 등의 원목으로서 이용하기 위해서 졸참나무나 상수리나무가 조림되고 있고, 이러한 조림 기원의 잡목림도 존재하고 있다. 무사시노 지역의 잡목림 중에서도 상수리나무가 우점하는 산림의 대부분은 이러한 조림 기원의 산림이라고 생각된다. 그러나 잡목림의 대부분은 자연림을 반복하여 벌채하는 것에 의해 발생된 숲이고, 조림에 의해 만들어진 숲은 적은 것이라고 생각된다.

한편, 거듭되는 벌채 등의 영향에 의해 표토가 유실된 민둥산이나 화강암지역 등의 보수력이 적은 곳에서는 잡목림은 적고, 이에 따라 소나무 이차림이 보여지게 된다.

잡목림의 분포 범위는 난온대의 상부로부터 냉온대까지이고, 소나무 이차림이 발달하는 것 같은 건조한 장소나 보수력이 적은 장소 이외에서도 보여진다고 할 수 있다. 잡목림은 거듭되는 벌채에 의해 유지되고 있으므로 이러한 인위적 영향이 존재되는 것이 전제이고, 마을산 등 촌락의 주변에서 많이 볼 수 있으며, 자연림의 많은 산지에는 적다.

3-3 잡목림의 종 조성에 기초를 둔 분류와 그 특징

잡목림의 우점종으로는 졸참나무, 물참나무, 떡갈나무, 상수리나무, 굴참나무 등이 있다. 이 중 상수리나무와 굴참나무는 졸참나무와 혼효된 숲을 형성하는 것이 많고, 졸참나무림에 포함된 것이 많다. 잡목림에는 이것들의 우점종 이외에도 다양한 식물이 생활하고 있다. 잡목림에 생육하는 식물에는, 하예작업이나 정기적인 벌채가 행해지는 것에 의해 그 생활이 유지되고 있는 식물이 많다. 또, 같은 졸참나무림이라도, 지역이 다르면 그 곳에 생육하는 식물도 다르다.

잡목림의 식생관리를 하는 경우에는 숲의 임관을 구성하는 식물뿐만 아니라, 임상의 관목이나 초본에도 눈을 돌릴 필요가 있다. 일찍이 신탄재생산이나 낙엽, 낙지의 채취를 중심으로 한 잡목림의 관리에서는 목적이 달라져, 다양한 식물을 생육할 수 있는 환경 보전림으로서의 가치가 높아지고 있다. 이러한 잡목림의 식생 관리에는, 잡목림에 생육하는 초본으로부터 목본까지의 다양한 식물이 대상이 되므로, 잡목림의 종 조성에 기초를 둔 분류는 그 기초로서 중요하다. 여기서는, 중요한 이차림인 졸참나무림, 물참나무림, 떡갈나무림에 대하여, 종 조성적 특징과 그 분포에 대하여 알아본다.

1) 졸참나무 이차림의 분류

일본의 졸참나무 이차림 전체를 통해서, 다음과 같은 식물이 자주 나타난다. 또, 소나무가 졸참나무림 중에 혼효되어 나타나는 경우도 있다.

낙엽교목	서어나무, 개서어나무, 때죽나무, 밤나무, 자귀나무, 개옻나무
낙엽관목	윤노리나무, 가막살나무, 작살나무, 진퍼리꽃나무
낙엽덩굴 식물	도꼬로마, 청미래덩굴, 등나무, 계요등, 참마
초본식물	미역취, 주름조개풀, 애기나리, 그늘사초
조릿대류	좀해장죽, 조릿대

졸참나무 이차림의 구성종에는 지역적인 차이가 있고, 식물 사회학적인 졸참나무 이차림의 군집은 주로 지역적인 종 조성의 차이에 의해 분류되고 있다. 냉온대 하부나 난온대 상부에는 졸참나무의 자연림도 나타난다. 이것들은 대부분 졸참나무 이차림과 같은 군집에 위치하고 있다고 생각되지만, 잔존하는 자연림이 적은 것도 있어 그다지 연구가 진척되지 않고 있다. 주로 졸참나무 이차림의 유형에는 다음과 같은 것이 있다.

(1) 졸참나무–밤나무군집(그림 5)

규슈 중부 동쪽의 태평양 쪽의 구릉이나 저산지에는, *Viburnum phlebotrichum,* 국수나무, *Pertya glabrescens* 등이 특징적으로 출현하는 졸참나무림이 나타난다. 이러한 졸참나무림은 졸참나무–밤나무군집으로 분류되고 있다. 원기재지는 관동 지방 남부이다. 졸참나무–밤나무군집은 졸참나무–상수리나무군집이나 졸참나무–*Daphne pseudomezereum*군집 등과 같은 지역에 나타나는 경우가 많지만, 이러한 경우 졸참나무–밤나무군집이 가장 표고가 높은 곳까지 분포하고 있다. 분포의 상한에는 물참나무 이차림이고, 물참나무–밤나무군집과 인접해 있다. 졸참나무–밤나무군집에는 다음과 같은 식물이 잘 나타난다.

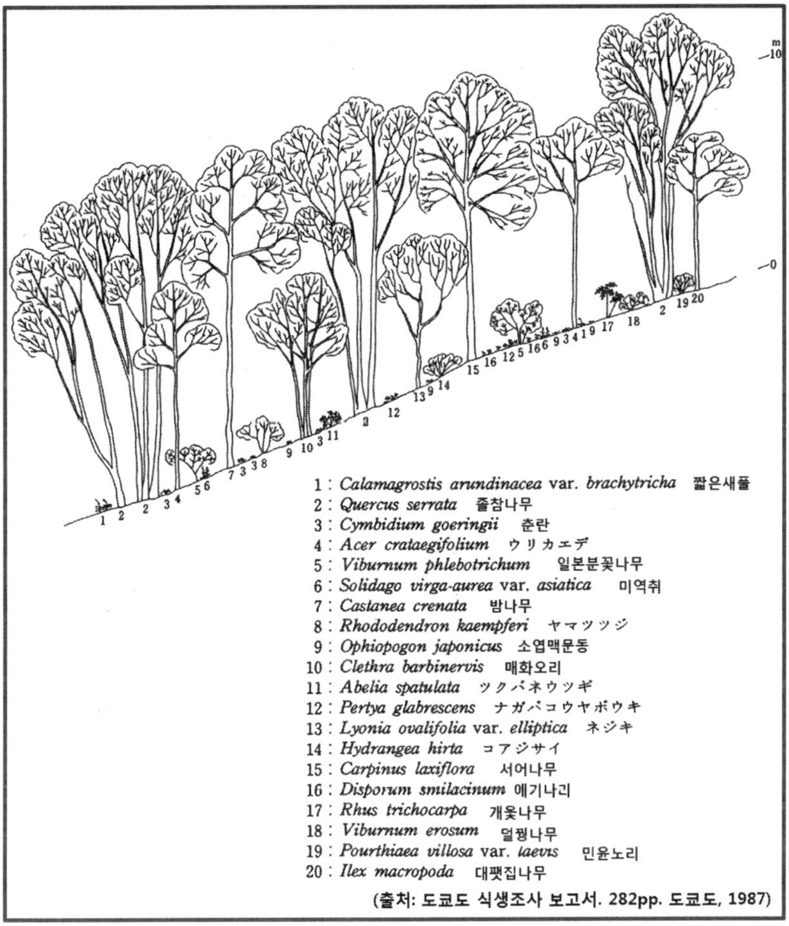

그림 5 졸참나무-밤나무군집 단면 모식도

졸참나무-밤나무군집의 분포지역 중에서 표고가 낮은 곳의 산림에는, 상록성의 종가시나무, 가시나무, 사스레피나무, 자금우 등이 출현한다.

교목층/아교목층	대팻집나무, 서어나무, 밤나무, 졸참나무, 벚나무, 매화오리나무
관목층	*Viburnum phlebotrichum*, 가막살나무, 민윤노리나무, 털조장나무, *Hydrangea hirta*, 생강나무, *Abelia spatulata*, 산가막살나무, 작살나무, 캠페리철쭉
초본층	큰비비추, 보춘화, 애기나리, *Calamagrostis arundinacea* var. *brachytricha*, 계요등, 아피니스뻐꾹나리

(2) 졸참나무-상수리나무 군집

주로 규슈 동반부의 대지나 구릉지에 나타나는 졸참나무림은 상수리나무, 가시나무, 차나무, 은난초 등의 식물이 출현하는 것이 특징이다. 무사시노 대지상의 잡목림의 대부분은 졸참나무-상수리나무 군집에 포함된다. 이 군집의 원기재지는 관동 지방이다. 졸참나무-상수리나무 군집에서는 정기적인 벌채와 하예작업, 낙엽채취 등이 행해지고 있는 농용림이 많은 것도 특징이다. 전형적인 숲은 대지상의 화산재가 두껍게 퇴적된 평지에 보여진다. 졸참나무-상수리나무 군집에는 다음과 같은 식물이 잘 출현한다.

교목층	상수리나무, 밤나무, 졸참나무, 벚나무
아교목층	때죽나무
관목층	*Lonicera gracilipes* var. *glabra*, 가막살나무, 민윤노리나무, 작살나무
초본층	미역취, 돌외, 인동덩굴, *Calamagrostis arundinacea* var. *brachytricha*, 그늘사초, 가는잎그늘사초

(3) 졸참나무-수도메제레움서향 군집

관동평야의 남부에서 동해, 긴키 지방의 연안부에는 예덕나무, 머귀나무, 왕잔디, 천선과나무 등 난지성의 식물이 졸참나무림으로 분포하고 있다. 이 숲에는 구실잣밤나무나 후박나무 등의 상록 활엽수가 많이 출현하는 것도 특징이 되고 있다. 이러한 특징을 가지는 졸참나무림은 졸참나무-수도메제레움서향 군집에 분류되고 있다. 이 군집은 난지형의 졸참나무림이라고 말할 수 있고, 원기재지는 카나가와현이다. 졸참나무-*Daphne pseudomezereum*군집에는 나음과 같은 식물이 살 나타난다.

교목층	예덕나무, *Acer mono* var. *dissectum*, 밤나무, 졸참나무, 층층나무
관목층	식나무, 참식나무, 사스래피나무, 동백나무
초본층	으름덩굴, 송악, 소맥엽문동, 마삭줄, 홍지네고사리, 맥문동

(4) 졸참나무-굴참나무군집

졸참나무-굴참나무군집은 규슈의 중부 지방 서쪽에 나타나는 졸참나무림에서 굴참나무, 채진목, *Rhododendron macrosepalum* 등이 출현하는 것에 의해 특징지어진다. 원기재지는 히로시마현이다. 종 조성은 위에서 서술한 졸참나무-밤나무군집에 유사하고, 졸참나무-밤나무군집과의 경계는 絲魚川-富士川 구조선과 거의 일치하고, 졸참나무-굴참나무군집에는 다음과 같은 식물이 흔히 나타난다.

교목층/아교목층	굴참나무, 때죽나무, 분홍빛나무, 밤나무, 졸참나무, 매화오리나무
관목층	낙엽관목 : *Acer crataegifolium*, 덜꿩나무, 노린재나무, 엘립티카리오니아, 동청목 상록관목 : 마취목, 동청목
초본층	*Pertya scandens*, 청미래덩굴, *Blechnum nipponicum*, 애기나리, 고사리

(5) 졸참나무-케네자사군집

중부지방의 남부로부터 긴키지방에 걸친 표고가 낮은 지역에는, 졸참나무-케네자사군집에 분류되는 케네자사, 종가시나무, 광나무 등이 출현하는 졸참나무림이 분포하고 있다. 원기재지역은 중부 지방 남부이다. 이 군집에는 종가시나무 등의 상록 활엽수의 출현이 두드러지는 것이 특징이다. 졸참나무-케네자사군집에는 다음과 같은 식물이 흔히 나타난다.

교목층/아교목층	굴참나무, 종가시나무, 때죽나무, 밤나무, 졸참나부, 벚나무
관목층	덜꿩나무, 코마유미, 감태나무
초본층	실새풀, 계요등, *Chrysanthemum makinoi*

(6) 졸참나무-오크쵸와지자크라군집

중부 지방에서 동북 지방의 일본해 쪽의 산지나 구릉에는, 오크쵸와지자크라, 식나무, 하이이누트게 등이 특징인 졸참나무림이 분포하고 있다. 이러한 숲은 졸참나무-오크쵸와지자크라군집에 분류되고 있다. 원기재 지역은 중부 지방이다. 일본해 식생이라고 불리는 식나무, 오크쵸와지자크라, *Camellia japonica* var. *decumbens* 등의 일본해 쪽에 편중된 분포형을 나타내는 식물의 구성종이 되고 있는 점에서, 다른 졸참나무림의 군집과 차이가 난다. 졸참나무-오크쵸와지자크라군집에는 다음과 같은 식물이 흔히 나타난다.

교목층	*Prunus grayana*, 분홍벚나무, 밤나무, 졸참나무
아교목층~관목층	*Lindera umbellata*, 오크쵸와지자크라, 코마유미, 개옻나무
관목층	식나무, *Camellia japonica* var. *decumbens*
초본층	미역취, *Struthiopteris niponica*, 보춘화, 선밀나물, 호자덩굴

(7) 졸참나무-털조장나무군집

시코쿠나 규슈의 약간 내륙부의 산지에는 졸참나무-털조장나무군집이라 불리는 털조장나무, *Sorbus japonica* 등이 출현하는 졸참나무림이 분포하고 있다. 졸참나무-털조장나무군집은 냉온대 하부에 주로 분포하고 있고, 졸참나무림은 군집 중에서는 고해발지까지 존재하는 군집이라고 말할 수 있다. 종 조성은 졸참나무-털조장나무군집의 분포지역에 나타나는 자연림인 *Fagus japonica*-*Styrax shiraiana*군집에 유사하다고 말해진다. 졸참나무-털조장나무군집에는 다음과 같은 식물이 흔히 나타난다.

교목층	밤나무, 졸참나무, 벚나무
아교목층	대팻집나무, 때죽나무, 매화오리
관목층	꽝꽝나무, 민윤노리나무, 덜꿩나무, 코마유미
초본층	청미래덩굴, *Struthiopteris niponica*, 보춘화, 덩굴용담

(8) 졸참나무-굴피나무군집

나가자키현의 대마도에 보여지는 졸참나무림에는, *Phoenosperma globosum*, 떡잎골무꽃, 굴피나무, 꽃며느리밥풀, 진달래 등이 특징적으로 출현하고, 졸참나무-굴피나무군집에 분류되고 있다. 이 군집은 주로 대마도 북부에 보이며, 대마도 남부에는 모밀잣밤나무 이차림 등의 조엽수 맹아 이차림이 많기 때문에, 졸참나무-굴피나무군집의 분포지역은 좁아지고 있다. 졸참나무-굴피나무군집에는 다음과 같은 식물이 흔히 나타난다.

교목층	굴참나무, 졸참나무, 굴피나무
아교목층	팥배나무, 때죽나무, 매화오리
관목층	낙엽수 : 덜꿩나무, *Rhododendron reticulatum*, 쇠물푸레나무 상록수 : 광나무, 사스레피나무, 동백나무
초본층	떡잎골무꽃, *Ophiopogon japonicus*, *Phaenosperma globosum*, *Trachelospermum asiaticum*, 맥문동

(9) 졸참나무-*Schoepfia jasminodora*군집

규슈 남부를 중심으로 한 화산재에 덮힌 저해발지에는 *Schoepfia jasminodora*, 조릿대풀, 별고사리, 백량금 등이 특징적으로 출현하는 졸참나무림이 보인다. 이러한 졸참나무림은 졸참나무-*Schoepfia jasminodora*군집으로 분류되고 있다. 원기재지는 규슈이다. 졸참나무-*Schoepfia jasminodora*군집에는 다음과 같은 식물이 흔히 나타난다.

교목층	상수리나무, 밤나무, 졸참나무, 벚나무
아교목층	종가시나무, 때죽나무, *Schoepfia jasminodora*, 산검양옻나무
관목층	낙엽수 : 천선과나무, 가막살나무, 덜꿩나무, 말오줌때, 작살나무 상록수 : *Symplocos lucida*, *Ilex chinensis*, 광나무, 사스레피나무, 백량금
초본층	댕댕이덩굴, 청미래덩굴, 홍지네고사리, 별고사리, *Akebia trifoliata*, 자금우

2) 물참나무 이차림의 분류

물참나무 이차림에는 개옻나무, 팥배나무, 음나무, 나무수국, 애기나리, 미역취, 덩굴옻나무, 산가막살나무 등이 전국적으로 자주 출현한다. 혼슈의 물참나무 이차림에는 *Acer rufinerve*, 매화오리, *Acer sieboldianum*, 산딸나무, 일본너도밤나무, 작살나무 등이 잘 보이는데 반해, 홋카이도의 물참나무림에는, 에조이타야, 민박쥐나물, 왕둥굴레, 촛대승마, 산뽕나무, 홀아비꽃대 등이 보이는 것이 특징이다. 또, 지역에 따라 자작나무, *Betula maximowicziana* 등의 자작나무류가 임관의 구성종이 되는 것이 있다.

물참나무 이차림의 식물 사회학적인 군집의 분류도 졸참나무 이차림과 같이, 주로 지역적인 종 구성의 차이에 기초를 두어 분류되고 있다. 냉온대 지역에는 너도밤나무 자연림과 함께 물참나무의 자연림도 꽤 분포하고 있다. 너도밤나무 분포가 없는 홋카이도의 쿠로가츠나이 저지 이북의 물참나무 자연림은 물참나무 이차림과 같은 군집에 위치하고 있지만, 규슈 이남에 보여지는 물참나무 자연림은 너도밤나무 자연림과 같은 군집에 속하는 것인지, 물참나무 이차림과 같은 군집에 속하는 것인지에 대해서는 견해가 엇갈리고 있다. 또한, 물참나무 자연림 중에서도 규슈 중부 이북의 산지 능선부의 토지적 극상으로 보여지는 물참나무 자연림은, 물참나무–*Tripetaleia paniculata*군집으로 분류되고 있다. 주로 물참나무 이차림의 유형에는 다음과 같은 것이 있다.

(1) 물참나무–까치박달나무군집

홋카이도의 태평양쪽이나 오호츠크해쪽의 약간 내륙 지역에는 오미자나무, 산벚나무, 삼포로스게 등으로 특징지어지는 물참나무가 분포하고 있다. 이러한 숲은 물참나무–까치박달나무군집으로 분류된다. 이 군집에는 물참나무의 자연림도 포함된다. 원기재 지역은 홋카이도 지방이다. 물참나무–까치박달나무군집에는 다음과 같은 식물이 흔히 나타난다.

교목층	에조이타야, *Tilia maximowicziana*, 산벚나무, 음나무, 일본목련, 물참나무
아교목층/관목층	팥배나무, 개물푸레나무, 까치박달나무, 돌개회나무, 산뽕나무
초본층	좀꿩의다리, 왕둥굴레, 관중, 촛대승마, 오미자, 파리풀, 민박쥐나물

(2) 물참나무-*Skimmia repens*군집

홋카이도의 일본해 쪽의 적설이 많은 지역에는, *Skimmia repens*, *Ilex rugosa*, 굴거리나무, 하이이메트 등이 특징인 물참나무림이 분포하고 있다. 이러한 특징을 가지는 물참나무림은 물참나무-*Skimmia repens*군집으로 분류된다. 이 군집에는 물참나무 이차림 뿐 만 아니라, 물참나무, *Tilia japonica* 등으로부터 조성된 자연림도 포함된다. 물참나무-*Skimmia repens*군집에는 다음과 같은 식물이 흔히 나타난다.

교목층	아카이타야, *Tilia japonica*, 사스레나무, 트드마트, 물참나무
아교목층/관목층	팥배나무, 오오트리바나, *Acanthopanax sciadophylloides*, 코마유미, 마가목, 나무수국, 하이이누가야, 하이이누트게, *Acer japonicum*, 산가막살나무
초본층	관중, 등수국, 촛대승마, *Skimmia repens*, *Leptorumohra miqueliana*, 큰두루미꽃, 머루

(3) 물참나무-수호초군집

홋카이도의 약간 적설이 많은 지역에는 수호초, *Tilia maximowicziana*, 개물푸레나무, 키타코브시, 새우나무, 아카이타야, 분난나무, 신가막살나무 등이 특징인 물참나무림이 보인다. 이러한 특징을 가지는 물참나무림은 물참나무-수호초군집에 분류된다. 물참나무자연림도 이 군집에 포함된다. 물참나무-수호초군집에는 다음과 같은 식물이 흔히 나타난다.

교목층	*Tilia maximowicziana*, 에조이타야, 키타코브시, *Tilia japonica*, 음나무, 일본목련, 물참나무
아교목층/관목층	*Fraxinus lanuginosa*, 팥배나무, 코마유미, 까치박달나무, 나무수국, *Acer japonicum*, 하이이누트게, 개옻나무, 산뽕나무
초본층	바위수국, 관중, 등수국, 촛대승마, 홀아비꽃대, 큰두루미꽃, 쥐다래, 머루

(4) 물참나무-털조장나무군집

규슈의 주로 일본해 쪽의 산지에는 하이이누트게, 아카이타야, 털조장나무, 하이이누가야, 골병꽃나무, *Acer palmatum* var. *matsumurae* 등이 특징인 물참나무림이 분포되어 있다. 이러한 숲은 물참나무-털조장나무군집으로 분류되고 있다. 원기재지는 나가타현 키요츠쿄이다. 물참나무-털조장나무군집에는 다음과 같은 식물이 흔히 나타난다.

교목층	아가이타야, 분홍벚나무, 밤나무, 졸참나무, 너도밤나무, 물참나무
아교목층~초본층	낙엽수 : 산매자나무, *Prunus jamasakura*, 분단나무, 털조장나무, 참개 암나무, 매화오리 상록수 : 눈개비자나무, 하이이누트게, *Aucuba japonica* *Sasa*류 : *Sasa palmata*, 섬조릿대
초본층	미역취, *Carex foliosissima*, *Struthiopteris niponica*, 타시시오데, 애기나리, 덩굴옻나무, 호자덩굴

(5) 물참나무-*Sasa nipponica*군집

규슈 중부의 내륙부의 산지에는 박달나무, 산개벚지나무, 아그배나무 등이 특징적으로 보이는 물참나무 이차림이 분포하고 있다. 이러한 물참나무림은 물참나무-*Sasa nipponica*군집으로 분류되고 있다. 원기재지는 나가노현이다. 물참나무-*Sasa nipponica*군집이 발달하는 지역은 내륙적 기후 아래에 있고 연강수량이 적은 지역이다. 이 때문에, 해양성 기후 하에서 우세한 너도밤나무림의 발달이 나쁘고, 물참나무–*Sasa nipponica*군집이 이러한 지역의 오늘의 잠재 자연식생이라고 생각된다. 물참나무–*Sasa nipponica*군집에는 다음과 같은 식물이 흔히 나타난다.

교목층	자작나무, 물참나무, 물박달나무
아교목층~관목층	노린재나무, 팥배나무, 나무수국, 음나무, *Ligustrum tschonoskii*, 산개벚지나무
초본층	미역취, *Hosta sieboldiana*, 은방울꽃, 뱀고사리, 큰두루미꽃, *Sasa nipponica*

(6) 물참나무–밤나무군집(그림 6)

규슈의 태평양 쪽의 산지나 추고쿠 지방에는 *Carpinus japonica*, 개서어나무, 국수나무, *Stewartia pseudocamellia*, *Hydrangea hirta* 등이 특징적으로 출현하는 물참나무림이 넓게 보인다. 이러한 물참나무 이차림은 물참나무–밤나무군집으로 분류되고 있다. 물참나무–밤나무군집의 지역이나 입지의 차이 등에 의해 종 조성이 변화되고, 다양하기 때문에, 몇 개의 군집으로 나누어지는 것도 있다. 물참나무–밤나무군집에는 다음과 같은 식물이 흔히 나타난다.

교목층	개서어나무, 우라겐고우카에데, *Acer rufinerve*, *Carpinus japonica*, 밤나무, 졸참나무, 일본목련, 물참나무
아교목층/관목층	대팻집나무, 팥배나무, *Acer palmatum* var. *amoenum*, *Lindera umbellata*, *Acer sieboldianum*, 참개암나무, 매화오리, 산가막살나무, *Rhododendron obtusum* var. *kaempferi*, *Sasa*류 : 조릿대, *Sasa nipponica*
초본층	미역취, 까실쑥부쟁이, 애기나리, 대사초, 그늘사초, *Tricyrtis affinis*

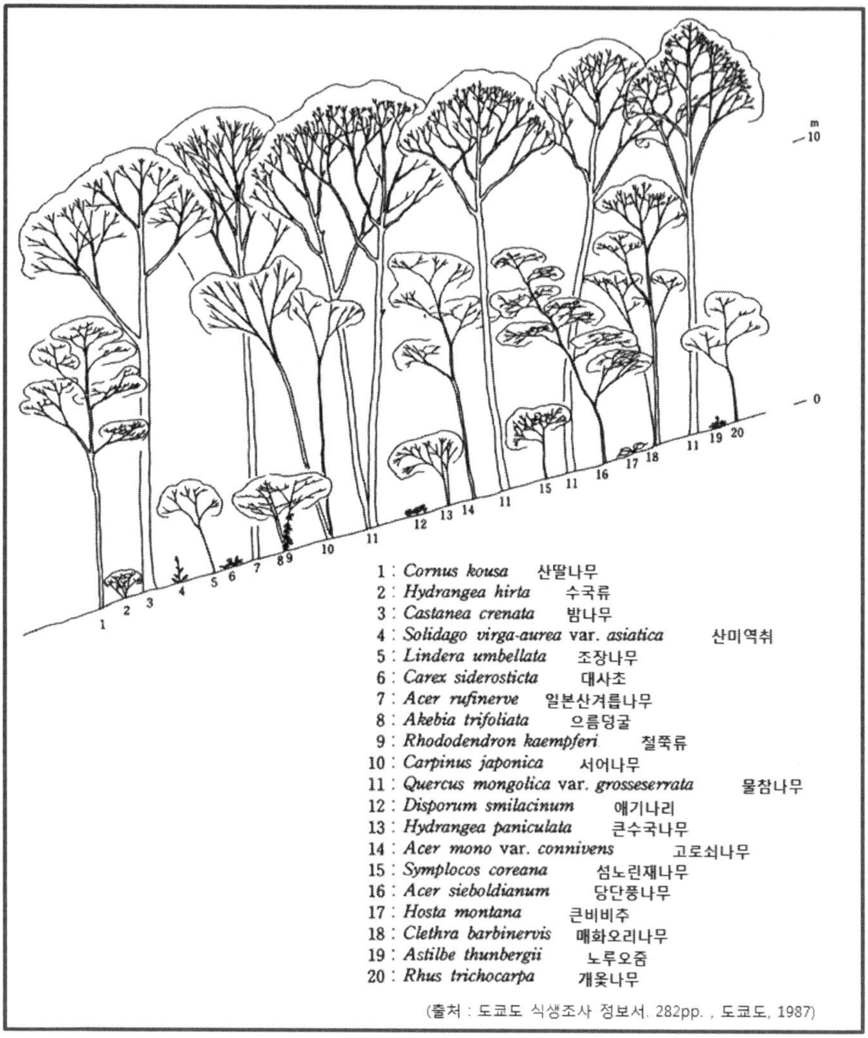

그림 6 물참나무-밤나무군집 단면 모식도

(7) 물참나무-매화오리군집

규슈의 화산성 산지의 임상에 *Sasa nipponica*나 조릿대가 우점하고, *Lindera triloba*, 꽝꽝나무, *Hydrangea luteovenosa* 등의 관목류로 특징지어지는 종 조성이 빈약한 물참나무 이차림이 보인다. 이러한 물참나무 이차림은 물참나무-매화오리군집으로 분류되고 있다. 원기재지는 규슈이다. 물참나무-매화오리군집에는 다음과 같은 식물이 흔히 나타난다.

교목층	*Carpinus japonica*, 너도밤나무, 물참나무
아교목층/관목층	대팻집나무, 때죽나무, *Hydrangea luteovenosa*, *Lindera triloba*, *Acer sieboldianum*, 조릿대, *Enkianthus cernnus* for. *rubens*, 매화오리
초본층	*Struthiopteris niponica*, *Rubus palmatus* var. *palmatus*, *Sasa nipponica*

3) 떡갈나무림

떡갈나무림도 일본에 폭넓게 분포하고, 규슈에서 홋카이도까지 보인다. 주로 난온대북부로부터 냉온대로 분포하고 있고, 특히 산불 후에 방치된 후 초원적인 환경 하에서 잘 보인다. 또한 홋카이도의 토카치 평야 등의 화산재로부터 생성된 대지에서 강수량이 적은 곳에는 자연림으로서의 떡갈나무림도 보인다. 더욱 북부의 해안에는 떡갈나무의 자연관목림도 보인다. 이것들의 대표적인 식물에는 참억새, 고추나물, 큰기름새, 잔대, 잡싸리, 싸리, 참싸리, 씀바귀 등을 들 수 있다. 떡갈나무림은 종 조성으로부터 몇 개의 유형을 볼 수 있다. 그러나 혼슈나 규슈의 떡갈나무림에 대해서는 추고쿠 지방에서 보고된 적있는 떡갈나무–*Lindera umbellata*군락을 시작으로 해 몇 개의 군락이 보고되고는 있지만 광역적인 비교에 기초를 둔 군락 분류의 연구는 그다지 진척되고 있지 않다. 지금까지 홋카이도의 떡갈나무림으로부터 다음의 2개의 군집이 보고된 것뿐이다. 어느 쪽의 군집에도 자연림과 이차림의 양자가 포함되어 있다.

(1) 떡갈나무–오오크마자사군집

홋카이도의 태평양 쪽의 해안부나 대지위의 넓어지는 떡갈나무림은 가는오이풀, 숲개밀, 조뉴우 등이 특징이고, 떡갈나무–오오크마자사군집으로 분류되고 있다. 이 숲은 높이 4m 정도의 관목림에서 12m 정도의 교목림까지 포함되어 있다. 떡갈나무–오오크마자사군집은 다음과 같은 식물이 흔히 나타난다.

교목층~관목층	에조이타야, 떡갈나무, 음나무, 물참나무 *Sasa*류: 오오크마자사, *Sasa nipponica*
초본층	좀꿩의다리, 잔대, 피사초, 잡싸리

(2) 떡갈나무-에조노요로이그사군집

홋카이도의 일본해 쪽이나 오호츠크해 쪽의 해안부에는 선갈퀴, *Sasa palmata* 등이 특징인 떡갈나무림이 보여진다. 이러한 숲은 떡갈나무-에조노요로이그사군집으로 분류되고 있다. 떡갈나무-에조노요로이그사군집에는 다음과 같은 식물을 볼 수 있다.

교목층	떡갈나무, 음나무, 물참나무
관목층	*Sasa palmata*
초본층	*Angelica ursina*, 에조노요로이그사, 선갈퀴, 덩굴옻나무

3-4 잡목림의 식생학적 가치

위와 같이 서술해 온 것처럼 일본의 잡목림에는 많은 유형이 있다. 같은 졸참나무 이차림이라 해도 지역이나 환경이 다르면 그 숲에 생육하는 식물에는 차이가 보인다. 이러한 차이는 1개의 군집 중에도 보인다. 식생학적인 군락 분류로는 아군집이나 변군집 등으로서 군집을 더욱 세분할 수 있다. 즉, 각각의 군집에는 종 조성이 조금씩 다른 몇 개의 유형이 존재하고 있는 것이다. 잡목림이 가지는 이러한 종 조성의 변이가 많음은 잡목림을 구성하는 식물적 자연의 풍부함의 반영이고, 잡목림의 자연적 가치가 큰 결과이기도 하다.

잡목림을 구성하는 식물의 다양성은 자연림인 너도밤나무림이나 메밀잣밤나무림 등 보다 적은 것은 아니다. 또, 잡목림을 특징짓는 식물에는 졸참나무나 물참나무,

상수리나무 등의 임관구성종도 포함해, 중국 대륙과의 공통종이 많고, 그 중에는 희소종도 많이 포함되어 있다. 이러한 잡목림 구성종의 다양성과 특이성은 잡목림이 가지는 중국 대륙 북부의 너도밤나무형 산림대와의 지사적(地史的)·식생적 관련성과 깊게 결부된 것이다. 잡목림은 식생학적으로 큰 가치가 있다.

잡목림의 식생관리의 실천은 다양성에 따라 세심한 배려가 필요하고, 잡목림의 종조성에 기초를 둔 분류가 도움이 된다.

(호시노 요시노부)

4. 잡목림의 물질 순환

어떤 일정한 지역에 생활하는 생물 군집과 그것을 둘러 싸고 있는 무기적 환경으로 된 1개의 물질계를 생태계라고 말한다. 생태계는 조화된 계이고, 잡목림의 생태계, 호수의 생태계같이 명확하게 구분할 수 있다. 생물 군집의 구성 요소는 생산자, 소비자, 분해자이다. 무기적 환경의 주된 구성 요소는 대기, 토양, 물, 빛이다.

생태계에서의 생산자란 무기물질로부터 생물체에 필요한 모든 유기물을 합성할 수 있는 생물(독립 영양 생물)로, 대부분은 녹색 식물이다. 소비자란 생산자에 의해 만들며 유기물을 영양원으로 하는 생물(종속 영양 생물)이고, 대부분은 동물이다. 분해자란, 죽은 생물을 무기화하고 생산자가 이용할 수 있는 물질로 변환시키는 종속 영양 생물로 박테리아나 균류 등의 미생물이다.

생태계내로 물질의 유입, 계 외로의 유출 및 계 내로의 물질의 동태를 물질순환이라고 말한다. 어느 정도 크기의 임지에서 생물의 움직임이 왕성하면 물질 순환을 조사하는 것에 의해시 그 숲의 건전성이나 그 숲의 목적에 따라 취급 방법을 알 수 있다. 또, 산성비에 대한 완충 작용, 인간 간섭에 의한 산림 생태계의 변화나 온난화로 인해 식생의 변화 등에 대해서도 알 수 있다.

일반적으로 산림의 물질 순환은 다음의 3개의 순환계로 나눌 수 있다.

① 지구 화학적 순환: 생태계 간의 화학 물질의 순환으로 대표적인 것으로서, 토양이나 식물로부터의 대기에 CO_2 방출이나 대기로부터의 풍진이나 강우에 포함되는

물질의 계 내부로의 유입 및 계 외부로의 유출이 있다.

② 생물 화학적 순환: 개개의 생물체내에서 화학 물질의 순환으로 대표적인 것으로서 잎이 떨어지기 전에 잎에 포함되어 있는 양분의 가지, 줄기나 뿌리로의 이동(전류)이, 하부 잎에 포함되어 있는 양분의 생리 활성이 높은 상부 잎으로 이동이 있다.

③ 생물 지구 화학적 순환: 생물권에 있어서 생물과 그것을 둘러싸고 있는 환경과의 사이의 물질 교환이다. 질소의 순환을 예로 들면, 대기 중의 질소는 강우나 질소 고정균에 의해 산림에 공급된다. 낙엽·낙지(리터폴)에 의해 토양에 공급된 유기질소가 미생물에 의해 무기화되고, 다시 식물에 의해 흡수된다. 한편, 토양중의 질소의 일부는 계류로부터 생태계 밖으로 유출된다.

인간과 깊은 관계가 있는 잡목림의 물질 순환을 생각하는 경우 생물 지구 화학적 순환을 생각할 필요가 있다.

본 장에서는 잡목림의 물질 생산과 물질 순환에 대해서 설명한다.

4-1 잡목림의 물질 생산

폐쇄된 임지와 농경지 토양의 차이는 임지는 기본적으로는 그다지 인간의 힘이 가해지지 않은 자연계이다. 따라서 토양의 표면에 매년 정기적으로 일정량의 유기물이 리터폴로서 부가되고 있다. 그러나 농용림이나 신탄림으로서 사용되고 있는 잡목림의 토양은 리터폴의 계 외로의 유출이나 15-25년 사이클의 벌채가 행해지고 있기 때문에 임지와 농경지의 중간적인 토양이라고 말할 수 있다.

식생천이로 보면, 잡목림은 단순한 시생으로부터 일정한 극상으로 천이하는 과정에서 복층 구조가 발달되고 있는 자연 생태계이다. 한편, 천이의 진행은 인위적으로 저지되는 인위생태계로서 경지의 경우, 특정의 자원 생물의 생산을 목적으로 하기 때문에 식생은 단순하다. 조림지 같이 집약적인 시업을 하고 있는 바이오매스 임업이나 단벌기의 신탄림 관리를 행하는, 상수리나무-졸참나무 등을 주로하는 잡목림도 농업생태계에 가깝다. 농업생태계에서는 거기서 생활하고 있는 곤충류의 종류나 조성은 자연 생태계에 비해 단순하다.

1) 잡목림의 현존량

(1) 에저지의 흐름

생태계의 생산자인 녹색식물은 태양으로부터의 복사에너지를 소비자나 분해자가 이용할 수 있는 유기물의 형태로 고정한다. 이것을 1차 생산이라고 말한다. 소비자나 분해자는 이 유기물을 소비해 다른 유기물로 바꾸므로 2차 생산이라고 말한다.

잡목림에 있어서, 생육 기간 중의 수관 표면에 도달한 복사에너지의 15%는 반사된다. 잡목림에 흡수된 에너지의 대부분은 증발산에 따른 기화열로서 소비되고, 광합성에 이용하는 에너지는 생육 기간 중의 에너지의 수 퍼센트에 지나지 않는다. 광합성에 의한 총생산량의 거의 반이 호흡으로 소비되고, 또 식엽성 곤충에 의한 피해를 제하면, 현존량의 증가에 의한 에너지의 축적은 생육 기간 중의 복사에너지의 1% 이하이다.

농작물과 비교해 잡목림의 순생산량은 크지만, 나무가 성장하게 됨에 따라 점차 호흡량이 증가하고, 순생산량은 작아진다. 일반적으로, 총호흡량의 반이 가지, 줄기, 뿌리 등의 비광합성 기관에 의한 호흡이고 나머지 반은 광합성 기관에 의한 호흡이다. 순생산량으로부터 동물이나 곤충에 의한 소비이나 리터폴량을 공제한 현존량의 증가량(성장량)은 나무가 성목일 때에 점차 작아진다. 20년생 전후로 벌채하는 신탄림에서는 연간의 재적성장량이 가장 클 때에 벌채하며, 갱신을 반복한다.

(2) 지상부의 현존량

폐쇄한 산림의 지상부 현존량(건중/ha)을 그 산림의 평균수고로 나누어 요구한 값(현존량밀도)은 군락의 높이에는 거의 영향을 받지 않는다. 지상부 현존량은 산림의 높이에 비례하고 있고, 평균수고를 알면 그 값의 10배가 그 산림의 대략의 현존량이다. 예를 들면 수고가 10m 정도의 잡목림의 지상부 현존량은 대략 100t/ha이다.

표 1 산림의 엽량과 낙엽량(只木. 蜂屋)

산림의 유형	엽량(건중)		연간낙엽량(건중)
낙엽활엽수림	2.9±1.5 t/ha·년	(97)	3.2±2.0 t/ha·년
낙엽침엽수림*	2.9±1.0	(26)	2.7±0.6
상록활엽수림	8.6±2.6	(44)	3.7±1.5
상록침엽수림**	16.0±4.6	(47)	3.4±2.5
소나무	6.8±1.8	(59)	3.4±2.4
삼나무림	19.4±4.9	(96)	3.5±3.4

주)*낙엽송림 **삼나무, 소나무, 눈잣나무림은 제외
()내 숫자는 조사 자료 수

일본에서의 산림의 잎의 현존량에 대해서는 많은 조사가 있고, 只木들에 의해 표1과 같이 정리되어 있다. 온대에 있는 낙엽 활엽수림에서는 대략 3 t/ha의 엽량, 난대에서 아열대에 걸친 상록 활엽수림에서는 대략 9 t/ha의 엽량을 가지고 있다.

수종에 관계없이, 낙엽량은 대략 3 t/ha이므로, 산림의 유형에서 엽량이 다른 것은 잎의 수명에 크게 영향을 주고 있기 때문이다. 상록 활엽수의 잎의 수명은 대략 3년으로 소나무는 2년, 상록 침엽수로 4-5년 정도이다. 낙엽 이외에, 연간 1-2 t/ha의 나무껍질, 가지, 종자 등이 토양으로 떨어지기 때문에, 총리터폴량은 4 5 t/ha이 된다.

(3) 리터폴층 (A_0층)

폐쇄된 임지에서는, 매년 유기물이 일정량 공급되기 때문에 토양에는 A_0층이 형성된다. 난온대의 일본의 산림에서는 A_0층 량은 10-20 t/ha로 거의 일정하다. 마을산에 가까운 낙엽 활엽수를 주로 하는 잡목림의 A_0층은, 낙엽의 분해가 좋기 때문에 5 t/ha정도로 적다. 또, 특히, 퇴비 등으로 낙엽이 꺼내지고 있는 잡목림의 A_0층 량은 매우 적다. 한편, A_0층은 다음 3개의 층으로 분류된다.

① L층(낙엽층): 신선한 낙엽. 떨어진 가지가 퇴적한 층.

② F층(부엽층): 낙엽 등은 노후, 분해하고 있지만, 식물 조직이 육안으로 식별할 수 있는 층. 잡목림의 경우, 분해의 정도에 따라 F_1층과 F_2층으로 나누는 경우가 있다.

③ H층(부식층): 분해가 더욱 진행되어 원래의 조직을 알 수 없는 층.

미생물에 의한 분해가 좋은 임지에서는 F, H층이 적고, 분해가 나쁜 곳에서는 F, H층은 많다. 활엽수림과 초원에서 유기물총량은, 그 정도 차이는 보이지 않지만, 토양 중에 포함되는 유기 물량은 산림과 초원에서는 다르고, 초원에서는 지상부의 유기물량에 비교해 토양중의 유기물량이 매우 많은 것이 특징이다(그림 1). 한편, 산림에서는 지상부의 유기물량이 초원에 비교해 현저하게 많고, 다른 층에 비교해 표층에서의 토양 유기물량이 많은 것이 특징이다.

이것으로부터도, A_0층 양과 A_0층에 가까운 표층에서의 유기물량 및 미생물에 의한 분해는 잡목림의 물질순환에 있어서 큰 역할을 담당하고 있다. 산림 현존량의 분포의 특징에서 단벌기의 반복에 의한 지상부 유기물의 유출은 물질순환이나 지력에 큰 영향을 미친다.

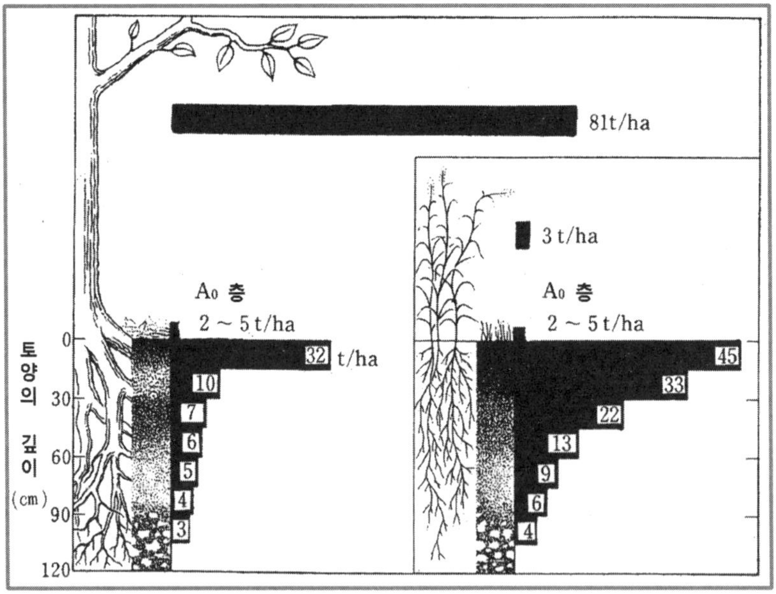

그림 1 낙엽활엽수림(좌)과 초원(우)의 유기물의 분포(Forth)

A_0 층의 분해는 온도에 크게 영향을 받는다. 열대 강우림의 리터폴량 30 t/ha과 4-5 t/ha의 일본 산림의 리터폴에 비교해 5배 정도 많지만, 열대 강우림의 A_0층 량

은 70 t/ha 전후로 일본의 난온대림의 5배 이상이다(그림 2).

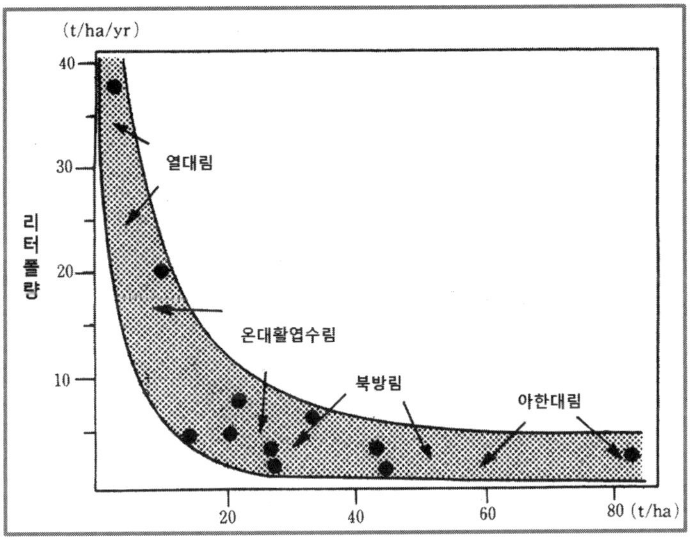

그림 2 A_0층 량과 연간 리터폴량과의 관계(Kimmins)

(4) 지하부의 현존량

일반적으로 수목의 뿌리무게와 D^2H [흉고직경(㎝)의 제곱×수고(m)]나 D^2와의 사이에는 상대 성장식(뿌리의 중량 = $a(D^2H)^h$)가 성립된다. 특히 뿌리무게가 D^2와의 사이의 상대 성장 관계에서는, 계수 h는 약 1이다.

어느 정도 이상 크기의 수목에서는 지상부량과 지하부량의 비가 일정하게 3-5이다. 지하부의 현존량 조사는 매우 곤란하므로, 이들 값을 이용해, 지하부의 현존량을 추정하고 있다.

4-2 잡목림에 있어서의 물질 순환

잡목림의 생태계에 있어서 탄소 이외의 물질 순환은 생태계 내로의 유입과 생태계

외로의 유출의 경로를 지니고 있다. 또, 생태계 내만을 순환하는 경로도 있다. 탄소는 질소 같은 토양으로부터 임목이라고 말하는 순환 경로가 아니기 때문에 개방계 순환이다.

여기서는 잡목림의 물질순환의 특징을 생태계로의 유입, 리터폴, A_0층에서의 유기물의 무기화나 계류에서 계외로의 유출 등으로부터 설명하고자 한다.

1) 빗물에 의한 임지로의 물질 공급

공중 질소의 고정 이외에, 잡목림에는 풍진과 강수(임외 우)에 의해서, 물질이 유입된다. 강수에 의해 잡목림에 공급되는 물질량은 임지를 둘러쌓고 있는 환경이나 도시, 공장이나 바다의 근접에 따라 크게 다르다.

표 2에 산림에 공급되는 물질량의 일례를 나타낸다. 일본의 하천의 상류에 위치하는 산림으로는 강수에서 공급되는 물질량은 대략 질소가 5kg/ha, 인이 0.3kg/ha, 칼륨이 5kg/ha, 칼슘이 10kg/ha, 마그네슘이 2kg/ha이다. 한편, 대도시인 동경의 교외에서는 질소는 약 10kg/ha으로, 상류의 산림의 2배가 되기도 한다.

표 2 강수에 포함되는 연간의 물질량(Binkley)일부 가필

장소	강수량 (㎝)	질소	인	칼륨	칼슘 (㎏/ha)	마그네슘	황
캐나다(Ontario)	100	10	0.4	1.6	6.8	1.0	30
U.S.A.(미시간)	80	8	0.3	2.7	10.5	1.7	18
U.S.A.(워싱턴)	140	2	0.3	1.2	3.1	1.2	13
독일	94	22	0.2	12.1	21.2	3.9	30
노르웨이	47	4	〈0.1	0.6	0.9	0.7	5
헝가리	60	20	1.3	7.4	17.0	2.3	18
영국	110	6	0.5	3.0	5.0	1.8	6
일본	170	5	0.3	5.0	10.0	2.0	-

일본의 산림에서는 연간 5kg/ha의 질소가 강수로서 공급되지만, 산성비로 심각

한 문제를 야기시키는 독일이나 헝가리에서는 연간 20㎏/ha 정도의 질소가 공급되고 20~30㎏/ha의 황이 공급된다.

수관에 도달한 강수 중, 20~30%는 수관에 의해 차단되고, 잎으로부터 다시 증발한다. 나머지의 약 70~80%의 빗물은 수관으로부터 토양으로 낙하하는 강수와 수간을 통해 토양으로 들어가는 수간류로 갈라진다.

수관에 도달한 강우는 잎에 부착된 여러 가지 고형물을 씻어내고 잎에 있는 여러 종류의 물질을 용탈시킨다.

임내 빗물로 토양에 공급되는 칼륨 이외의 물질량은 강수의 2~3배 정도 증가한다. 칼륨은 수관을 통과하는 것에 의해서, 침엽수림으로는 대략 5배, 낙엽 활엽수림에서는 5~10배 정도 증가된다. 일반적으로 pH의 낮은 빗물이 수관을 통과하면 침엽수림보다도 활엽수림에서 pH는 높아지지만, 이것은 엽면에서 수소와 칼륨과의 교환이 이루어지기 때문이다.

수간류로 임지에 도달하는 강수량은 강수의 10% 이하이다. 임외우나 임내우에 비교해 수간류의 물질 농도는 높다. 또, 삼나무 같은 수피가 거칠은 수종에서는 활엽수와 비교해 수피에 부착하고 있는 부식산 등에 의해서 수간류의 pH는 저하한다.

임내 강수나 수간류에 의해 토양에게 공급되는 물질이 대부분은 이온의 형태이므로 식물에 의한 흡수가 용이하다. 따라서 임지의 물질 순환을 생각하는 데 있어서 중요하다.

2) 리터폴로서 임지에 공급되는 물질량

토양으로 공급되는 물질량은 수종이나 입지 조건에 따라 다르다. 일반적으로 삼나무나 편백림보다도 낙엽활엽수나 상록활엽수 쪽이 리터폴에 포함되는 물질량이 많다(표 3). 물질량을 건물양으로 뺀 값이 리터폴의 물질 농도이지만, 삼나무 편백의 리터폴의 농도는 낙엽 활엽수에 비해 낮다.

이것들의 물질을 포함한 리터폴이 임지로 공급되고, 인간의 손이 닿지 않는 온난하고 강우가 많은 폐쇄된 임지에는 거의 정상의 A_0층이 형성된다. 매년 리터폴에 의해 임지에 공급되는 물질량은 대략 질소나 칼슘이 50㎏/ha, 인이 4㎏/ha, 칼륨이 15㎏/ha, 마그네슘이 8㎏/ha이다. 퇴비 등으로 인해 리터폴을 계외로 유출시키는 것에 의해서 이것들의 물질량의 순환이 감소된다.

표 3 수종별 리터폴 및 A_0층의 중량과 물질량

	수종	건물량 (t/ha)	질소	인	칼륨	칼슘 (㎏/ha)	마그네슘
리터폴	삼나무·편백림	3-5	30	2	10	30	5
	낙엽 활엽수림	4	45	4	15	50	8
	상록 활엽수림	6	70	3	20	65	9
A_0층	삼나무·편백림	10-15	100	5	10	100	10
	낙엽 활엽수림	10	70	5	10	70	10
	상록 활엽수림	20	200	10	30	200	20

3) A_0층의 유기물의 집적과 분해

A_0층의 물질 집적량은 리터폴에 크게 의존하고 있기 때문에 계절에 따라 변화한다. 일본의 침엽수림이나 낙엽활엽수림의 낙엽 시기는 가을이고, 상록활엽수림의 낙엽은 여름에 많다.

삼나무나 편백림 등의 침엽수림과 낙엽 활엽수림의 A_0층 중의 물질량을 비교하면, 분해가 좋은 낙엽활엽수보다 다소 적다(표 3). 그러나 상록활엽수는 리터폴이 많기 때문에, A_0 층의 물질량도 많다. 상록 활엽수림의 A_0층은 낙엽 활엽수림에 비해 많기 때문에, 분해는 낙엽 활엽수에 비해 늦게 진행된다고 생각되지만, 분해 속도는 그다지 큰 차이는 보이지 않는다. 마을산에 가까운 잡목림에서는 A_0층의 분해가 좋기 때문에 A_0층의 량은 5t/ha정도에서 물질량은 일반의 낙엽 활엽수림의 절반 정도이다.

임지에 공급된 리터폴은 토양 중의 소동물(지렁이, 노래기류 등)이나 미생물(곰팡이, 박테리아 등)에 의해 파괴·분해되고, 그 과정에서 대부분은 CO_2가 되어 대기 중으로 방출된다.

임지에 공급된 동식물 유체의 분해에 수반하여 토양 고유의 고분자 화합물인 부식이 생성된다. 토양 수분의 존재로 점토와 부식이 결합되고, 다른 물질의 흡착, 팽윤성, 응집성을 가지는 점토 콜로이드를 생성한다. 점토 콜로이드는 음하전을 띠고 있기 때문에 칼슘이나 마그네슘 등의 양이온을 흡착할 수 있다. 수분 환경이 좋은 토양에서는 점토 콜로이드에 의해 입단 구조가 발달된다. 입단 구조의 발달은, 토양의 보수성에 큰 영향을 받고 중, 소 공극량을 증가시킨다. 또 입단 구조의 발달은 pH나 교환성 양이온량을 높인다. 이와 같이 부식은 토양의 물리 화학적 성질을 양호하게 하고, 임목의 생육에 좋은 토양 환경을 준다. 따라서, 리터폴이나 A_0층의 계로부터의 유출은 미생물의 활동이 억제되기 때문에, 입단구조의 발달이 억제된다.

미생물에 의한 유기물의 분해는 온도나 수분 등에 크게 영향을 받는다. 또, 유기물 중의 화학적 성질, 특히, 탄소와 질소와의 비(C/N)와 크게 관계하고 있다. 미생물은 유기물 중의 탄소를 에너지로 하고, 질소를 영양으로 하고 있다. C/N 비가 30 이하의 경우, 탄소와 질소가 균형에 맞게 소비되지만, 그 이상의 경우, 에너지원인 탄소는 충분하지만 영양이 되는 질소는 부족하다.

수목의 부위가 신선하다면 대략 탄소는 50%이므로, 유기물 중의 질소농도가 분해에 크게 영향을 준다. 같은 수종이라도 잎의 질소 농도는 토질이 좋은 곳에서는 높고, 토질이 나쁜 곳에서는 낮지만 수종에 따라 질소 농도는 크게 나르다. 일빈적으로 낙엽 활엽수의 잎의 질소 농도는 높고, 2% 이상이다. 상록 활엽수는 1.5-2.0%이고 삼나무나 편백은 1% 전후이다.

삼나무·편백림의 L층, F층, H층의 C/N 비는 각자 50, 30, 25 전후이다. A_0층의 밑에 있는 A층의 C/N 비는 20 이하이다.

C/N 비가 30 이하의 유기물은 분해에 동반해 탄소와 질소 농도를 같은 비율로 감소시켜 H층 및 광물 도양층으로 전이된다. 그러나 C/N 비가 30 이상인 유기물은 탄소 농도의 감소는 적고, 미생물에 의해 유기물 중의 질소농도가 증가되고, C/N 비가 30 이하의 F층이 되고, H층으로 변화된다. 여기서 인간 등에 의한 A_0층의 큰 교란은 미생물에 있어서 좋은 것이 아니다.

가지나 줄기 등의 C/N 비는 수백으로 매우 높다. 표층 토양의 경우, 산림으로는 수년 동안 분해하지만, 경지에서는 매우 느리다. 일반적으로 임지에서는 미생물에 의한 분해가 완만하게 행해지는 것이 특징이다.

현재도 임지의 낙엽을 모아서 퇴비를 만들고 있지만, C/N 비의 높은 유기물을 밭 등에 넣으면, 미생물에 의한 토양 중의 무기질 질소의 유기화가 일어나고 현저한 경우에는 작물의 질소 결핍인 질소기아가 일어난다. 그 때문에 퇴비는 C/N 비를 30 이하로 유지하고 사용할 필요가 있다. 삼나무 등의 잎으로 퇴비를 만들지 않지만, 이것은 침엽수의 잎의 분해가 늦고 또 균일하게 C/N 비를 30 이하로 하는 것이 어렵기 때문이다.

A_0층 중량의 70-80%는 낙엽이고, A_0층 중의 양분량의 대략 90% 이상이 낙엽에 의한 것이다. 임지의 A_0층을 깨끗하게 채취하는 것은, 낙엽 활엽수의 경우, 질소나 칼슘이고 대략 70㎏/ha의 양분이 생태계에서 유출된다.

A_0층에 포함되는 물질량은 뒤에 서술하겠지만 수목이나 광물 토양에 포함되는 양과 비교하면 표층 토양의 상부를 A_0층으로 덮고 있는 것은 표층 토양의 미기상의 형성, 빗방울의 충격완화에 의한 표층 토양 구조의 파괴 방지, 토양 동물이나 미생물에 의한 토양의 생성, 토양 구조의 발달, 일정량의 무기화에 의한 토양 양분공급 때문에 큰 역할을 담당하고 있다.

4) 토양 중의 물질 현존량과 유기물의 무기화

임지에 공급된 리터폴은 토양 동물이나 미생물에 의해 분쇄·분해(무기화 작용)된다. 한편, 유기물의 분해 과정과 병행하면서, 유기물의 일부 및 미생물 생성물의 일부는 분해하기 어려운 물질로 변질된다. 낙엽·낙지가 항상 공급되는 임지에서는 표층에서 탄소나 질소량이 많고, 하층으로 갈수록 감소한다. 또, 임목에 흡수 가능한 토양 중의 칼륨이나 칼슘, 마그네슘도 표층 토양에 많다.

대기에는 약 80%의 질소를 포함하고 있지만, 질소는 암석에는 포함되어 있지 않기 때문에 잡목림의 생태계의 질소는 강우나 공중질소 고정에 의해 공급된다. 일본의 경우, 토양에 포함된 질소는 임지의 전체 질소량의 80% 이상을 차지하고, 5-10t/ha의 다량의 질소가 있다. 그러나 이 질소의 모두가 미생물에 의해 무기질소가 되는 것은 아니다. 미생물에 의해 무기화가 가능한 질소는 표층의 0-5㎝에서 60% 이상이지만 15-20㎝에서도 20% 정도이다. 임목이 이용할 수 있는 교환성의 마그네슘, 칼륨, 칼슘량은 전체 마그네슘, 전체 칼륨 및 전체 칼슘의 각각 대략 10-30%, 5%, 1%로 매우 적다.

(1) 유기질소의 무기화

세계 대부분의 산림에서 잎의 질소농도와 성장과의 사이에는 양의 상관관계가 있고, 이것들을 비료로 사용하는 것에 의해 수목의 성장의 증가가 보인다. 토양 중의 질소나 인 등의 순환을 밝히는 것은 숲의 건전성, 계류수의 수질 형성, 산성비에 대한 중화 기구의 해명을 위해서도 중요하다.

유기물 중의 질소는 미생물에 의해서, NH_4-N에 변화한다. 이 작용을 암모니아화 작용이라고 말한다. NH_4-N은 암모니아 산화균에 의해 아초산으로 산화된다. 이 작용을 초산화 작용이라 한다. 아초산은 아초산 산화균에 의해 산화된다.

식물의 뿌리는 질소를 NH_4-N과 NO_3-N의 형태로 흡수한다. 아초산 산화균이나 임모니아 산화균은 pH에 크게 영향을 주고, pH가 높은 토양에 많다. 토양 수분이 적은 경우, pH가 낮은 사면 상부에서는 아초산 산화균이 적기 때문에, 무기화된 질소는 NH_4-N의 비율이 많지만, 사면 하부에서는 반대로 NO_3-N의 비율이 많다. 토양 중의 유기물의 무기화는 온도와 수분에 크게 영향을 주지만, 특히 토양 온도와 밀접한 관계가 있고, 온도가 10℃ 상승되면 무기화 속도는 2-3배 증가한다.

(2) 공중 질소의 고정

토양 중의 미생물에 의한 공중 질소의 고정에는, 식물의 뿌리에 공생하는 공생형의 세균과 비공생형의 세균이 관계된다.

공생형으로서 콩과의 뿌리에 공생하는 뿌리혹박테리아가 유명하다. 콩과의 수목으로는 아카시아류, *Cytisus scoparius*, 자귀나무, 싸리류, 등나무 등이 있다. 콩과 이외에는 오리나무, 사방오리나무, 소귀나무 등이 있다. 공중 질소고정의 능력을 가지는 수종을 비료목이라고 부르고, 도로의 사면, 산 등에 넓게 식재되고 있다. 비료목의 잎은 질소 농도가 높기 때문에, 낙엽의 분해도 좋다. 오리나무속의 공중 질소고정량은 연간 40–150kg/ha로 추정되고 있다. 나중에 서술하겠지만, 잡목림의 연간의 질소 흡수량은 50–100kg/ha이므로, 잡목림에 있어서의 공중 질소고정량은 생태계의 순환을 생각하는 데 있어서 무시할 수 없다.

비공생형의 미생물로서는, Azotobacter 및 Clostridium이 알려져 있다. 일본에서는, 이 미생물에 의한 질소고정은 3kg/ha 이하로 추정되고 있다.

(3) 휘산과 탈질

생태계에서 대기로의 질소 방출로서 암모니아의 휘산과 탈질이 있다. 일반 산림에서 토양 중의 암모니아태 질소는 적기 때문에, 휘산도 적다. 그리고 임지에 다량의 암모니아태 질소를 사용하면, 온도의 증가를 동반해 암모니아의 휘산이 일어난다.

미생물에 의해 N_2가스로 환원되어 대기 중에 방출되는 작용을 탈질작용이라고 한다. 산소가 적은 토양환경에서는 탈질균은 초산(NO_3)의 산소를 이용하기 때문에, 초산은 환원되어 아산화질소(N_2O)나 질소가스(N_2)가 되고, 대기로 방출된다. 따라서 이 작용은 산소농도가 낮고, 높은 함수율의 혐기적인 조건에서 행해진다. 잡목림의 토양은, 일반적으로 산소가 충분히 있는 호기적인 조건이므로, 환원 반응은 적다, 북아메리카의 낙엽 활엽수림에서는, 연간 0–18kg/ha의 탈질이 보고되고 있다.

5) 토양수의 물질 동태

산림 생태계에 유입된 빗물의 용존 원소는 수관이나 퇴적 유기물층을 통과하면서 양적으로 변화하고, 하부의 광물 토양층으로 이동한다.

토양수는 많은 물질을 용해하고 있다. 그림 3에 나타내는 것처럼, 식물과 토양수와의 사이에는 물질의 흡수와 수목으로부터의 용탈이, 점토 광물이나 부식은 양이온을 흡착하고 있으므로, 점토 광물과 토양수의 사이에는 물질의 흡착과 치환이 이루어진다. 토양수 중의 이온이 일부는 결정화되어 침전함과 동시에, 모재의 일부는 화학적

풍화로 토양수 중에 용해한다. 유기물은 미생물에 의해 무기화되고, 토양수로 유입됨과 동시에 토양수의 물질의 일부는 미생물에 의해 흡수된다.

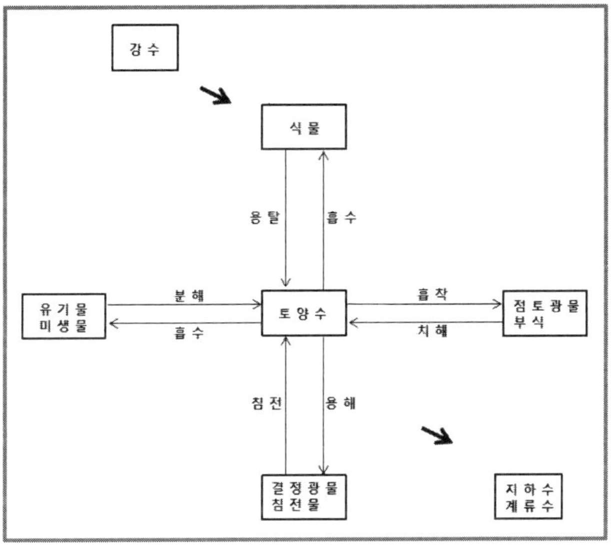

그림 3 잡목 생태계에서의 용존물질의 동적 관계

토양수의 계는 개방계로, 원소 조성은 온도나 강우 등의 환경 요인, 수목의 종류나 그 생육단계, 시비, 낙엽의 채취나 벌채 등의 외적 환경 인자와 토양 고유의 내적 인자에 영향을 받는다. 생태적으로 안정된 산림은 균형이 유지되고 있다.

일본과 같이 1,700㎜ 정도의 임외우를 가지는 잡목림으로는 증발이나 증산으로 대략 반이 소비가 되지만, 나머지의 반은 토양을 통과해 지하수·계류수가 된다. 이와 같이 다량의 물이 토양을 통과하는 것은 수림의 취급에 의해 지하수, 계류수의 수질이 변화함과 동시에 토양 중의 물질량에도 크게 영향을 준다. 특히, A_0층이 적고, 답압에 의해 단단해진 토양은 빗물이 토양에 침투되지 않고, 토양 표면을 흐른다. 이것은 A_0층으로 무기화한 물질이 임목 등에 이용되지 않고 계로부터 유출한다.

식물에 의한 물질의 흡수 등으로 토양수의 용존 농도가 저하되면 점토 광물이나 부식 등의 고상으로부터 용해나 해리에 의해 물질은 토양수에 공급된다. 한편, 토양수의 물질 농도는 생태계 외에서 공급되는 물질 농도에 의해 크게 영향 받는다. 특히 토양수의 수소의 영향은 지하수나 점토 콜로이드의 교환성 칼슘이나 마그네슘에 큰 영향을 준다. 이것은 수소가 다른 양이온과 용이하게 교환되기 때문이다.

질소가 든 비료나 A_0층 토양 중의 미생물에 의한 질소의 무기화로 토양수 중에 초산의 증가에 의해 생성된 수소나, 또 미생물이나 식물의 뿌리에 의한 호흡에 의해 생성된 수소는 조속하게 점토 콜로이드의 칼슘이나 마그네슘과 치환하고, 토양수의 수소의 감소, 칼슘이나 마그네슘의 증가를 가져온다. 이와 같이 산성비 등으로 임지에 부가되는 수소에 대한 중화 작용이나 산성비에 대한 완충 작용의 많고 적음은 점토 콜로이드의 치환성 양이온이 담당하고 있다. 따라서 장기에 걸친 리터폴의 채취나 단벌기의 반복은 토양 콜로이드 칼슘이나 마그네슘의 공급이 없기 때문에 토양은 산성화한다.

산성화한 토양에 칼슘을 사용하면 토양수의 칼슘 농도의 증가는 적지만, 표층 토양의 교환성 칼슘의 증가가 나타난다. 경지에 칼슘을 토양 표면에 시용한 뒤 토양을 갈아엎는 것은 깊은 토양의 교환성 칼슘을 증가하는 데 있어서 중요하다.

6) 지하수 및 계류수에 의한 원소 이동

산림에서의 유출수의 용존 원소량은 계외로부터의 강수와 계내에서의 수지의 결과로 정한다. 이 양은 산림지역의 지질, 기상, 식생 등에 의해 다르다. 일반적인 임지에서는 칼슘, 마그네슘, 칼륨이나 나트륨 같은 양이온 원소는 마이너스 수지이며, 무기태질소나 인에서는 플러스의 수지를 나타낸다. 수지의 다소는 수목에 의한 흡수, 미생물에 의한 무기화나 사면, 기후, 지질 등의 무기적 환경과 함께 인간 활동의 영향과 깊게 관계되고 있다.

지하수나 계류수도 토양수와 같이, 음이온과 양이온은 밸런스를 가지고 있고, 환경요인이나 인간에 의해 크게 변화하는 NO_3농도와 양이온과의 사이에는 직선적인 관계가 있다.

생태적으로 안정된 장령림에서 장기간 유출되는 원소량은 유출수의 원소 농도보다도 유출 수량에 의해 좌우된다. 일본의 경우, 빗물이 여름의 수목 성장기에 집중하고 있는 것은 수목의 성장만이 아니라 미생물의 무기화에 있어서도 좋은 경우이지만, 산림의 취급에 의해서는 계류나 지하수의 원소 유출량의 증가를 초래한다.

일본의 경우, 생태적으로 안정된 산림에서 빗물로부터 유입되는 질소량(연간 5 ㎏/ha 정도)에 비교해 지하수 등으로 유출하는 질소량은 일반적으로 낮다. 경지에서는 질소를 포함하는 비료를 다량으로 사용하기 때문에 지하수나 하천으로의 유출량이 많다.

(하이바라 기쿠오)

5. 잡목림의 생물 계절과 군락의 동태

5-1 생물 계절의 조사

생물 계절은 화력학(花曆學)이라고도 말해지는 것처럼 식물의 개아, 전엽, 개화, 결실, 낙엽 등의 계절 현상을 분명하게 하는 것이다.

생물 계절은 과거에 있어서는 농업에 있어서 농사력에 보여지는 것처럼 연간을 통한 환경의 시간적 변화를 나타내는 지표로 이용되어 왔다. 잡목림에 있어서 생물 계절을 조사하는 역할은 다음 세 가지가 있다.

첫째, 생물 계절 그 자체를 아는 것이다. 꽃 전선이나 단풍 전선 같은 계절 현상은 잡목림의 매력이 되는 환경 자원으로서 중요한 의미를 가지고 있다. 동시에 환경자원 현상과 기후나 입지 조건과의 관계를 분석하는 것은 생물 계절을 보다 깊게 해명하고, 계절 현상을 예측하기 위해서도 필요한 것이다.

둘째, 생물 계절을 환경 지표로서 이용하는 경우로 특히 환경의 시간적 지표로 하는 것이다. 생물 계절의 시간적 추이는 인간 생활의 연간 계절적인 변화를 지표하고, 계절마다의 생활 습관과 밀접하게 연관되어 있다. 동시에 생물 계절이나 지표가 되는 생활 습관에 의해서 생활 중에 계절감이 나타난다.

또한 식물에 의한 생물 계절은 생태계 중에서 식물연쇄를 통해 동물의 생활과 연관되고, 번식환경의 계절 변화를 지표로 할 수 있다. 이것은 잡목림의 조류나 곤충류의 발생 시기의 예측이나 유해한 곤충의 발생 예측에 있어서도 중요하다.

셋째, 생물 계절을 환경의 공간적 지표로 하는 것이다. 생물 계절에 의해 종이나 군락의 생육 상태의 적부를 지표로 하는 것이 가능하다. 이것으로부터 생물 계절을 이용해 식물 군락의 동태를 파악하고, 기초를 두어 식생 관리를 하려고 하는 응용적 관심이 보인다. 식물의 개화, 결실, 종자의 발아, 어린 식물의 성장은 식물 종류의 생활순환의 시간적 추리를 파악하는데 도움이 되는 것이고, 종의 증가나 감소의 경향을 파악하는 것에 의해서 군락의 동태를 아는 것이 가능해진다. 이것은 목표가 되는 군락을 향한 현재의 군락을 관리하는 식생 관리의 분야에 있어서 기초적 정보가 되는 것이다.

또한 인위적 영향에 의해 생기는 환경의 변화를 파악하는 수단으로서도 개화나 결실 등의 생물 계절을 지표로 할 수 있다. 환경의 변화는 동식물의 종의 변화를 통해서 보다 명료하게 나타나지만, 미묘한 변화는 계절 현상으로서 파악할 수 있다. 더욱이 식물의 계절 현상의 변화는 초식동물의 생육환경의 변화에도 영향을 준다.

5-2 조사의 목적

생물 계절의 조사 목적은, ①계절 현상의 기록, ②종마다의 계절 현상의 특성 파악, ③지리적 차이나 환경의 차이와의 관계 분석, ④종의 적응이나 생활사에 대한 파악 등이 있고, 그것을 근거로 하여 응용적 전개가 된다.

1) 계절 현상의 기록

계절 현상의 기록은 식물의 개아, 개화, 결실, 낙엽 등의 현상을 정의하고, 그것에 기초를 두어 상세하게 관찰한다. 각각의 현상은 기록을 엄밀하게 하기 위해서 아주 세밀하게 기록하는 것이 바람직하지만, 타 지역의 조사 자료와 비교하기 위해서는 같은 기록 방법으로 통일하는 것도 필요하다. 또, 관찰되는 종류에는 계절 현상의 개체차가 있고, 동일 개체에서도 부위에 따라 현상의 시종기의 차이가 나타나기 때문에 표본의 추출법이나 시종기의 단정에는 일정한 규칙이 필요하다.

이와 같은 것은 조사의 정밀도로도 중요한 문제이지만, 응용적 시점에서 생물 계절을 이용하는 경우에는 간편성이나 직접성의 이점을 살리기 위해서 간편한 방법이 요구되는 것도 있다.

관측의 기간은 연간을 통해 정기적으로 행해지지만, 매년 기후 변동의 영향을 고려하여 수년간 관측한 평균적인 상태를 파악할 필요가 있다. 군락의 이동을 분명하게 하려고 하는 경우에도 같다. 관측 기간의 간격은 짧게는 1일을 주야로 구분하고 또, 매일, 격일, 주, 격주, 월 등의 기간으로 설정된다. 간격은 조사의 목적에 따라 정해지는 것이지만, 짧게 설정할수록 정밀도가 높은 정보가 얻어진다.

2) 종 별 계절 현상의 특성

종별의 계절 현상의 특성은 일반적으로 어느 지역의 식물상을 대상으로 하는 경우, 상록·낙엽, 교목·관목·초본 등의 생활형으로 분류해 서로 비교한다. 이 경우에 생물 계절 스펙트럼을 나타내는 특성을 파악하는 경우가 많다.

3) 지리적 차이나 환경의 차이

지리적 차이나 환경의 차이에 의한 생물 계절의 차이를 알기 위해서는 비교할 수 있는 자료가 있어야 한다. 동일한 방법으로 조사된 다른 지역의 자료가 충분하지 않는 상태에서 서로 비교하는 것은 매우 곤란하다. 동일 종 생물 계절이 지리적으로 상이한 것은 종의 발생에서 분포지역의 확대나 축소까지의 동향을 알기 위해서 중요하고, 그 때문에 생물 계절의 연구가 각지에서 사례적으로 행해지는 것이 필요하다.

4) 종의 적응과 생활사

생물 계절은 개개의 종의 생활사의 연구에 있어서 기초적인 정보를 제공하는 것이고, 식물의 생활사 전략을 분명하게 하는데 중요하다. 종의 생활사를 아는 것은 종의 적응이나 진화를 해명하기 위한 전단계로서 중요하다. 따라서 생물 계절은 생물의 진화나 적응을 푸는 열쇠로도 생각된다.

5-3 온대 낙엽 활엽수림의 생물 계절

온대 낙엽활엽수림에 있어서의 생물 계절의 조사 사례를 소개한다. 조사지는 나가노현 기슭의 해발 1,380~1,670m의 온대이다. 여기서는 낙엽수림의 식생경관의 계절적 추리를 분명하게 하는 것과 동시에, 식생 관리의 기초로서 식물 군락의 동태를 생물 계절의 측면으로 파악했다.

생물 계절의 조사 기간은 식물의 생활시간으로 1년간, 즉 초봄부터 다음해 봄까지를 조사하는 것이 바람직하다. 그러나 조사지는 높은 곳으로 겨울에는 대부분의 식물이 활동을 멈추고 있으므로 생육이 가능하다고 생각되는 봄에서 가을까지, 즉 5월 상순부터 10월 하순까지를 조사 기간으로 했다.

조사 간격은 목적에 따라 다르지만 일반적으로 간격이 짧을수록 상세한 자료를 얻을 수 있다. 조사는 개엽이나 개화를 관측하는 것을 목적으로 했기 때문에 약간 긴 간격이긴 하지만 10일 간격으로 했다.

조사는 대상 지역 내의 대표적인 9개의 식물 군락을 대상으로서 조사구를 설정하고, 생물계절의 기록과 군락 조사를 했다. 개화의 조사는 초본 식물이 주된 대상이지만 초봄의 생육 환경은 상층을 형성하는 목본 식물의 생물 계절이 영향을 미치는 경우가 크기 때문에 목본의 생물 계절도 기록했다. 조사의 대상으로 한 목본은 각 군락에 출현하는 대표적인 종류로 했다.

생물 계절의 기록은 일반적으로 꽃에 관해서는,

① 꽃봉오리기 : 꽃봉오리가 터지는 시기

② 개화기 : 꽃이 개화하는 기간

③ 과실의 미성숙기 : 과실이 성숙하는 기간

④ 과실의 성숙·수확기 : 과실이 성숙하고 종자가 수확되는 기간

등의 기간으로 구분하고, 목본 식물의 잎에 관해서는,

① 맹아기 : 동아가 나는 기간

② 전엽기: 잎이 나는 기간

③ 광합성기 : 잎이 광합성을 하는 기간

④ 홍엽기 : 홍엽에서 낙엽까지의 기간

등의 기간으로 구분하고 있다.

이 조사에서는 개화기의 기록을 주로 하고 목본 식물에 관해서는 전엽기로부터 홍엽기까지를 기록하는 것으로, 전엽기와 광합성기는 함께 모았다.

5-4 목본 식물의 생물 계절

목본 식물은 일반적으로 산림의 주요 구성종이고, 교목층, 아교목층, 관목층의 각 계층의 거의 모두를 점유하고 있다. 그 때문에 임상 초본층의 생육환경에 있어서도 중요한 의미를 가지고 있다. 특히, 일조나 그것에 따른 온도 요인에 영향을 미치는 경우가 크기 때문에 초본층의 생물 계절을 지배하는 요인이 된다. 그 결과 매년 생활환이나 천이 등의 군락의 동태가 결정되는 것이 된다.

조사대상으로 한 목본은 조사 지역 내의 각 군락에 출현하는 대표적인 것을 57종 선정했다. 계층별로는 교목층의 구성종 22종, 아교목층 12종, 관목층 23종이다. 이들 종의 생물 계절 스펙트럼은 그림 1-3에 나타나고 있다.

목본 식물 전체의 생물 계절의 특징을 보면, 전엽기에서 광합성이 시작될 때까지의 기간은 5월 상순부터 6월 상순까지의 1개월 사이에 집중하고 있다. 이것은 이 지역에 있어서 4월 하순부터 5월 전반에 걸친 기온의 상승이 현저한 것과 밀접한 관계에 있다. 특히 표고가 높은 한랭지에 있어서는 기온의 상승이 급격하기 때문에 짧은 기간에 집중하는 경향이 나타난다.

광합성기는 6월 상순부터 9월 하순까지의 120일간이고, 긴 경우에도 150일 정도이다.

단풍기는 명료하게 식별되는 것과 식별할 수 없는 것이 있지만, 일반적으로 9월 중·하순부터 10월 중·하순까지 집중하고 있다. 낙엽의 최적기는 10월 상순에서 중순 사이이다. 이것은 기온의 급격한 강하가 9월 상순부터 시작되는 것에 기인하는 것이라고 생각된다.

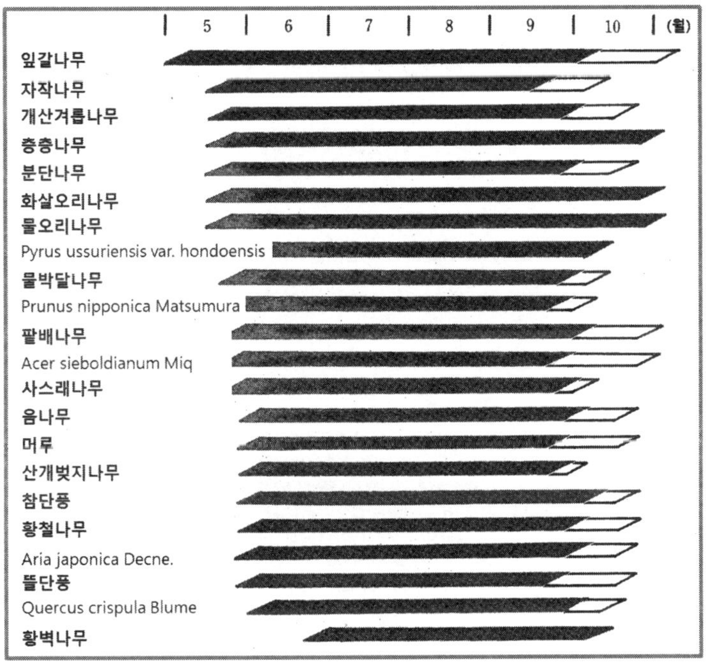

그림 1 교목층을 구성하는 목본의 생물계절 스펙트럼, 우측은 홍엽기

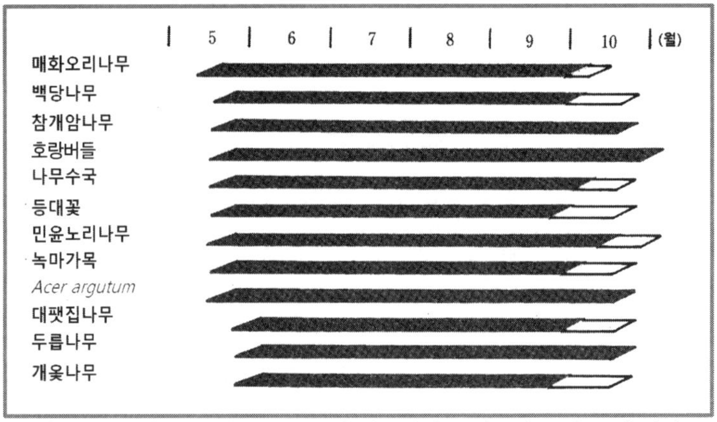

그림 2 아교목층을 구성하는 목본의 생물계절 스펙트럼, 우측은 홍엽기

계층별 개엽 기간을 비교하면 그림 4에 나타난 바와 같이 아교목층과 관목층의 구성종은 교목층의 구성종보다도 이른 시기에 전엽하고, 늦게까지 광합성을 하고 있고, 개엽기간은 교목층의 구성종보다도 10-20일 정도 길다(사진 1). 이것은 교목층에 의해 파괴된 불리한 조건에서 생육하기 위해서 필요한 종의 생활 형태의 특징을 나타내고 있다.

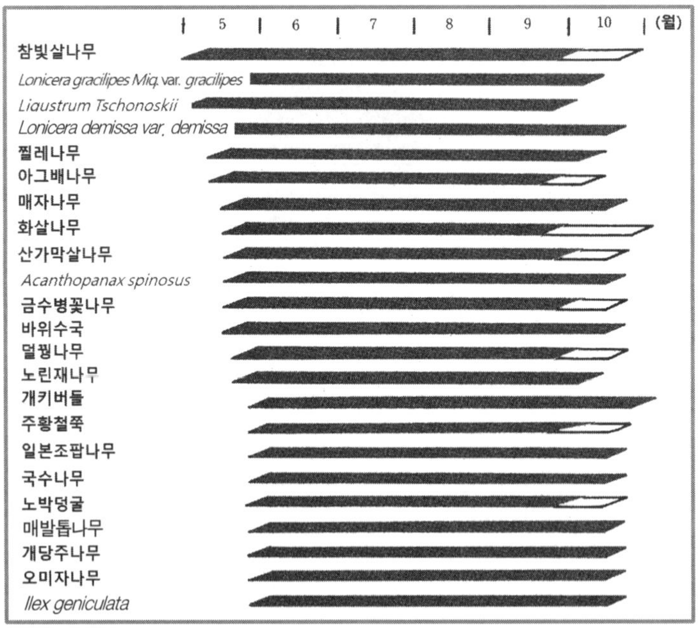

그림 3 관목층을 구성하는 목본의 생물계절 스펙트럼, 우측은 홍엽기

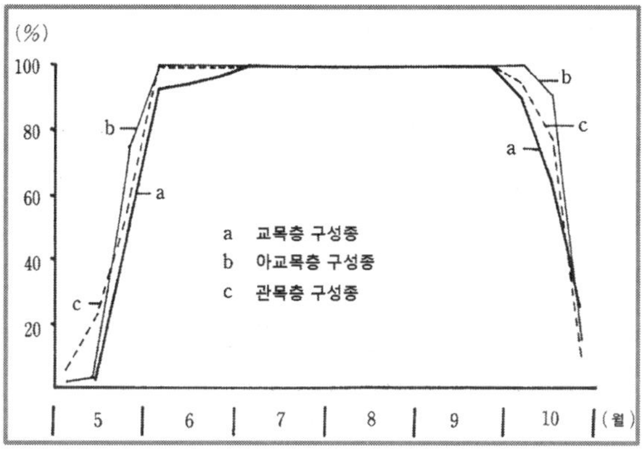

그림 4 목본식물의 계층별 개엽 기간의 비교

사진 1 관목층의 구성종은 조기에 전엽하고 늦게까지 광합성을 한다. *Lonicera gracilipes Miq. var. gracilipes*는 개엽 기간이 가장 긴 종 중의 하나이다.

사진 2 교목층의 구성종의 전엽기는 기타 층의 구성종보다도 느리다. 특히 물참나무 등의 극상에 가까운 산림의 구성종에서는 이 경향이 뚜렷하다.

각 계층의 구성종의 생물 계절의 특징을 보면 교목층의 구성종은 상술한 것처럼 다른 계층보다 전엽기가 늦고, 낙엽이 빠르다. 이 경향은 물참나무, 황벽나무 등의 극상에 가까운 산림의 구성종에 많고, 이들의 종은 광합성 기간이 100 – 110일로 지극히 짧다(사진 2). 이와 반대로, 층층나무, 화살오리나무, 물오리나무 등의 선구 식생의 구성종은 빠르게 전엽하고, 늦게까지 광합성을 하고 있고, 광합성 기간은 160일 이상이나 된다. 동일한 양식이 아교목층의 호랑버들 관목층의 개키버들에서도 나타난다.

5-5 개화기의 특성

식물의 개화기는 군락의 천이의 동향을 아는데 중요한 것과 동시에 잡목림의 매력으로서 중요한 역할을 가지고 있다.

그 때문에 고등 식물 중에서 양치식물과 벼과, 사초과, 골풀과의 식물을 제외한, 전종을 대상으로 해서 개화기를 관측 했다. 목본 중에서 교목이 되는 종류 중에서 소나무과, 자작나무과, 참나무과, 단풍나무과 등에 대해서는 개화의 관측을 충분히 할 수 없어서 생략했다. 개화가 기록된 것은 301종이다.

개화의 조사는 4월 30일부터 10월 21일까지 진행했다. 조사를 개시한 날에 이미 개화하고 있던 종은 8종 있었지만, 이러한 종의 개화 개시는 10일간 정도이다. 또, 조사가 종료된 10월 21일 이후에 대해서는 10월 30일에 모든 개화가 끝난 것이 확인되고 있다. 따라서 상술한 조사 기간에 거의 모든 개화가 관측되었다고 할 수 있다. 즉, 조사지의 고등 식물의 개화 기간은 5월 상순부터 10월 하순까지의 180일이다.

개화기간은 종에 의해 현저하게 다르다. 짧은 종은 1회의 조사로 관측되었을 뿐이고 10일 이내라고 생각된다. 개화기의 대부분은 종이 1기이지만, 솜나물 같이 봄형과 여름형의 2기로 나눠지는 것도 있다. 개화기가 연속적이지 않은 것은 장마기나 한 성하기에 휴지기가 있는 것도 보이지만, 대부분은 조사지에서 관측의 기록이 되지 않았던 것이 연속적으로 개화하고 있다고 판단된다.

개화기간이 길게 100일 이상에 달하는 종은 표 1에 있는 9종이다. 가장 긴 것은 붉은토끼풀, 동자꽃, *Gerbera jamesonii*의 130일이고, 그 다음은 개망초, 세이요우미야코그사의 120일이다. 개화기간이 긴 9종 중에서 5종이 귀화 식물이다. 조사 지역의 귀화 식물은 14종이고, 귀화율은 전 종수 301종의 4.7%의 낮은 비율에도 관계없이 개화기간이 긴 종의 상위를 독점하고 있다. 귀화 식물은 개화 기간이 긴 종이 많기 때문에 눈에 띄는 것이 많다. 귀화 식물은 장기간에 걸쳐 개화, 결실, 종자 살포를 하기 때문에 인위적인 영향 등으로 식생이 약간 교란된 장소에도 용이하게 침입할 수 있다. 일반적으로 개체 재생산 효율이 높은 종은 자원이 한정된 개방적으로 불안정한 환경으로 끝나는 것에 많고, 일시적으로 형성되는 생활 환경을 넘는 것 같은 종이다. 귀화 식물이 번식하는 원인은 이러한 생물 계절의 특성에 의한 장소가 큰 것이라고 생각된다. 또, 귀화 식물의 이러한 성질은 생태계의 교란 등의 환경 지표로서 유효한 것을 뒷받침하고 있다(사진 3).

표 1 개화기간이 100일 이상 관측된 종류

종명	개화일수
붉은토끼풀*	130
동자꽃*	130
Gerbera jamesonii	130
개망초*	120
세이요우미야코그사*	120
안치마츠요이	100
개벼룩	100
Picris japonica	100
미역취	100

주의 *는 귀화식물

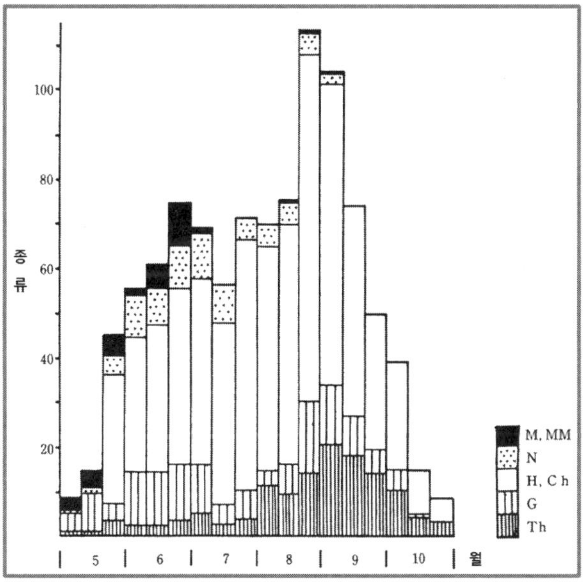

그림 5 개화 종수의 시간적 추이

개화한 종수의 시간적 추이는 그림 5에 나타나고 있다. 개화의 피크는 6월중·하순과 8월중·하순의 2기로 나누어지고, 7월의 장마기에는 감소하고 있다. 이것은 후술하는 것처럼, 목본의 개화기가 5, 6월에 집중하고 있는 것과 초본의 개화기가 봄형과 여름·가을형으로 나눠지고 있기 때문이다. 또, 장마기에 있어서의 일조 부족도 영향을 미치는 것이라고 생각된다. 종수가 최대인 날은 8월 20일로 113종이 기록되었다.

개화한 종의 생활형 조성은 표 2에 나타나고 있다. 반지중식물(H)이 가장 많은 54.2%를 차지하고, 그 다음에 지중식물(G), 미소지상식물(N), 1년서식물(Th)의 순이다. 초본은 전체에서 250종으로 83.1%를 차지하고 있고, 목본은 51종으로 16.9%이다.

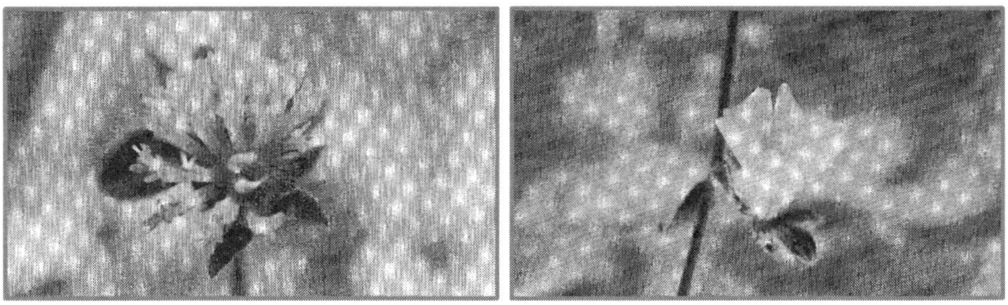

a. 붉은토끼풀 b. 동자꽃

사진 3 개화기가 가장 긴 식물

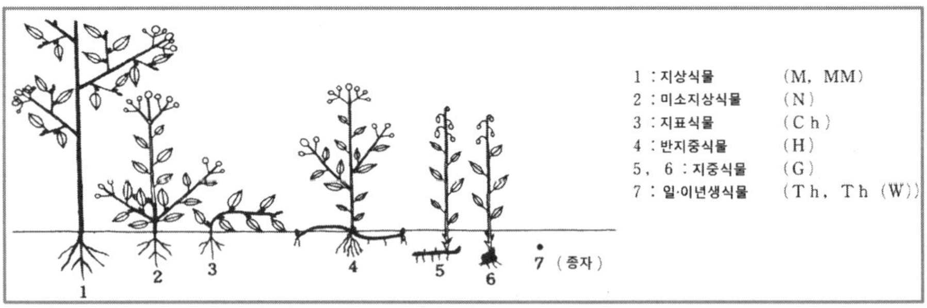

그림 6 Raunkiaer의 생활형 (Raunkiaer, 1934)을 일부 수정

1: 지상식물(M, MM) 2: 미소지상식물(N)

3: 지표식물(Ch) 4: 반지중식물(H)

5, 6: 지중식물(G) 7: 일·이년서식물(Th, Th(W))

표 2 개화한 종의 생활형 조성

생활형	종수	구성비	계
Th	29	9.6(%)	
Th(W)	5	1.7	
G	44	14.6	초본 250종 83.1%
H	163	54.2	
Ch	9	3.0	
N	30	10.0	
M	13	4.3	목본 51종 16.9%
MM	8	2.7	

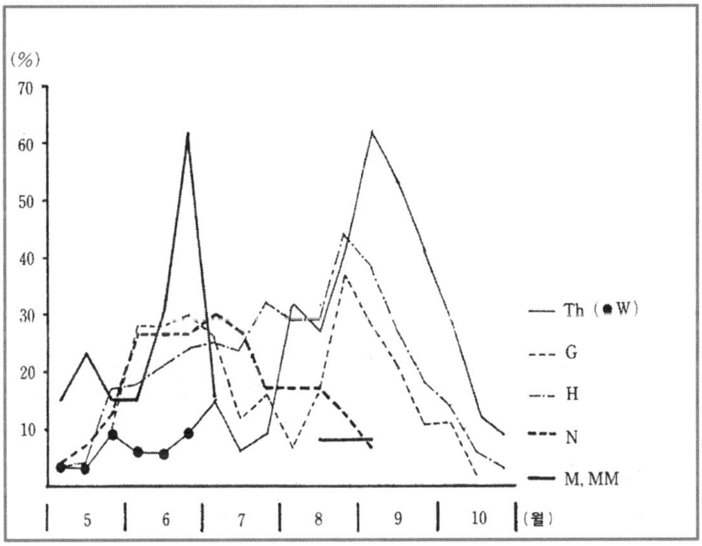

그림 7 생활형에 의한 개화기의 계절 변화

생활형마다 개화기의 특징은 다음과 같다(그림 7). 1·2년생 식물을 보면, 2년생 식물(Th(W))은 전년에 발아해 영양 성장한 뒤에 월동한 것이기 때문에 봄에 개화할 수 있고 개화기는 5, 6월이 된다. 그것에 비해 1년생 식물(Th)은 월동한 종자가 초봄에 발아해 영양 성장한 뒤에 개화하기 때문에, 개화기는 7월 이후가 된다. 이러한 종의 특성을 반영해 1·2년생 식물의 개화기는 분명하게 2개로 갈라지고 있다.

지중식물(G)은 6월에 개화의 피크가 되는 봄형과 8월 하순부터 9월 상순에 피크가 되는 여름, 가을형의 2개로 명료하게 나누어진다. 각각의 종의 개화 기간은 50일 이하이고, 초본 중에서는 짧다. 산림 내에 생육하는 종이 많고, 개화기가 짧은 것은 천이가 진행된 군락을 구성하는 종의 일반적 경향이다. 이러한 종은 개화에 필요한 영양 성장이 전년에 이루어지고, 월동 시에 지중의 기관에 양분이 축적되고 있기 때문에 개화 기간이 지중의 양분에 지배되고 있다.

반지중식물(H)은 조사한 전 기간에 걸쳐 개화가 보여진다. 제비꽃과 민들레속, 처녀치마 같은 로제트잎을 붙여 월동하고 있는 종은 빠르게 개화할 수 있다. 최성기는 8월 중·하순이고, 봄형과 여름·가을형의 명료한 구별은 인정되지 않는다.

지표식물(Ch)은 종수가 적기 때문에 개화기에 특별한 경향을 찾아내는 것은 어렵지만, 전기간에 걸쳐 개화가 보인다. 미소지상식물(N)은 봄부터 여름까지 개화기가 한정되고, 9월 이후에 개화하는 것은 없다. 개화기간은 짧고 대부분이 40일 이내이다.

소형지상식물(M)과 중형·대형지상식물(MM)은 8월에 개화하는 매화오리를 제외하면, 모두 6월 말까지 개화기가 한정되고 있는 전형적인 봄형이다. 개화기간은 대부분이 20일 이내이고 지극히 짧다.

일반적으로 목본의 개화기가 봄부터 여름까지 한정되고 있는 것은 개화에 필요한 영양 성장이 전년에 이미 되어있기 때문이고, 개화 기간이 짧은 것은 큰 종자를 생산하기 위해서 과실의 성숙에 긴 기간을 필요로 하기 때문이다.

5-6 생물 계절로 본 식물 군락의 동태

목본식물의 생물 계절의 특성과 고등 식물의 개화기의 특성으로부터 생물 계절을 이용해 식물 군락의 동태를 생각할 수 있다.

생물 계절은 식물 군락의 동태를 파악하는 수법의 하나로서 유효하다. 일반적으로 어느 종이 있는 입지에서 생육을 계속하기 위해서는 종자의 발아-영양성장-개화-결실-종자의 살포-종자 발아의 생활환이 완결되어 있어야 한다. 생활환의 어딘가가 중단된 경우에는 장기적으로 보면 종은 그 생육지에서 소멸하지 않을 수 없다.

생활환 중에서 특히 중요한 것은 종자의 생산이고, 그 전제가 되는 것은 개화이다. 개화 현상을 이와 같이 파악하면, 군락 구성종 중에서 개화하는 종과 하지 않는 종을 구별하는 것은 군락의 동태를 예측하는 수법으로써 유효하다고 생각된다. 단, 식물 중에는 유성번식과 무성번식이 가능하고, 환경의 변화에 따라 양자를 서로 나누는 종도 많기 때문에 생활환이 도중에 끊어지고 있는 개체군도 적지 않다. 이러한 개체군도 장기적으로 보면, 발아개체로부터 시작되는 생활환을 가지고 분포지역을 확대하는 기회를 가진다고 생각된다.

각 군락의 임상식물의 개화 상태를 비교하면(표 3), 임상식물의 전 종수는 천이의 초기 단계로 생각되는 황철쭉 군락이나 자작나무 군락이 적고, 천이가 진행되고 있는 일본잎갈나무군락도 적다. 물참나무군락이나 등대꽃 군락 같이 초원에서 산림으로 천이가 진행하고 있는 단계의 군락은 양자의 요소를 포함하기 때문에 종수는 많아지고 있다.

개화의 조사 대상으로 한 종은 광환경 등이 양호하면 개화할 수 있는 종이기 때문에 개화 가능 종수로 했다. 개화 가능 종수는 임상의 전 종수와 높은 정의 상관관계를 가지고, 일반적으로 임상의 종수가 많으면 개화하는 종도 많다는 것을 알 수 있다.

그러나 실제로 개화가 확인된 개화 종수와 개화 가능 종수와의 사이에는 밀접한 관계를 찾아내기 어렵다. 물참나무 군락이나 등대꽃 군락은 개화 가능 종수가 많음에도 불구하고 개화한 종수는 적다. 이것은 개화 종수를 개화 가능 종수로 나눈 개화율로 비교하면 명료하게 이해할 수 있다.

표 3 각 군락의 임상 식물의 개화의 상태

군락명	군락고 (m)	최상층 피도 (%)	임상의 상대조도 (%)	임상식물				
				전종수	개화가능 종수*1	개화 종수	개화율*2 (%)	목본 종수
금불초군락	12	70	18.0	38	33	25	75.8	5
물박달나무군락	6	70	18.4	30	24	16	66.7	8
물참나무군락	15	80	13.3	60	52	24	46.2	24
*Rhododendron japonicum*군락	2	10	100.0	43	36	34	94.4	4
자작나무군락	8	20	66.2	40	35	29	82.9	6
일본잎갈나무군락	20	60	18.2	31	21	7	33.3	18
등대꽃군락	4	50	42.4	55	47	29	61.7	14
*Alnus matsumurae*군락	4	60	30.4	34	20	12	60.0	13
일본잎갈나무군락 소림	10	50	76.7	42	33	27	81.8	3

주)*1 개화 가능종수는 개화조사의 대상으로 한 종의 수
*2 개화율은 개화 가능종수에 대한 개화종수의 비율

개화율이 높은 것은 황철쭉 군락(94.4%), 자작나무 군락(82.9%), 일본잎갈나무 군락소림(81.8%)이다. 이러한 군락에서는 구성종의 생활환이 완결되어 있기 때문에 군락이 현상에서 유지되는 것이라고 예측된다. 이것에 대해 개화율이 낮은 일본잎갈나무군락(33.3%)과 물참나무군락(46.2%)에서는 초본식물은 일반적으로 1년~수년 이내의 주기로 생활환이 완결되는 것이 생육을 계속하는 조건이 되므로, 개별갱신 등을 하지 않고 개화하지 않는 종은 재생하는 것이 어렵고, 어느 것은 소멸하는 것으로 예측된다.

임상에 출현하는 목본의 종수를 비교하면, 물참나무군락, 일본잎갈나무군락 등이 많다. 일반적으로 천이가 진행되면 임상의 목본 식물이 증가되므로 이것들의 군락은 천이가 진행된 군락이며, 자연도가 높은 군락이라고 진단된다. 목본의 종수가 적은 군락은 모두 초원의 구성종을 많이 포함하고 있다.

개화율과 목본 종수와의 사이에는 분명히 높은 부의 상관관계가 인정된다. 개화율의 저하와 목본 종수의 증가는 모두 천이의 진행을 나타내고 있기 때문이다.

이상의 일반적 경향에 대해서 등대꽃군락은 약간 특이한 경향을 나타내고 있다. 이

군락은 임상식물의 전 종수, 개화 가능 종수, 개화 종수, 목본 종수의 모든 것이 많다. 이것은 천이가 진행된 교목림이 형성되고 있던 상태로부터, 등대꽃을 보호하기 위해서 교목을 벌채해 관목림의 상태로 식생을 관리했기 때문이고, 천이의 진행을 나타내는 목본 종수가 많은 상태와 천이보다 전기의 단계를 가리키는 개화 종수가 많은 상태가 동시에 보여지는 것이다. 이러한 군락은 교목층을 형성하는 종을 정기적으로 벌채하는 것에 의해 유지될 수 있는 것이다.

군락 사이에서 개화율이 상이한 원인을 분명하게 하기 위해서 개화에 영향을 미치고 있다고 생각되는 임상의 조도를 측정했다. 측정은 초본층의 높이에서 숲 내와 숲 외의 조도를 측정하고, 상대 조도를 구했다. 개화율과 임상의 조도와의 사이에는 높은 양의 상관관계가 인정된다. 이것은 임상의 빛 환경이 개화율에 큰 영향을 미치고 있는 것을 나타내는 것이다. 또, 임상의 조도와 그것을 지배하는 요인이라고 생각되는 최상층의 피도와의 사이에는 지극히 높은 음의 상관관계가 보여진다.

이것으로부터 임관이 폐쇄되는데 동반해 임상의 조도가 저하되고, 개화율이 저하된다는 관계가 인정된다. 이것은 이미 말한 개화율과 목본 종수와의 관계에서도 분명하게 천이의 진행을 나타내는 것이다.

이와 같이 군락의 동태를 분석함에 있어서 생물 계절의 주사는 유효하고, 잡목림의 식생관리의 기초로서 도움이 되는 것이다.

(가메야마 아키라)

6. 잡목림 매토종자의 발아 특성과 종조성

6-1 매토종자의 발아 특성

일반적으로 산림의 토양에는 많은 식물의 종자가 포함되어 그것들은 매토종자뱅크(Seed Bank)를 형성하고 있다. 잡목림 같이 정기적으로 벌채를 반복하는 산림으로는 매토종자로부터의 발아가 산림의 갱신에 중요한 역할을 가지고 있다. 잡목림은 장기간 벌채하지 않는 상태로 두면 임관이 폐쇄되어 밝은 임상에서 볼 수 있는 잡목림에 특유한 종이 개화 결실할 수 없게 되고 소실될 가능성이 높게 된다. 잡목림에 특유한 종은 비교적 짧은 기간으로 벌채를 반복되는 환경에 적합한 종이기 때문에 산림의 벌채를 비교적 짧은 기간에 반복하는 것은 잡목림 특유한 임상의 식물에 발아의 기회를 주고 개화 결실해 종의 존속을 가능하게 하는 것이 된다. 이러한 관점으로부터 잡목림의 매토종자의 발아 특성을 살펴본다.

1) 최적 발아 환경에 있어서의 발아 특성

잡목림의 매토종자를 알아내는 방법으로는 토양 중의 종자를 세정해 추출하여 동정하는 방법이 있다. 이 방법으로는 매토종자의 전체를 분명하게 하는 것이 가능하다고 생각되지만, 현실적으로는 종자의 동정이 어렵고 작은 종자를 토양 입자와 나누는 것도 어렵다. 그런데 매토종자의 최적인 발아 환경으로 적극적으로 발아시키는 것에 의해서 매토 종자의 동정을 하는 실생출현법(히마다·구라모토, 1994)이 있다. 최적인 발아 환경은 종류마다 다르기 때문에 여기서는 편의적으로 야외에 있어서의 온도 요인을 자연 상태대로 하여, 충분한 일조와 수분 조건을 주는 환경을 최적 발아 환경으로 설정했다.

매토종자는, 잡목림에 10m×10m의 방형구를 2곳에 설치하고, 그 중에서 균등하게 20㎝ × 20㎝ × 깊이 4㎝의 토양 샘플을 각 30개의 시료를 얻었다. 방형구 1개당 토양 샘플 총면적은 1.2㎡이다. 토양 샘플은 2월말에 채취했다. 채취한 토양을 플랜트에 넣어 햇빛이 적당한 야외에 두고 백색 한랭사를 붙여 발아한 실생의 동정을 했다. 이 방법으로 2년간 계속 실험을 했을 무렵, 1년 차의 발아 종수는 66종, 개체수는 882개체, 2년 차의 발아종수는 30종, 개체수는 248개체였다. 발아한 종은 1년 차와 2년 차의 발아종수는 약45%였지만, 발아 개체 수는 약28%로 감소했다. 따라서 이 방법은 매토 종자의 대부분을 최적인 환경에 의해 1년 차에 발아시키고 있다고 생각할 수 있다. 2년 사이에 발아가 확인된 68종 중, 발아 개체수가 가장 많았던 종류는 가는잎그늘사초이고, 다음으로 낚시제비꽃, 개서어나무의 순이었다.

1년차의 발아 시험의 결과로부터 발아 개체수가 많은 종에 대해 발아의 계절 변동을 보면, 발아 시기는 5개의 유형으로 나누어진다(표 1). 각 유형의 대표적인 종의 발아 개체수의 계절 변동을 본 것이 그림 1이다.

① 봄형: 봄에 집중적으로 발아하는 것으로 3월 말부터 5월에 걸쳐 발아 총수의 80% 이상의 발아가 보여진다.

② 봄·여름가을형: 4 – 5월까지의 봄에 발아 총수의 25%정도, 7 – 10월까지의 여름과 가을에 75% 정도가 발아된다.

③ 여름·가을형: 6월로부터 발아하기 시작하고, 7월까지 발아 총수의 90% 이상이 발아되고, 9월에 또 10% 정도가 발아된다.

④ 여름까지 점증형: 4 – 7월까지 사이에 서서히 발아한다.

⑤ 가을까지 점증형: 4 – 10월까지 사이에 서서히 발아한다.

표 1 발아 시기의 유형 구분

발아 시기의 유형	종명
봄형	가는잎그늘사초
	개서어나무
	줄사초
	작살나무
	미국자리공*
봄·여름가을형	낚시제비꽃
여름·가을형	*Erigeron philadelphicus**
여름까지 점증형	바람하늘지기
	중대가리풀
	*Erigeron sumatrensis**
	졸참나무
가을까지 점증형	떡쑥
	*Primula tosaensis**

*는 귀화 식물

잡목림에 특유한 종은 봄형과 봄·가을겨울형이 대부분이고, 이것들의 종은 잡목림을 벌채하면 초봄의 기온 상승과 함께 단번에 발아하는 특성을 가지고 있다. 여름·가을형과 여름까지 점증형과 가을까지 점증형에는 귀화식물이나 사전 귀화식물이 많다. 귀화식물은 일반적으로 발아의 기간과 개화 결실의 기간이 길기 때문에, 인위적 영향에 의해 교란된 장소에 침입하기 쉬운 특성을 가지고 있다.

2) 개벌지와 숲 내에 있어서의 발아 특성

개벌지와 임관이 폐쇄한 숲 안에서 발아한 실생조사를 했을 때, 실생의 종수를 10m × 10m의 시험구에서 조사한 결과 개벌지에서 3종, 숲내에서 15종이었다. 최적 발아 환경에서의 발아와 비교하기 위해서 시험구에 설정한 1.2㎡의 조사구에서는 개벌지에서 26종, 104개체, 숲내에서 8종, 13개체의 발아가 확인되었다. 종별 발아 개체수를 보면, 가장 많았던 종류는 개벌지, 임내 모두 낚시제비꽃이었다.

발아 개체는 최적 발아 환경에 비해서 개벌지에서는 종수로 63%, 개체수로 30%로 적고, 또 숲 내에서는 종수로 20%, 개체수에서 4%로 매우 감소한다. Seed bank 중의 종자는 환경 특유의 큰 일교차, 주간의 고온 등의 환경 자극에 의해 휴면이 해제되면 발아가 가능해진다. 따라서 그러한 환경 자극이 작은 숲 내에서는 발아하는 것이 적게 된다. 또, 최적 발아 환경보다 개벌지에서의 발아 개체수가 적은 것은 개벌지에서는 맹아지나 개벌 전부터 생육하고 있던 식물이 양호하게 생육해 지표의 일부를 덮고 있는 것과 최적 발아 환경보다 수분 조건이 나쁜 것 등이 원인이라고 생각된다.

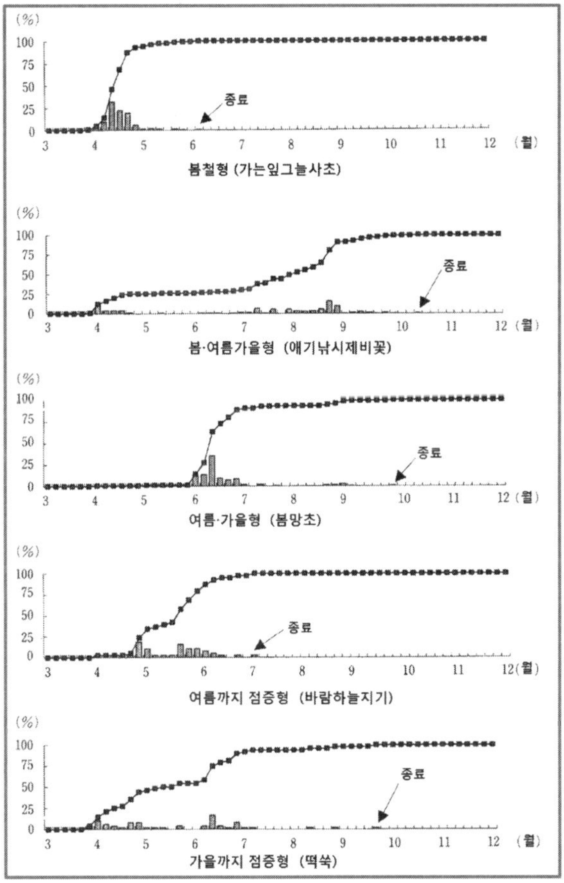

그림 1 발아 시기의 유형별 발아 개체수의 계절 변동

6-2 매토 종자의 종 조성

1) 발아한 종자의 종 조성

최적 발아 환경, 개벌지, 임내에서 각각 발아한 종은 조사지 부근의 상록수림, 잡목림, 밭·공터를 주된 생육지로 하는 종이다. 여기서 발아한 종을 생육지별로 분류하여 종수와 개체수를 나타낸 것이 표 2이다. 잡목림의 구성종은 최적 발아 환경과 개벌지에서 발아의 종수는 동수이고, 임내는 종수가 반수 이하이다. 이것은 잡목림에 특유한 종이 개벌에 의해 발아의 기회를 얻을 수 있는 것을 나타내는 것이다. 최적 발아 환경의 발아 개체수가 개벌지의 발아 개체수보다도 많은 원인에 대해서는 이미 언급했다. 밭·공터의 구성종은 최적 발아 환경에서 많이 발아하고, 개벌지에서는 적고, 임내에서는 전혀 발아하지 않는다. 일반적으로 이것들의 종은 경운기에 의해 교란된 토양에서 발아 발생이 연달아 일어났기 때문에(이이즈미, 1981), 토양을 교란하여 플랜트에 넣었기 때문에 최적 발아 환경으로는 발아 개체수가 많았던 것이라고 생각된다. 상록수림의 구성종은 종수와 개체수 모두 적고, 최적 발아 환경, 개벌지, 임내의 차가 적다.

표 2 생육지별 종수와 발아 개체수(1.2㎡ 당)

생육지	최적발아환경		개벌지		임내	
	종수	개체수	종수	개체수	종수	개체수
잡목림						
(낙엽교목) 졸참나무, 개서어나무, 팽나무, 층층나무 등	6	68	6	19	1	1
(낙엽관목) 작살나무, 인동덩굴, *Pertya scandens* 등	1	1	3	5	1	1
(상록침엽) 소나무	1	1	0	0	0	0
(다년초) 호소바히카케수케, 낚시제비꽃, 참취 등	7	150	8	56	5	9
경작지·공지						
(낙엽교목) *Rhus javanica*, 예덕나무, 게옻나무 등	3	6	3	4	0	0
(다년초) 미국자리공, *Solidago altissima*, *Macleaya cordata* 등	4	11	2	6	0	0
(2년초) *Erigeron sumatrensis*, 풀고사리, 우라지로치치코그사 등	8	54	1	4	0	0
(일년초) *Fimbristylis miliacea*, 중대가리풀 *Chenopodium centrorubrum*, 큰벼룩아재비 등	8	46	1	2	0	0
상록수림 사스레피나무, 꽝꽝나무, 광나무	3	14	2	8	1	2

2) 매토 종자와 임분 구성종의 종 조성 비교

최적 발아 환경에서 발아한 종과 조사한 임분의 구성종과의 관계는 그림 2와 같이 된다. 최적 발아 환경에서 발아한 종류(A, B, C, D)의 종수는 68종이고, 그 중에서 조사지의 임분을 구성하고 있는 종(A, B)은 약 반수인 33종이다. 또, 조사한 임분을 구성하고 있는 종(A, B, E, F)을 발아한 종과 발아하지 않았던 종으로 나누어 보면, 임내에서 발아한 종(A, E)은 25종이고, 임내에서는 발아하지 않았지만 최적발아 환경에서 발아한 종(B)은 16종이며, 어느 쪽에서도 발아가 보이지 않았던 종(F)은 35종이다. 조사한 임분을 구성하고 있는 종의 대부분은 잡목림의 종이다. 벌채의 효과를 기대할 수 있는 잡목림의 종을 보면, B, C는 벌채에 의해 발아할 수 있는 잡목림의 종이고, 벌채하면 이것들의 종의 종수도 증가하는 기회가 된다. 임내에서만 발아한 종(E)이나 발아가 보여지지 않았던 임분 구성종(F)은 종자 살포량이 적고, 균일하지 않은 종자 살포가 되고 있기 때문에, 채취한 토양 중에 종자가 포함되지 않았던 것이라고 생각된다.

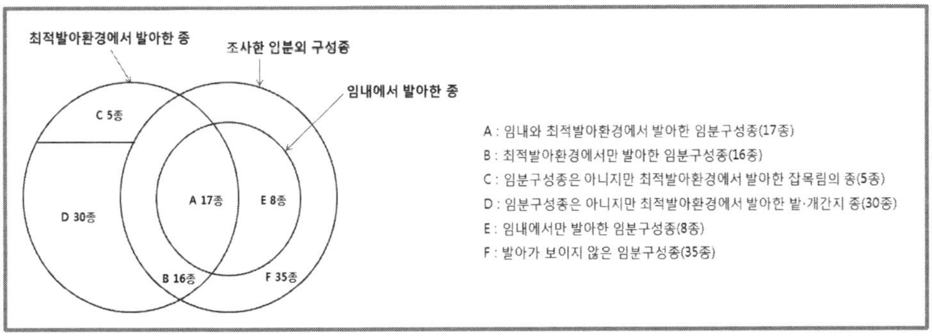

그림 2 매토 종자에서 발아한 종의 임분 구성종의 종조성의 관계

6-3 개벌이 개화 결실에 미치는 영향

개벌지와 폐쇄된 임내에서 식물의 생물 계절을 관찰하고, 개벌이 개화 결실에 미치는 영향에 대해서 검토했다. 시험구 중에서 개화 결실한 종에는 ○, 개벌지쪽이 임내보다 많게 개화 결실한 종에는 ◎, 개화 결실하지 않았던 종에는 ×를 기입하고, 그곳에 생육하고 있지 않은 종은 공란을 했다(표 3). 이 결과를 보면, 아래와 같다.

① 개벌 후에 새롭게 종자 생산이 일어난 종: 개머루, 참마, 도고로마, *Cirsium tanakae* 등의 잡목림에 특유한 종이나, 떡쑥, *Erigeron sumatrensis*, 미국자리공 등의 밭·공터에서 생육하는 종은 개벌을 실시했기 때문에 새로운 종자생산이 가능해진 종이다. 밭과 공터의 종은 개벌 전의 임관의 폐쇄한 임내에는 생육하고 있지 않았던 종이지만, 개벌 후에 매토 종자가 발아되어 생육하고, 종자 생산을 한 것이다.

② 개벌 후에 종자 생산이 활발해진 종: 잡목림에 특유한 종인 낚시제비꽃, 씀바귀, 미역취, 소엽맥문동, 참취 등은 개벌했기 때문에 종자 생산이 활발해진 종이다. 이것들은 개벌지에서 임내보다도 개화기간이 길고, 개화수도 많다.

③ 개벌의 영향이 적은 종: 호소바히카게스게, *Pertya scandens*, 사초과의 잡목림의 임상식물은, 개벌지와 임내에서 같이 개화 결실하는 것으로, 개벌의 영향이 적은 종이라고 말할 수 있다.

④ 개벌되었기 때문에 종자 생산이 행해지지 않게 된 종: 교목성 수종의 졸참나무, 개서어나무, 상수리나무, 때죽나무나, 관목성 수종의 말오줌때, 화살나무, 코마유미 등은 개벌작업으로 벌채되었기 때문에 종자 생산을 할 수 없게 된 종이다.

표 3 개벌지와 임내의 개화 결실한 종

	개벌지	임내		개벌지	임내
낚시제비꽃	◎	○	호소바히카게스게	○	○
씀바귀	◎	○	*Pertya scandens*	○	○
무사시노키스게	◎	○	은대난초	○	○
실새풀	◎	○	은난초	○	○
Solidago virgaurea	◎	○	줄사초	○	○
소엽맥문동	◎	○	주름조개풀	○	○
계요등	◎	○	*Pleioblastus chino*	○	○
참취	◎	○	뽕모시풀	○	○
도둑놈의갈구리	◎	○	말오줌때	×	○
Ampelopsis bevipedunculata var. *maximowiczii*	○	×	때죽나무	×	○
참마	○	×	화살나무	×	○
등골나물	○	×	코마유미	×	○
가막살나무	○	×	졸참나무	×	○
도고로마	○		금난초		○
떡쑥	○		노야마토보		○
오오아레치노기크	○		실청사초		○
미국자리공	○		*Rabdosia inflexa*		○
큰방가지똥	○		천일담배풀		○
Gnaphalium purpureum	○		노루발풀	○	
Ambrosia artemisiifolia	○		*Lonicera gracilipes* var. *glabra*	○	
망초	○		*Cirsium tanakae*	○	
청사초	○		*Hosta sieboldiana*	○	
강아지풀	○				
나도바랭이새	○				

○: 개화 결실한 종류　　◎: 개벌지의 방법이 임내보다 많게 개화 결실한 종
×: 개화 결실하지 않았던 종

임내는 임관이 폐쇄되어 상대 조도가 낮다. 이것이 임상식물의 광합성 등에 영향을 주고, 성장이나 개화 결실이 방해가 되고 있다. 개벌지에서 개화 결실이 보다 많게 보여진 것은 조도가 높게 된 것이 영향을 주고 있다고 생각된다. 임상식물은 상대 조도가 낮아도 어느 정도는 생육하지만, 개화 결실할 때까지 성장할 수 없는 것이나 개화 결실하지 않게 되는 것 등이 있다. 이것들의 식물이 이 상태로 말라 죽으면 다음 세대

를 남길 수 없다. 잡목림에 특유한 종을 남기기 위해서는 이들의 식물이 말라죽기 전에 개화 결실할 수 있는 환경 조건을 주는 것이 필요하다.

잡목림은 개벌하는 것으로 다음과 같은 변화가 보여 진다.

① 잡목림을 개벌하면 매토종자의 발아가 촉진되고, 개벌 전에 생육하고 있던 잡목림의 종의 발아와 개벌 전에는 생육하고 있지 않았던 잡목림의 종이나 밭·공터 등에 생육하는 종의 발아가 보인다.

② 개벌하면 성장이 촉진되고, 잡목림에 특유한 종의 개화 결실이 왕성해진다.

매토종자로부터의 발아에 의해 새로운 세대로의 교대를 할 수 있다. 또, 개벌의 영향으로 잡목림의 임상식물의 성장이 촉진되고, 개화 결실이 왕성하게 행해진다. 개화 결실이 행해지면, seed bank에 새롭게 종자가 공급되는 것이 된다. 이것에 의해 seed bank가 갱신된다(그림 3). 이것들의 매토종자는 다음 개벌 후에 발아하는 것이 가능하다. 그러나 매토종자의 수명은 종에 따라 다르고 그것은 현재 거의 불확실하기 때문에 다음 개벌 시까지 매토종자를 존속할 수 있을지 어떨지 분명하지 않다. 그 때문에 종자의 공급은 일시적이지 않고 계속적으로 행해지고 있는 것이 바람직하다. 임관이 폐쇄해 개화 결실이 행해지지 않게 되거나 개화 결실의 상태로 성장하다가 고사하면 종자공급이 행해지지 않게 되고, 종의 존속이 어렵게 된다. 그런데 어느 정도의 면적이 있는 숲의 경우, 임분을 몇 개의 블록으로 구분하여 모자이크상으로 개벌작업을 하면 항상 어딘가의 블록에서 개화 결실이 행해지고, 블록과 블록과의 사이에서 서로 종자 공급의 주고받음을 할 수 있게 되며 종을 존속시킬 수 있을 것이다. 이번 조사로 임내에 생육하고 있지만 발아가 보여지지 않았던 종의 종자 살포형은 동물 살포, 특히 까마귀살포의 비율이 높았다. 이것은 살포하는 새 등의 생물이 있는 한 종자 공급의 주고받음을 할 수 있을 가능성이 있는 것을 나타내고 있다.

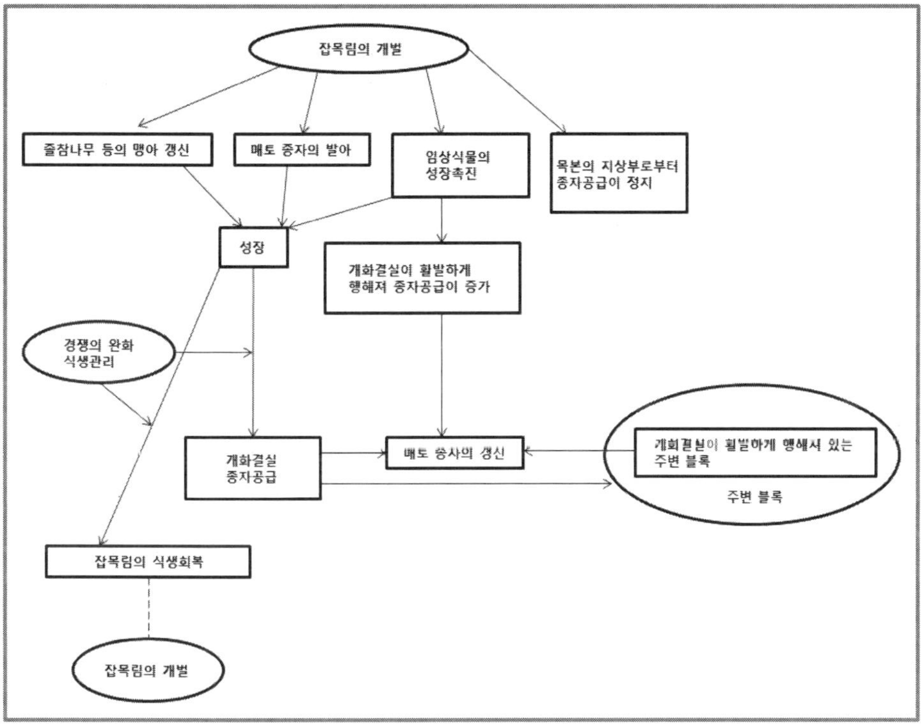

그림 3 개벌 후의 식생의 변화와 seed bank의 형성

이러한 식생 배치와 종의 공급에 대해서, 가와테(1992) 등은 공간적 모자이크와 시간적 모자이크라는 말로 표현하고 있고, 시간적 공간적 모자이크로부터 구성되고 있는 성질이 다른 식생 단위가 서로 종자 공급을 통해 밀접하게 관련하고 있는 것을 나타냈다. 또한 식생 단위의 공간적인 분단화에 의해 상호작용이 약해지는 것, 식생 단위의 균질화에 의해 재생복합체로서의 기능이 약해지는 위험성이 있는 것을 나타냈다.

여기서 말한 매토종자의 조사에 있어서 시험구에는 생육하고 있지 않았던 종이나 개화 결실하고 있지 않은 상태로 있는 종이 매토종자로부터 발아한 것이 확인되었다. 이것들의 종은 주변에서 종자 공급이 있었다고 생각되는 것이다.

잡목림의 식생 관리에 있어서는 그림 3에 나타낸 개벌과 seed bank의 갱신 관계에 대해서 이해하는 것이 중요하다.

(이와무라 나츠키, 가메야마 아키라)

7. 졸참나무의 종생태

졸참나무(*Querens serrata* Thunb.)는 상수리나무(*Quercus acutissima* Carruthers)와 함께 관동 지방의 잡목림의 교목층을 구성하는 주요한 구성요소이다. 졸참나무가 속하는 참나무속(*Quercus*)은 북반구의 아열대로부터 냉온대에 걸쳐 넓게 분포하고, 각각의 지역에서 산림의 우점종이 되고 있다. 참나무속에는 낙엽성의 종과 상록성(조엽 및 경엽)의 종이 있고, 생육하는 입지도 종에 따라 다양하며 모두도 저장 물질이 많은 대형의 과실(소위 도토리)을 맺는다. 일본에는 참나무속 중 참나무아속(*Lepidoba lanus*)과 가시나무아속(subgen. *Cyclobalanopsis*)이 분포하지만, 전자는 졸참나무를 포함하는 소위 참나무류로 대부분이 낙엽성이고, 후자는 가시나무 등의 가시나무류로 모두 상록성이다. 이 장에서는 잡목림의 우점종인 졸참나무라고 말하는 1개의 종에 주목하여 그 생태, 특히 번식이나 성장의 특성에 대해서 살펴본다.

식물 개체의 일생의 출발점을 어디로부터 취할지는 여러 가지 방식이 있겠지만, 개화 후 수분해 수정란이 형성되었을 때로 하는 것도 하나의 방법이다. 수정란은 세포분열해 배가 되고 양분을 저축하여 이윽고 종자가 완성된다. 종자는 모식물을 떠나 살포되고 어느 장소에 머물러 뿌리를 내리고 잎을 전개해 실생을 확립한다. 실생은 잎의 광합성에 의해 자기를 확대해 성체가 되고 어느 시점에서 개화해 열매를 맺게 된다. 그리고 자손을 남긴 뒤 모두 죽게 된다. 식물의 생활의 실태를 알기 위해서는 이러한 일생의 경과를 통해서 식물이 나타내는 형태적 혹은 기능적인 성질을 이해하는 것과 동시에 야외의 식물 군락에 있어서 개체수가 어떻게 변화할지 그리고 그 변화(사망)의 원인은 무엇인지라는 양적인 면을 아는 것이 필수이다. 필자는 졸참나무의 생활을 나무위에서의 종자 형성의 시기, 종자의 낙하, 실생 확립의 시기, 실생이 살아남아 있는 시기로 구분해, 5년간에 걸쳐 정량적으로 조사해 보았다. 조사한 것은 도시 근교의 잔존림으로 주변부는 대부분이 택지화되고 있다. 이 장에서는 거기서 얻어진 사실을 중심으로 졸참나무의 생태에 대해서 알아본다.

7-1 개화에서 결실까지

졸참나무는 관동 지방에서 예년 4월 초순에 개엽하지만, 그것과 동시에 덩어리 모양의 수꽃가루가 나타난다. 대략 2주간에 꽃가루는 꼬리모양으로 신장하여 바람에 흔들린다(사진 1). 흩뜨려진 화분은 새로운 가지의 앞쪽 엽액에 붙어 있는 직경1㎜정도의 암꽃에 도달해 수정이 일어난다. 화분을 방출한 웅화서는 갈색으로 시들어 나무의 밑에 흩어지게 된다. 한편, 암꽃은 어린 과실이 되고, 처음에는 모자(각두)에 싸여 천천히 성장하지만, 8월에 들면 급속하게 돌출한다(그림 1). 녹색으로 수분이 많았던 종도 9월에 들면 급속하게 말라 가고, 갈색의 윤기가 돌게 성숙한 9월말 경부터 낙하하기 시작하고, 11월 상순에는 모두 떨어진다. 여기서 "과실"이라는 말을 이용했지만, 도토리는 껍질이 건조되어 딱딱해지는 소위 견과로 속에 종자가 1개 들어 있다.

사진 1 개화기의 졸참나무
가지에 매달렸다가 웅화서(수꽃차례)에서 화분이 살포하기 직전에
암꽃은 새가지 끝의 엽액에 붙지만 사진에서는 불명료

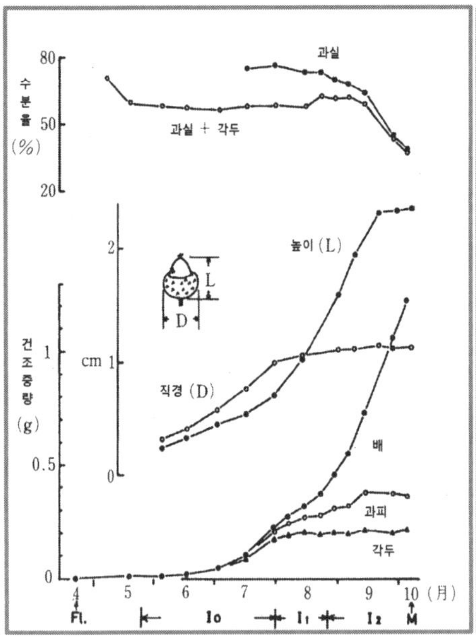

그림 1 졸참나무의 과실의 성장 과정
수분률은 (수분량/습중량×100)의 값을 표시함(Matsuda, 1982)

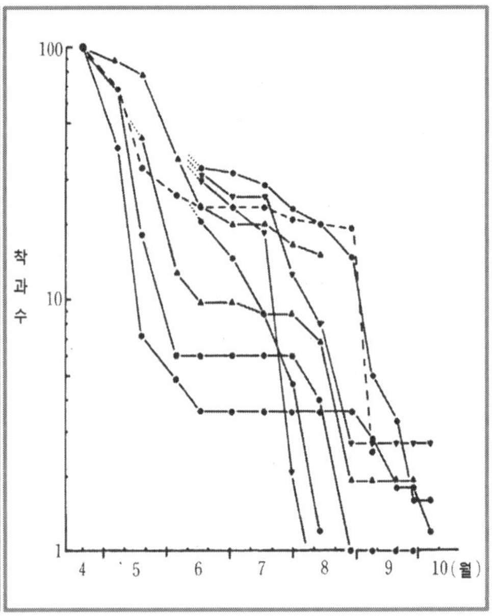

그림 2 나무 위에서의 졸참나무 과실의 성장 곡선
특정 가지에서 발달 중인 과실의 수를 정기적으로 계산하고, 꽃의 수를 100으로 하여 착과수의 변화를 표시한 것. 관찰한 꽃의 수는 1가지당 86~169개(Mastsuda, 1982)

이 나무 위에서의 성숙 기간 중에 미숙한 과실이 대량으로 잃게 된다(그림 2). 가지에서 관찰하면 총 암꽃 수의 85%가 6월 중반까지 즉 매우 작은 기간에도 낙하했다. 이 시기의 낙하물에는 특히 외상은 없기 때문에, 식물의 내적인 사정, 수분의 실패나 가지로부터의 영양 공급의 부족 등이 원인으로 낙하한다고 생각된다. 7월이 되면 송곳으로 구멍을 낸 것 같은 자국이 있고, 부풀어 오른 미숙 과실이 많이 떨어지게 되지만, 이것은 뒤에도 나오는 거위벌레의 소행으로 속의 즙을 빤 자국 같다. 8월에 들어 과실이 커짐에 따라 도토리나무좀, 도토리거위벌레나 도토리밤바구미 등의 투구벌레나 나방의 유충(세모애기일말이나방 등)의 공격을 받는다(그림 3). 특히 도토리거위벌레는 녹색의 과실에 산란 후, 거기에 붙어 있는 가지를 잘라 떨어뜨린다. 8~9월에 걸쳐 도토리가 떨어지는 것보다 조금 앞서 잡목림에서 빙글빙글 돌면서 작은 가지가 몇 개나 떨어져 있는 것이 있지만, 이것은 거위벌레의 소행이다(사진 2-4). 바구미는 시기가 조금 뒤로 거의 성숙한 과실에 알을 낳는다. 부화한 거위벌레나 바구미의 유충은 지상에서 도토리의 알맹이를 먹어 토실토실하게 성장하고, 마지막에는 도토리에서 탈출하여 지중으로 빠져나가 번데기가 된다. 나방의 유충도 거위벌레보다 조금 늦게 출현하지만, 이것은 과일 껍질에 구멍을 내어 침입한다. 체장 3㎜ 정도의 거위벌레는 성충이 도토리 안에 터널을 파 생활하고, 속에서 번식하는 것도 있다. 이와 같이 몇 종류의 곤충이 시기를 조절하면서 발달 중의 도토리에 그 식료를 의존해 생활하고 있는 것을 알 수 있다. 도토리는 나무의 위에 있을 때부터 동물의 귀중한 자원이 된다. 초기의 소과실의 낙하 수는 많지만 물질량으로서는 적고, 반대로 후기의 벌레의 공격에 의한 낙하의 수는 적지만 큰 물질의 손실을 가져오고 있다.

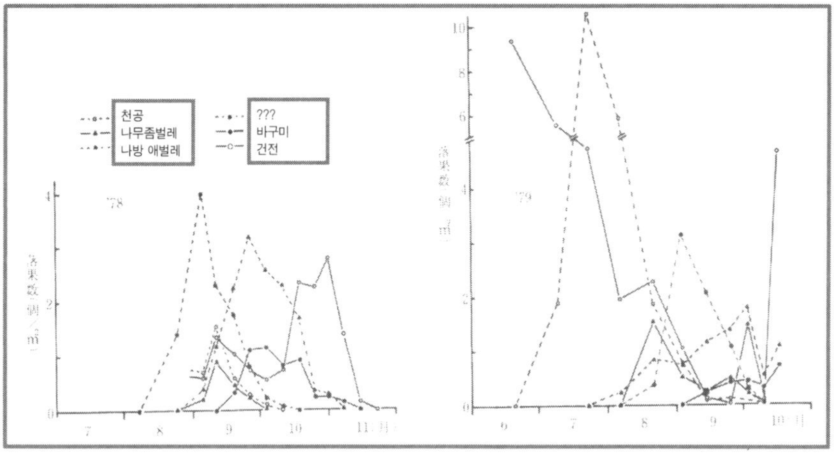

그림 3 발달도중의 졸참나무 과실에서 보이는 손상요인의 변천. 종자트랩(SeedHrap)에서 포획된 낙화과실을 조사한 것. 1978년에는 8월 중순 이전의 데이터는 누락함. 1979년에는 10월 19일 태풍에 의해 일제히 낙하함(Matsuda, 1982).

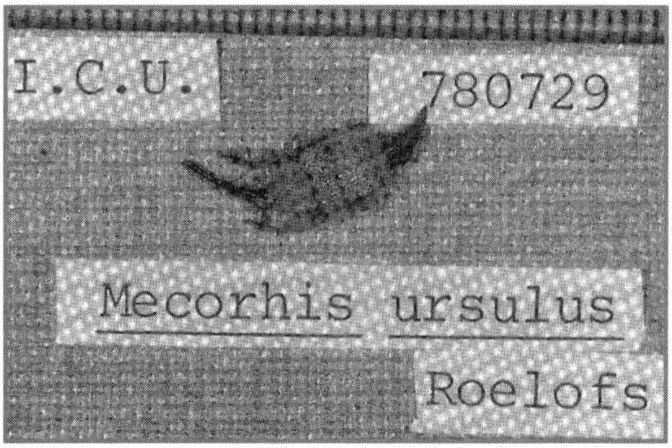

사진 2 도토리거위벌레의 성충

사진 3 도토리거위벌레에 끊겨 떨어진 졸참나무의 작은 가지

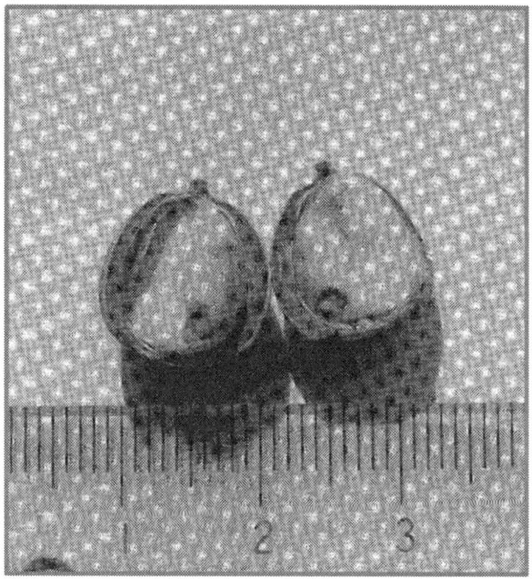

사진 4 도토리거위벌레의 산림으로 인하여 불안정으로 성정한 상수리 열매

7-2 졸참나무의 종자 생산량

공원이나 잡목림에서 발디딜 틈도 없을 만큼 대량으로 도토리가 떨어지고 있어 그 번식력에 놀랄 경우가 있다. 수목의 종자 생산은 해에 따라 기복이 있는 것으로 알려져 있다. 필자가 조사한 잡목림으로 졸참나무의 5년간(1975~1979)의 종자 생산량은 ㎡당 평균 순으로 117.2, 2.2, 17.3, 17.1, 9.0개의 해 변동을 나타냈다. 물참나무림에서 20년 동안의 조사는, 풍작이 1년에 걸쳐 일어나고 그 후는 중간 정도에서 흉작이 계속 되었고 9년째 다시 풍작이 일어났다(그림 4). 풍작 해의 다음 해는 개체 내의 양분 부족 때문에 흉작이 됨을 알 수 있다. 대풍작이 일어나는 요인으로서, 영국의 참나무류(*Q. alba* L.) 연구에서는 개화시의 온도 요인이 영향을 주고 있고, 수꽃과 암꽃의 개화 타이밍이 절묘하게 일치해 수분 성공률이 높았던 해는 대풍작이 되는 것이 시사되고 있다. 또한 참나무류 수종으로 같은 개체를 수년간에 걸쳐 관찰한 예는 언제나 도토리가 달리는 나무와 그다지 달리지 않는 나무가 있고, 번식 능력에 개체차가 있는 것 같다. 한편, 졸참나무의 잡목림으로 크기나 줄기 연령이 다른 수목을 별도

해서 착과수를 조사한 연구로는 착과수 0으로부터 많이 붙어 있는 개체까지 다양하고, 착과수는 크기나 나이에 관계없이 연평균 직경 성장량과 비교적 좋은 양의 상관이 보였다.

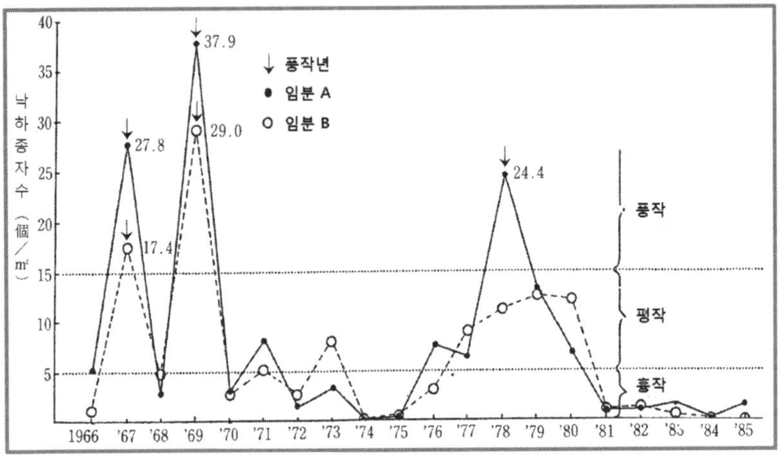

그림 4 물참나무의 종자 생산량의 연 변동
홋카이도 동부의 물참나무 순림에서 20년 간에 걸쳐
종자 트랩(seed trap)에 의해 조사된 종자 낙하량을 표시함(Imada 등, 2990).

7-3 졸참나무의 발아와 실생의 확립

낙하한 졸참나무의 도토리는 즉시 발근을 시작한다. 도토리는 함수량이 높기 때문에 낙엽의 밑 등 습기 찬 조건이 유지되는 곳에서는 잘 발근한다. 그러나 노출되는 지면상에서는 곧바로 건조해 버리고, 발아 능력을 잃는다. 발근한 실생은 가을 중에 충분히 주근을 펴고, 측근을 발달시켜 정착하지만, 줄기를 뻗고 잎을 넓히는 것은 다음해 봄(4월 초순)이 되고서이다. 수는 적지만 낙하 말기의 11월 초가 되어 떨어진 종자는 발근하지 않은 채로 겨울을 넘기고 다음해 봄이 되어 뿌리를 내리는 것도 관찰되고 있다. 그것들은 봄 잎의 전개가 가을에 발근한 실생보다도 1개월 정도 늦게 진행된다. 도토리 안에 있어 양분을 저축하고 있는 것은 떡잎이라고 불리는 "쌍떡잎"으로서 지상에 열리는 부분이다. 졸참나무의 식물로는 떡잎은 아래에 머문 상태에서 떡잎

모양의 합쳐진 곳에서 상배축이 성장하여 처음으로 본 잎이 전개된다(그림 5).

졸참나무를 시작으로 물참나무, 떡갈나무 등의 대부분의 참나무류는 가을에 발근하지만, 가시나무, 종가시나무 등의 상록의 가시나무류는 종자에 휴면성이 있고, 다음해 봄이 되지 않으며 발근하지 않는다. 또 실생의 형태를 비교하면, 잎을 전개가 끝난 시점에서 졸참나무 지상부/지하부 중량비가 적고, 지상부보다 뿌리가 큰데 비해, 가시나무에서는 뿌리가 짧아 빈약하고, 지상부의 비율이 크다(표 1).

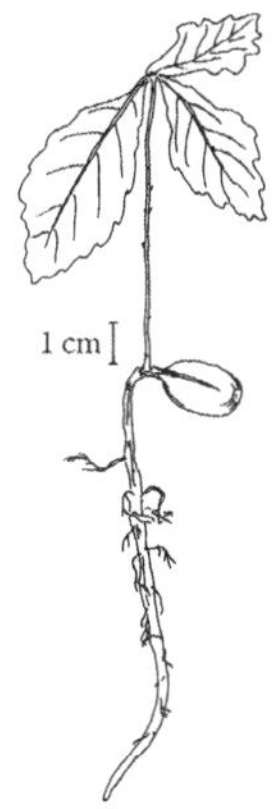

그림 5 잎의 전개 직후의 졸참나무 실생

표 1 졸참나무와 가시나무의 실생 형태의 비교

	졸참나무	가시나무
종자중의 배의 무게(g)	0.62(32)	0.41(43)
확립한 실생의 무게(g)	0.48(17)	0.18(19)
엽면적(㎠)	49.9(17)	15.4(19)
뿌리의 길이(㎝)	31.9(14)	21.1(19)
지상부/지하부 비	1.98(17)	3.36(19)

양종의 실생을 직경 6㎝, 길이 1m의 대롱모양의 묘상을 이용해 양지에서 기르고, 잎이 전개를 완료한 시점에서 샘플링하고, 지하부를 완전하게 채취했다.
( )내의 숫자는 샘플수를 나타낸다. (Matsuda, 1989)의 data를 나타낸다.

졸참나무가 가을에 발근하는 것이 유리한 것은 숲 가장자리 등의 건조하기 쉬운 입지에서 종자가 건조해 죽는 것을 피하는 것이나, 초봄에 재빨리 잎을 전개시켜 광합성을 하는 다른 식물과의 경쟁에서 우위에 서는 것 등에 있다고 생각된다. 졸참나무를 필두로 가을 발근성의 참나무류의 북쪽 한계는 가을 중에 발아하는 뿌리가 충분히 펴 정착할 수 있다고 추측되는 온도 조건의 지역과 일치한다. 한편, 가시나무류와 같이 발아 시기가 늦고, 형태적으로도 뿌리의 신장보다는 잎 면적의 확보를 우선시키는 방식은 임상과 같은 수분 조건은 좋지만, 빛이 적고, 내음성이 요구되는 것 같은 장소에 적절하다고 생각된다.

7-4 임상에 있어서의 실생의 생존

임상에 낙하하는 도토리의 수는 나이에 따라 제각각이지만, 그것들은 어떠한 운명을 겪을 것일까? 도토리는 저장 양분이 많은 것으로, 쥐, 다람쥐, 까마귀 등의 동물의 먹이가 된다. 낙하한 도토리의 대부분은 동물의 먹이가 되고, 발아하는 것은 매우 소수이다. 그러나 한편, 동물에 의해 저장된 도토리가 그대로 잊혀져 발아하는 경우도 있다. 포식자가 종자 산포자로서의 역할을 하고 있다고 생각된다. 그들의 대형 포식자의 수는 숲의 주위의 환경에 영향 받지만, 필자가 조사한 도시 근교의 잔존림에서는 대형의 포식자에 의한 피해는 적었다. 대신에 도토리 내부에 기생하는 곤충류나 곰팡이 등에 의하여 정착하기 이전에 죽어버리는 도토리가 많았다. 이것은 포식자 사이에서 서로 보충적인 관계가 있는 것을 나타내는 것일지도 모른다.

동물에게 먹히는 일 없이 발아할 수 있던 실생은 독립 영양의 단계에 들어온다. 이 시기에 실생이 살아 남을지 어떨지는 무엇에 좌우되는 것일까? 필자가 조사한 잡목림에서는 어떤 해에 성립한 실생은 4년 후에 대략 60%로 감소한다. 조사를 시작하기 전에는 하예작업이나 낙엽채취 등의 손질이 이루어져 있었기 때문에 관목층은 드물고, 8월의 상대 조도는 평균 4% 정도였다. 죽은 개체는 살아남은 개체에 비해서, 최초의 실생고가 보다 작고, 생육 장소의 상대 조도는 보다 낮고, 또 잎의 피식률은 보다 크다는 경향이 인정되었다. 성장이 나쁜 개체는 매년 1개의 shoot(1그루의 줄기와 여러개의 잎으로 구성된다)를 겹쳐 쌓아 갈 뿐으로, 그 결과 1그루의 줄기를 갖는 것 뿐이지만(그림6, A유형), 약간 건강한 개체에서는 가지를 나눠 복수의 shoot를 형성한다. 숲 밖의 밝은 곳에서 생육한 졸참나무 실생의 경우에는 가지 정점의 싹으로부터 나온 shoot가 다른 싹으로부터의 shoot보다도 굵고 길게 성장해 계속 위로 자라지만, 어두운 숲에서는 줄기와 옆가지의 구별이 분명하지 않게 되어, 각각의 가지가 횡방향으로 넓어지는 경향이 강하게 된다. 결과적으로 각각의 잎이 위쪽의 잎의 아래가 되는 것 없이 보다 많은 빛을 받게 된다(그림6, B, BS유형). 가지가 나누어진 개체에서는 5년 째에 높이 약 30㎝, 가지가 나누어지지 않은 개체에서는 약 20㎝에 달했다.

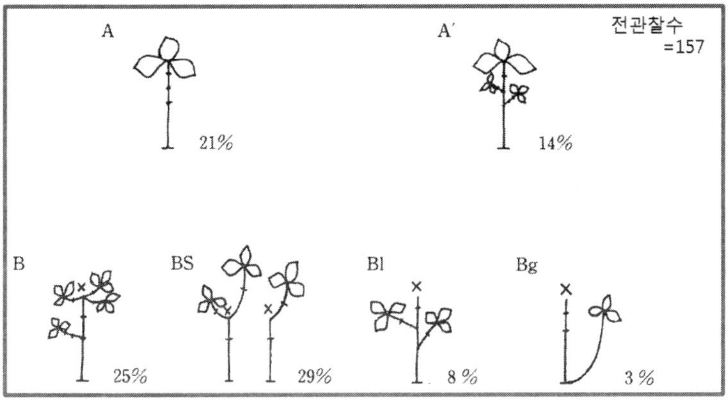

그림 6 임상에 보여지는 졸참나무 실생의 형태

A는 주간만, A' 는 주간과 측지를 갖음. B에서는 주간과 측지의 구별이 명확하지는 않지만, BS는 첫 번째 분지가 우세한 것, Bl는 주간이 꺽이고 측지가 재생한 것. Bg는 주간이 고사하여 뿌리부터 재생하고 있는 것. B, BS에서는 가로방향으로 가지가 뻗어서 잎을 수평적으로 넓히고 있다. 그림 내 숫자는 졸참나무림 내에서 관찰된 4년생 실생 157개체 중 각각의 타입의 점유율 %를 나타낸 것(Matsuda, 1989).

한편, 방치 후에 시간이 경과하여 관목층이 번창한 잡목림에서 행해진 조사에서는 실생이 성립 후 3년 동안 모두 전멸하였다. 관목층을 제거한 경우에는 실생의 생존율이 상승된다. 또, 방치 후 시간이 경과한 지상 10㎝의 상대 조도가 3% 정도의 임상에서의 성장은 매우 나쁘지만 5년생 정도까지의 실생은 비교적 많이 보여진다. 임연부로부터 임내를 향해 밝기의 경도에 따라 실생의 성립 상태를 조사한 예로는 숲 속에서 임상의 상대 조도가 5% 보다 낮은 지점에서도 ㎡당 수 그루 10~20년생의 치수가 생육하고 있었다. 이러한 것에서 잡목림의 임상에서 조도가 3~5% 정도에서 적어도 수년간은 실생의 생존이 가능할 듯하다. 이들의 실생은 무엇인가의 원인으로 임관에 공간이 생겨 빛 조건이 호전된 경우, 차세대의 임관목이 될 가능성을 가지고 있다. 임령이 높아져 맹아력이 쇠약해져 버린 잡목림으로는 이러한 전생 치수에 의해 갱신을 도모하는 것도 생각해야 할 것이다.

7-5 졸참나무의 성장 특성

1) 실생묘의 성장

졸참나무는 양수이다. 필자가 양지 바른 곳에서 독립수로 기른 졸참나무의 실생은 당년에 줄기 길이가 15㎝였지만, 1년에 114㎝, 2년에 290㎝, 3년에 458㎝, 4년에 521㎝에 달하고, 흉고직경(DBH)은 4.4㎝, 근원경은 8.7㎝에 달했다. 이 값은 꽤 성장이 좋은 예일 것이다. 또, 군락 상태로는 졸참나무는 3,000그루/ha의 재식밀도로 10년에 수고가 평균 8m, 흉고직경이 평균 8㎝(큰 것은 16㎝)에 달한다.

졸참나무는 번식을 시작하는 연령이 낮고, 수고 50~90㎝의 2년생의 어린 나무가 꽃을 피웠다는 보고도 있다.

2) 졸참나무의 맹아 특성

졸참나무의 잡목림은 복수의 줄기를 가진 나무에 의해 구성되고 있는 경우가 많고, 이들은 신탄림시업에 의해 벌채된 후에 성립한 맹아 재생림이다.

졸참나무의 맹아 능력을 알기 위해서 흉고직경이나 나이가 다른 나무가 섞여 있는 숲을 벌채해 구성목의 맹아의 상황을 조사해 보면, 벌근 직경이 20~30㎝ 이상, 벌근 연령이40~45년 생 이상 되면 맹아하지 않고 나무가 말라죽어 버리는 비율이 증가된다. 그 곳에서는 1주당 맹아 발생 수는 벌근직경이나 벌근 연령과 밀접한 관계는 보여지지 않고, 1~115본과 그루마다 크게 흩어지고 있다. 한편, 1주당 맹아 발생수는 벌채전의 흉고직경과 관련된다라는 보고도 있고, 18년생의 졸참나무 이차림에서는 흉고지경 15㎝ 전후에서 발생 본수가 최고에 달한다(약 20그루). 그곳에서는 맹아시의 성장이 좋은 것으로는 벌채년에(2월에 벌채) 1.5m, 그 3년 후에는 약 4m에 달하고 있다.

다수 발생한 맹아지는 맹아지 간의 경합에 의해 도태된다. 27년생의 졸참나무 이차림을 벌채한 경우, 1주당 평균 28그루 발생한 맹아지는 2년 후에는 약1/3로 감소하고, 크기가 작은 것부터 소실하고 있다.

졸참나무가 우점하는 잡목림은 그 대부분이 맹아 재생주인 경우와 단일 줄기의 실생 기원이라고 보이는 개체를 포함하는 경우, 또 대부분이 실생 유래의 개체로 구성되는 경우도 있다. 마지막 경우에는, 어떠한 원인으로 공간이 생성된 토지에 도토리가 살포되어 발아된 것일 것이다. 그러한 장소에서는 8-3에서 서술한 것 같은 졸참나무의 발아의 성공을 가져온다고 생각된다.

지금까지 현재의 잡목림의 일원으로서의 졸참나무의 생태를 중심으로 보았다. 그렇지만, 잡목림에서 보이는 졸참나무의 생활 모습이 본래의 졸참나무의 모습일까? 잡목림은 대체로 인간의 활동의 소산이며, 그 역사는 수백 년 정도에 지나지 않는다. 졸참나무라는 종류는 수백만 년 이상에 걸치는 지리 역사적 시간 속에서 부지런히 생활하고, 종을 유지해온 것이다. 현재도 한정된 면적에서 있지만 졸참나무의 자연림은 존재하고 있고, 과거에 있어서는 그 분포가 좀더 넓었다고도 말할 수 있다. 그 곳에서 졸참나무는 어떠한 생태를 나타내는 것인지, 잡목림과 비교해보는 일은 매우 흥미 깊은 일이다.

(마츠다 코즈에)

8. 잡목림 임상식물의 다양성과 종생태

8-1 풍부한 임상식물 식생과 종 생태

잡목림의 임상과 임연의 야생화는 그 다양한 모습과 아름다운 꽃으로 우리들의 눈을 즐겁게 해 준다. 임상 식물이 풍부한 잡목림은 단순히 식물의 종류가 많다는 게 아니라, 그들 식물을 먹을 풀이나 은신처 등으로 이용하는 많은 종류의 곤충 등의 동물에게 생육 장소를 제공한다. 이러한 생물의 다양성이 높은 공간은 자연 교육의 장소, 살아 있는 것과 접촉하는 다양한 놀이의 장소로 직접 이용 가능할 뿐만 아니라, 현재 감소의 추세에 있는 생물의 다양성을 보전하기 위한 생물 종의 저장고로서 또 주변 지역에로의 종의 공급원으로서도 중요한 역할을 완수한다.

요즈음, 일본 사람의 생활권에서는 생물과의 단절이 뚜렷하다. 가장 우리 몸에 근접한 야생화라고도 말할 수 있는 가을의 일곱 가지 야생화는 벌등골나물이 red data book에 절멸 위기종으로 기록되어있고, 마타리도 도라지도 용담도 거의 볼 수 없게 되었다. 시대를 추월하여 사람들과 친하게 지내 온 식물이나 동물이 급속하게 우리 주위에서 사라져 가고, 그것과 교체되어 귀화 생물이 대량으로 유입되어 왔다.

잡목림이 베어져 만들어진 조성지에는 *Solidago altissima*와 목초의 오니우시노게크사 등이 우점해, 일찍이 이 나라에는 존재한 적이 없는 건조된 경관이 전개한다. 공터, 도로, 어느 곳이든 귀화 식물에게 점령된 오늘, 적절히 관리된 잡목림과 그 주위는 옛날을 떠올리는 야생화와 그 곳에서 노는 벌레들을 만날 수 있는 귀한 장소가 되었다.

그런데 잡목림의 매력과 가치의 큰 부분을 차지하는 임상 식물의 다양성은 어떻게 태어나고 유지되는 것일까? 그것을 이해하기 위해서는 각각의 임상식물이 가지는 종 특유의 생활사와 생활사 각 단계에 있어서의 다양한 환경 요구성은 즉 종 생태를 파악하는 것이 필요하다. 그것은 잡목림의 식생이나 특정한 종의 보전을 위해서도, 또 바람직한 임상식물 식생을 갖춘 잡목림의 새로운 창조를 위해서도 빠뜨릴 수 없다. 여기서는 구체적인 예를 들면서, 잡목림의 임상식물의 생활사의 특성, 즉 영양 성장과 종자에 의한 번식에 있어서의 종의 특성과 요구성에 대해서 서술하고, 풍부한 임상식물 식생을 자랑하는 잡목림을 유지하기 위한 조건 등에 대해서 생각해 보기로 한다.

8-2 임상식물의 생활사와 환경

식물의 생활사는 크게 2개의 단계로 나눌 수 있다. 광합성·물질 생산에 의해 식물체에 유기물을 축적하는 시기인 영양 성장기, 그리고 꽃을 피게 하고, 열매를 맺고, 종자를 산포하고, 발아해 눈이 자라 정착시킬 때까지의 일련의 과정의 번식기이다. 또한, seed bank 전략(수명이 긴 휴면 종자를 토양 중에 축적하고 교란에 대비하는 생활사 전략)을 취하는 종류에서는 생활사를 종자로서 보내는 시기, 종자기와 발아한 뒤의 비종자기의 2개로 나누는 것도 유효하다. 일반적인 식물은 영양 성장기, 번식기 각각에 있어 그 종류 특유의 환경 조건의 필요성을 나타내지만, 임상 식물에 있어서 영양 성장기에는 빛이 번식기에 있어서는 꽃에서 꽃으로 화분을 옮기는 매개체와 종자의 발아·실생정착을 위한 생태적지(종자의 발아나 실생의 정착에 필요한 조건을 갖춘 정착 적지)가 적절히 보장되는 것이 각각의 종 개체군의 존속에 있어서 특히 중요하다고 생각된다.

1) 영양 성장과 생물계절학

영양 성장기의 식물에 있어서 그 생존의 성장을 지배하는 중요한 요인은 물질 생산에 사용되는 빛, 물, 영양분 등의 자원이다. 또, 온도, 습도 등의 환경 조건도 물질 생산의 효율에 큰 영향을 준다. 이러한 물리적인 환경 조건에 더해 잎이나 뿌리를 먹는 동물에 의한 피해도 때에 따라서 영양 성장에 큰 영향을 준다. 이러한 가지각색의 요인 중 잡목림 임상의 영양 성장기에서 식물의 성장에 가장 큰 영향을 주는 것은 빛이다. 빛은 식물에 있어서 가장 부족하기 쉬운 자원이기 때문이다.

(1) 임상(林床)의 빛 이용성 지표

빛은 시간적·공간적인 변동이 큰 환경 인자이다. 시간적 변동에는 지구의 공전에 의한 계절 변화나 자전에 의한 일 변화 등 규칙적으로 반복되는 예측 가능한 것과 구름의 두께나 흐름에 의한 기후 차원의 불규칙한 변동이 중복된다. 더욱이 그와 더불어 식물 군락의 내부에서는 상부 수관층의 조밀에 의해 빛의 분포가 불균일하게 될 뿐만 아니라 바람으로 인한 가지나 잎의 움직임에 의해 직사광이 지면에 도달하는 부분, 반사광(sunfleck, 사진 1)의 위치나 크기가 다양하고 다채롭게 변화한다. 반사광은 빛의 부족한 임상에서 생활하는 식물에 있어서 특히 귀중한 빛자원이다. 식물의 광합성에는 반사광을 유효하게 이용하기 위한 생리적인 적응 사실은 알려져 있지만, 식물의 반사광 이용에 관한 생리 생태학적인 검토는 최근에 시작되었을 뿐이다.

낙엽수림에서는 위에서 말한 것처럼 빛 변동이 중요한 특유의 계절 변화 즉, 낙엽의 계절성에 의해 여름에 어둡고, 겨울에 밝다는 규칙적인 계절 변화가 보이는 것이 특징이다.

사진 1 임상의 반사광

위에서 말한 것처럼 현저한 변동성 때문에, 식물에 있어서의 빛 이용성을 평가하는 것은 기술적으로 그다지 쉬운 일이 아니다. 그러나 다행인 것은 하늘에 구름이 있을 때나 태양 고도가 낮을 때 등 태양의 빛이 주로 산란광뿐인 조건에서의 광합성 유효 광량자밀도(식물이 광합성에 이용 가능한 파장역 400~700㎚의 광량자의 단위면적·단위시간당의 입사량)의 임관상의 동광량자 밀도에 대한 상대값(산란광 상대광량자 밀도)은 임상이나 초본 군락내의 특정의 위치에 있어서 광 이용성을 평가하기 위한 지표로써 유효하다. 산란광 상대광량자밀도는 그 지점에서 하늘을 위로 쳐다보고 잎이나 가지사이로 보이는 하늘의 비율에 거의 일치한다. 전체 하늘의 사진을 촬영하여 천공의 위치에 의한 밝기의 차이를 보정하고 차단되지 않은 하늘의 면적 비율은 산란광 상대광량자밀도의 값과 일치한다. 임상에서 반사광을 만드는 직사광은 구름의 양과 위치, 상층의 잎 층의 간격과 태양의 상대적인 위치관계 등에 의해 느린 시간 변화를 나타내지만 어떤 지점에 투사하는 직사광의 시간 평균은 역시 그 곳에서 보이는 하늘의 비율에 의존한다. 이 때문에, 산란광 상대광량자밀도는 산란광뿐만 아니라 직사광도 포함한 그 지점의 식물에 있어서의 빛의 이용성의 지표가 될 수 있다. 실제로, 산란광 상대광량자밀도는 각각의 장소의 반사광 광량자밀도의 평균 일 적산치, 반사광을 맞고 있을 시간의 길이, 일 적산 광량자밀도, 그리고 그 지점에서 목본 식물과 초본 식물의 성장(바이오매스 축적)과 양의 상관관계를 보이며 광이용성 지표로서 유효하다는 사실이 확인되고 있다.

또한 조도는 인간의 시각에 있어서의 밝기의 척도에 지나지 않기 때문에, 상대 조도는 식물에 있어서의 광 이용성의 적절한 지표라고 할 수 없다.

(2) 임상의 빛 조건의 계절 변화와 공간적 불균일성

낙엽수가 주 구성 수종인 잡목림의 임상에서는 이미 말한 것처럼, 임관목 광조건의 계절 변화가 크다.

봄이 되어 겨울의 잡목림에 초록이 소생할 때, 먼저 초록에 물드는 곳은 임상이다. 다음에 낮은 나무에 싹이 트고, 마지막에 임관을 만드는 교목이 잎을 재생시킨다. 추위가 누그러지고, 상층의 식물이 잎을 열 때까지의 잠시 동안의 밝은 시기는 임상의 많은 식물에 있어서 가장 중요한 때이다. 이른 봄부터 임상을 푸르게 물들이는 식물에는 로제트상의 키가 낮은 소형의 초본식물이 많다. 그 무렵에는 아직 벌거벗은 가지나 줄기에 의해 빛이 차단되지 않으므로 산란광 상대광량자밀도는 평균 50%를 넘게 된다.

상층의 수관부에 잎이 나기 시작하면, 임상의 빛 이용성은 차츰 악화되고, 2~3주간의 사이에 산란광 상대광량자밀도가 수십 퍼센트로부터 어두운 숲에서는 수 퍼센트까지 저하한다. 빛의 공간적인 불균일성은 수관부에 잎이 나는 시기에 가장 크게 되고, 잎이 나고 나면 작아지게 된다(그림 1). 이러한 봄철 빛 조건의 계절변화는 낙엽수림뿐만 아니라, 초본우점종이 같은 계절적 재생을 보이는 갈대밭에서도 동일한 형태를 보인 습도가 약간은 높은 잡목림의 임상에는 둥굴레, 산자고 등 갈대밭의 봄 식물과 공통의 종이 나타나는데, 광이용성의 계절 변화가 같다는 것이 크다.

그런데, 임관목의 수종에 의해서, 임상이 어두워지는 시기는 꽤 많은 차이가 보여진 것이 있다. 홋카이도 남부에서는 앵초가 떡갈나무림의 대표적인 임상식물이 되고 있다. 떡갈나무는 참나무속의 낙엽수 중에서 특히 잎이 나는 시기가 늦기 때문에 앵초가 지상에 잎을 싹 틔우고, 숲이 어두워지기 시작하기까지는 2~3주간의 유예기간이 있다. 떡갈나무보다는 2주간 정도 빠르게 잎이 나는 물참나무 숲에서는 앵초는 충분한 물질 생산의 기간을 확보하는 것이 어렵기 때문에, 이 지역의 물참나무림에는 앵초는 나타나지 않는다. 그런데, 혼슈의 중부 지방에서는 앵초와 물참나무의 전엽시기에는 2~3주간의 시간차가 있고, 앵초는 어느 정도의 물질 생산 기간을 확보할 수 있다. 따라서, 이곳에서는 앵초는 물참나무림의 임상식물이 되고 있다.

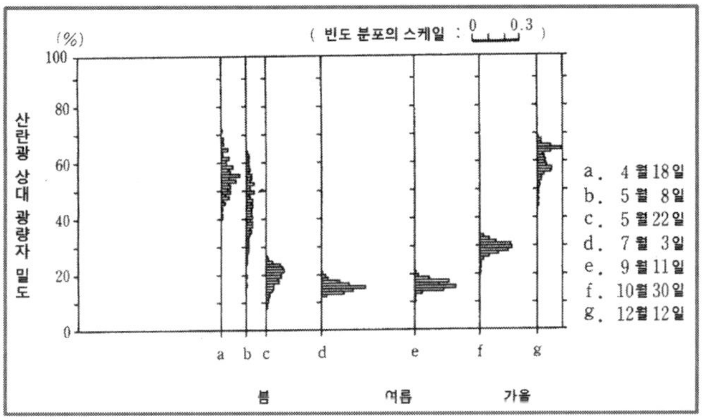

그림 1 소규모 상수리림의 임상에 대한 산란광 상대 광량자 밀도(400~700mm)의 공간적 불균일성(1,000 지점)과 그 계절 변화

임관목의 잎이 무성한 동안 임상의 광이용성은 낮으며 안정되어져 있지만, 늦가을에 상층의 수목이 잎을 떨어뜨리는 무렵에는 임상은 다시 밝아지고, 광이용성의 공간적인 불균일성도 증가된다. 임상이 밝은 시기의 대부분은 저온, 건조 등의 식물의 물질생산을 방해하는 물리적 스트레스가 많은 겨울철이고, 많은 임상식물은 지하에 잠복한 채로 이 계절을 보낸다. 그러나, 동계의 스트레스의 저항성을 갖춘 식물은 지상에 모습을 나타내고, 겨울 숲에 초록을 더한다. 임내는 임연부보다 추위와 건조가 심하지 않다. 개방지에 비해 방사 냉각이 작기 때문에 상해를 받지 않고, 온도의 일교차도 작고 안정되어 있다. 또한 적당한 정도의 낙엽이 쌓여 토양의 수분도 유지되기 쉽다.

위에서 서술한 임상의 빛 조건의 특징은 적당한 정도의 인위적인 관리가 이루어지고, 임상에 압도적으로 우점하는 조릿대 등의 조릿대류의 생육이 억제되고 있는 잡목림을 상정한 것이다. 방치된 잡목림의 대부분은 그 임상에 조릿대류가 우점하게 되고, 계절에 관계없이 어둡다. 그곳에서는 어떠한 초본 식물도 생육이 곤란하다.

a. 봄식물

상층의 수목과의 잎나는 시기의 시간차에 의해 물질 생산 기간을 확보하는 식물을 여기서는 봄식물이라고 부르는 것으로 한다.

그 대표적인 것에는 이른 봄에 물질 생산의 시기와 개화기의 꽃을 겸하는 식물은 스프링에페메랄이 있다고 한다. 스프링에페메랄은 이른 봄에만 지상에 모습을 보이고, 다른 계절에는 지하에 모습을 숨기고 사는 것의 총칭이다. 봄의 요정이라고 불리우는 얼레지나 등이 대표적인 스프링에페메랑이라고 말할 수 있을 것이다. 빛 환경이 양호한 봄의 짧은 기간에 영양 성장과 번식 활동도 한다. 생산 기관인 경엽을 늘려 가는 것도 없이, 이른 봄에 전개한 잎으로 만든 물질은 종자에 의한 번식에 그 일부분을 이용하는 이외는 모두 지하의 저장 기관에 모은다. 초봄에 꽃을 피게 하는 봄 식물의 꽃봉우리는 이미 전년의 여름에서 가을에 걸쳐 분화하고, 번식에 대한 투자는 전년의 물질 생산에 의해 결정되어진다.

봄 식물 중에는 스프링에페메랄과는 다른 독특한 생물계절학을 나타내는 것도 있다. 예를 들면, 2년초인 자주괴불주머니는 이른 봄에 발아하지만, 잡목림이 어두워질 무렵에는 잎이 말라 죽고, 작은 근경을 만들어 지하에 축적한다. 그리고 늦가을, 임상의 빛 조건이 다시 좋아지면 지상에 모습을 나타내고, 봄까지 계속 잎을 달고 있다. 봄의 마지막에 꽃을 피우고, 종자를 떨어뜨려 일생을 끝낸다.

물질 생산은 봄꽃은 가을로 계절을 나누어 사용하는 식물의 대표로는 무릇이 있다. 무릇은 가을에 옅은 보라색의 작은 꽃을 번성하게 하는 꽃줄기를 세우는 식물이다. 밭이나 제방 등에 보여지는 것(양지형)과 잡목림에 생육하는 것(음지형)의 사이에는 생태형이라고 말할 수 있는 것 같은 큰 생태적인 분화가 보인다. 잡목림의 무릇은 이른 봄에 잎을 전개해 물질생산을 하고, 초여름에는 잎이 말라 죽는다. 그리고 여름의 끝부터 가을에 걸쳐 화경만이 지상에 나타난다. 꽃이 지고 종자가 분산되는 무렵, 그 화경은 시든다.

봄 식물은 봄에 꽃을 피우게 할 것인지 말 것인지에 관계없이 봄의 일정 기간, 물질 생산에 밝은 환경을 필요로 한다. 조릿대가 번성하거나 상록의 교목이 음지를 만드는 곳에서는, 초봄에도 어두운 임상의 경우 봄 식물이 생육하기 어렵다.

b. 여름식물

온도가 높은 여름에 어두운 임상에서 잎을 달고 있는 것은 호흡에 의한 유기물의 손실 등 잎의 유지비용이 광합성에 의한 물질 생산을 웃돌고, 일반적으로는 불리하게 된다. 그러나 이러한 숲 중에서 여름에도 잎을 무성하게 하고 있는 임상식물이 있다. 그것들은 맥문동, 소엽맥문동 등 상록으로 잎의 유지비용이 작은 식물이거나 비교적 밝은 숲 속에서, 빛을 둘러싸고 약간의 경쟁을 하는 키가 큰 초본 식물이다. 전자는 1년 중 잎을 달고 주로 물질 생산의 시기에 광 부족 현상이 있지만 온도나 물 조건이 좋은 여름이나 빛 조건은 양호하지만 온도가 낮은 겨울을 중심으로 하기 때문에 이것은 여름식물에 포함시키는 것이 반드시 적절하지 않을 수도 있을 것이다.

키가 약간 큰 임상의 식물은 봄 식물보다도 늦게 잎을 전개하고, 처음부터 약간 부족한 빛 조건에서 적절한 잎을 만든다. 이러한 식물은 숲 안의 빛의 공간적인 불균일성의 영향을 받기 때문에 조금 밝은 장소에서의 생육이 좋다. 이러한 식물은 여름부터 가을에 걸쳐 꽃을 피운다. 그 해의 생육 기간에 따라 종자에 의한 번식으로의 투자가 결정된다.

잡목림 중에 약간 큰 수관의 틈새가 있으면 꿀풀이나 엉겅퀴류 등 빛 요구성이 더욱 큰 초원에 볼 수 있는 종의 생육도 보인다. 또한 밝고 습기 찬 장소라면 1년초의 물봉선이나 마디풀과의 식물 등이 생육하고 있다.

잡목림 임상의 빛 조건의 계절적인 변화와 공간적인 불균일성의 패턴에 의해서 거기서 어떤 식물의 영양 성장기의 요구가 충족될지가 결정된다. 허용되는 범위가 크면 다양한 임상식물의 생육이 가능해 질 것이다.

2) 종자에 의한 번식

(1) 다양한 요구성과 안전 영역

종자에 의한 번식은 종자 식물의 개체군의 존속과 그 유전적인 변이성의 유지를 위해서 중요한 역할을 달성한다. 그것에 의해 개체의 갱신이 가능해질 뿐만 아니라 유성생식에 있어서의 염색체의 기회적인 분리·재결합의 과정을 거칠 수 있고, 부모의 유전자를 계승하면서 부모와는 유전적으로 다른 자손이 형성된다. 또, 종자는 튼튼한 껍질로 쌓여 있고, 건조·한랭·고온 등의 물리적 스트레스에 대한 내성이 크다. 종자에 의한 번식의 과정에서 꽃가루나 종자의 형태로 유전자와 개체의 공간적 이동이 일어나고, 그것에 의해 식물 개체군의 공간적인 구조가 결정된다. 식물 분포의 확대나 새로운 장소로의 반출은 종자의 살포에 의해 비로소 가능해지는 것은 말할 필요도 없다. 또, 종에 따라서는 토양 중에 seed bank를 형성하는 긴 생명의 휴면 종자에 의해서 경우에 따라서는 100년 후의 번식도 있을 수 있다. 이러한 다양한 역할 중에서 종자에 의한 번식이 식물의 개체군과 그 유전적 다양성의 유지에 기여하는 역할은 일반적으로 매우 크다.

종자에 의한 번식은 개화·수분, 결실, 산포, 휴면, 발아, 발아의 정착이라는 일련의 과정을 거쳐 완결되고, 각각의 단계가 특유의 환경 조건을 요구한다. 임상의 식물에는, 일생동안에 몇 번이나 개화·결실을 하는 다회번식의 다년초가 많이 포함된다. 다년생 식물의 번식은 그 시기가 식물체의 크기에 의존하는 것이 많고, 번식에 앞서 충분한 물질 생산이 매우 중요하다.

개화·종자 생산에 필요한 물질·에너지에 있어서 다른 종자 생산을 제한할 가능성이 있는 요인으로는 송분(送粉) 즉 화분의 공급과 꽃이나 종자 등 번식 기관이 곤충이나 동물에게 먹히는 피해를 들 수 있다.

송분과 그 패턴은 번식의 성공 여부뿐만 아니라 식물 개체군의 유전적 구조에 지극히 큰 영향을 미친다. 임상의 식물은 자웅동주·자웅이주, 양성화로 이형화주성이나 자웅 기능의 시간적인 천이를 나타내는 것 등 다양한 성표현을 나타내는 것이 있다. 이러한 성표현의 대부분은 생리적 불화합성과 함께, 타식(개체간의 수분에 의한 서식)의 촉진이라는 기능을 가진다. 한편, 임상식물 중에는 제비꽃류 등과 같이 폐쇄화를 만드는 것이 있다. 폐쇄화에서는 꽃이 개화하는 것 없이 자가 수분에 의한 번식이 행해진다. 개방화로도 자가 수분에 의한 번식이 행해지는 경우도 있다. 개체가 동시에 양성 기능을 갖는 식물에서 생리적 자가 불화합성의 정도, 개체의 크기, 이용 가능한 송분 곤충의 종과 활동량 등에 따라 자가수분·타가수분의 균형이 미세하게 변화한다. 자가수분이라면 송분 곤충의 서비스가 얻어지지 않아도 확실하게 종자를 생산할 수 있으므로, 한편으로는 유리한 번식법 같이 보인다. 그러나, 식물에는 앞에서 말한 것 같이 다양한 타식 촉진 기능이 진화되고 있다. 그 선택압으로서는 자식 등, 근친교배의 자손에 있어서의 근교약세(근친 교배의 자손이 생존력·번식력)의 정도에서 뒤떨어지는 것이 중요하다고 생각된다. 근교약세의 정도는 집단 중에 보유되고 있는 치사유해유전자의 양이나 초우성을 나타내는 유전자의 유무 등의 영향을 받기 때문에 종이나 개체군에 의해 다르다. 자식을 항상 이용하는 집단은 이미 치사유해유전자가 빈번한 호모화에 의해 집단으로부터 구축되고, 근교약세가 문제가 되지 않을 것 같은 유전구조를 확립하고 있는 것도 있다. 이러한 식물의 번식은 송분 곤충의 활동에는 거의 의존하지 않는다. 형태도 색도 그 향기도 다양한 꽃은 종자 식물의 가장 두드러지는 특징이라고 말할 수 있다. 색, 형태, 구조, 향기, 꿀, 생리적 성질 등의 꽃의 특성은 모두 송분자(pollnator)와의 생물간 상호작용이라는 생물적 선택압에 의해 진화한 것이라고 생각되고 있다. 송분자가 될 수 있는 동물은 투구벌레, 꽃등애, 파리, 벌, 나방, 나비 등의 곤충과 벌새 등의 까마귀류, 박쥐 등과 같이 지극히 다양하다. 그러나, 일본의 온대 지역에서는 까마귀나 박쥐의 역할은 그다지 크지 않다. 송분자로 이용하는 동물에 따라 꽃의 형질에는 명료한 특성을 공유하는 그룹이 존재한다(표 1). 잡목림의 임상식물의 송분자도 다양하다. 얼레지에는 애호랑나비가 방문하고, 산형과 식물의 꽃에는 병대벌레, 꽃하늘소 등의 투구벌레나 꽃등애 등이 모인다. 임연부에 땅거미가 질 무렵에 흰 레이스망 같은 꽃을 피게하는 노랑하늘타리는 나방을 부르는 꽃이다. 엉겅퀴 같이, 나비, 뒤영벌 등의 뒤영벌류, 꽃등애 등 다양한 곤충이 방문하는 식물도 있다. 특정한 송분자에 적응한 꽃을 피게 하는 식물의 번식은 그 송분자의 존재에 크게 의존한다. 다음 항에서 자세하게 설명하겠지만, 뒤영벌에 적응한 꽃을 피게 하는 식물에 있어서, 그 지역에 뒤영벌의 충분한 크기의 개체군이 유지되고 있을지 어떨지는 번식의 성공 여부에 큰 영향을 주는 중요한 요인이 된다.

표 1 일본의 온대 지역의 종자식물의 송분 특성

송분자	대표적인 분류군	꽃의 형태	색	향기	유인방법
투구벌레	물푸레나무과	노출화	다양	과실취	화분
	장미과				
	미나리아재비과				
꽃등애	산형과	노출화	다양	다양	화분
	국화과		백색·황색		진한 꿀
	두릅나무과				
파리	쥐방울덩굴과	민상화	자갈색	썩는 냄새	없음
	천남성과			버섯 냄새	(조직)
뒤영벌	꿀풀과	순상화		다양	화분
	현삼과	통상화	다양		진한 꿀
	콩과				
나방	제비난속	가느다란	백색, 담색	달다	얇은 꿀
	달맞이꽃속	통상화		향기	
나비	진달래류, 백합류	통상화	황색	달다	얇은 꿀
			홍자색	향기	

수분에 성공해서 종자가 생산되면, 다음은 종자 분산의 차례이다. 종자의 분산은 부모의 주위에 높은 밀도로 존재하지만, 식해·병해생물로부터 피해, 발아나 실생의 정착 조건을 갖춘 안전장소에 종자가 만나는 찬스를 높인다는 점에서 의의를 가진다. 잡목림의 임상에는 얼레지, 좀현호색, 제비꽃류 같이 개미를 종자 분산자로 이용하는 식물도 있다. 개미 분산 종자의 표면에는 지방분이 풍부한 에라이오좀이라는 흰 입자가 있고, 그것이 개미에게 주는 보수가 된다. 종자는 일단 개미의 둥지에 오게 되고, 에라이오좀이 떼어지고 나서 종자만이 둥지의 근처에 버려진다. 온대림 임상식물의 개미 산포에서는 종자가 개미의 둥지에 오게 됨으로써 쥐 등에게 먹히는 것을 피한다는 점에서 의의가 크다고 생각한다.

그런데, 종자가 운 좋게 안전지역에 도달하면, 발아·실생의 정착이 진행될 수 있고, 새로운 개체로 발아된다. 종자는 휴면·발아에 있어서의 환경 조건의 요구성에 의해서, 발아에 적절한 계절과 장소를 모니터한다. 안전지역이 어디에 어느 정도 존재할지는 식물의 종에 의해서, 혹은 잡목림이 관리되고 있는 방법 등에 의해 매우 다르다.

두껍게 쌓인 낙엽은 발아를 방해할 뿐만 아니라, 발아한 뿌리가 토양에 도달하는 것을 방해하거나, 경엽이 낙엽층 위로 출현하는 것을 방해하는 것이 정착 실패의 보편적인 원인이 된다.

(2) 임상식물의 번식에 있어서의 뒤영벌의 역할

a. 송분자로서의 번식에 있어서의 유효성

화분을 운반하는 곤충은 식물의 종자에 의한 번식의 성공에 빠뜨릴 수 없을 뿐만 아니라,동종 개체간의 배우의 조직과 결합을 결정하는 것으로, 그 종 특유의 개체군의 유전적 구조와 유전적인 다양성을 보호 유지하기 위해서 중요한 역할을 수행한다는 것은 이미 말했다. 개발에 의한 생육 장소의 파괴나 살충제의 남용에 의해서, 오늘날 온대 지역에서는 뒤영벌로 대표되는 뒤영벌류가 꽤 많은 타격을 받고 있는 사실이 지적되고 있다. 또, 자연의 생육 장소가 파괴되거나 단편화하는 것에 의해서, 지역 식물상이 변화되고, 꿀벌이 이용하는 밀원, 화분의 원천이 되는 식물이 감소되거나, 산란 장소의 부족에 의해서 개체군의 유지가 어려워지는 것을 생각할 수 있다. 꿀벌, 가운데서도 뒤영벌의 감소는 식물의 번식 실패나, 유전적인 편향에 영향을 미친다고 생삭할 수 있지만, 그 실태를 분명하게 하는 연구는 일본에서 지금까지 거의 행해지지 않고 있다. 그러나 뒤에 열거하는 예에서 이미 꽤 심각한 상황에 빠지고 있다는 사실이 예산된다.

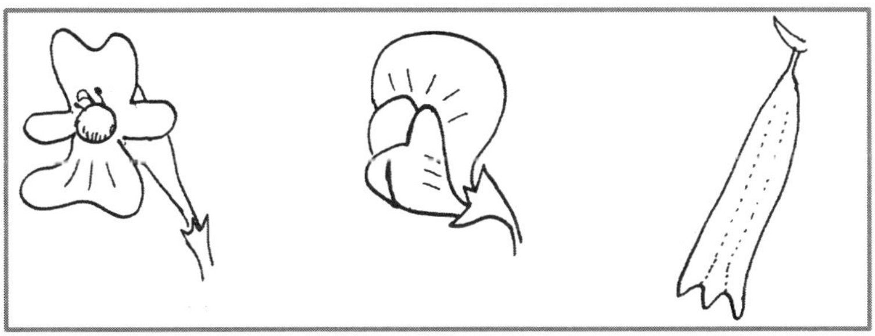

a. 꿀풀과의 순상화　b. 콩과의 접형화　c. 백합과의 긴 통상화

그림 2 꿀벌이 잘 찾아가는 꽃의 형태

뒤영벌은 온대 지역 식물의 송분자로서 특히 중요한 곤충이다. 잡목림에는 임상식물에 한정하지 않고, 뒤영벌에 의해 송분되는 꽃을 피우는 것이 많이 있다. 초본 식물에서는, 꿀풀과의 순상화, 콩과의 접형화, 백합과의 긴 통상화 등이 여기에 해당된다(그림 2). 또, 화관이 얇거나, 아래 방향으로 피는 꽃도 뒤영벌에 의한 송분이라는 선택압에 맞추어 진화한 것이라고 생각된다. 뒤영벌은 학습 능력이 높아서 꿀의 양과 꽃의 밀도에 의해 꽃의 종류를 선택하고, 개체마다 꽃의 종을 정해 꽃을 찾게 한다. 동종의 꽃만을 차례로 방문하는 뒤영벌은 식물에 있어서는, 몹시 효과적인 송분 곤충이다. 또, 뒤영벌은 독특한 체온 조절 기구를 가지고 있어, 기온이 낮을 때에도 체온을 약 30℃로 지키면서 날 수 있다. 이른 봄부터 활동하는 뒤영벌은 이른 봄에 개화하는 식물에 있어서 특히 소중한 송분자이기도 하다. 그래서 식물은 뒤영벌을 송분자로서 이용하기 위해서, 꽃의 다양한 형질을 진화시키게 되었다. 위에서 말한 꽃의 형태도 뒤영벌 이외의 곤충에게 꿀이나 화분 등을 그냥 주지 않기 위한 적응 진화라고 해석되고 있다.

b. 뒤영벌의 생활환

뒤영벌은 꿀벌과에 속하는 종으로 그림 3에 나타낸 것과 같은 생활환을 가지고 있다. 그 군체는 봄에 단독으로 동면하고 있고, 겨울을 넘긴 여왕에 의해 만들어지고, 가을에는 그 군체에서 태어나서 여왕만을 남기고 붕괴한다. 동면으로부터 깬 여왕은 쥐의 둥지로 사용되었던 곳을 찾아, 지하에 둥지를 마련한다. 여왕은 최초에 낳은 벌들이 성장해 일을 하기 시작할 때까지는 스스로 꿀이나 화분을 모으러 나가고 자식들을 기른다. 따라서 초봄에는 일하는 벌보다 몸집이 큰 여왕벌들이 꽃을 방문한다. 여왕벌을 기다리는 꽃은 일벌의 꽃보다도 꽃 깊숙이 꿀을 숨기고 있다.

꽃으로부터 모은 꿀은 위에 넣어 둥지로 가져가고, 밀랍으로 만든 꿀단지에 모은다. 여왕이 낳은 최초의 알은 뒷다리에 부착시켜 옮겨 온 화분을 단단하게 만든 화분 덩어리에 낳는다. 이윽고 알에서 부화해 유충이 되면 꿀로 적신 화분을 먹이로서 주게 된다. 유충은 성장하면 비단실을 내어 번데기가 된다. 일정 시간이 지나면 고치를 깨고 최초의 일벌이 탄생된다. 빈고치는 꿀이나 화분을 저장하는 방으로 이용된다.

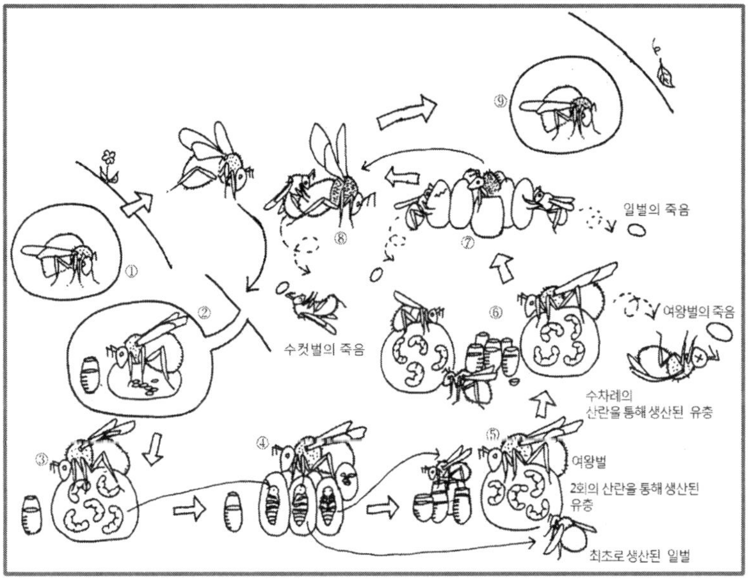

그림 3 뒤영벌의 생활환(Bernd·Heinrich)을 참고하여 작성

① 봄, 단독으로 동면하고 있던 여왕벌이 눈을 떠 활동을 시작한다.
② 쥐의 옛 터전 등을 이용해 둥지를 만들고 산란한다.
③ 여왕벌이 스스로 먹이를 모으고, 알을 키우기도 한다. 최초에 생산된 알에서 유충으로 변한다.
④ 이윽고 번데기가 될 무렵, 차례로 산란이 행해진다.
⑤ 최초의 살아 움직이는 벌이 먹이 채취나 육아를 담당하게 되면 여왕벌은 산란에 전념한다.
⑥ 수 차례의 산란을 통해 군체가 크게 성장했을 때 무렵, 유성 서식 개체가 생산되고, 여왕벌은 죽는다.
⑦ 일벌보다도 긴 기간 먹이를 먹여 크게 성장한 새로운 여왕벌이 차차 우화(羽化)한다.
⑧ 신여왕벌의 교미, 수컷벌은 죽는다.
⑨ 신여왕벌의 동면이 시작된다.

여왕벌은 최초로 태어난 일벌이 먹이 채취나 육아를 담당하게 되면 산란에 전념한다. 그리고, 여름까지의 기간동안 일벌이 차례로 만들어져 군체가 성장해 간다. 늦여름 혹은 가을이 되면 군체는 일벌이 아닌, 새로운 여왕과 수컷벌이 태어난다. 숫벌은 미수정란이 그대로 부화한 것이고, 여왕벌은 일벌과 같은 수정란으로부터 부화한 유충이 장기간 먹이를 먹고 일벌보다도 크게 성장한 것이다. 유성 서식에 관계되는 수컷벌이나 새로운 여왕벌이 생산되기 시작하면 그 군체는 서서히 죽음을 맞이한다. 숫벌은 날개가 생기면 곧바로 군체를 떠나고 스스로 꽃에서 먹이를 얻으면서 목숨을 잇고, 새로운 여왕벌과의 교미의 기회를 노린다. 이윽고, 수컷벌도 일벌도 이전의 여왕벌도 죽고, 교미를 끝마친 새로운 여왕벌이 지하의 둥지를 찾아 동면을 한다. 그리고 다음해 봄에 동면에서 깬 여왕벌이 새로운 자신의 군체를 창설하는 것이다.

c. 잡목림의 뒤영벌

일본에는 14종의 뒤영벌이 서식하고 있지만, 혼슈 지역의 낮은 지역에서 구릉지 잡목림의 꽃을 방문하는 뒤영벌은 주로 도이떡벌과 좀뒤영벌이다. 도이떡벌과 좀뒤영벌은 형태나 색채에도 큰 차이가 있지만, 그 표현형 즉, 군체의 창설과 붕괴의 시기에는 더욱 큰 차이가 있다.

좀뒤영벌은 오렌지색의 띠 모양의 요염한 검은 털에 쌓인 벌이다. 일본산의 뒤영벌 중에 가장 온난한 기후에 적응하고 있는 종류이다. 그 군체의 창설 시기는 도이떡벌보다는 상당히 빠르고, 혼슈 이남은 3월이다. 군체는 비교적 단기간 밖에 지속되지 않고, 초여름에는 활동을 마치고 붕괴한다. 혀의 길이는 여왕벌이라도 8㎜ 정도, 일벌은 5㎜를 약간 넘어갈 정도이다. 따라서 꿀 대롱이 매우 긴 꽃이나 꿀을 긴 거리까지 저장해야 하는 꽃으로부터는 꿀을 빨 수 가 없다. 봄에서 초여름에 걸쳐 아랫방향으로 꽃을 피게 하는 관목류, 예를 들면 주걱댕강나무 등의 송분자로서, 좀뒤영벌의 역할은 특히 중요하다(사진 2).

도이떡벌은 뒤영벌 중에서도 흔히 볼 수 있는 종류이다. 꽃에 매달려 흔들리는 금빛의 폭신폭신한 털에 쌓인 둥근 벌이라고 말하면, 자연을 좋아하는 사람이라면 반드시 생각나는 이미지가 있음에 틀림없다. 동면에서 깬 여왕벌이 둥지 밖에서 활동하는 시기는 고도나 위도에 따라서 4월 중반을 지나 6월까지 서로 다르게 나타난다. 군체는 비교적 장기간에 걸쳐 존속하며, 일벌의 활동도 10월까지 계속된다. 혀가 긴 여왕벌이 약 13㎜, 일벌이 약 8㎜이기 때문에 긴 꽃 대롱 속에 꿀이 있는 꽃이나, 길고 깊숙한 곳에 꿀을 숨겨 놓는 꽃으로부터도 꿀을 빨 수 있다. 여름으로부터 가을에 걸쳐서 꿀풀, 물봉선, 초롱꽃, 모시대 등 몇 개의 과 식물이 도이떡벌에 의한 송분에 적응한 꽃을 피운다(사진 3).

사진 2 둥글레를 방문한 좀뒤영벌

사진 3 고삼의 꽃을 방문한 도이떡벌

d. 앵초의 종자 생산과 도이떡벌

뒤영벌에 의한 송분에 적응한 식물은 지역 범위에서 뒤영벌이 없어질 경우, 번식에 큰 장애를 일으키게 된다.

앵초는 화산재 토양의 낙엽수림의 습한 임상이나 강변의 습원 등 습한 입지를 생육장소로 하는 다년초이다. 일본 전 국토에 넓게 분포하는 보통종이었지만, 최근 생육장소의 파괴 등으로 감소가 현저하고, Red Data Book에 멸종위기종으로서 거론되고 있다. 혼슈의 중부 지방은 물참나무림이나 물참나무가 개벌된 개방지 등에 생육한다.

앵초에는 몇 종류의 나비나 진꽃등애 등도 찾지만, 송분 곤충으로서 특히 중요한 것은 도이떡벌이다. 개화의 시기에 도이떡벌을 볼 수 있는 자생지에 앵초의 충분한 종자 생산이 관찰된다는 것이 도이떡벌를 중요한 송분 곤충이라고 생각하는 이유이지만, 다음 예에서 도이떡벌의 중요성을 예측할 수 있다.

그 하나는 일본에서도 가장 보통으로 보여지는 뒤영벌인 도이떡벌의 분포지역은 앵초의 분포지역과 수평적으로도, 수직적으로도 일치하고 있다는 것이다. 다음에 들 수 있는 것은 형태적인 일치이다. 앵초의 꽃 대롱의 길이는 대략 13㎜로 꽃 대롱 입구의 직경은 2㎜ 이하이다. 앵초의 꿀은 꽃 대롱의 바닥에 있으며, 그것을 빨 수 있는 곤충은 길이 십 수㎜ 이상의 가느다란 입을 가지는 종에 한정된다. 뒤영벌 중에서도 특히 가운데 혀가 긴 도이떡벌의 여왕벌이라면, 여유를 가지고 그 꿀을 빨 수 있다.

동일한 이유로 나비나 진꽃등애도 앵초의 꿀을 이용할 수 있다.

셋째 이유는 표현형의 일치이다. 앵초는 *Primula*(라틴어로 제1이라는 의미)라는 속명에 맞게 생육 장소의 물참나무림, 떡갈나무림, 갈대밭 등에서 봄에 한꺼번에 꽃을 피운다. 낮은 지역에서는 4월 중순, 산지나 홋카이도에서는 그 고도나 위도에 따라 5~6월에 꽃을 피운다. 이것은 동면으로부터 깬 도이떡벌의 여왕벌이 새로운 군체를 창설하기 위해 둥지 밖에서 활동하는 시기와 일치하고 있다. 앵초는 여왕벌의 출현을 기다려 한꺼번에 꽃을 피게 하고, 둥굴레 등 도이떡벌에 있어서 보다 매력적인 꽃이 개화할 무렵 그 꽃의 화기를 끝낸다.

앵초는 이형 화주성이라는 특별한 타식 촉진의 교배 시스템을 갖고 있는 식물이다(그림 4). 개체에 의해 주두와 꽃밥의 높이가 다른 2종의 꽃의 어느 쪽인가를 피게 한다. 주두는 같은 높이의 꽃밥에서의 화분과 화합성이 있다. 높이가 다른 꽃밥에 유래하는 화분이 송분 곤충의 몸에 분리해 부착하는 것에 의해 다른 형태의 꽃들 간에 수분이 촉진되는 것이, 다윈 이래의 독특한 번식 시스템에 적응한 이유라고 생각되고 있다. 앵초의 꽃을 찾은 도이떡벌의 여왕벌을 잡아, 주사전자 현미경으로 조사해 보면 그 입에는, 장화주화와 단화주화로부터의 화분이 깨끗하게 분리되어 부착되어 있는 것이 관찰된다. 이것에서 도이떡벌의 여왕벌이 이형의 꽃 사이에서의 수분에 유효한 송분자인 것을 알 수 있다.

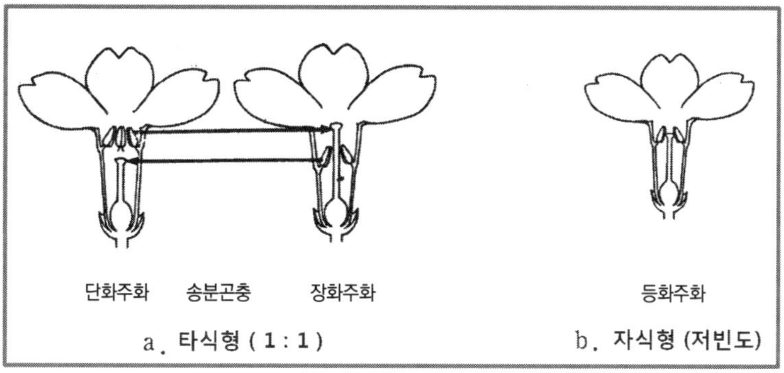

그림 4 앵초의 이형화주성

정상화형은 자가·동형불화합성을 보이고, 결실, 종자생산에는 이형간의 송분을 필요로 한다.

홋카이도 남부의 해안 주변의 지방에서 앵초는 떡갈나무림의 대표적인 임상식물이다. 예전에는 일대에 떡갈나무림이 펼쳐져 있었지만, 현재는 대부분이 목장 등으로 개발되고, 떡갈나무림은 이차림의 방풍림으로서 겨우 남겨져 있을 뿐이다. 그리고, 잔존림의 존재나 관리의 방법에 의해서, 식생이나 송분자가 될 가능성이 있는 곤충상에 큰 차이가 보여진다. 어떤 방풍림은 여름에 젓소의 적당한 정도의 임간 방목이 행해지고, 조릿대가 우점하는 것 없이 임상식물의 다양성이 매우 높다. 그 숲에서는, 봄의 앵초에는 도이떡벌의 홋카이도에 나타나는 아종의 여왕벌이 방문하ㄱ, 종자 생산은 양호하다. 같은 지역의 고립림에서 앵초 개화의 시기에 뒤영벌이 전혀 보이지 않는 숲도 있다. 그 곳에서는 앵초는 거의 종자를 만들 수 없다. 뒤영벌이 보이지 않는 것은 숲의 고립 외에 임상에 섬조릿대가 우점하여 여름부터 가을에 피는 꽃이 적고, 도이떡벌의 군체가 유지되는 조건이 빠져있는 것일 것이다.

이와 같이, 숲의 규모가 작고 고립되어 존재하는 경우, 혹은 숲의 식물의 다양성이 낮고 꽃에 있어서 공백이 있어 도이떡벌이 서식할 수 없을 경우, 식물 중에서는 유효한 송분자를 얻을 수 없기 때문에 꽃이 번창해도 열매가 맺지 않거나, 자가 수분에 편중돼 근교약세에 의해 실생의 생존이나 그 후의 성장·번식이 잘 되지 않아 개체군의 유지에 실패하는 것도 있을 것이다. 그리고 그것은 한층 더 뒤영벌의 번식을 어렵게 할 것이다.

8-3 임상식물의 풍부한 잡목림을 위해서

본 장에서는 임상식물의 다양성을 정하는 중요한 요인이다. 식물의 영양 성장기 및 번식기의 다양한 요구성 가운데 빛과 송분 곤충의 이용성에 대해서, 그 중요성을 서술했다.

부족하기 쉽고, 게다가 변동이 큰 자원인 빛을 유효하게 이용하기 위해, 생활사의 계절성 등 무언가의 전략을 가지고 있는 것이 임상식물로서 생활하기 위한 조건이라고 말할 수 있다. 그러나, 조릿대류나 상록의 낮은 나무가 번성하게 되면 어떠한 전략을 가지는 식물도 임상에서 생육하는 것이 불가능하게 된다. 빛이 부족하여 대부분의 임상식물이 배제되어 버리기 때문이다. 조릿대류에 의한 경쟁의 배제에 저항하는 무언가의 작용이 없는 한 임상 식물의 다양성을 확보하는 것은 불가능하다. 그런데, 적어도 일부분이 조릿대가 없는 구획을 만드는 것은 임상식물의 다양성을 높이기 위한 중요한 관리가 된다.

두껍게 쌓인 낙엽층은 발아나 실생의 정착을 방해하여 식물의 종자에 의한 번식을 최종 단계에서 실패하게 된다. 적당히 낙엽층을 배제한 장소를 만드는 것도, 많은 식물의 종자에 의한 번식의 건전성을 보장하기 위해서 필요하다. 이것들은 모두 전통적인 관리가 행해지고 있을 때에는 문제가 되지 않았던 것이다.

잡목림의 초본식물이나 관목의 번식의 건전성을 지키기 위해서는 지역의 참뒤영벌(띠호박벌)상의 보전이 반드시 필요하다. 고립된 작은 면적의 잡목림의 식물만으로는 뒤영벌의 표현형에 공백이 생겨 버리는 경우에는 야서식물의 꽃이 부족한 시기에 뒤영벌에 꿀이나 화분을 제공할 수 있는 꽃을 주변에 있는 공원, 공공 용지, 인가의 뜰 등에 심는 것이 유효한 경우도 있을 것이다. 다만, 같은 시기에 개화해 도이떡벌을 독점해 버리는 원예식물을 심는 것은 야서식물이 송분을 잃는 것이 되고, 오히려 역효과이다.

사계절 꽃이 계속 번창하는 임상에서 식물의 다양성이 큰 잡목림은 충분한 송분 곤충상을 지탱할 수 있고, 이들에 의해 식물 번식의 성공도 보장된다. 꽃과 곤충의 번식을 둘러싼 공생의 바른 피드백을 얼마나 디자인할지 그것은 현재 지역 생물상 보전을 위한 열쇠가 되고 있지만, 그 때문에 분명하게 하지 않으면 안 되는 기본적인 연구 과제도 적지 않게 남겨져 있다. 잡목림은 그 때문에 실험 장소로 도움이 되는 것이다.

방치되고 임상식물상을 잃은 잡목림을 식물이 풍부한 숲으로 재생시키려고 할 때, 지역의 자연 녹지의 네트워크가 보전 유지되고 생육조건마저 확보되면 둘레의 종자 공급원으로부터 종자가 공급되어 풍부한 식물상이 회복되는 것이 기대된다. 그러나, 시가지나 농가 중에 고립해 남겨진 잡목림으로는 일단 잃게 된 식물상이 자연스럽게 회복되는 것은 기대하기 어렵다. 이 경우에는 종자나 매토 종자를 포함하는 토양을 이용한 인위적인 재도입이 필요할 것이다. 그 성공의 가능성은 도입해야 하는 종의 발아실생 정착을 위한 안전판이 어느 정도 존재하는지에 의해 결정된다.

9. 곤충의 종생태

서론

잡목림은 천이의 진행에 따라 특히 임상의 식물상이 변화한다. 그것은 일조를 주원인으로 하는 기상(날씨)의 변화에 의한 것이라고 생각된다.

한편, 잡목림은 긴 시기, 그 주변부에 망토 군락이나 소매군락의 관목이나 초본을 공존시키고, 덩굴성 식물의 번성을 허락하고 있다.

이러한 망토 군락과 소매군락은 다양하고, 비옥한 부엽토나 졸참나무 등의 수액을 양식으로서 살고 있는 곤충류에 생활의 장을 제공하고 있다.

여기서는 잡목림의 대표적인 장소를 들고, 그곳에 번식하는 곤충에 대해서. 특히 행동 생태를 중심으로 서술하기로 한다.

9-1 수액에 모이는 종류와 그 행동 생태

1) 장수풍뎅이

장수풍뎅이는 지명도가 높고 잡목림의 심볼이라고 말할 수 있는 종류(사진1)로, 성충이 야행성이기 때문에 그 모습을 보는 것은 저녁 때 이후부터로, 대낮에는 숲 속의 상수리나무나 졸참나무의 뿌리에 박혀 있다. 결코 깊지는 않지만, 단단한 몸이나 다리의 힘을 이용해 뿌리 사이에 능숙하게 숨어 있다.

일몰 전후에 활동을 개시하고, 지상으로 올라와서 수액 주변에 모인다. 이것은 후각에 의한 반응으로 몇 군데에서 수액이 분비되고 있으면 그 양이 많은 곳을 선택하는 것 같다.

이러한 행동은 수컷이나 암컷도 같지만 수컷이 더 활동적이며 암컷은 주로 날지않고 걸어서 수액에 도달한다.

수컷은 머리 부분의 뿔을 상대의 몸의 밑에 넣고, 머리를 위로 치켜드는 것으로 경쟁자를 날려버리려고 한다. 이 동작에는 다리로 나무줄기를 꼭 잡는 행동이 필요하고, 무기는 뿔이지만 그 힘을 충분히 발휘할 수 있느냐는 다리 힘에 달려있다.

이와 같이 수액을 둘러싼 싸움은 그것을 먹기(장수풍뎅이나 사슴벌레류는 입이 솔같이 변화하고, 이것을 사용해서 수액을 취하는 타입이다) 위해 유리한 장소를 점유하기 것으로 진행된다.

사진 1 상수리나무를 오르는 장수풍뎅이

사진 2 장수풍뎅이의 수액 장소를 빼앗은 왕오색나비

장수풍뎅이는 몸의 크기나 힘이 이곳에 모이는 종류 중에서 최대이기 때문에 다른 경쟁자를 거의 압도할 수 있다(사진 2).

먹이를 얻기 위해 동종의 수컷 또는 대형 투구뿔류의 수컷과의 사이에서 싸움이 전개된다.

이것을 관찰하면 앞에 있는 개체는 유리한 장소를 차지하기 위해서 동등한 힘이라면 뒤에서 개체를 공격하지 않는다. 그러나 힘이 센 개체가 오면 도망가는 경우도 있다.

그 장소에서 암컷이 있으면 수컷은 공격하는 일이 적고, 반대로 구애행동을 취하려고 한다.

최근, 수컷의 몸과 뿔의 크기를 계측한 연구에 의하면, 몸과 뿔이 큰 개체가 전체에서 차지하는 비율이 많은 것은 이러한 싸움에 의한 도태의 결과라고 생각되어 왔다. 하지만 사실은 몸과 뿔이 한층 작은 중형 유형 중에 개체 수에 하나 더 높은 그룹이 있다는 사실을 알았다.

이것은 수컷끼리 수액과 암컷을 둘러싼 싸움에서 그 가까이에 있는 중형의 수컷이 대형인 수컷끼리의 싸움 사이에 재빠르게 행동해 암컷을 획득한 결과이며 이러한 개체를 sneaker라고 말한다.

암컷은 적극적으로 싸우려고 하지 않고, 차라리 몸을 줄기에 붙여서 공격을 안 받으려고 한다.

교미는 이러한 섭식 행동 사이에도 행해지지만, 그 후 줄기에서 내려가 땅 속에서 행해지는 경우도 있다.

이 경우, 암컷에게 접근한 수컷은 배의 마디와 마디를 마찰하거나 뒷다리를 배에 맞추어 소리를 내는 동작을 한다. 교미 후에 수컷은 곧 사라지고 암컷은 수일 후부터 산란한다.

암컷은 부엽토 안에서 1개씩 이곳저곳에 알을 낳고, 알은 1개에서 25개 정도로 비교적 적다.

2) 사슴벌레류

톱사슴벌레나 애사슴벌레 등의 종류는 지역에 따라 다르다(사진3).

성충의 행동은 장수풍뎅이와 유사하며 똑같이 야행성이다.

수액을 맛보는 입은 솔 형태이지만, 수컷은 턱이 커지게 되고, 이것이 싸울 때의 무기로 이용된다. 사슴벌레도 이 큰 턱을 타 개체를 몸 밑에 찔러 넣어 누르는 방법으로 공격하고 때로는 베는 경우도 있다.

사슴벌레류는 장수풍뎅이보다 다리 힘이 약하기 때문에 양다리로 싸우면 지는 경우가 많다.

사진 3 풍뎅이를 쫓아가는 사슴벌레

사슴벌레끼리의 싸움의 경우 양호한 장소에 먼저 거주한 편이 유리하다는 것은 말할 필요도 없다. 또 암컷에 대한 공격은 종류가 다른 경우만 보여진다.

교미 활동은 땅 속에서 이루어지는 경우가 많고, 교미 후에 암컷은 졸참나무 등의 썩은 나무를 찾아 그 곳에 산란한다.

따라서 사슴벌레류의 개체수는 죽은 활엽수의 도목(倒木)의 숫자에 영향을 받으며 개체수는 천이가 약간 진행된 잡목림에서 더 많다. 이것은 유충의 기간이 2년 이상이기 때문에 천이가 진행된 잡목림에 서식하는 썩은 나무의 양이 많다는 사실과 관계가 있다고 생각된다.

3) 꽃무지

갑충목 풍뎅이과 꽃무지아과에 속하는 종류 중에서, 점박이꽃무지 등은 수액에 잘 모인다.

성충의 생태는 장수풍뎅이와 유사하지만, 종류에 따라서는 주행성인 것도 있다.

유충은 모두 부식질을 먹고 숲 속에서 성장하기 때문에 숲의 가장자리가 생활권이고, 이른바 잡목림을 주요한 분포역으로 하는 그룹이라고 말할 수 있다.

4) 하늘소류

수액에 모이는 종류에는 하늘소, 참나무하늘소 등이 있다. 하늘소류는 원래 나무껍질을 먹는 것이 많고, 강력하고 커다란 턱으로 나무를 물기 때문에 그 곳에서 수액이 분비된다. 그러나 큰 턱은 무기로서는 그다지 위력이 없고 갑충류와의 싸움에서는 결코 유리하지 않다. 단지 흡반상의 마디는 다리힘을 세게 하기 때문에 중형의 갑충류에게 대항할 수 있다. 유충은 모두 졸참나무, 상수리나무 등의 목질부를 먹고 터널상으로 먹은 흔적을 만들어 생활하고 있다. 종류에 따라서는 죽은 목질부를 좋아하는 것이 있지만, 대부분은 살아있는 나무를 먹기 때문에 해충으로 구분되고 있다.

따라서 풍뎅이과와 같이, 잡목림을 주요한 생활권으로 하는 그룹이라고 말할 수 있다.

5) 소형 갑충류

수액에 모이는 갑충으로는 밑빠진벌레과나 나무쑤시기과 그 외에 바구미과에 속하는 종류가 있다. 성충의 행동권은 소규모이지만 다른 갑충류와 같이 잡목림에 의존하고 있다.

유충은 참나무과의 살아있는 나무나 죽은 목질부 그리고 임상의 부식질을 취하는 것이 대부분으로 특히 일사량이 유지되고 있는 숲의 주변부에 번식하는 경우가 많다.

6) 나비류

수액에 모이는 나비는 왕오색나비를 비롯하여 흑백알락나비, 청띠신선나비, 네발나비 등의 네발나비과 그 외에 알락그늘나비 등의 뱀눈나비과 등이 있다(사진 4).

사진 4 수액을 빠는 청띠신선나비와 점박이꽃무지

대표적인 왕오색나비는 줄을 가지고 있으며, 특히 수컷은 번식기에 1㎢ 내외를 점유해, 타 개체의 침입을 막는 습성을 가진다. 그 세력권은 원칙적으로 우화(고치에서 벗어나 날개를 펴고 나비가 되는 것)한 곳을 포함하는 숲이다.

유충은 잡목림을 구성하는 수종인 팽나무의 잎을 먹고 월동한 뒤의 다음 여름에 우화한다.

성충은 성장한 장소의 근처에 있는 수액에 찾아들고, 성숙하기까지 며칠정도를 필요로 한다.

수액을 둘러싼 싸움에서는 갑충류나 장수말벌 등과 대형의 강력한 종류에게는 몸을 피하고, 중형의 꽃무지 등의 경우는 긴 입끝을 뻗어 얼마 안되는 틈새로부터 수액을 빠는 등 특성을 살려 쓸데없는 분쟁을 일으키지 않는다. 그러나 상대가 나방이나 나비이거나 또는 파리 같이 힘이 약한 것의 경우는 세우고 있는 날개를 급히 열어 상대를 치고 날개를 무기로서 사용하는 것도 있다.

나비 사이에서의 순위는 몸의 크기에 비례해 왕오색나비 > 흑백알락나비 > 네발나비 > 산네발나비 > 청띠신선나비 > 부처사촌나비가 된다.

나방 중에서는 모시나방이 낮에 보이는 경우가 있고, 네발나비 등을 쫓기도 한다.

수액에 모이는 나비의 생활권은 왕오색나비나 흑백알락나비와 같이 수관을 점유하려고 하는 종류와 숲 안의 조도가 낮은 장소를 좋아하는 뱀눈나비과와 숲의 주변부에서 밖이 열린 초원을 주된 생활권으로 하면서 수액을 얻기 위해 숲에 들어오는 네발나비나 청띠신선나비 같은 타입이 있다.

후자는 모두 유충이 환삼덩굴이나 청미래덩굴 같이 초원에 자생하는 초목에 의존하기 때문에 초원과 숲을 왕복하는 듯한 행동을 하지 않을 수 없다.

뱀눈나비과 유충의 대부분은 대나무나 조릿대류의 잎을 먹으며 성장한다. 이 종의 식물은 숲과 연결된 주변부에 많이 있기 때문에, 성충의 생활권도 숲의 둘레가 된다. 그러나 조도가 낮은 곳을 좋아하기 때문에 숲 안에 머무는 경우가 많다.

7) 벌류

수액에 날아오는 벌은 징수밀빌에서부터 별쌍살벌까지 흔한 종류가 많다(사진 5). 벌류는 달게 발효한 수액을 필요로 하기 때문으로 꿀을 구해 꽃으로 가는 것과 같이 수액을 찾는다. 벌은 거의 주행성이고 갑충류 같이 걷는 것을 중심으로 하는 행동이 아니라 나는 것을 공격에 사용하며 위험하면 도망친다. 이 삼차원격 행동이 벌을 체력보다 계급이 높은 지위에 머무를 수 있게 한다고 할 수 있다.

예를 들어 장수말벌이나 별쌍살벌은 큰턱으로 장수풍뎅이나 사슴벌레의 다리를 물고, 잡아당기려고 한다. 대형종은 움직이지 않는 경우도 있지만, 이에 대해 몸을 회전시켜 반격하려고 한다. 말벌은 휙 날아 사라져 다른 방향에서 다시 공격한다. 이러한 교란 전법을 반복함으로서 수액을 마실 장소를 만들고, 또한 수액의 섭취를 가능하게 한다.

상대가 중형의 풍뎅이 정도라면, 상대가 도망치는 경우가 많기 때문에, 벌은 대형갑충 다음의 지위에 있게 된다.

그러나 황말벌이나 등검정쌍살벌 정도는 같은 전법을 이용해도 힘이 약하기 때문에 상대를 교란할 수 없고, 반대로 반격당해 도망치는 경우가 많기 때문에 순위는 중형 갑충류의 다음이 된다.

사진 5 수액에 날아온 장수말벌

8) 등에와 파리

수액에는 소등에나 재등에 그리고 대모파리를 비롯해 금파리류가 많이 모인다(사진 6). 이러한 종류는 무기의 역할을 하는 신체부위가 없기 때문에 재빠르게 움직이거나 날아서 위험을 피하고 있다. 따라서 등에와 파리는 그곳에 있는 다른 종류와 접촉하지 않고 수액에 접근하는 방법을 취하며, 조금이라도 공격당하면 즉시 날아서 사라진다.

사진 6 풍뎅이에게 눌려서 수액을 얻기 위한 기회를 기다리는 소등에

이러한 약자의 입장을 취하면, 대형이나 중형의 갑충 등은 비록 접촉해도 공격하지 않기 때문에, 동시에 서로 이웃해 수액을 마시는 경우가 자주 있다. 그러한 점에서는 개미와 동일하게 싸우지 않고 식욕을 채울 수 있는 유리함을 가지게 된다.

소형의 초파리 등은 수액 속에 파들어가기 때문에 수액을 먹으려는 장수풍뎅이나 사슴벌레의 입가에 있으면 쫓겨나지만 싸움의 상대는 아니다.

단지 좀파리는 긴 다리를 이용해 활발히 나무껍질 위를 이동할 수 있으므로 갑충류가 오기 직전에 장소를 일시 피난해 상대가 사라지면 다시 접근하는 행동을 반복한다.

9) 기타 종류

야간에 수액을 마시러 오는 것에는 바퀴벌레가 있다. 특히 숲의 나무껍질 아래에 생활하는 산바퀴 등은 장소에 따라서 개체수가 많기 때문에 장수풍뎅이나 사슴벌레와 부딪히는 일도 있다.

그러나 긴 촉각으로 항상 주변을 경계하여 다른 대형 또는 중형종류가 접근하면 도망가기 때문에 싸우는 일은 없다.

나방 중에는 위에서 말한 밤나방과나 자나방과 중에 수액을 구하러 날아오는 종류가 있다. 까마귀밤나방 같이 날개를 접고, 민첩하게 걷는 종류가 많으며, 그 지위는 바퀴류와 닮아 싸우기 것보다는 재빨리 도망치고, 장소가 열리면 다시 접근하는 유형이다.

주홍막각시 등 까마귀밤나방과의 종류에서는 날개짓하면서 액체를 빨아들이는 경우가 많다. 따라서 다른 종이 점거해 있으면 그러한 장소를 피하고, 입끝을 늘여서 빨 수 있는 능력을 충분히 사용해서 숲 속을 날아다니는 경우가 많다.

9-2 잡목림을 생활권으로 하는 곤충의 생태

참나무과를 중심으로 소나무 등의 상록수가 혼재하는 이차림에서 생활하는 곤충의 종수는 다른 수종의 숲에 비해 상당히 많다.

그 이유는 일본에 분포하는 곤충류 중에서 큰 그룹을 이루는 갑충류와 나비류(인시목)가 참나무과 식물에 많이 의존하며, 그 이용 부분도 나뭇가지의 끝에서 뿌리 속까지 다양하기 때문이다.

여기서는 이차림의 구조와 관계 깊은 종류를 선택해 숲과 곤충과의 상호 의존성을 소개한다.

1) 녹색부전나비류

일본에 분포하는 나비는 약 240종이고, 그 중 부전나비과에 속하는 종은 약 70종이다. 이것은 호랑나비과 19종, 흰나비과 22종에 비해 얼마나 큰 그룹인가 알 수 있다.

이 70종의 부전나비과 중에서 녹색부전나비류에 속하는 것은 24종이고, 일본산 나비류의 약10%가 녹색부전나비라는 것이 된다.

이 그룹은 주로 아시아의 온대에 분포하고, 중국이나 한국, 게다가 아무르지방에까지 넓게 분포한다. 일본의 종류도 대륙과 같은 종류나 아종이 많다.

낙엽 활엽수림이 주 생활권으로 도시 교외의 평지나 구릉의 숲에서는 시가도귤빛부전나비, 물빛긴꼬리부전나비, 큰녹색부전나비 등을 자주 볼 수 있다(사진 7-9).

이들의 유충은 상수리나무, 굴참나무, 졸참나무, 물참나무, 떡갈나무 등에 의존하고 있기 때문에 확실히 참나무림이 생활권이다.

성충의 발생기는 예외 없이 연 1회로 6-8월 동안이다. 수컷은 금녹색에 빛나는 날개를 가지며(큰녹색부전나비, 북방녹색부전나비 등), 암컷은 다갈색의 날개로 수수하다. 성충은 잡목림의 수관이나 임연부에 영토를 가지며 점유 행동을 취한다.

사진 7 시가도귤빛부전나비

사진 8 물빛긴꼬리부전나비의 수컷

사진 9 큰녹색부전나비의 암컷

또 비행하는 시간이 종류에 의해 결정된다. 이러한 습성을 알고 잡목림에 들어가면 개체수가 많은 시간에 따라 나타나는 종류가 다르다는 사실을 예상할 수 있다.

성충의 발생은 초여름부터 시작하며, 먼 곳까지 비행한 적이 없기 때문에 흡밀식물도 공통적으로 밤나무 꽃과 쥐똥나무 꽃이다.

성충의 수명은 종류에 의해 다소 차이는 있지만, 3주간 전후 사이에 교미 및 산란이 행해진다.

암컷에 의한 산란 장소가 동일하며, 다른 나비처럼 잎에 알을 낳지 않고 모두 나뭇가지의 끝이나 줄기 위에 낳는다.

직경 1㎜로 위의 약간 편평하고 독특한 요철을 가지는 아름다운 알로 여러개씩 묶인 형태로 되어있다. 가을이 되어 잎이 떨어져도 알은 변화 없이 그대로 월동해 다음 봄까지 휴면하고 있던 싹이 벌어지기 시작할 무렵에 부화한다.

유충은 어리고 부드러운 상수리나무나 졸참나무의 잎을 먹으며 단기간에 성장하고 약 45일 후에 번데기화된다. 번데기도 약 1개월 후에 우화하는 것이 많기 때문에 졸참나무나 상수리나무의 잎이 딱딱해졌을 때 유충을 거의 볼 수 없다.

이러한 과정을 통해 녹색부전나비류의 생활사를 비교 검토하면, 식물의 생활형에 맞추어 환경 변화에 적응하는 형태로 스스로의 생활사를 정하고 있다고 할 수 있다.

곤충학의 분야에서는 녹색부전나비류의 습성이나 활동 시간, 더욱이 자웅의 배우자 행동 등을 비교해 계통 진화의 방향을 제시한 획기적인 연구가 백수융과 야마모토(1956)에 의해서 발표되었지만 이것은 참나무과의 년간 변화를 전제로 한 녹색부전나비군이 그 습성을 얼마나 진화시켜 갔는지 하는 적응도의 비교를 논한 것이다.

2) 담흑부전나비

1970년대까지 담흑부전나비는 동경 근교에서는 결코 드문 종류가 아니었다.

이 나비의 분포지역은 일본의 경우 아오모리현을 북쪽 한계로 하고, 혼슈, 시코쿠, 큐슈에 분포하며, 오키나와현에는 분포하지 않는다. 아시아에서는 중국 동북부에서 한반도에 이르고 있다.

번식은 연 1회로 성충은 6-9월에 걸쳐 발생하고, 남과 북에서는 다소 차이가 있다. 관동 지방에서는 7월에 가장 많이 발생하며, 6월 하순부터 9월 상순까지 볼 수 있다. 그 번식 환경은 주로 구릉지로 잡목림이 있고, 거기에 인접해 초본이나 관목(참억새, 인동덩굴, 싸리, 보리수나무 등)이 펼쳐져 있는 장소이다. 이른바 황무지의 상태에서 참나리가 있고, 큰까치수영의 군락이 있는 환경이다.

당시의 잡목림은 신탄림으로 사용되고 있던 곳이 많았기 때문에 졸참나무나 상수리나무는 뿌리에서 베어 쓰러지고, 이른바 맹아 갱신이 주를 이루고 있었다.

이러한 숲은 일조량이 풍부하고, 인접한 황무지와 함께 많은 곤충류에 있어서 생활하기 쉬운 환경이 된다.

그 큰 이유는 밀원이 되는 초본이 많고, 또 지표에 닿는 일조량이 풍부한 점과 지표의 보수성(습도)이 다양하기 때문에 초본이나 관목의 종류가 풍부하다는 사실을 생각할 수 있다.

담흑부전나비는 이러한 환경에서 사는 곤충의 일종이었던 것으로, 당시 이러한 장소는 어디에나 있었다. 이 나비가 이러한 장소에서만 서식하에 된 것에는 이유가 있다.

담흑부전나비의 서식지에서는 일본왕개미가 생활하며 가까운 곳의 참억새나 졸참나무의 줄기나 가지에 진딧물이 모여 있어 개미가 교대로 진딧물이 내는 분비액(꿀)을 마시는 공생 관계가 성립되어 있어야만 한다. 이 사실이 밝혀진 것은 1950년으로 당시 19세였던 나가야마 후미아키가 처음 발견했다.

교미한 담흑부전나비 암컷은 일본왕개미가 지키고 있는 진딧물(털뿔진딧물 등)의 군을 확인하고, 그 가까이에 산란하는 습성이 있다.

부화한 유충은 진딧물의 군 가운데에 들어가고, 상반신을 올려 진딧물의 꼬리 부분에 접근한다. 그러면 진딧물은 분비액(밀)을 내고 유충은 이것을 먹는다.

이 때 일본왕개미도 담흑부전나비의 유충을 확인하지만, 별로 해를 입히지 않는다.

유충은 진딧물의 밀을 먹으며 성장하고, 2령이 되면 제 7 배마디의 등면의 밀선이 열리고, 그곳에서 밀을 내게 된다. 일본왕개미는 이 밀도 잘 먹고, 진딧물을 보호하는 것과 같이 유충을 지키는 행동을 취한다.

유충이 3령까지 크면 일본왕개미는 이것을 입에 물어 자신의 둥지 안으로 옮긴다.

집안의 유충은 개미로부터 입으로 음식을 받아 꿀을 주는 공생생활을 하며, 겨울을 지나 다음 해 6월 하순에 우화해 성충은 둥지에서 기어 나온다.

개미에 있어서 유충이나 나비는 사냥감이지만, 공생생활을 한다는 예상외의 생태의 발견은 큰 화제가 되어, 그 후 몇 종류인가 나비가 개미와 공생하고 있다는 사실을 밝혀내게 되었다.

이러한 드라마가 잡목림의 지대에서 전개되고 있던 것은 앞에 서술했듯이 독특한 조건이 갖추어지고 있었기 때문이지만, 이러한 장소는 도시 스프롤 현상(urban sprawl: 도시 개발이 근접 미개발 지역으로 확산되는 현상)이 시작되면서 첫 번째로 없어지는 환경이었다. 이러한 환경은 이미 신탄림으로서의 가치를 잃고 있었기 때문에, 금새 택지화되고, 큰 도로가 되어 모습을 감추어 버렸다.

현재(1995년), 동경 근교를 걸으면 한정된 지역에 약간의 잡목림은 남아 있지만, 주변부에 초원은 거의 없다.

지금까지의 일본에는 농산촌 마을과 자연(이차림도 포함해) 사이에 논이나 밭이 펼쳐져, 그 일부에 조그만 초원이 있었다.

당연히, 잡목림의 주변에는 이것과 유사한 황무지가 있었다. 담흑부전나비는 그러한 환경이 번식의 조건이었기 때문에 매년 수가 줄어들고, 1980년대에는 겨우 볼 수 있었으며, 80년대의 후반에는 지극히 적은 숫자만이 남게 되었다.

예전에는 타마구릉의 어디에라도 있던 담흑부전나비는 90년대가 되어 관심을 가지고 관찰하고 있지만 한 마리도 볼 수 없다.

환경 파괴에는 다양한 유형이 있지만, 잡목림의 주변에 있던 황무지라는 애매한 장소의 상실은 화제가 되지 않는다.

따라서 그곳을 생활의 장소로 하고 있던 담흑부전나비로 대표되는 곤충이나 도마뱀 등의 작은 동물의 감소에도 관심을 가지는 사람은 적다.

게다가 이 문제가 인간의 생활, 특히 그중에서도 아이의 생활을 직접 바꾸어 버렸다는 사실을 깨닫고 있는 사람은 매우 적다.

반디불이와 같이 많은 사람에게 친숙하고, 문문제의 상징이었던 곤충의 회복은 각지에서 진행되고 있다. 그러나 담흑부전나비는 아는 사람도 거의 없기 때문에 관심을 끌지 못해 다시 그 모습을 보는 것은 불가능할 것이다.

위에서 서술한 것처럼 이 문제는 아이들의 생활을 바꾸고, 우리 아이들을 가상현실의 세계로 이끈다. 현재 거의 주목받지 못하고 있는 숲의 주변부의 유무는 다음세대의 의식을 바꾸고, 가치관을 바꿀 정도로 큰 문제라고 생각한다.

3) 겨울가지나방류

겨울에만 성충이 출현되는 자나방과의 1군을 동척(冬尺)이라고 부른다.

일본에는 약 30종 정도가 알려져 있으며, 관동 지방에만 그 반수가 분포되고 있다.

공통되는 점은 모든 종류가 그 유충이 상수리나무나 졸참나무 등 참나무과 식물의 잎을 먹고 자라며, 지표면에 내려 번데기가 되고, 성충은 겨울(11 – 3월) 잡목림 안에서 활동하고 교미, 산란한다는 것이다(사진 10).

사진 10 겨울가지나방이 활동하는 겨울의 잡목림

번식이 연 1회인 것은 위의 녹색부전나비류와 같으며 어린 잎이 자라기 시작하는 봄에 부화한 유충이 이것을 먹어 급속하게 자라고, 여름에 번데기화하는 것까지는 동일하다.

그러나 겨울가지나방류는 그대로 가을을 보내고, 겨울이 찾아옴과 함께 우화하고, 여기서 교미, 산란이 행해진다.

즉 참나무과 식물의 활동이 가장 높아지는 시기에 그 잎을 먹어 종을 유지한다고 하는 생활사를 가지고 있어 참나무림의 의존도는 매우 크다고 할 수 있다.

성충이 우화되는 시기는 거의 잎이 지고, 줄기만 남은 상태일 때다.

동계의 잡목림에서 겨울가지나방이 어떻게 살고 있는가를 조사한 결과, 숲 안의 기온 변화와 관계해, 교미 산란 등의 행동이 달라진다는 사실이 판명되었다.

겨울가지나방류의 일주활동성은 주행성 종류와 야행성이 있으며, 이에 따라서 잡목림 중에서의 생활이 서로 다르다. 단지 어느 종류에나 공통되고 있는 것은 암컷의 성충은 날개가 퇴화하여 완전히 비상하는 것은 불가능하고, 악세사리 같이 붙어 있으며 이전부터 자웅 2형으로 알려져 있다(사진 11).

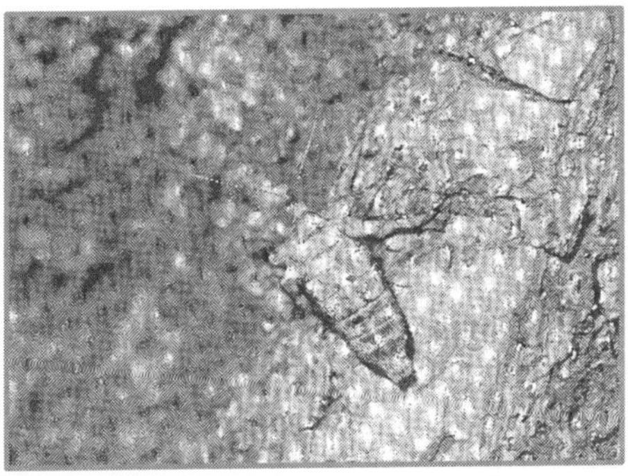

사진 11 앞노랑겨울가지나방의 암컷은 날개가 퇴화되어 날지 못한다.

사진 12 교미하는 앞노랑겨울가지나방 아래에는 수컷, 위에는 암컷

여기서는 대표적인 앞노랑겨울가지나방(*Pachyerannis obliguaria* M.)을 예로 들고, 임내 미기상과의 관계를 기술하기로 한다(사진 12).

(1) 동계의 잡목림의 기온 변화

12 – 2월 사이, 특정의 장소를 정해 30분마다 기온의 변화를 기록했다.

장소는 폭 60m의 잡목림이 동서 방향으로 뻗어있는 고가네이 시내의 평탄한 숲이다.

숲의 길이가 100m인 숲의 남쪽과 북쪽의 옆 가장자리의 지상 1.5m와 5m 지점, 숲의 중앙부 지상 1.5m와 5m 지점 그리고 숲 외부의 나지 지상 15m와 5m 지점의 총 8곳에 각각 온도계를 설치하여 계속해서 측정했다.

잎이 떨어진 잡목림은 바람이 지나가지만 2m 간격의 나무사이는 기온의 변동이 장소마다 다르고, 밤과 낮, 그리고 기후에 의해도 조금씩 다른 것을 알았다. 즉 숲의 활성이 낮은 겨울에도 부분적으로 기온이 바뀌는 독특한 시스템을 가지고 있다고 할 수 있다.

맑은 하늘의 경우, 낮에 가장 기온이 높은 곳은 남쪽에 접한 지표면에서 가까운 지역으로 숲의 끝으로부터 수m, 지상에서 3m의 범위이다. 다음으로 기온이 높은 곳은 이 지역의 윗부분이다. 3번째는 북측의 끝 가까운 곳이며 가장 기온이 낮은 곳은 중앙부의 지표에 접하는 곳이다. 남쪽의 지표면은 일조에 의해 지표면이 따뜻해지기 때문에 고온이 되지만 숲의 중앙지역은 일조가 없이, 게다가 땅 표면이 식혀진 대로의 상태가 계속되고 있다고 할 수 있다.

그리고 밤이 되면 숲의 주위의 온도가 내려가고, 지표면도 방사 냉각으로 저온이 되기 때문에 그림1 같이 숲의 중앙부의 지상 4 – 10m의 편평한 지역이 상대적으로 가장 따뜻한 곳이 된다.

다음으로 따뜻한 곳은 그 아래 지역이다. 밤이 되면 지표면은 온도가 내려가기 때문에 지면에 가까운 지역은 남북 방향으로 온도가 낮고, 오히려 숲의 위를 가린 지역이 지면보다 약간 기온이 높다. 이와 같이 겨울철이 잡목림의 낮과 밤의 온도는 지역에 따라 서로 다르다는 것을 알 수 있다. 덧붙여서 숲의 외부와 비교하면 낮 동안은 남쪽의 기온이 낮은 일이 많았다.

숲 안의 기온 변화를 조사한 이유는 겨울가지나방의 수컷과 암컷의 개체수가 숲의 주변부에 많고 중앙부가 적은 것을 알 수 있었다.

숲 안의 겨울가지나방 분포 원인이 무엇인가를 밝히기 위해서 기온의 변동을 조사하였으며, 확실히 겨울가지나방류는 밤과 낮 모두 기온이 상대적으로 높은 지역에 개체수가 높다는 사실을 알 수 있었다.

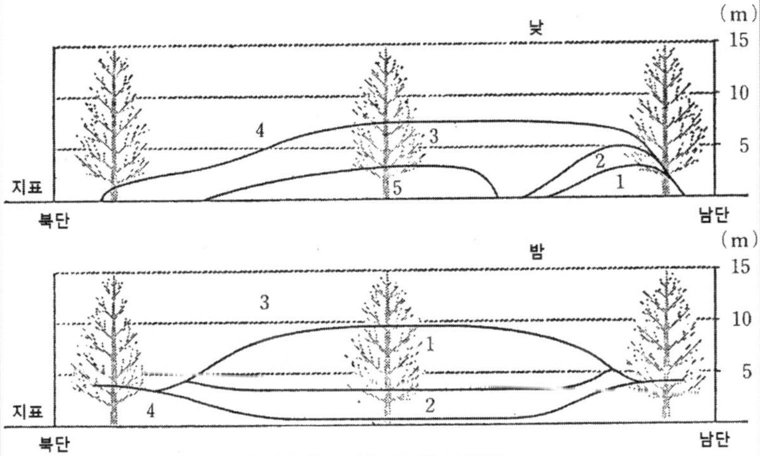

폭 60m, 수고15m의 기온변동. 맑은 하늘의 낮(위)과
밤(아래)의 단면도. 1>2>3>4>5 : 상대적인 기온차

그림 1 겨울에 있어서 잡목림내부의 기온변화 (矢島)

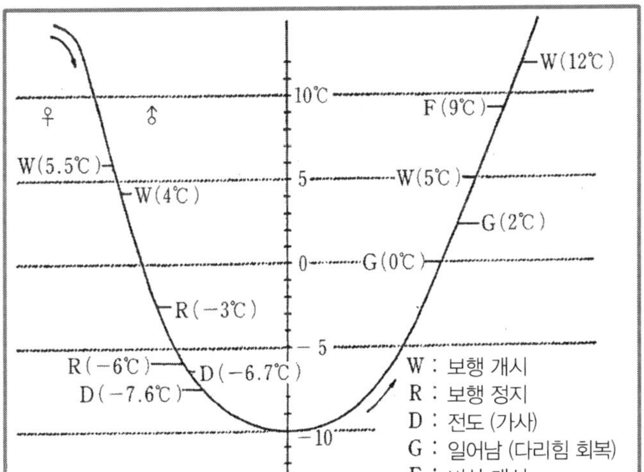

그림 2 앞노랑겨울가지나방의 기온변동에 따른 행동 (矢島)
기온곡선의 내측이 수컷, 외측이 암컷
D와 G의 사이가 가사상태

그런데 암컷은 모두 날개가 퇴화하여 체표 면적이 수컷보다 꽤 작기 때문에 수컷정도로 기온 변동에 민감하지 않다. 온도가 낮아지면 수컷은 체온이 내려가지만 암컷은

체온저하가 적어서 -5℃에서도 보행이 가능하고, 수컷과는 활동에 영향을 미치는 온도가 3℃의 차이를 가지는 사실이 실험으로 분명해졌다(그림 2).

겨울의 잡목림에서 생활하는 겨울가지나방류는 암컷이 비상하지 않고 페로몬에 의해 수컷을 유인하기 때문에 날개가 퇴화해도 교미에 지장을 받지 않으며, 반대로 저온 하에서도 이동하거나 산란할 수 있는 유리한 특성을 획득한 것에 대해서는, 원래 가을에 우화하던 그룹이 겨울로 이행해 왔다고 생각된다.

겨울에는 기생 곤충이나 병원균이 적고 천적과의 싸움도 봄부터 가을사이까지 보다 적기 때문에 살아남을 확률을 높이는 원인이 되었다고 추정할 수 있다.

전 일본 어디의 잡목림에나 서식하고, 성충이 동계에 한정되어 나타나는 겨울가지나방류는 상수리나무, 졸참나무 등의 참나무과에 의존하는 곤충이지만, 이 경우도 담흑부전나비와 같이 숲의 가장자리에 수컷이 모이는 경향이 있어, 그 숲의 외부의 환경과의 접합 상태에 의해 개체 수가 영향을 받는다는 사실은 부정할 수 없다.

이상, 녹색부전나비, 담흑부전나비, 그리고 겨울가지나방류를 잡목림을 생활권으로 하는 곤충의 대표들을 들고, 숲의 상태 변화가 직접 의존되는 곤충에게 밀접하게 관계되고 있는 사례를 들었다.

(야지마 미노루)

10. 들새의 종생태

10-1 계절의 변화와 조류

잡목림의 아름다움은 계절마다 나타나는 자연의 변화에 있다. 봄에는 나무들의 싹 돋음과 함께 경쾌한 템포로 들려오는 박새의 지저귐. 여름에는 장마 때 비속에서 은밀하게 벌레를 쪼아먹는 쇠딱다구리의 어린새. 가을에는 마른잎과 부딪치는 나무끝으로부터 날카롭게 울리는 때까치의 울음소리. 겨울에는 임상의 쌓인 낙엽을 헤쳐 동면중의 벌레를 찾는 개똥지빠귀의 발소리.

이와 같이 계절의 변화에 대응해서, 잡목림의 식생이 변화하는 것과 동시에 그곳을 번식의 장소로 하고 있는 조류의 생활도 변화하고 있다.

잡목림의 식생은 지리적인 조건의 차이나 토양 조건의 차이에 의해 지역적인 차이가 나타나지만, 잡목림에 서식하는 조류에 관해서는 관동지역 주변에서 연간 40~70종 전 후가 생육한다는 사실이 기록되어 있고, 인접하는 농경지나 수계를 포함하면 약 100종이 출현이 기록된다. 중부 지방이나 관서 지방의 사례에서도 대개 유사한 종수가 기록된다고 한다.

잡목림은 농용림이나 신탄림으로 이용하기 위해서 관리를 하고 있어, 식생천이가 일정한 단계에서 멈추어지고 있다. 또, 그 분포는 일상적으로 사람의 이용 때문에 마을에서 가깝고, 논이나 밭과 접하는 경우가 많다. 이 때문에 잡목림에 서식하는 조류는 그 생태적 특성에 의해 산림부 선호종과 임연부 선호종으로 구분된다. 이들 조류가 잡목림의 자연 환경 중에서 어떠한 생태적 특성을 나타내는지에 대하여, 계절 변화의 관점에서 논하고자 한다.

1) 번식기의 조류

조류의 번식기는 쌍형성(배우자형성)·조소(둥지짓기)·산란·포란·부화·육추(새끼 키우기)·이소(자립)의 각각의 시기로 나누어지고, 종류에 따라 시간적 변이가 있다. 또 번식 활동의 개시 시기도 달라서, 빠른 종은 때까치 같이 2월경에 쌍형성이 시작되는 종도 있다. 그러나, 일반적으로 대부분의 종은 4 – 8월경까지가 번식기이다.

잡목림에서 번식하는 종은 동일지역에서 1년을 통하여 번식하는 텃새와 일본은 여름에 통과하기 위하여 도래하는 여름새가 있으며, 지역적으로 차이가 있어, 관동지방을 예를 들면 20 ~ 30종 정도가 기록되고 있다.

잡목림의 분포는 일반적으로 표고가 낮은 평야지역에 있는 종이 많다. 동남아시아나 오세아니아 지역에서 번식을 위해 일본으로 도래하는 여름새 중, 산림성 및 임연성의 종류는 비교적 표고가 높은 지역에서 번식하는 것이 많고, 그 때문에 잡목림으로 번식하는 종류는 예상외로 적다. 대표적인 종류를 표 1에 나타낸다. 텃새로는 참매·메추라기류·쇠딱다구리·때까치·휘파람새·박새·동박새·멧새 등이 있으며, 여름새로는 왕새매·솔부엉이·황금새·삼광조 등이 있다.

여름새 중에는 삼광조 같이 최근 개체수가 급속하게 감소하는 종류도 포함되어 있다. 이들 종류의 감소는 번식지의 잡목림의 환경 변화, 월동지인 동남아시아의 산림 감소가 영향을 미치고 있는 것이 아닐까하고 생각되고 있다.

표 1 잡목림의 대표종 (葉山 등의 조사에 의한다)

텃새	여름새	겨울새	표조(동계)	통과세
솔개	왕새매	칡부엉이	새매	쏙독새
참매	뻐꾸기	황여새	말똥가리	(쇠칼새)
조롱이	두견이	홍여새	개미잡이	(칼새)
메추라기류	솔부엉이	딱새	힝둥새	(제비)
꿩	검은지빠귀	흰배지빠귀	굴뚝새	(귀제비)
멧비들기	숲새	개똥지빠귀	유리딱새	(흰털발제비)
녹색비들기	산솔새	쑥새	호랑지빠귀	노랑할미새
긴점박이올빼미	황금새	노랑턱멧새	붉은배지빠귀	할미새사촌
Picus awokera	삼광조	되새	상모솔새	흰눈섭붉은배지빠귀
오색딱다구리		콩새	북방쇠박새	쇠솔새
쇠딱다구리			진박새	되솔새
직박구리			촉새	큰유리새
때까치			검은멧새	솔딱새
휘파람새			검은머리방울새	제비딱새
오목눈이			긴꼬리홍양진이	쇠솔딱새
곤줄박이			멋쟁이	
박새				
동박새				
멧새				
방울새				
큰밀화부리				
참새				
찌르레기				
어치				
물까치				
까마귀				
큰부리까마귀				

주) 1. 관동 지방의 평야의 잡목림을 표준으로 한 구분이나.
2. 통과새에게는 표조와 철새 및 여름새·겨울새에서도 안정되어 분포하지 않는 종을 포함한다.
3. 통과새 ( )는 비상만으로 수림 내에 있는 것이 아닌 종을 나타낸다.
4. 개체수가 적은 희소종은 없다.

번식기에는 각각의 종류 모두 그림 1에 나타났듯이 개체군 구성멤버의 증가가 인정된다. 이것은 번식 행동과 동반한 현상이고, 새끼의 자립에 의한 것이다. 잡목림에서 번식하는 소형 조류는 환경 조건이 양호하다면 연 2회 혹은 3회 번식을 시도한다. 자립한 어린새가 즉시 부모에게서 떨어져 먼 곳으로 이동하는 것은 별로 없으며, 번식지의 주변에서 생활한다. 첫회에 자립한 어린새가 다음 부모의 새끼 키우기를 돕는 "헬파행동"을 하는 종도 있으며, 많은 소형 조류에서 번식기에 둥지 주변에 어린새가 모이는 것을 관찰할 수 있다. 참매의 맹금류나 까마귀류등의 대형종은 번식 회수가 연 1회뿐이다.

이들 종도 번식기 사이에 자립한 어린새는 부모와 행동을 함께 하며, 이러한 결과로, 어미새와 어린새에 의해 구성되는 가족군이 번식기의 후반에 많이 생성된다.

이와 같이, 번식기 조류의 생태적 특성 중 하나는 가족 단위의 행동 생태에 기초를 두는 개체수의 증가이다.

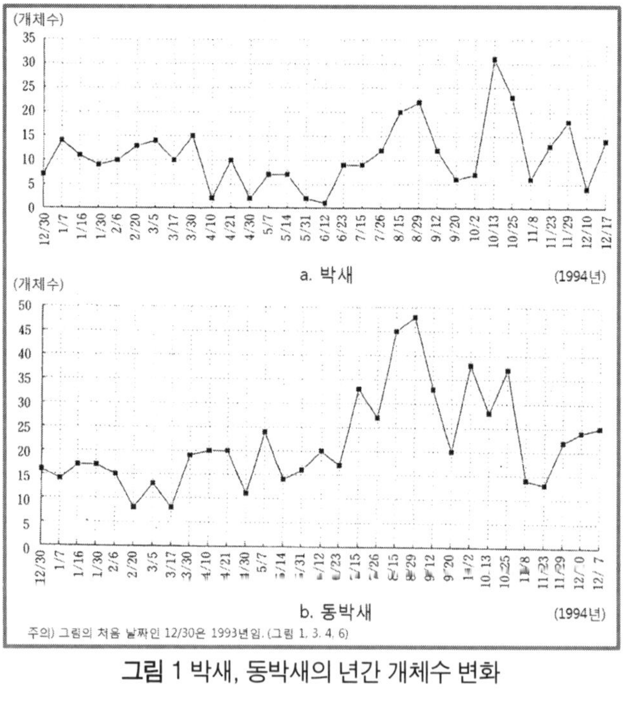

그림 1 박새, 동박새의 년간 개체수 변화

한편, 번식기의 생태 특성에 영향을 미치는 요인의 하나로 영소(둥지)방법의 차이가 거론된다. 둥지방법으로는 단독의 세력권, 성·집단영소성(콜로니성) 등 종에 의해 차이가 있다. 잡목림에서 번식하는 종류의 대부분은 세력권성을 가지고 있다. 그 때문에 둥지의 위치가 숲 내의 특정 지역에 집중되는 경우는 거의 없고, 각각의 종의 환경 선호성에 따라 세력권이 분포된다(그림 2).

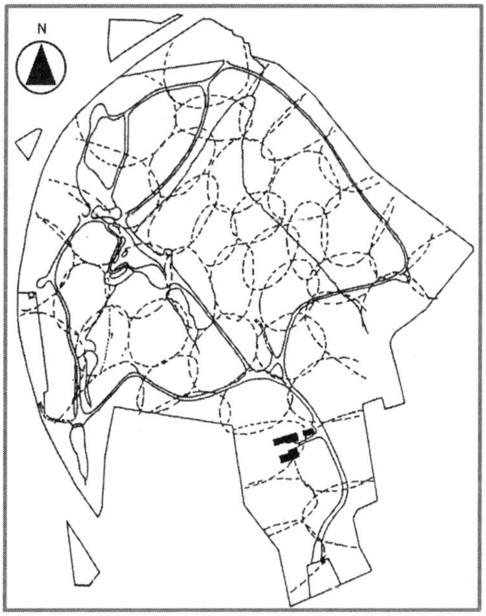

그림 2 자연교육원에 있어서 박새의 세력권 분포 (야기·치바, 1981)

2) 월동기의 조류

겨울이 가까워진 잡목림에는 여름새가 남쪽으로 사라진 뒤 교체하듯 시베리아나 쿠릴 열도 지역으로부터 겨울새가 찾아온다. 또, 산악 지역이나 고원에서 번식한 새 중에는 비교적 따뜻하여 눈이 적게 내리는 평야의 숲에 내려오는 종이 보인다. 또한 겨울이 깊어지고 북국지역이나 일본해 지방의 강설량이 증가하면, 태평양연안의 눈이 적은 숲으로 이동하는 종도 많이 보인다. 이들의 종류는 표조라고 불린다. 관동 지방의 평야의 잡목림에서는 표 1에 나타낸 것처럼 텃새와 겨울새와 표조를 합해 약 40 – 50종의 조류의 관찰이 기록된다. 이 중 겨울새는 황여새, 딱새, 개똥지바퀴, 쑥새, 되새, 콩새 등 약 10종, 표조는 말똥가리, 힝둥새, 굴뚝새, 유리딱새, 붉은배지빠귀,

상모솔새, 진박새, 촉새, 검은머리방울새 등 15종 정도라고 생각된다. 그것 이외의 새는 1년동안 일정 지역에서 기록되는 텃새이다.

월동기에는 개체수의 변화와 함께 종수도 변화하는 종이 있다. 그림 3, 4에 월동기에 있어서의 개체수와 종수의 변화의 예를 나타냈다.

월동기는 종에 따라 개체군의 구조가 다르다. 이것들의 구조를 크게 나누면, 쇠딱다구리 등 단독으로 생활하는 종류, 오목눈이 등 가족군 혹은 혈연관계를 가지는 개체군으로 생활하는 종류, 쑥새 등 혈연관계에 얽매이지 않는 종류 등의 기본적인 차이가 있다. 또, 섞인군을 구성하는 종도 있다. 섞인군은 번식기의 후반부터 형성된다고 하지만, 규모가 커져 가장 두드러지는 것은 월동기이다. 박새나 오목눈이 등 박새류가 섞인군의 기본이 되고, 쇠딱다구리·동박새·휘파람새 등이 참가하는 경우가 많다. 각각의 종은 단독이나 가족군이지만, 각각 상황에 의해 일정한 시간 행동을 함께 하면서 잡목림 안에서 먹이를 먹으면서 이동한다, 또한 지역의 개체가 대규모로 모여 특정의 장소를 중심으로 이용하는 경우에 형성되는 횃대(새장이나 닭장 속에 새나 닭이 앉도록 가로지른 나무 낙대)군이 있다. 동계에 횃대를 형성하는 종에서 잡목림을 서식지로 하는 대표적인 종류에는 솔개, 찌르레기, 까마귀류 등이 거론된다. 까마귀나 큰부리까마귀는 가을부터 보금자리를 형성하고, 그 후에는 장소를 이동하면서 서서히 규모를 확대하며, 월동기를 지나 지역 전체의 개체군이 특정 지구에 집중해서 대규모의 보금자리를 유지하게 된다. 이러한 둥지는 다음 해의 배우자 형성에도 유리하게 작용한다고 한다(그림 5).

이 계절의 개체수는 사망에 의한 개체의 소모와 서식지의 이동에 의한 증감에 의해 결정된다. 전자는 포식이나 사고에 의한 개체의 소모와 아사나 병에 의한 개체의 소모가 예상된다. 이 때문에, 개체수는 겨울부터 봄을 향해 점차 감소하게 된다. 후자는 강설 등의 영향이나 서식지 내 식량부족에 대응해서 서식지를 이동하는 행동이다. 따라서, 지역의 식량 사정에 의해 개체수의 변화는 다양하다. 관동 지방의 평야의 잡목림에서는 산악 지역이나 북일본 혹은 일본해 쪽의 강설량이 늘어남에 따라 개똥지빠귀 등의 개체수가 증가되는 경향을 확인할 수 있다(그림 6).

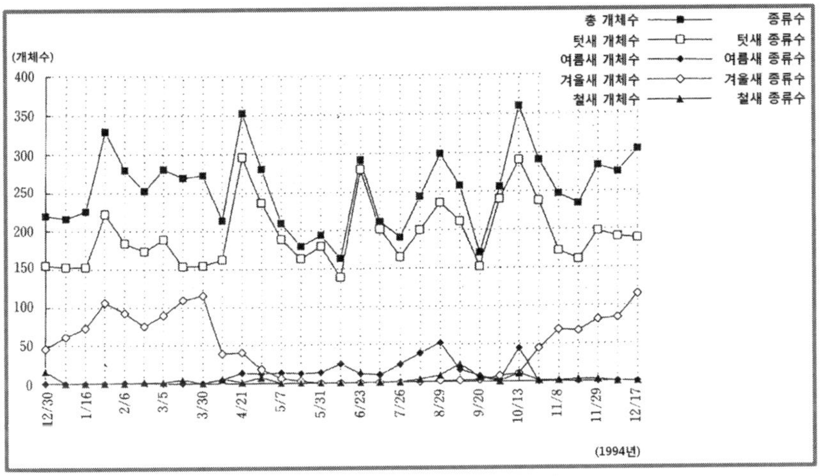

그림 3 서식조류의 개체수 변화

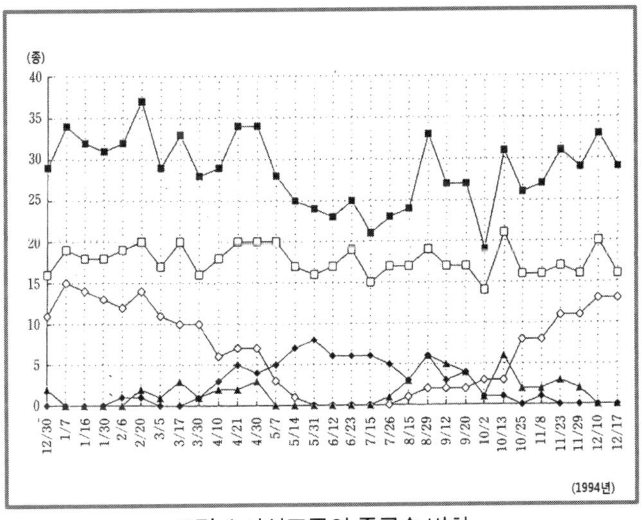

그림 4 서식조류의 종류수 변화

조류의 종 수는 먹이조건의 변화에 대응하여 서식장소를 이동시키는 종류와 일정 지역에서 움직임이 없는 종이 있어 겨울동안에 전체 변화가 일어난다. 조건이 나쁜 겨울에는 구릉지나 고원에서 월동하는 종류가 평야의 잡목림까지 내려오는 경우도 있다. 또, 겨울새 중에서는 여새류, 되새류(검은머리방울새, 홍방울새, 되새, 솔잣새, 콩새) 등 많은 종류가 여름철 번식지의 조건에 따라 개체수를 현저하게 변화시키고,

번식 개체수가 많은 해는 대거 일본으로 건너오고, 보통 때에는 잡목림에서는 기록되지 않는 종류가 기록되는 경우도 있다. 이와 같이 월동기의 잡목림의 새들은 번식기와 비교하면 불안정하고, 또 다양하기도 하다.

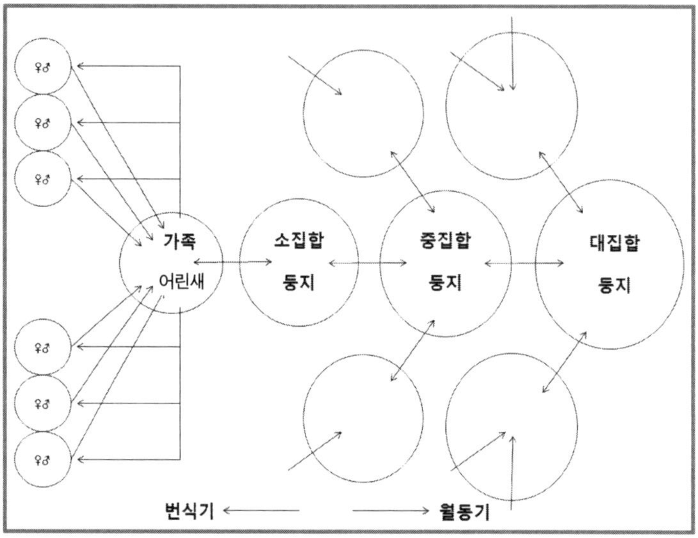

그림 5 까마귀의 생활의 계절변화

주의) 화살표 방향은 번식기, 월동기에 대응하고 있는 것에 의하여 작성

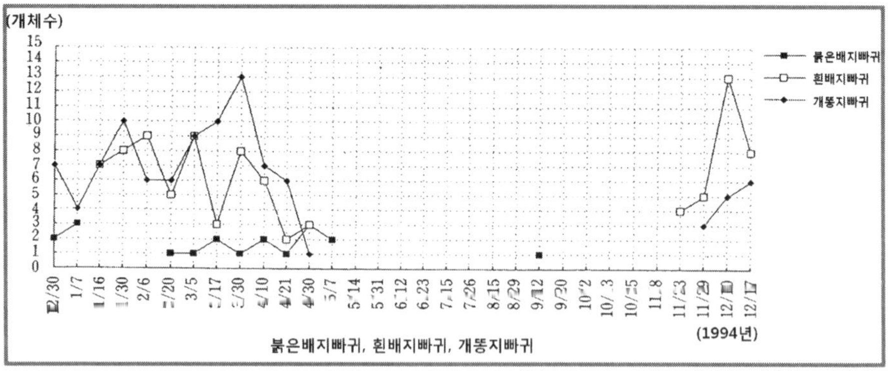

그림 6 개똥쥐빠귀의 개체수 변화

3) 이동기의 조류

조류의 이동은 번식지와 월동지 사이를 움직이는 이동과 먹이를 먹는 장소와 둥지 사이를 왕복하는 일상적인 이동으로 크게 나눌 수 있다. 전자는 계절과 관련된 이동이다.

이동의 시기는 번식기와 월동기 사이의 짧은 기간이고, 봄의 이동과 가을의 이동이 존재한다. 봄은 일본에서 월동한 겨울새가 시베리아 방면으로 이동하는 것과 동남아시아 등에서 월동한 여름새가 번식을 위해서 일본으로 오는 것, 그리고 동남아시아나 오세아니아 등으로부터 시베리아 방면으로 이동하는 도중에 에너지 보급을 위해서 일본을 경유하는 철새가 기록된다. 가을은 봄과 역방향으로 이동한다.

잡목림에서 이동기에 기록되는 종류는 텃새, 겨울새, 표조, 철새 등의 모든 종이 있다. 또한 특정의 잡목림에서 기록되는 개체의 체류 시간은 날아온 개체가 그 잡목림을 어떻게 이용하고 있는가에 따라 다르다. 텃새의 경우 직박구리의 예처럼, 그 장소에서 항상 서식하는 개체와 번식기나 월동기 때만 서식하는 개체가 있으며 이동기에 통과하기만 하는 개체가 있다. 이러한 복잡한 행동이 이동기에는 겹치게 된다. 또 초원성이나 수변성 등 잡목림에는 통상 서식하지 않는 종류가 일시적으로 숲을 통과하는 것도 이 시기이다. 따라서 이 시간에 기록되는 종수는 연간 가장 많고 개체수의 변동도 크다.

이동 경로에 대해서는 연구가 진행되고 있는 단계이다. 대형의 맹금류나 두루미류, 기러기류 등의 이동경로는 분명하게 밝혀져 있다. 그러나 잡목림에 관계되는 많은 소형 조류에 대해서는 이동경로가 아직 분명하지 않다. 또, 철새의 흰눈썹붉은배지빠귀나 세비딱새 등과 같이 가을의 이동기에는 많이 기록되지만 봄에는 기록되지 않는 곳도 있다. 이들은 봄과 가을의 이동이 경로가 다른 것이 아닌 것으로 예상된다. 또 이동기간은 봄의 이동기보다 가을의 이동기가 긴 경향이 보인다. 이것은 종류에 의한 번식 생태의 차이나 이동을 위한 생리 작용이 원인이라고 생각된다.

4) 지역의 차이와 조류

일반적으로 잡목림으로 총칭되는 수림은 토호쿠 지방에서 칸토우 지방에 걸쳐서 상수리나무와 졸참나무가 우점하는 수림이고, 칸사이 지방 이남에서는 소나무가 우점하는 수림이다. 잡목림의 구성종은 지방에 따라 다르고, 식생대의 광역 분포의 차이나 지리적 격리에 따라서 지역의 조류 개체군의 모두를 합한 조류 군집의 규모에는 차이가 인정된다. 동물상을 크게 나누는 동식물분포경계선을 경계로 홋카이도과 혼슈 이남에서는 다양한 관점에서 조류의 종구성이 다르다. 노랑턱멧새와 같이 칸토의 지방보다 칸사이 지방의 개체수가 많은 것이나, 민댕기물떼새 같이 토우카이 지방에서 개체수가 두드러지는 종 등, 종에 따라 분포 특성이 차이가 나는 경우가 많다. 또한 시베리아나 연해주 방면에서 번식하는 종이 도래하는 행동과 관련하여 산요지방이나 큐슈 북부에서는 기타의 지방에서 그다지 기록되지 않는 종이 이동기에 통과하는 사실이 발견되고 있다.

이상과 같이 잡목림에 서식하는 조류의 종구성은 번식기와 월동기에서 지방에 따라 다소 다른 점이 있다.

10-2 잡목림의 구조와 조류

잡목림의 조류 군집은 주로 산림선호종과 임연선호종의 조류로 구성된다. 산림선호종은 잡목림의 식생을 주된 서식 공간으로 사용하고 있고, 임연선호종은 잡목림의 식생만이 아니라 주변의 경지나 촌락 등의 자연 환경도 포함한 공간을 서식 장소로 사용하고 있다. 두 종류 모두 서식 공간으로서의 식생 구조를 능숙하게 구분해서 적응하며 생활하고 있다. 이 항에서는 조류가 산림 식생의 구조를 어떻게 이용해 서식하고 있는가를 기술하는 것과 동시에, 특히 조류의 서식 공간으로서 잡목림의 중요한 특성에 대해서 서술한다.

1) 숲의 계층 구조와 조류

산림성의 조류는 식생의 입체적 구조의 차이에 따라 나누고 있고, 수직 방향의 식생 분포는 조류군집에 영향을 주는 요인이다. 이 시점에서 산림내의 식생을 수직 방향으로 계층화하고, 각 계층마다의 엽량분포를 찾아 그것에 의해 식생구조의 다양도(FHD)를 산출하고, 조류의 종수와 개체수의 관계로부터 산출되는 조류 군집 다양도(H')와의 상관성을 검토하는 연구가 많이 행해지고 있다. 또 각 계층의 엽량의 합계값을 지표로서 조류 군집 다양도와의 상관성을 검토한 연구도 행해지고 있다. 이러한 연구들의 결과에서, 조류에게는 각 계층 전체의 식피(엽량 및 가지량)량이 중요하다는 사실을 알 수 있다(그림 7).

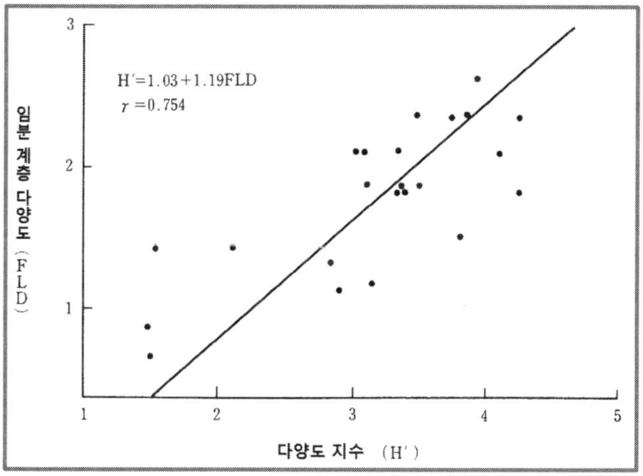

그림 7 조류군집 다양도와 임분 계층 다양도와의 상관(유이, 1986)

삽목림의 계층 구조는 숲 인의 이용 정도에 따라 다르고, 장작으로 이용된 뒤에 맹아로 재생된 상태에 따라 다르다. 이러한 공간의 다양성이 조류의 서식에 유리하게 작용하고 있다고 생각된다.

조류가 수림 안에서 주로 이용하는 장소는 종에 따라 다르고, 식생의 계층에 대한 환경 선호성이 분명하다. 잡목림의 대표종인 박새류는 숲의 상층에서 관목층 혹은 수관, 가지, 줄기 등의 각각의 장소에 대해 선호도의 차이를 보인다. 오목눈이는 중층부터 상층까지의 작은 가지를 주로 이용하고, 박새는 중층에서 하층까지 내측이나 줄기 혹은 큰가지나 지상의 덤불을 이용한다. 진박새는 수관으로부터 교목층을 중심으로 이용하며 북방쇠박새는 중층에서 큰 가지나 줄기를 이용하고, 곤줄박이는 중층에서 저층까지 활동하는 경우가 많다. 이러한 행동에는 계절적인 차이가 있다(그림 8). 개똥지빠귀는 가을에 대륙에서 건너 온 직후 잡목림의 나뭇가지 끝 부근에서 활동하고, 지상에 내려가는 일은 적다. 늦겨울에서 이른 봄까지는 수림의 임상에서 낙엽을 들추어 먹이를 찾는 것이 많이 관찰된다. 또, 겨울에는 수풀 속에서 두드러지지 않게 행동하고 있던 휘파람새가 번식기에는 졸참나무의 가지의 끝에서 발견되는 경우가 많아진다. 이와 같이, 산림, 임연선호종은 먹이를 얻는 장소나 번식 행동에 따라서 수림의 입체 구조를 다양하게 이용하는 것으로 알려져 있다.

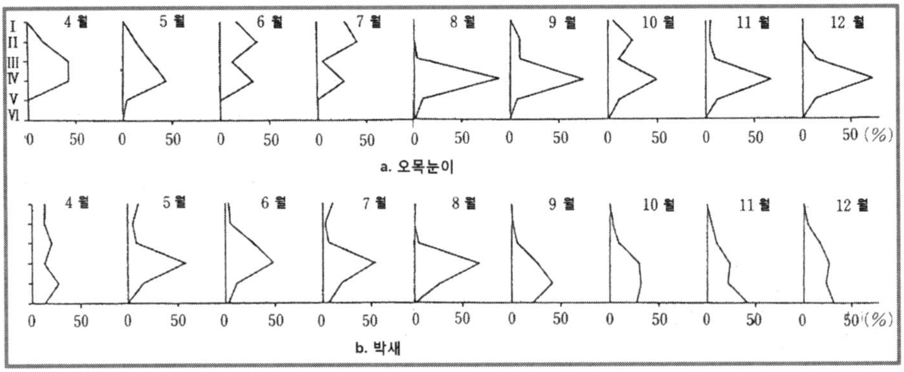

그림 8 오목눈이 및 박새의 먹이찾기 수직분포의 계절적 변화(오가사와라, 1970)

2) 임상구조와 조류

잡목림의 임상식생은 수림의 이용 상태나 관리 상태 및 그것과 관계하는 수림의 서식 상태에 의해서 종조성이나 식물의 개체 밀도나 초본층의 높이 등의 차이가 난다. 이러한 임상의 차이는 임상을 생태 공간으로 하는 조류에 있어서 환경을 선택할 때 중요한 조건이 된다.

지상성의 메추라기류는 잡목림 중에서 특히 임상이 덤불상으로 번성하는 지역에서 발견할 기회가 많다. 하지만 임상관리가 원활하지 않아 관목층이 빈약한 숲에서는 서식수가 적다. 또 평지의 잡목림에서 월동하는 검은멧새는 조릿대 류의 밀도가 비교적 높고, 어두침침한 숲에서 관찰되는 경우가 많고, 임상밀도가 낮고 밝은 숲에서는 그다지 관찰되지 않는다. 한편, 잡목림에서 임상밀도가 높은 숲과 낮은 숲을 비교한 경우, 특히 고밀도의 숲에서는 조류의 개체수가 적다고 보고된다. 이러한 임상 식생의 차이에 대한 환경 선호성은 조류의 채식특성이나 둥지특성과 밀접하게 관계하고 있으며 활동상의 제약 요소가 되는 몸의 크기 등이 영향을 주고 있다고 생각된다. 잡목림의 숲에서 낙엽 밑에 숨은 먹이를 찾는 흰배지빠귀나 붉은배지빠귀는 사람이 서서 들어가기 곤란할 정도로 임상밀도가 꽤 높은 숲에서도 행동하지만, 극단으로 임상밀도가 높은 숲에서는 관찰되지 않는다. 그러나 흰배지빠귀보다 몸의 크기가 작은 촉새는 이러한 임상에서도 활동하는 것이 관찰된다.

또 교목층의 우점종이 균질한 잡목림에서도 지형 조건의 차이로 임상식생의 종조성에 차이가 보여지는 숲이 있다. 이러한 임상구조의 차이는 채식(먹이찾기), 휴식, 도피, 이동 행동과 관련해 조류의 생활에 영향을 주고 있다.

3) 숲의 규모와 조류

산림에서 서식하는 생물의 종류는 일반적으로 산림의 규모가 커지면 증가하게 되고, 이 현상을 종-면적 관계라고 부른다. 번식기의 조류 군집에서는 각종 임상 유형에 따라서, 종-면적 관계가 곡선식으로 제시되고 있다.

산림이 규모와 조류의 종의 다양성에 대해서는 도서 생물 지리학의 분야에서, 고립뒤 환경에서는 규모가 큰 산림일수록 다양성이 높아지는 경향이 있다는 많은 보고가 있다. 이러한 경향의 원인은 균질로 보이는 산림에서도 그 내부에는 다양한 공간이 존재한다는 산림 구조의 이질성이 산림 규모에 비례해 높아진다는 점과 조류의 먹이가 되는 식물과 곤충의 종류와 개체수가 산림 규모에 비례해 많아지기 때문으로 예상된다(하구찌, 1994).

잡목림을 포함한 도시 및 도시 근교의 고립화된 녹지를 대상으로 조류의 종수와 면적의 관계에 대하여 보고(하구찌 등, 1982 : 히라노 등, 1980)가 있고, 잡목림에 대해서도 동일하게 숲의 규모와 조류의 다양성의 관계는 성립된다(그림 9).

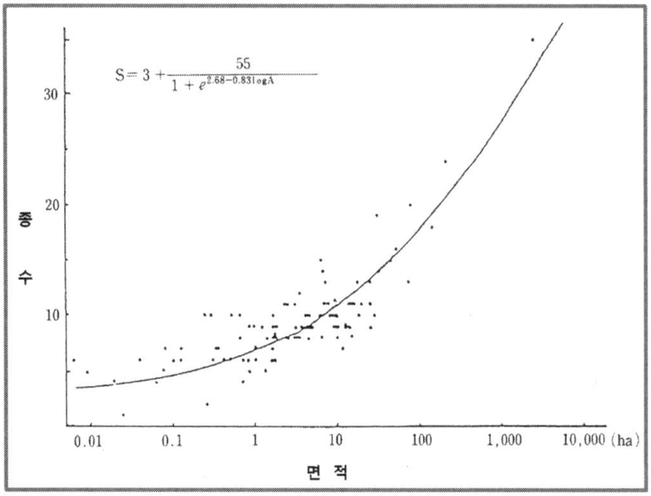

그림 9 칸토우 지방에 있어서 산림면적과 종수의 관계 (松井ら, 1988)

4) 숲의 분포 구조와 조류

서식하는 생물에게 큰 영향을 미치는 산림의 수평 방향의 구조에 대해서는 규모에 의한 영향과 동시에, 일정한 균질성을 가지는 숲이 어떻게 분포하고 있을지가 문제가 된다.

산림의 분포 구조에서 중요한 점의 하나는 질이 다른 숲이 어떻게 인접해 존재하는가 라는 점이다. 인공의 침엽수림이나 도시 근교의 낙엽, 상록 활엽수를 대상으로 조류 군집의 다양성을 검토한 사례(유이 등, 1989; 1994)에서는 각종 숲의 모자이크 상태가 강한 숲에서 조류 군집이 다양하다고 보고되고 있다. 산림의 분포 구조를 모자이크화 하는 것은 산림의 이질성을 증대시키게 되고, 조류의 번식 환경의 다양화로 이어진다. 이러한 이유로 조류 군집의 다양성도 높아지는 것이라고 생각된다. 그러나 임상을 모자이크화하면 임연 선호종이 증가하는 반면에 산림 선호종의 번식에 영향을 준다는 점도 지적되고 있다.

잡목림은 숲에서 얻어지는 수목을 신탄재로서 이용하고, 퇴비용으로 낙엽을 채취하는 등 항상 숲의 이용이 행해지고, 이러한 관리 방법 때문에 유지되어 온 숲이다. 이러한 이용은 수림 전체를 대상으로 일제히 행해지지 않고 시간의 차를 두어서 진행되기 때문에 벌채된 숲과 벌채 후 맹아림 재생 중인 숲이 나란히 존재하고, 낙엽을 채취하거나 하예작업으로 가지를 채취한 숲이 나란히 존재하고 있다. 더욱이 인접한 곳에 목재 생산을 위한 침엽수림이 있거나 경계림의 역할을 하는 침엽수림이 면상 혹은 대상으로 분포하면, 수림의 수평 구조는 모자이크 상태가 지극히 높고 다양성이 높은 구조가 된다. 그 때문에, 잡목림의 조류 군집은 산림선호종과 임연선호종이 함께 서식할 수 있는 종다양성이 높은 환경이라고 말할 수 있다. 임연선호종에 대해서는 나중에 서술한다.

산림의 분포 구조에서 두 번째로 중요한 것은 연속성의 문제이다. 산림의 연속성이 조류군집에 주는 영향에 대해서는 수목의 수관이 차지하는 면적의 비율인 수목율과 새의 종수의 관계를 번식기와 월동기에 대해서 검토한 사례(히라노 등, 1985)가 있다. 이 연구에서는 수목율의 증가와 함께 임연선호종, 산림 선호종의 수가 증가하는 것이나, 월동기의 증가 경향이 높은 것이 분명해지고, 더욱이 계절에 의해 조류의 숲내 이용 경향에 차이가 있는 것을 시사하고 있다(그림 10). 또 수림지와 초원의 비율을 지표로 해서 조류군집의 다양성을 검토한 사례(후지마키, 1981)에서는 식피율 40%이상에서 산림성의 조류가 증가하고, 종다양도도 증가하는 것으로 나타났다. 이들의 결과를 비교 검토하고, 식피율에 대한 수목율의 증가가 영향을 주는 종류와 초원과 임지를 합계한 식피율에 영향을 미치는 종류의 존재를 시사한 보고도 있다(무라이 등, 1988). 이상과 같이, 산림의 고립 정도는 조류 군집에 큰 영향을 주고 있는 것을 알 수 있다. 또 산림의 연속성은 조류의 이동이나 이동·분산 등과 개체군의 유전적 교류에 있어서 중요하다. 비교적 좁은 범위의 고립화의 정도는 *Bambusicola thoracica*(메추라기 류) 등 지상성의 종류에 있어서 영향이 크다고 생각된다. 한편, 광역적인 고립화에 대해서는 종의 공급의 문제나, 이동의 중계지로서의 기능면에 영향을 미친다고 생각된다.

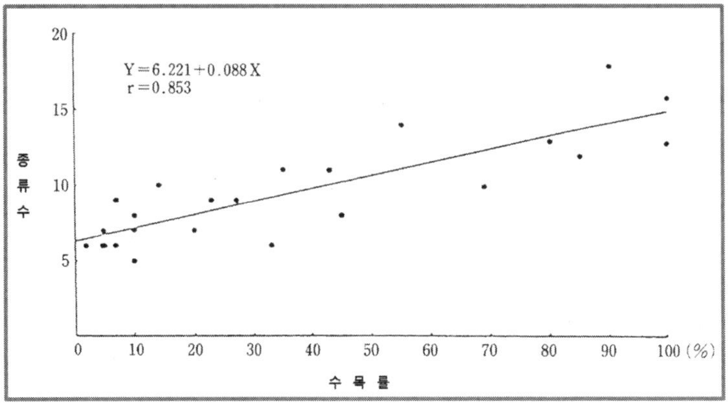

그림 10 우츠노미야시의 번식기에 있어서 수목율과 조류 종수의 관계(평야, 1985)

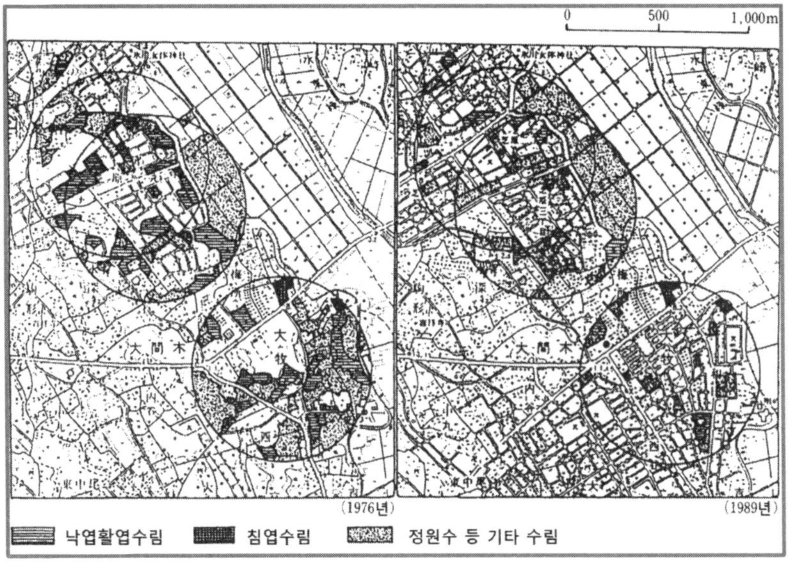

그림 11 삼광조 번식지의 토지이용 변화 1989년에는 전체의 번식지에 차례로 소멸했다.

고립화된 산림을 연결하는 생태적 회랑(eco-bridge)은 개체군의 개체수 유지와 유전적 다양성 유지에 중요하다는 사실과 함께, 생태적 회랑이 생물상의 교란을 일으키는 원인이 될 가능성에 대해서 지적되고 있다(가토, 1995).

잡목림의 분포는 농업적 이용 때문에 마을이나 농경지로부터의 거리에 영향을 받고 있다. 그 때문에 식생의 질이 다른 숲의 분포는 비교적 같은 간격을 두고 서로 연속한 모자이크상이 되었다고 생각된다. 이러한 구조는 농업 생산 형태의 변화 혹은 도시적 토지 이용의 진행 등의 이유로 현재는 분단화와 고립화가 진행되고 있다(井手, 1992). 따라서 잡목림을 이용해 온 조류 군집은 이러한 농업 조건의 변화에 영향을 강하게 받게 되며, 삼광조 같이 번식지의 잡목림의 분단이나 감소에 의해 지역 개체군의 소멸이 현저한 종도 존재하는 것이다(하야마, 1990: 그림 11).

5) 잡목림의 임연효과

어떤 지역의 조류 군집의 다양성은 지역의 식생과 토지 이용 조건의 다양성에 적응하며 번식하는 종류가 증가하는 것만이 아니라, 비교적 균질한 번식 공간과 다른 공간의 경계를 각자 다른 목적으로 이용하는 종류가 존재하게 된다. 이러한 경계지의 특성을 일반적으로 경계 효과(edge effect, bundary effect)라고 하며, 이러한 특성이 번식 공간의 종다양성을 높이는 것으로 인식되어 산림과 초원의 경계 등 산림 이외의 지역과의 경계나 낙엽 활엽수와 침엽수의 경계 등 산림 식생의 구조가 크게 다른 공간에서의 경계 효과가 인정되어 임연효과라고 불린다.

자연림에서는 나무를 쓰러뜨리는 것에 의해 형성되는 임내나지 주변에서 임연효과를 볼 수 있으며, 인공림에서는 벌채나 새로 조림한 지역의 주위나 임도 주변에서 임연효과를 볼 수 있다. 잡목림은 앞에서 언급한 것처럼 수림의 이용과 관리 상황에 따라서 다른 숲의 경계나 작업도의 주변 혹은 밭이나 논과 수림의 경계 등에 다채로운 경계 구조가 형성되고 있고, 경계 공간의 다양성은 잡목림이 가지는 특성이라고도 말할 수 있다. 이러한 조건에 따라 잡목림의 조류 군집은 산림선호종과 임연선호종으로 구성되고, 특히 멧새류나 개똥지빠귀류, 때까치류 등의 임연 선호종의 비율이 다른 산림 유형보다 높다고 할 수 있다.

이상과 같이 임연효과는 잡목림의 조류 군집 다양성을 증대시키지만, 임연공간의 증대는 종다양성을 감소시키는 경우도 있다. 모자이크화가 극단적으로 진행되는 경우는 균질한 숲의 규모가 작아져서 수림에서 차지하는 숲 가장자리의 비율이 증가된다. 극단적인 경우는 숲 전체가 임연적 구조가 되어 본래의 수림 구조를 잃게 된다.

임연선호종의 영역은 임연부로부터 600m의 범위에 미친다는 사실이 보고된 바 있다(Wilcove 등, 1986). 이러한 숲에서는 임연선호종에 의해 산림선호종이 감소되는 현상이 일어난다.

6) 둥지환경으로서의 잡목림

잡목림의 조류 군집을 구성하는 조류의 둥지방법은 수상성(樹上性), 수동성(樹洞性), 지상성(地上性) 또는 벼랑 이용 등 다양하다.

수상성의 경우는 참매나 조롱이 등의 맹금류나 까마귀류 같이 교목의 중층 이상을 이용하는 것으로부터 동박새나 멧새 혹은 방울새 같이 중간이나 관목에서 이용하는 것까지 다양하고, 잡목림 수목의 성장 상태에 맞게 둥지의 적지를 선호하고 있다. 과거 잡목림 이용으로 유지되어 온 수림 형태는 맹아 재생 초기의 형상을 나타내는 숲과 인접한 다른 숲은 15년생 이상의 상태이며 인접한 다른 숲은 모두 베어진 초원 상태와 같이 생육 단계가 다른 숲이 모자이크상으로 연결되고 있었다. 이러한 공간 구조는 시간의 흐름에 따라 위치를 바꾸어 가지만, 수림 전체의 총면적 중에서 각각의 숲의 면적은 큰 변화가 없다고 생각된다. 이 때문에 잡목림을 전체에서 볼 때 번식 공간으로서 다양성이 있는 숲이 유지되어 왔다고 할 수 있다. 그러나 최근에는 잡목림의 이용이 사라짐과 동시에 수림이 방치되는 일이 많고, 임상밀도가 높은 숲이 한결같이 넓게 분포하여 둥지의 환경으로서의 질이 점점 악화되고 있는 것이다.

수동성인 조류는 자력으로 수목에 둥지구멍을 파는 딱다구리류와 자력으로는 둥지구멍을 파지 않고 이미 열려있는 구멍을 이용하는 올빼미류, 박새류, 찌르레기류가 있다. 전자에 있어서는 각각의 종류의 체형에 맞는 굵기의 수목이 숲 내에 존재하는 것이 중요하고, 특히 구멍을 쉽게 만들 수 있는 수세가 쇠약해진 수목이 존재하는 것은 딱다구리류에 있어서 유리하다고 생각된다. 또 오색딱다구리 등의 중형 이상의 종류는 둥지에서 나올 때 둥지 전면에 일정한 공간이 필요하다. 그러나 일반적으로 잡목림은 일정기간에 벌채를 반복하는 관리가 행해지기 때문에 줄기가 큰 수목의 수는 예상 외로 적고, 군림을 형성하는 듯한 큰나무는 거의 존재하지 않는다. 그 때문에 중형 이상의 수동성 조류에 있어서는 둥지에 적절한 수목이 부족하다. 특히 긴점박이올빼미 등의 대형 조류에 있어서는 둥지에 적절한 환경은 더욱 적고, 경계나무나 사찰림 등 잡목림 중에서도 장기간 사람 손이 닿지 않는 숲이 대형종의 둥지가 되고 있는 경우가 많다.

지상성의 메추라기류나 쏙독새 등에 있어서는 지피식생의 상태가 둥지장소에 영향을 주는 큰 요인이 되고, 지피식생구조가 다양한 잡목림은 번식지로서 양호한 조건을 제공한다고 생각된다. 그 반대로 숲 내 이용에 의해 지피식생의 교란이 생기는 경우는 둥지의 파괴 등 번식 행동에 악영향을 미치게 된다고 생각할 수 있다.

7) 채식환경으로서의 잡목림

조류 군집에 있어서 먹이의 조건은 생활양식이나 환경 선호성에 영향을 주는 기본적 요소로서 중요하고, 계절에 대응해 영향의 내용이 차이가 난다.

번식기에는 대부분의 조류가 어린 새의 먹이로서 곤충류를 이용한다. 산림 유형의 차이와 곤충류의 생산량의 관계를 각각의 산림 유형에서 비교한 보고에 의하면(1994), 일본잎갈나무림을 제외하고 대부분의 침엽수림은 낙엽활엽수림보다 곤충의 생산량이 떨어진다는 사실이 확인되고 있다. 또, 낙엽활엽수림에서는 초여름에 곤충류가 폭발적으로 증가한다는 사실도 알려져 있다. 따라서 낙엽활엽수를 우점종으로 하는 잡목림은 번식기 조류의 먹이공급 기지로서 중요하다고 할 수 있다. 참새나 제비 등 수림 밖에서 둥지를 트는 종류도 잡목림의 내부나 상공에서 채식하는 것이 자주 관찰되고, 어린 새를 중심으로 하는 군이 잡목림에서 장시간 채식행동을 취하는 것도 관찰된다.

한편 잡목림의 식생은 상수리나무와 졸참나무를 우점종으로 하는 유형과 소나무를 우점종으로 하는 유형이 있고, 모두 지표면까지 적당히 태양광이 닿아 지피식생의 종조성은 다양하다. 그 때문에 조류에 있어서 먹이가 되는 목본류나 초본류의 열매가 풍부하여, 인공림인 상록침엽수림과 비교하면 식물의 먹이는 다양하다.

겨울에 잡목림은 잎이 모두 떨어지고, 지표면에 낙엽이 퇴적하는 환경으로 변화한다.

잡목림 식물의 열매 대부분은 지상에 내려와 낙엽 사이에서 월동한다. 곤충류는 네발나비류 같이 성충으로 월동하는 것도 있지만, 알이나 유충 혹은 번데기의 상태로 가지 위나 수피의 그늘이 지상의 낙엽 그늘 혹은 땅속에서 월동하는 종이 많다. 이러한 식물의 열매나 작은 동물이 월동기의 조류의 먹이가 된다. 월동기의 조류에 있어서 채식행동에서 특히 중대한 영향을 주는 요소는 강설이다. 개똥지빠귀나 쑥새 등 겨울새로 이동성이 강한 종류는 강설 조건에 대응하며 번식지를 자주 바꾼다. 그 때문에 무리행동을 하는 경우가 많고, 먹이 사정이 좋은 수림에 집중되는 경우가 많다. 그러나 박새 등 정주성이 강한 종류는 일정한 지역에서 그다지 벗어나지 않는다. 강설이 되지 않는 비교적 온난한 지역의 박새 개체군의 규모는 50-100마리로 기록되지만, 강설이 많은 지역에서는 무리의 규모도 작다. 또 강설로 인해 나빠진 먹이 조건에 의해 본래는 구릉지나 산지에서 월동하는 상모솔새나 바위종다리류가 평지의 잡목림에서 관찰되는 경우도 있다.

8) 조류와 수림 구조의 변화

동물과 식물의 공진화(供進化)의 사례 중 하나로서, 동물의 종자 산포 행동에 대한 많은 연구가 있다. 조류와 식물의 공진화의 사례는 여치나 곤줄박이의 저식(음식을 모음)행동의 영향으로 식생의 종구성이 변화되는 사례를 들 수 있다. 도시의 공원 녹지에서 팔손이, 식나무가 직박구리 등에 의해 활발히 옮겨지는 등 이전에는 숲 내에 존재하지 않았던 수종이 조류의 대변에 포함되어 옮겨지는 사례 등이 보고되어 도시 지역으로부터 자연 지역에 이르기까지 넓은 범위의 수림지에서 조류의 번식과 식생천이 사이는 유의할 관계가 있다. 또 종자의 공급지와 공급지의 녹지 배치를 조류의 종자 산포의 관점에서 검토한 연구도 보고되고 있다.

종자 산포에 영향을 미치는 종류는 비둘기과, 딱따구리와, 직박구리과, 여새과, 딱새과, 박새과, 동박새과, 찌르레기과, 까마귀과 등이며 이 종들은 번식기에 곤충을 먹지만 가을부터 겨울에는 과실에 의존하게 된다. 앞에서도 말한 것처럼 곤충류가 증가하는 계절은 곤충을 먹이로 하며, 과실이나 종자가 증가하는 계절은 식물을 주요한 먹이로 하는 조류의 생태는 합리적으로 환경에 적응한 사례이다.

잡목림에서도 조류 산포에 의한 식생의 종조성 변화는 명확하게 나타나며, 상수리나무와 졸참나무의 낙엽활엽수림에서는 상록활엽수의 어린 묘목이 발생되는 것에 조류가 관여한다. 이러한 식물종의 변화는 식생 천이 방향에 영향을 주지만, 숲의 하예작업에 의해서 상록 활엽수의 성장이 억제되며, 잡목림의 종조성과 경관은 유지될 수 있다.

10-3 잡목림의 관리와 조류

잡목림의 식생을 유지하는 데 있어서 중요한 식생 관리는 상록수의 침입이나 조릿대류의 번성을 제한하기 위한 풀베기와 퇴비를 만들기 위한 낙엽채취이다. 이것은 거의 매년 실시되어, 잡목림의 식물종 유지와 경관 유지의 원인이 된다. 더욱이 신탄재나 표고목으로 이용되는 임분은 벌채되고, 그 후에 맹아 갱신된다. 이와 같이 잡목림의 식생 구조는 인간의 이용 관리를 전제로 성립되는 것으로, 인간과 관계된 극히 깊은 반자연 공간이라고 말할 수 있다.

이와 같이 인위적인 수림의 관리가 조류에게 어떠한 영향을 주고 있을지는 흥미 깊은 문제이다. 식생 관리의 구체적 행위가 조류의 활동에 어느 정도 영향을 주고 있을지에 대한 실증적 연구 사례는 거의 없다. 영향으로서 생각되는 점은 긍정적인 면과 부정적인 면이 있다고 생각된다. 하예작업의 경우 실시 시기에 따라 주는 영향은 서로 다르다고 생각되고, 부정적인 면으로서 번식 장소의 파괴나 휴식 장소의 소실 혹은 먹이로서의 곤충류의 번식 환경의 파괴 등이 거론된다. 한편 긍정적인 면으로는 임상밀도의 과잉에 의한 조류의 행동 제약이 완화된다는 것이나, 하예작업 직후의 곤충류의 포식율을 향상시키는 것, 광조건의 호전에 의해 임상식생이 다양화되어 연쇄적으로 곤충류의 종조성도 다양화되는 것 등을 생각할 수 있다. 낙엽 채취에 대해서는 조류의 식량이 되는 월동 중의 곤충류나 식물의 열매가 숲 밖으로 유출되는 것 등의 부정적인 면이 예상되지만, 낙엽의 채취로 파묻은 먹이가 표면에 노출되는 등 먹이를 발견하기 쉽게 하는 긍정적인 면도 있어 양 측면을 고려한 평가가 필요하다.

잡목림의 식생 구조가 조류에게 다양한 영향을 주고, 그에 적응으로 조류의 생활이 영향을 받는다는 사실은 전술한 바와 같다. 이러한 관점에서 생각하면, 잡목림의 조류 군집은 인간의 이용 관리면을 포함한 잡목림의 구조에 교묘하게 적응하여 번식하고 있는 종류군이라고 말할 수 있다. 이전의 잡목림에 대한 인간의 이용이나 수림관리는 조류의 번식 조건을 위한 것이 아니다. 그러나 결과적으로 특정 조류에 있어서는 번식에 좋은 조건을 제공하게 된 것이라고 생각된다. 그 때문에 인공림이지만 잡목림은 조류의 서식에 있어서 중요한 공간을 제공하고, 조류 군집의 다양성이 지속적으로 유지되어 온 것이다.

최근 잡목림의 방치가 지속되고 있으며, 새로운 존재 가치가 검토되고 있다. 미래에 새로운 형태에서 잡목림의 가치가 재해석될 경우, 잡목림의 조류 군집의 다양성 보전 전제된 산림의 이용과 유지 관리가 행해졌으면 한다.

(하아먀 요시가즈)

11. 포유류의 종생태

동물은 식물을 먹이나 숨는 장소로 이용하고, 식물은 동물을 종자나 화분을 나르는 도구로 이용한다. 동물과 식물은 서로 밀접한 관계를 가지면서 진화해 온 존재이고, 양자의 상호 관계는 각각의 생활사 중에서 중요한 위치를 차지하고 있다.

그러나 지금은 인위적으로 생태계가 방해받는 경우가 빈번하며, 동물과 식물의 상호 관계는 희박해지고 있다. 마을의 잡목림도 그 예외가 아니다. 옛날 이야기의 주인공인 너구리나 여우도 지금은 보기드믄 동물이고, 잘 관리된 도시 공원의 숲에서는 쥐의 활동마저도 제한되고 있다.

여기서는 야생 동물이 풍부한 잡목림을 만들기 위한 기초로서 포유류와 잡목림과의 상호관계에 대해서 홋카이도 중부의 잡목림을 대상으로 설명한다. 제1절에서는 에조너구리의 생활에서 그들이 필요로 하는 번식 환경의 요소를 설명하고, 제2절에서는 포유류의 치아가 종자 산포에 미치는 역할을 중심으로 잡목림의 생태계를 유지하는 데 있어서 포유류가 중요한 구성원임을 서술한다.

11-1 포유류의 거주지로서의 잡목림

에조너구리는 홋카이도 마을의 잡목림에 사는 대표적인 포유류이다. 야행성으로 적설기에는 거의 활동하지 않기 때문에 눈으로 확인할 기회는 적다. 그러나 최근 교통사고로 죽은 너구리가 증가하고 있으며, 마주칠 기회도 이전에 비하면 많아졌다.

같은 개과에 속하는 여우는 쥐나 곤충류나 과실류를 주로 먹이로 하고, 초원과 산림의 접경 부근 환경에 적응한 동물이라고 한다. 여우는 1960년대 후반부터 증가하였으며 그 원인은 농촌 지대에서의 축산 부산물인 가축의 사체나 태반 등의 증가에 의한다고 생각된다.

또한 에조너구리를 자주 볼 수 있게 되었던 시기는 1980년대 이후부터이다. 뒤에 설명하듯이 에조너구리는 산림 환경에 의존하는 동물이지만, 왜 증가했는가는 잘 알려져 있지 않다. 에조너구리와 숲과의 관계에서 그들이 왜 최근 증가했는지 또 야생 동물이 풍부한 산림을 만드는 데는 환경의 어떠한 요소가 필요한지를 생각해 보고 싶다.

1) 에조너구리의 환경 이용

홋카이도 중부의 잡목림에서 전파 발신기를 이용하여 에조너구리의 행동을 추적하고 그 환경이용에 대해서 조사했다.

조사 지역의 식생은 주로 고로쇠나무–피나무류 군집의 숲에서 이전은 연료림으로 이용되고 있던 잡목림이다. 일부에 자작나무가 우점하는 어린 이차림과 일본잎갈나무, 일본분비나무 등의 침엽수 인공림이 분포한다. 겨울철의 적설량은 약1m이다.

(1) 행동영역

너구리는 암수 한쌍을 중심으로 한 무리나 단독으로 일정한 행동영역을 가지고 생활하고 있다(사진 1). 에조너구리의 경우, 그 해 자립하는 한 개체를 제외하면 무리 사이의 행동영역은 거의 겹치지 않는다(그림 1).

사진 1 에조너구리

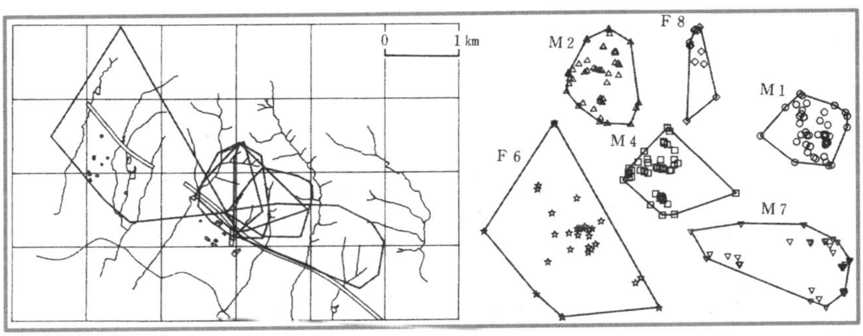

그림 1 각 개체의 행동영역(10~11월). 행동영역내의 탐사위치를 오른쪽으로 가리킨다. 1개의 무리(F8, M2 및 M4)와 3두의 단독 개체(F6, M1 및 M7)의 이용 지역은 거의 겹치지 않고 있다.

성장한 에조너구리의 행동영역 넓이는 봄부터 가을까지 큰 변화 없이 80ha 전후였다(그림 2). 어린 개체의 행동영역은 10월 이후에 크게 넓어지고, 어른의 행동영역보다 넓어졌다. 겨울에는 어른과 어린 개체 모두 행동영역이 현저하게 좁아지고, 정지 상태가 수일 지속되는 경우도 있다. 무리간의 행동영역은 자립한 어린 개체를 제외하면 서로 크게 겹치는 경우는 없다. 행동영역에는 활엽수림뿐만 아니라 침엽수의 인공림도 포함되어 있지만 인공림에 있는 경우는 많지 않고, 활동 장소는 주로 천연림이었다.

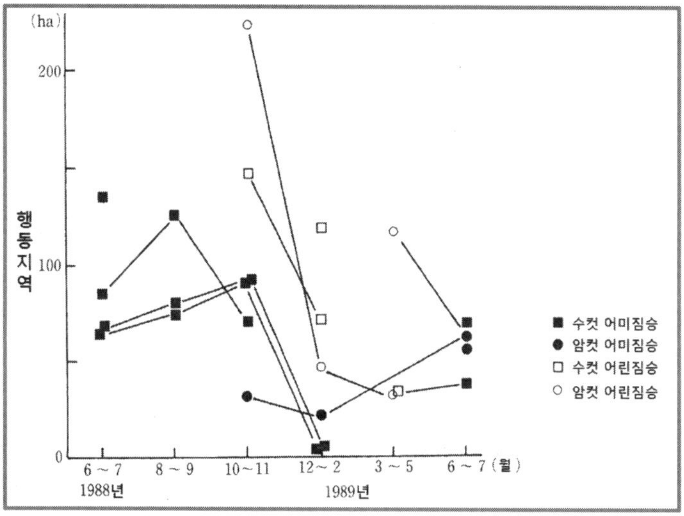

그림 2 행동지역의 면적, 실선은 동일 개체를 표시

혼슈 이남에서 조사된 혼드너구리의 행동영역은 2.8~26ha로 에조너구리의 행동영역이 혼드너구리의 행동영역보다 수배~20배 이상의 넓이였다. 홋카이도에서는 겨울철에 에조너구리의 먹이가 없고, 가을의 과실류만으로 대략 5개월간을 유지해야한다. 매년 과실류의 작황이 다르기 때문에 해마다 생존 조건이 크게 변화한다고 생각된다. 에조너구리의 행동영역이 넓은 이유는 먹이의 계절적, 연도별 변동이 크고, 산림 내에서의 장기적인 환경 수용력이 작기 때문이 아닌가 라고 생각된다.

(2) 둥지의 계절 변화

둥지는 계절에 의해 변화한다. 겨울의 거처는 뿌리 밑동이나 땅 구멍이나 눈 밑의 동굴 등이다. 뿌리 밑동은 너도밤나무 등의 큰 나무나 그 그루터기에 생긴 구멍으로 연못이나 늪 주변의 경사면에서 많이 볼 수 있다. 사면의 배수가 좋은 장소를 선호하며 땅 구멍은 여우가 사용한 것을 이용하고 있다. 개비자나무류 등이 포복한 줄기 위에 눈이 덮이면서 만들어진 공간은 젊은 단독 개체가 자주 이용한다. 이러한 곳은 지속적으로 사용할 수 없어서 월동 장소로서는 가치가 낮은 장소라고 생각된다.

사진 2 에조너구리가 이용했던 수목의 구멍

6~7월의 출산과 새끼를 키우는 시기에는 나무구멍이나 땅 구멍이 이용된다(사진 2). 모두 내부가 깊고, 몇 마리가 숨을 수 있는 둥지 구멍이다. 행동영역 안에는 이러한 둥지 구멍이 여러 곳 있다. 둥지 구멍의 근처에 사람이 나타나면, 다음날에는 다른 구멍으로 이동하는 일이 있다.

여름에는 나무구멍이나 땅 구멍에 들지 않고, 지표에서 쉬는 일이 많아진다. 무성한 나무 사이와 같이 밖에서는 잘 보이지 않는 장소에서 쉬고 있으므로 사람이 가까워지면 곧 바로 알고 조용하게 도망쳐 버린다. 가을에는 활동이 활발해지고, 대낮에도 잘 돌아다니게 된다. 다래 등의 과실이 많은 장소를 집중적으로 이용하고, 먹이가 가까운 곳에서 휴식하는 일이 많다.

(3) 식성

일반적으로 너구리는 같은 장소에 대변을 보는 습성이 있고, 정리된 대변을 모아두어 "모아진 분"이고 부르고 있다. 겨울 이외의 계절에는 분을 정기적으로 채집하는 것으로 식성을 조사할 수 있다.

에조너구리는 눈으로 덮여 있는 겨울동안 거의 먹는 것으로 시간을 보낸다. 적설이 30㎝나 되면 보행이 곤란해지고, 나무구멍 등에 들어가 하루의 대부분을 거기서 보내게 된다. 밖으로 나와도 수 m 정도만 이동하며 멀리는 가지 않는다. 특히 추울 때에는 수일간 구멍에 박혀 지내는 경우도 있다. 이 시기의 대변은 섬유질의 굳은 것으로 나무의 싹 등을 먹고 배설한 것이다. 분의 량도 지극히 적다.

봄에는 활동을 시작한 개구리가 주된 먹이가 된다. 그 때문에 활동의 장소도 늪가나 연못 주변이 많아진다(사진 3). 곤충류나 달팽이 등도 잘 먹는다. 분으로부터는 확인할 수 없었지만, 에조너구리가 활동하고 있는 숲에는 야간에 지렁이가 지표에서 많이 확인되어 지렁이도 많이 먹고 있다고 생각된다.

여름은 식사의 내용이 가장 풍성해지는 계절이다. 곤충류, 개구리, 뱀, 가재, 숲 속의 과실류 등을 먹는다. 곤충류 중에서는 풍뎅이나 메뚜기 그리고, 사슴벌레를 많이 먹고 있다. 에조너구리는 지표 부근에서 활동하는 작은 동물 중에서는 비교적 큰 것을 먹이로 하고 있다. 그러나 설치류가 에조너구리의 대변에서 나오는 것은 지극히 드물고, 에조너구리는 여우와는 달리 쥐 같은 재빠른 동물을 잡는 것은 서툰 것 같다.

사진 3 늪에서 활동하는 에조너구리

가을이 되면, 에조너구리는 늪의 경사나 상부에서 집중적으로 활동하게 된다. 거기에는 덩굴 식물이 번성해, 다래나 개머루가 열리고 있다(사진 4). 조사한 해는 다래가 풍작이었기 때문에, 이 시기의 에조너구리의 대변은 거의 다래가 차지하고 있었다. 아직 다래의 덩굴 밑에는 눈 위에 에조너구리를 비롯한 여우, 담비류, 족제비류, 쥐류의 흔적이 보였다. 다래의 열매는 다른 과실과 비교하여 당분이 높기 때문에 다른 포유류도 선호한다.

에조너구리의 체중은 가을에 급속하게 증가한다(그림 3). 그리고 월동이 끝난 4월에는 체중이 가을의 대략 반으로 감소한다. 겨울철 에너지의 대부분을 가을철 다래의 과실로 조달하고 있었다고 할 수 있다.

이와 같이 에조너구리는 산림 내에 거처를 가지고, 산림 특히 잡목림의 곤충류나 과실을 먹이로 사용하기 때문에 잡목림에 깊게 관련된 동물이라고 말할 수 있다.

사진 4 다래와 개머루가 무성한 늪 사면

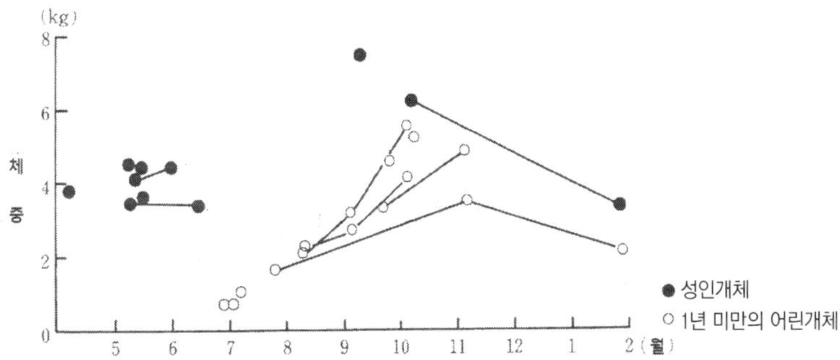

그림 3 에조너구리의 체중의 계절적 변화, 실선은 동일 개체를 표시

2) 야생 동물이 풍부한 산림

에조너구리의 번식 환경으로서, 다음과 같은 환경 요소가 필요하다.

거처의 조건으로는 행동 영역내에 둥지 구멍이 되는 나무밑동이나 땅 구멍의 수가 충분할 것, 숨을 곳이 되는 무성한 숲이 적당히 배치될 것, 먹이의 조건으로는 봄과 여름의 곤충 등의 소동물이나 가을의 과실 등이 풍부할 것 등이 필요하다. 이 중에서 번식을 위한 좋은 둥지의 수와 월동을 보장하는 가을의 과실의 이용 가능량은 번식 환경의 질을 결정하는 중요한 요소라고 생각된다.

그런데 홋카이도에 있어서 에조너구리가 두드러지게 나타나 시작한 것은 1980년대 이후라고 말해지고 있다. 1978년의 분포 조사에서는 두드러진 증가 경향은 나타나고 있지 않다. 개체수가 실제로 증가하기 시작한 것은 사람의 눈에 띄게 되었던 시기보다 이전 일이라고 생각된다. 에조너구리는 왜 최근 증가한 것일까?

필자가 에조너구리의 번식지에 들어가기 위해서 최초로 한 것은 손도끼로 덩굴이나 가지를 쳐내어 사람이 걸을 수 있는 길을 만드는 것이었다. 늪 주변의 경사면이나 늪의 상부에는 개머루나 다래, 노박덩굴의 덩굴 등이 수목을 가리고, 눈의 무게로 줄기가 꺾인 나무를 많이 볼 수 있었다. 산 속에는 숯구덩이의 흔적으로 움푹 패인 구멍이 도처에 보이고 낡은 산길도 남아 있어 이전에는 신탄림으로서 끊임없이 벌채가 이루어지고 있었다는 사실을 엿볼 수 있었다.

이 에조너구리의 번식지는 평야부에 면한 사유림이다. 이 지역은 지형에 관계없이 방형으로 구분되어 많은 소유자가 나누어서 소유하고 있다. 예전에는 잡목림에 있어서도 벌채 뿐만 아니라 덩굴제거, 가지치기 등의 관리가 행해지고 있었다고 생각된다. 그러나 최근 이 지역에서 산림의 관리는 전혀 행해지지 않고 있다.

이러한 점에서 에조너구리의 번식 환경이 최근 크게 변화해 왔다고 생각된다. 즉 마을 산의 이용이 사라지면서 가을의 열매가 넉넉해지고, 에조너구리에 있어서 양호한 번식 환경이 만들어졌다고 생각한다. 에조너구리의 개체수는 한때 급격히 감소하고, 현재의 증가로 회복기에 있다고 볼 수 있지만, 감소의 원인은 분명하지 않다. 따라서 번식 환경의 개선이 에조너구리 증가의 수요인으로 생각하는 것은 경솔할 수 있지만, 적어도 증가의 요인일 가능성이 높다. 산림 관리의 변천과 개체수 변동과의 관계나, 에조너구리나 기타 동물의 환경 수용력에 대해서는 지역수준에서 명확히 이해하는 것이 필요하다.

이상, 에조너구리 번식에 적합한 환경만을 살펴보았지만, 더욱 다양한 야생 동물이 살 수 있는 산림이란 어떤 것일까?

에조너구리가 살기 좋은 산림이 반드시 다른 야생 동물에 있어서도 살기 좋다는 것은 아니다. 조류의 경우, 마을 산이 방치되면 산림의 구조가 단순화되고, 그 곳에 사는 조류 군집의 다양성이 저하된다는 점이 지적되고 있다. 일반적으로 오래되지 않은 숲은 초식동물의 음식이 되는 초본식물이나 관목의 지엽이 풍부하고, 관목의 무성함은 숨을 장소가 되는데 비해, 노령의 숲은 숨을 장소나 둥지가 되는 나무 밑동이나, 종자, 과실, 지엽 등의 먹이를 다량으로 제공한다. 가장 자리에 발달하는 망토군락은 개머루 등의 덩굴식물이나 산딸기류나 가막살나무 등의 관목류가 생육하고, 야생 동물의 먹이를 제공하는 장소가 되고 있다. 유령림과 노령림, 임연부 등의 다양한 산림 환경을 만드는 것이 야생 동물의 서식지로서의 가치를 높이고, 야생 동물의 다양성도 높이는 원인이 된다고 생각한다.

구체적으로는 대상이 되는 야생 동물 각각이 필요로 하는 환경 요소를 분명하게 하고, 이것들의 요소를 종합해서 목표에 알맞는 산림을 적절히 배치하는 것이 과제가 된다. 더욱이 과실이나 종자의 생산성을 높이는 산림관리기법을 개발하는 것이 필요하다.

11-2 포유류와 잡목림의 상호관계

1) 포유류에 의한 종자 산포

종자는 고등 식물에 있어서 분산을 위한 주요한 수단이다. 화분도 종자와 같이 유전자를 옮기지만, 종자는 지역의 개체군을 증감시키거나 새로운 개체군을 만든다는 점에서 중요하다. 종자를 운반하는 동물에 있어서도 종자나 과실은 영양이 풍부한 음식이다. 식물이 효율적으로 산포되기 위한 필요성과 동물이 효율적으로 채식하기 위한 필요성은 함께 진화할 수 있는 원인이 되었다고 생각된다.

포유류에 의한 종자 산포에는 크게 나누어 3개의 방법이 있다. 첫번째는 부착동물

산포(epizoochory)로 산포체에 갈고리나 가시나 점액이 있어서, 동물의 모피나 깃털에 부착해 옮겨지는 방법이다. 두번째는 피식동물산포(endozoochory)로 과실을 섭취할 수 있는 종자가 소화관을 거쳐 대변으로서 배출되거나 펠렛(pellet: 새가 먹이를 먹고 소화하지 못하고 입으로 배출한 것)으로서 토해져서 산포되는 방법이다. 세번째는 저장산포로 설치류나 어치 등이 견과를 운반, 저장하는 행동에 의해서 산포되는 방법이다. 여기서는 첫번째와 두번째의 방법에 대해서 포유류에 의한 산포의 특징을 설명하고, 세번째에 대해서는 다음 장에서 자세하게 설명하려 한다.

(1) 부착 동물 산포

부착 동물 산포는 이삭여뀌, 파리풀, 도둑놈의갈구리, 털진득찰 등 초본식물에게 보여지는 산포법이다. 임연식에 발달한 소매군락(임연부에 발달하는 초본을 이루는 군락) 구성종의 대부분은 부착 산포식물로, 동물이 잘 지나 다니는 곳에서 많이 볼 수 있고, 높이 60~100㎝로서 초본 식물 중에서는 대형인 것이 많다. 따라서 이것들의 종자는 털달린 포유류 중에서도 너구리, 여우, 곰 등 중대형 포유류에 의한 산포에 적절하다. 이러한 부착 산포 식물과 포유류와의 관계는 식물만이 이익을 얻는 편리공생 관계이다.

(2) 피식 동물 산포

피식 동물 산포는 조류와 포유류에 의해 주로 이루어진다. 일반적으로 새에 의해 산포되는 종자는 적색이나 흑색의 종자가 많지만, 지상성의 포유류에 의해 산포되는 종자는 황색, 녹색, 오렌지색, 갈색 등의 두드러지지 않는 색이 많고, 향기가 나는 것이 많다. 포유류 산포 식물에는 으름, 천선과나무, 산벚나무, 산딸기류, 헛개나무, 다래, 쥐다래, 멀꿀, 감탕나무, 고욤나무, 산뽕나무, 돌배나무, 개머루 등의 목본 식물 외에 다육의 과실이 달리는 지피식물도 많이 보여진다.

지피식물의 종자 중에서, 에조너구리의 대변으로부터 발견되는 것에는 까마중, 연령초, 덩굴용담 등의 종자가 있다. 이것들은 1개의 대변 안에 다량으로 포함되어 있고, 결실의 시기에 집중되어 소비된다.

이들 중 연령초는 종자에 지방체를 가지는 개미 산포 식물로서 알려져 있다. 한편, 이 과실은 다육과로 당도가 높고, 높이 30㎝ 전후의 정상부에 한 개가 붙는다. 과실은 숲을 걷는 너구리의 콧등의 높이에 잎에 돌출되어 부착되어 있다. 과실은 중형의 포유류에게 발견되기 쉬운 형태를 하고 있다. 연령초의 경우 종자의 장거리 이동은 포유류에 의해 행해지고, 단거리의 이동은 개미에 의해 행해지는 것일 것이다. 또, 포유류에 의해 산포된 종자가 이차적으로 개미에 의해 산포될 가능성도 있다.

이와 달리 앉은부채의 종자도 복합적인 산포 양식을 가진다. 쥐를 관찰하고 있었을 때 임상에서 흰넓적다리붉은쥐가 먹은 앉은부채의 종자가 모인 것을 찾아냈다. 이 종자의 무리에는 쥐의 털이 섞여 있어서 여우가 같은 시기에 쥐와 앉은부채의 종자를 섭식하여 대변으로 산포되고 분해된 것이라고 생각된다. 한편, 앉은부채의 종자는 흰넓적다리붉은쥐에 의해 평균 9.6m의 거리까지 직접 옮겨지고, 분산 저장되는 것이 확인되고 있다. 앉은부채의 종자는 여우에 의한 피식 산포와 흰넓적다리붉은쥐에 의한 저장 산포와의 두가지의 방법으로 산포되고 있고, 더욱 피식 산포된 종자가 이차적으로 저장 산포되고 있을 가능성이 있다.

기타, 둥굴레, 나도옥잠화, 수호초, 윤판나물 등 두드러지지 않는 색의 다육과가 있는 지피식물은 포유류형의 피식 동물 산포인 것으로 추측된다. 향후 종자 산포의 사례가 축적되면, 지표 가까이에 분포하는 많은 임상식물의 종자가 포유류 산포 종자이고, 산림성의 포유류가 대부분이 종자 산포에 영향을 미친다는 사실이 분명해질지도 모른다.

2) 설치류에 의한 견과의 저장식 산포

설치류나 어치, 잣까마귀 등이 견과를 운반, 저장하는 방법에 의해 산포되는 방법을 저장산포라고 한다. 저장식 산포는 크게 나누어 분산 저장과 둥지구멍 저장(집중저장)의 두가지로 나눌 수 있다.

분산 저장에서는 넓은 범위에 1개 또는 복수의 종자가 지표면의 얕은 위치에 매립된다. 한 곳에 매립된 종자 수는 종자의 크기에 따라 다르지만, 다수의 장소에서 지면을 파고 묻는다는 공통점이 있다. 둥지구멍 저장의 경우 땅 속 또는 나무구멍에 집중적으로 모아진다.

산림에서 번식하는 포유류로 가장 개체수가 많은 것은 설치류일 것이다. 홋카이도의 잡목림에는 청설모, 다람쥐, 흰넓적다리붉은쥐, 붉은쥐류, 대륙밭쥐 등의 설치류가 번식한다. 잡목림의 우점종이 되는 졸참나무류의 견과는 모든 설치류가 먹고, 저장한다. 그러나 그 저장 방법은 종류에 따라 차이가 난다.

쥐류의 저장 양식에 대해 실험실에서 관찰을 했다.

실험 장치는 90×180㎝ 넓이의 새장에 피트모스를 깔고 그 중에 먹이 장소를 마련해 견과를 모아 두어, 새장 밖의 둥지 상자와 새장을 길이 2m 또는 20m의 파이프로 연결한 것이다. 견과의 저장 방법은 다음의 3개로 나눌 수 있었다. 첫째는 둥지까지 옮겨진 경우로 이것을 둥지구멍 저장으로 판단했다. 둘째는 피트모스 안에 분산해 묻어둔 경우로 분산 저장으로 판단했다. 셋째는 둥지구멍 저장도 분산 저장도 하지 않고, 케이지의 구석 등에 옮겨둔 경우로 묻어두는 행동이 수반되지 않았기 때문에 '정리해두기'로 표현하기로 했다.

그림 4에서 보듯이, 모든 쥐가 견과를 저장했지만, 분산 저장을 한 것은 붉은쥐속(붉은쥐, 흰넓적다리붉은쥐, 애기붉은쥐)뿐이다. 그 중에서도 붉은쥐의 근연종인 흰넓적다리붉은쥐는 분산 저장의 비율이 높고, 애기붉은쥐는 분산 저장의 양이 적다. 애조북방 대륙밭쥐는 완전히 분산 저장을 하지 않아 견과를 묻는 행동은 보이지 않았다.

붉은쥐속이 정리해 둔 견과는 대부분에서 먹었던 흔적이 있었다. 한편, 에조북방대륙밭쥐는 붉은쥐속에 비해 한꺼번에 두는 비율이 높고 게다가 그 중에는 섭식되지 않았던 견과의 비율이 높다. 이 견과의 대부분은 구석 등에 놓여져 있었다. 에조북방대륙밭쥐의 경우에는 모아 두는 것은 저장식의 한 형태라고 말할 수 있을지도 모른다. 그러나 모아둔 견과는 타 개체에 의해서 발견되기 쉽고, 훔쳐가기 쉽기 때문에 효율적인 저장이라고는 말할 수 없을 것이다.

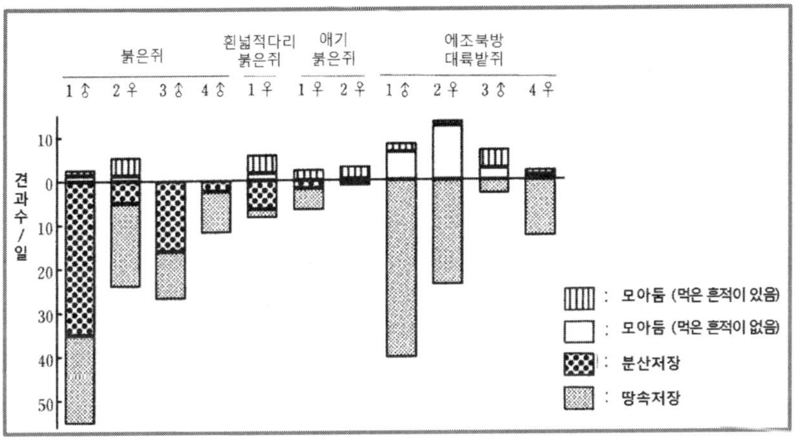

그림 4 쥐류의 저장 양식

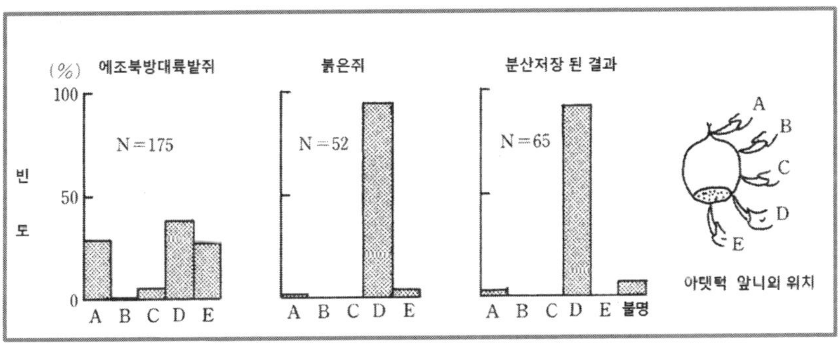

그림 5 견과를 무는 방법

저장 양식뿐 아니라 견과의 운반방법에서도 차이가 보인다. 자동 촬영에 의한 사진에서, 흰넓적다리붉은쥐와 에조북방대륙밭쥐가 견과를 어떻게 입에 문 것인지를 분류한 것이 그림 5이다.

흰넓적다리붉은쥐는 94%의 견과가 선단부를 앞으로 해 옮겨지고 있다(사진 5). 견과의 바닥부에 아래턱의 앞니를 찌르고, 옆 부분에 위턱의 앞니를 꼭 대고 있다. 물고 있는 위치는 과피가 얇아서 물기 쉬운 부분이다.

한편 에조북방대륙밭쥐는 방법이 일정하지 않고, 선단부를 입에 물어 옮기는 일도 많다(사진 6). 선단부는 부러지기 쉽고, 운반 도중에 떨어뜨리는 경우도 있다.

그림 5의 오른쪽에서 보는 것처럼 분산 저장되고 있던 견과에는 모두 이빨자국이

있고, 흰넓적다리붉은쥐형을 나타내고 있었다.

견과의 선단부는 싹이 나는 위치이고, 상처가 나면 발아에 영향을 준다. 흰넓적다리붉은쥐의 방법은 운반에 적절한 방법인 동시에 견과에 있어서도 발아에 유리한 운반방법이라고 할 수 있다.

사진 5 붉은쥐. 견과의 바닥부분을 물고 있다.

사진 6 에조북방대륙밭쥐. 견과의 선단부를 물고 있다.

표 1에 쥐류와 다른 설치류 및 어치의 저장 양식과 최대 산포거리를 제시했다.

밭쥐는 둥지구멍저장 밖에 하지 않지만, 둥지구멍까지의 견과의 운반 거리는 최대 32m였다. 먹이의 저장장소는 깊이 10~36㎝의 터널 내에 있다. 비교적 얕은 위치에 저장되었을 때는 발아의 가능성이 있지만, 견과가 둥지구멍에서 발아되는 경우는 흔하지 않다.

표 1 산포자의 저장 양식과 최대 산포 거리

종 명	둥지구멍 저장	분산 저장	최대산포거리	인 용
에조북방대륙밭쥐	○		32m	미야키 미발표
애기붉은쥐	○	○	—	
붉은쥐	○	○	36m	미야키 미발표
다람쥐	○	○	88m	가와미치 미발표
청설모		○	수10m~1,800m	다카라카와 1986, Hayashida 1989
어치		○	290m~5㎞	나카무라 1989, Coombs 1978

애기붉은쥐는 둥지구멍 저장과 분산 저장을 하지만 나무 위에 저장하는 일도 많다. 분산 저장의 양은 붉은쥐와 비교하면 적다.

붉은쥐는 둥지구멍 저장과 분산 저장을 한다. 가래나무의 핵과가 36m까지의 거리에 분산 저장되고 있었지만, 그들의 행동 영역의 넓이로 보면, 더욱 장거리의 산포가 행해지고 있을 가능성이 있다.

다람쥐는 둥지구멍 저장과 분산 저장을 하고, 저장하는 양은 양자 모두 비슷하다. 볼 주머니에 4~6개의 견과를 넣어 옮기고, 분산시 견과는 한 장소에 매립되어진다. 분산 저장의 최대 산포거리는 88m이었다(가와미치). 분산 저장한 종자는 겨울 기간에는 이용되지 않고, 가을과 다음 봄에 이용된다.

청설모는 분산 저장만을 한다. 드물게 나무 위에 운반되는 일도 있다. 참나무류의 견과의 운반거리는 최대 수m~수십m이지만, 잣나무 종자는 최대 700m로부터 1.8㎞까지 산포된다. 청설모는 다른 설치류와 다르게, 적설기에도 분산 저장한 종자를 파내어 먹는다.

어치는 분산 저장만을 한다. 목 주머니에 1~12개의 견과를 채워 날아오르고, 숲바닥에 하나씩 메워간다. 행동지역 내의 최대 산포 거리는 290m였다. 유럽에서의 조사는 어치가 견과를 1,200m까지 드물게 4~5㎞도 옮긴다고 한다.

이들에 의한 분산 저장은 모두 깊이 1~3㎝정도의 부식층 내에 메워지는 것이 많다. 설치류는 앞다리로 구멍을 파고, 어치는 부리로 견과를 쑤셔 넣는다. 그리고 어느 쪽에나 견과를 메운 뒤 흙이나 낙엽을 덮어 메운 흔적을 모르게 한다. 발아 조건에서 보면 분산저장은 습도가 유지되고, 발아가 곤란한 정도로 깊지 않은 최적의 방법이라고 할 수 있다.

설치류는 일반적으로 수십 m의 범위에서 분산 저장을 하여 산포 범위는 비교적 좁지만 개체수가 많기 때문에 전체적인 산포량은 많다. 설치류에 의한 분산 저장은 산포 식물의 개체군을 유지하고, 분포역을 조금씩 확대하는 것에 도움이 되고 있다. 이에 비해 어치에 의한 분산 저장은 산포량은 적지만, 산포 거리가 크기 때문에, 그 식물의 분포지역을 확대시키는데 의의가 크다고 생각된다.

3) 흰넓적다리붉은쥐에 의한 먹이저장

(1) 분산 저장된 견과의 재이용

쥐류 중에서 흰넓적다리붉은쥐는 분산 저장에 가장 크게 관여하는 종류라는 사실을 알았다. 흰넓적다리붉은쥐는 견과를 어떻게 저장하고 이용하고 있을지를 알아보고, 그들은 분산 저장이라는 힘든 일을 왜 하는 것인지, 흰넓적다리붉은쥐에 있어서의 분산 저장의 의의를 생각해 보고자 한다.

먹이 장소에서의 견과의 감소를 조사하고서 1주 뒤 11월에 먹이 장소 주변 임상의 낙엽층을 치우고, 저장된 견과를 조사했다.

먹이 장소 주변의 6m 사방의 구역에는 합계 64개의 견과가 33곳에 분산 저장되고 있었다. 이들 견과의 이빨자국을 조사하면, 그림 5의 오른쪽에 나타나 있는 것처럼, 이빨자국의 위치는 흰넓적다리붉은쥐형을 나타내고 있었다.

1곳에 저장되고 있던 견과는 1~7개(평균 1.9개)이다(사진 7). 흰넓적다리붉은쥐는 한번에 1개 밖에 옮길 수 없기 때문에 7개를 모아서 메우려면 7회 왕복하지 않으면 안 된다.

17일 후의 재조사에서는 저장되어 있던 64개 중 30개의 견과가 소실되어 있었다. 소실된 견과는 1개씩 메워진 24곳 중의 7곳(29%), 2개 이상 모아 메워진 9곳 중의 5곳(56%)이고, 소실율은 2개 이상 저장되어 있던 장소에서 높은 경향이 있었다.

사진 7 분산 저장되었던 견과. 낙엽층을 치우고 3개의 견과가 나란히 메워져 있었다.

어느 저장 장소에서도 소실율은 100%(모두 소실)나 0%(모두 잔존)로 그 중간은 없었다. 견과가 발견된 장소에서는 그 수에 관계없이 모두 가지고 사라진 것이다. 이것은 파낸 견과를 그 장소에서 먹을 수 있는 것만이 아니라 일부는 다른 장소에 재저장된다는 사실을 나타내는 것이다.

다음 해의 6월에는 남아 있던 34개 중 1개만이 남아 발아하고 있었다. 발아한 새싹도 여름을 지내는 동안 말라 죽어 버렸다.

실험실내에서 흰넓적다리붉은쥐의 저장식 행동을 관찰했을 무렵 분산 저장은 둥지상자의 가까운 곳에서도 행해졌다. 견과는 먼저 최초에 분산 저장되고 후에 먹이 장소에서 직접 둥지상자로 옮겨지는 경향이 있었다. 먹이 장소의 종자가 없어지면 분산 저장한 종자를 파내 다른 장소에 분산 저장하거나 둥지로 이동했다.

사진 8 둥지구멍에 저장된 견과. 지하 30㎝의 터널 내에 287개의 견과가 저장되어있고, 24m 떨어진 먹이 장소에서 옮겨진 견과도 있었다.

한편, 흰넓적다리붉은쥐는 깊이 30㎝ 정도 깊이에 터널 상으로 견과를 집중해 저장한다(사진 8). 낙엽으로 이루어진 공모양의 둥지는 견과의 저장 장소의 상부나 그 부근에 있는 경우가 많다. 둥지상자에 가래나무의 핵과를 넣어 흰넓적다리붉은쥐의 겨울의 활동성을 조사한 결과, 하루에 거의 한번 1개의 호두를 먹고 둥지구멍으로부터 짧은시간만 밖으로 나와 눈을 먹는 것 이외는 거의 활동하지 않았다.

(2) 흰넓적다리붉은쥐는 왜 분산 저장하는가

흰넓적다리붉은쥐는 왜 분산 저장과 둥지 구멍 저장을 하고 있는데 분산 저장이라고 하는 번거로운 작업을 하는 것일까?

둥지구멍 저장은 저장에 필요로 하는 손실 에너지와 먹이를 먹을 때의 에너지도 비교적 적게 소비되는 훌륭한 저장법으로 보인다. 그러나 지상의 먹이는 다른 경쟁자도 이용함으로 자신의 저장 총량을 많게 하려면 가능한 한 빠르게 저장해야 된다. 먹이 장소와 둥지 구멍을 직접 왕복하는 둥지 구멍 저장은 이점에서 불리하다. 지상에 먹이가 존재하고 있는 기간에는 둥지구멍으로 옮기는 것보다도 우선 분산 저장해 두는 것이 효율적이라고 생각된다. 게다가 둥지구멍에 집중된 종자를 다른 개체가 훔쳐가면, 전멸할 위험이 있어서 끊임없이 감시하고 있어야만 한다. 둥지 구멍 저장은 활동성이 저하되고, 활동 범위도 지극히 작아지는 겨울에는 효율적인 저장법이라고 말할 수 있다. 겨울철에 흰넓적다리붉은쥐의 사망률이 저하되는 것은 둥지 구멍에 저장한 먹이를 효과적으로 이용하기 때문이다.

한편, 분산 저장되는 장소는 먹이 장소에서 비교적 가까운 곳이고 민첩하게 저장할 수 있는 곳이다. 분산 저장된 종자의 일부는 타 개체에 도둑맞기도 하지만 저장한 개체의 행동 영역 내에서는 그 개체의 산책 밀도가 가장 높기 때문에 타 개체보다도 저장한 종자를 재발견할 확률은 높아진다.

이와 같이 분산 저장은 넓은 행동영역을 가지는 동물에게 효율적인 저장법이고 둥지구멍 저장의 전단계의 저장법으로서도 훌륭한 방법이라고 생각된다. 또 둥지구멍 저장이 월동기 이외에 불리하다고 하면 시기적으로 둥지구멍 저장은 겨울의 직전까지 늦추는 편이 효과적이다.

몸이 큰 청설모가 분산 저장 밖에 하지 않는 것은 대량의 음식을 나무 위에 모아 저장하는 데에는 날아다니는 게 너무 힘이 들기 때문일 것이다. 한편, 대륙밭쥐가 둥지구밍 저장 밖에 하지 않는 것은 견과들의 저장식 행동이 발달되지 않았기 때문이라고 생각된다. 대륙밭쥐의 주요 먹이는 섬유질의 식물로서 지표면에 비교적 균일하게 분포하고 겨울에도 먹을 수 있는 것이다. 그들의 짧은 다리와 꼬리는 형대적으로도 단거리를 포복해서 이동하는데 적합하다. 대륙밭쥐는 견과류와 같이 공간적, 시간적으로 집중하며 분포하는 음식을 경쟁해 획득할 필요가 없기 때문일 것이다.

4) 견과의 산포량

지상에 떨어진 참나무류의 견과는 주로 쥐류에 의해 옮겨지고, 저장된다. 참나무열매의 산포량은 어느 정도가 되는지 추정해보자.

야외의 관찰에서 밤새 최대 운반된 견과의 수는 흰넓적다리붉은쥐가 45개, 대륙밭쥐가 41개였다. 여기서는 쥐에 의한 운반량을 40개/일/마리로 한다. 쥐류의 서식 밀도는 중간 정도 밀도로 30마리/ha를 상정한다. 견과의 운반 기간은 견과가 낙하되는 10월 하순으로부터 적설이 시작되는 12월 중순까지의 60일간으로 한다. 이상으로부

터 견과가 충분히 존재한 경우의 쥐류에 의한 견과류의 산포량은,

40(개/마리/일)×30(마리/ha)×60(일)=72,000(개/ha)

가 된다.

실제의 산포량은 후술하는 것처럼 견과의 생산량, 동물의 밀도, 장소의 조건(식생의 밀도 등)에 의해 크게 변화한다. 풍작인 해의 견과의 생산량은 물참나무의 장령림에서 수십만개/ha의 수준에 달한다. 또, 쥐류의 밀도는 많이 발생한 년이나 밀도가 높은 장소에서는 상정한 값의 수배가 된다. 따라서 풍년이라도 쥐류가 많을 때에는 견과가 거의 없어진다.

다음해 저장된 견과의 섭식량을 계산해보자. 쥐류는 저장한 견과를 그 직후부터 다음해 6월의 발아 후에도 이용하고 있다. 여기서는 섭식 기간을 10월 중순으로부터 다음해 6월 중순까지의 240일 간으로 한다. 1일의 견과의 섭식량은 5개 전후이다. 쥐류의 밀도는 앞의 상정한 값을 이용하면, 이 기간의 섭식량은

5(개/일)×30(마리/ha)×240(일)=36,000(개/ha)

가 된다. 즉, 8개월간 견과를 계속 먹었다고 해도 섭식량은 저장량의 반밖에 되지 않는다. 쥐류는 섭식량에 관계없이 가능한 한 많은 견과를 저장하려하므로 풍년의 경우 분산 저장된 견과 중 많은 양이 먹고 남게 된다.

참나무류의 견과는 비교적 단기간에 흉년과 풍년의 변동이 보여지고, 지역적으로 동일한 경향이 있다. 산포자의 밀도는 흉년에 맞도록 낮게 억제되어 있어, 풍작 시에 견과류를 유효하게 산포시킬 수 있다. 분산 저장한 종자는 먹이장소의 주위에 집중분포하지만, 저장 밀도가 높아질수록 경쟁자에게 빼앗기는 확률이 높아진다. 그 때문에 종자는 그 양이 많아져 멀리 산포된다고 생각된다. 따라서 종자의 풍흉은 분산 저장한 종자 중 먹다 남긴 종자의 증가와 산포 범위의 확대라고 말하는 2개의 면에서 유효하다고 생각된다.

5) 산림의 구조와 견과의 산포·발아 정착

앞에서 말한 것처럼 종자의 저장 양식은 쥐의 종류에 따라 다르고 종자의 산포와 발아에 있어서는 붉은쥐속이 하는 분산 저장이 유리하다. 쥐의 종류나 밀도는 산림의 구조에 따라 다르므로 참나무류의 견과의 발아, 갱신의 조건은 산림의 구조에 의해 크게 달라지는 것으로 생각된다.

(1) 산림의 구조와 쥐류의 활동성

산림의 구조가 다른 경우에 쥐의 종류가 어떻게 바뀔지를 해안부에 띠모양으로 분포하는 떡갈나무림에서 조사하였다.

떡갈나무림 내의 바다 쪽 30m 구역은 수고 6m 이하의 떡갈나무가 우점하는 밀도가 낮은 숲으로 되어 있다. 내륙으로 갈수록 수고는 높아지고 숲 중앙부에서는 수고 10m의 떡갈나무가 고로쇠나무 등 다른 활엽수와 혼생하며 수관은 거의 폐쇄되어 있었다. 임상은 조릿대가 우점하고 그 밀도는 바다 쪽에서 높아지고 있다. 떨어진 견과의 분포를 보면 낙하량은 바다 쪽에서 많고 전체의 85%의 견과가 바다 쪽에서 생산되었다. 이것은 바다 쪽에서는 떡갈나무가 고립되어 있어 햇빛을 받는 양이 많기 때문일 것이다.

이 숲의 바다 쪽과 내륙 쪽에 각각 조릿대를 베어 제거한 지역과 조릿대 잔존구를 설정하고, 쥐류의 활동성을 비교하였다(그림 6).

전 기간을 통해 쥐류의 분포는 조릿대 잔존구에서는 에조북방대륙밭쥐가 바다 쪽에서 많고, 붉은쥐속 3종이 내륙 쪽에 많았다. 또 조릿대를 베어 제거한 지역에서는 어디에서라도 쥐류가 적었다. 이 분포 경향은 조릿대의 밀도에 의한 것이라고 생각된다.

그러나 견과가 떨어진 후 11월에는 상층목과 지피식물이 동일하게 드문드문 서 있는 바다 쪽의 조릿대를 베어 제거한 지역에서 흰넓적다리붉은쥐가 포획되었다. 이 시기에는 풍부한 견과를 구하려 흰넓적다리붉은쥐가 평소에는 활동하지 않던 장소까지 활동 범위를 넓히고 있었다고 볼 수 있다.

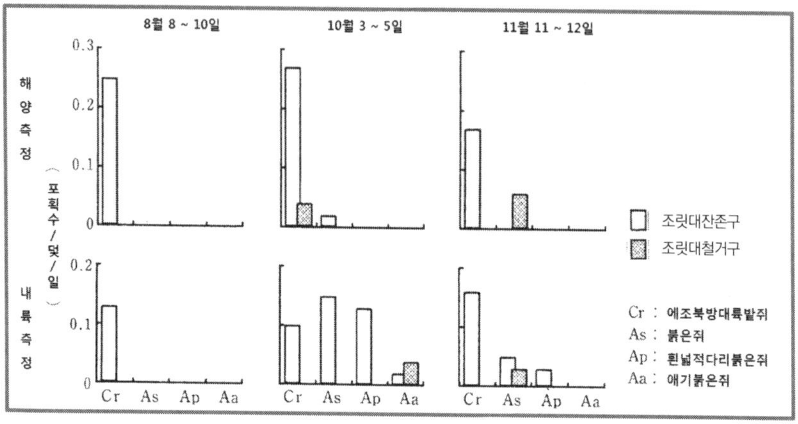

그림 6 쥐류의 포획 수의 변화

(2) 견과의 소실 속도

이러한 쥐의 활동성의 차이는 지상에 떨어진 견과의 소실 속도에 어떻게 영향을 주는 것일까? 시험지 내에 견과를 두고, 그 소실 과정을 조사하였다. 견과는 1㎡에 25개씩, 임상 위에 둔 구획과 낙엽층 밑에 매몰한 구획을 설정하였다.

견과는 바다 쪽보다 내륙 쪽에서 조릿대를 베어 제거한 지역보다 조릿대 잔존구에서 빠르게 소실되었다(그림 7). 이 결과는 쥐류가 조릿대 잔존구에서 많고 특히 붉은쥐속이 내륙쪽에도 많다는 분포 경향과 잘 일치하고 있다. 견과의 소실 속도는 조릿대를 제거한 지역의 경계상에서도 잔존구보다 두드러져 늦어지고 제거한 지역 내의 경계나 5m 이상의 장소에서는 거의 차가 나타나지 않았다.

또, 견과는 매몰한 경우보다 숲에 둔 경우에 더 많이 소실됐다. 특히 바다 쪽의 조릿대를 제거한 지역에서는 임상 위의 견과는 25일 후에 76%가 소실됐지만 낙엽층 밑에 매몰된 것에서는 1.3% 밖에 소실되지 않았다.

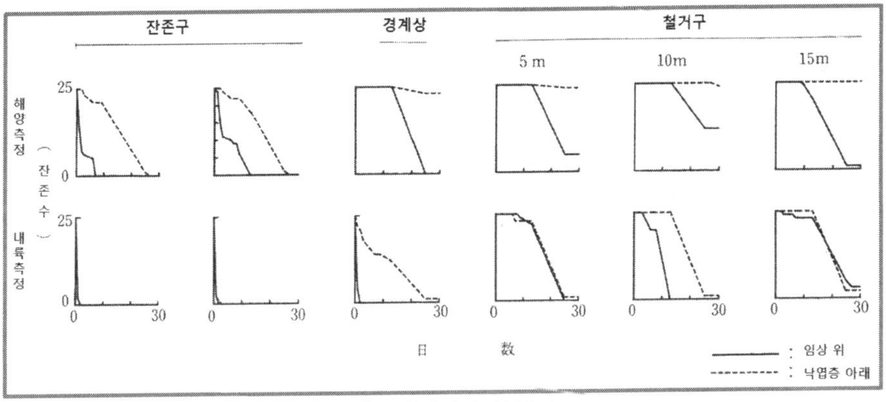

그림 7 견과의 소실 경과

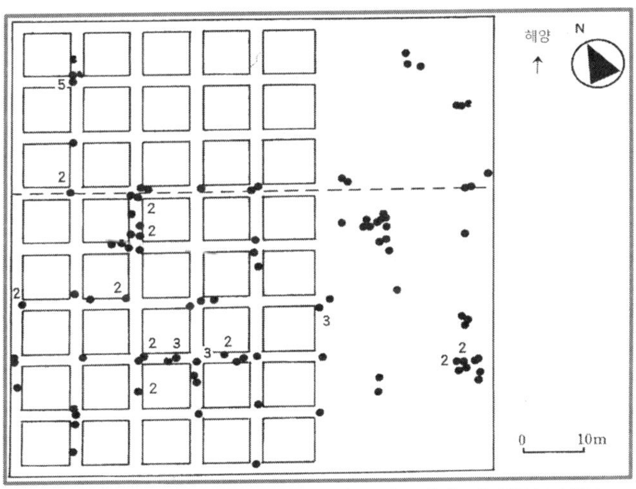

그림 8 조사지에 있어서의 떡갈나무와 1년생 어린묘의 분포
방형구는 조릿대 잔존구를, 숫자는 발생한 치묘 수를 나타낸다.

이와 같이, 낙엽층 밑에 매몰된 견과는 조릿대가 있어 붉은쥐속의 활동성이 높은 곳에서는 빠르게 소실되지만 임상식물이 없고 쥐류의 밀도가 낮은 곳에서는 좀처럼 소실되지 않는다.

그림 8에 다음 해의 10월에 조사한 1년생 어린묘의 분포를 나타내었다. 조릿대 잔존구에서는 완전히 치묘가 보이지 않았으나 2m 폭에 풀을 벤 숲길 위나 조릿대가 없는 지역에서는 1년생 어린묘가 보였다. 이것들은 낙엽층 밑에 매몰되었던 2~5본이

모여서 자란 것도 있으며, 분명하게 분산 저장된 것이었다. 특히 내륙 쪽의 숲길 위에는 치묘의 밀도가 높아 633본/ha이 생육하고 있었다.

분산 저장 된 견과는 조릿대 잔존구에서 가장 많았다고 생각된다. 그러나 조릿대 잔존구에서는 그 후의 쥐류의 활동도 활발하기 때문에 저장된 견과의 대부분이 재이용된 것이라고 생각된다.

그에 비해 조릿대가 없는 장소에서는 흰넓적다리붉은쥐의 활동성도 낮아지지만 에조북방대륙밭쥐의 활동성은 그것 이상으로 낮아지고 상대적으로 흰넓적다리붉은쥐의 활동성이 높아진다. 숲길 위에서는 어느 정도 저장 밀도가 낮아져도 견과의 재이용율이 낮기 때문에 잔존수가 많아지는 것일 것이다. 해안사구 소나무림의 조사에서도 하층 식생이 빈약한 장소에서 저장 견과의 회수율이 낮다는 결과가 얻어지고 있다.

이러한 결과로부터, 지피식물의 밀도와 흰넓적다리붉은쥐와 대륙밭쥐의 밀도, 견과의 산포 과정의 관계에 대해서 정리하면 그림 9와 같다.

에조북방대륙밭쥐가 지피식생이 풍부한 곳에 많은데 비하여 흰넓적다리붉은쥐는 지피식물이 비교적 적은 곳에 많다. 흰넓적다리붉은쥐는 분산 저장을 함으로 흰넓적다리붉은쥐가 많은 곳에서는 분산 저장되는 양도 많아진다. 그러나 분산 저장된 견과는 흰넓적다리붉은쥐 뿐만 아니라 에조북방대륙밭쥐에게도 이용된다. 또 쥐의 탐색행동은 지피식생이 없어지면 극도로 제한되므로 저장 견과의 이용율은 지피식생이 적어짐에 따라서 낮아 질 것이다. 그러나 임상식생이 없는 장소가 더욱 넓어지면 떨어진 견과는 안전한 장소로 옮겨지거나 이용되지 않게 되고 분산 저장의 절대량도 적어진다. 그 결과 임상식생이 어느 정도 적은 장소에서 저장 견과의 발아 수가 가장 많아진다.

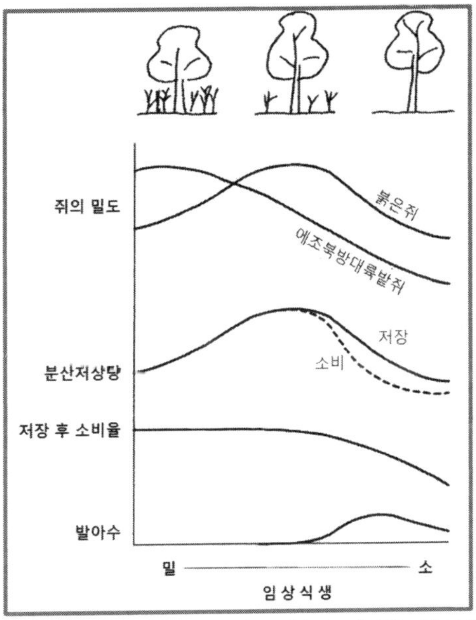

그림 9 임상식물의 밀도와 쥐의 밀도, 분산 저장량, 발아수의 관계

잡목림의 관리를 생각할 때에 단순히 인공적으로 식재하거나 관리하지 않고 방치하는 것만이 아니라 보조적으로 지피식생 등을 관리하는 방법으로 동물의 움직임을 이용하는 방법이 있다. 예를 들어, 여기서 분명하게 한 것처럼 쥐류의 움직임에 의해 참나무류의 갱신을 촉진시키기 위해서는 지피식생을 적당히 제거하여 분산 저장된 견과의 소실율을 저하시키고 발아율을 높일 수 있을 것이다.

본 장은 홋카이도의 잡목림에 사는 포유류를 예로서 동물과 식물과의 관계를 살펴보았다. 잡목림은 숲을 구성하는 많은 식물과 포유류와의 상호 관계를 기반으로 성립되는 생태계이고, 양자의 관계를 고려한 산림 관리가 필요하다.

(미야키 마사미)

Chapter II

참나무림의 식생관리기술

1. 식생 계획과 식생 관리 계획

잡목림에서는 잡목림을 구성하고 있는 각각의 생물에 대한 종류뿐만 아니라 잡목림을 다양한 종류로 구성된 생물 군집으로 파악하는 것이 중요하다. 잡목림의 생물 군집을 구성하고 있는 생물 중에서 여기서는 생산자인 식물 군락에 대해 취급하기로 한다. 인위적으로 성립되어 온 잡목림은 자연 입지와 인간 활동에 의해 규정되고 있다. 수목에 대해서는 개체 레벨로 관리하는 것이 아니라, 개체군 레벨에서 관리한다는 관점이 중요하다.

1-1 계획의 목적

잡목림의 식생 관리의 목적으로는 ① 경관의 보전, ② 생물 다양성의 보전, ③ 잡목림에 관계되는 문화와 기술의 전승, ④ 자연 지향의 레크리에이션 장소의 제공이 거론된다.

경관의 보전은 도시 공원 및 자연 공원에서 중요시되는 것이 많다. 예를 들면, 도쿄도의 구릉지 공원(구릉부에 위치하는 녹지의 보전을 목적으로 한 잡목림을 주체로 하는 도립의 도시공원)에서는 쇼와 50년대부터 현재까지 경관의 보전을 주요한 목적으로 해 왔다. 여기서 보전해야할 경관이란 1955년(쇼와 30년대)까지의 잡목림이 농가에 의해 이용되고 있었던 시대의 경관을 가리키고, 개별 갱신에 의해 생기는 유령림이 그 목표로 되고 있었다.

생물의 다양성을 보전하는 입장에서도 잡목림은 중요하다. 예를 들면, 히노시 서식지의 면적과 종 수(그림 1)에서도 분명하듯이, 잡목림은 구성종이 풍부한 식생이다. 그 때문에 생물 다양성 조약이나 종의 보존법이 시행된 오늘에 있어서는 잡목림의 생물 다양성 보전이 중요한 과제가 되고 있다. 일본판 적색목록(red data book)에 의하면 이차적인 자연에 생육하는 식물의 대부분은 멸종의 위기에 노출되고 있다(표 1). 그러나 적정한 식생 관리를 하면, 이차림의 멸종위기종을 구하는 것이 가능해진다.

잡목림은 농가의 생활을 유지하는 중요한 자연으로서 그림 2에서 나타내는 잡목림과 농가의 산림 같이 생활과 밀접한 관계를 가지고 있었다. 그곳에서는 (야마하지메, 산신, 숯구이, 쓰레기청소, 목총개 만들기) 등의 수많은 기술이나 문화가 있었다. 그런데 잡목림과 관계되는 농림수산업이 경제적으로 성립되던 것은 1955년(쇼와 30년대)까지였으므로, 기술을 가진 사람의 고령화가 진행되고 있다. 그런데 이차적인 자연의 식생 관리에 관계되는 문화나 기술을 다음 세대에 전승하기 위해서 그 전승의 장소를 필요로 하고 있다.

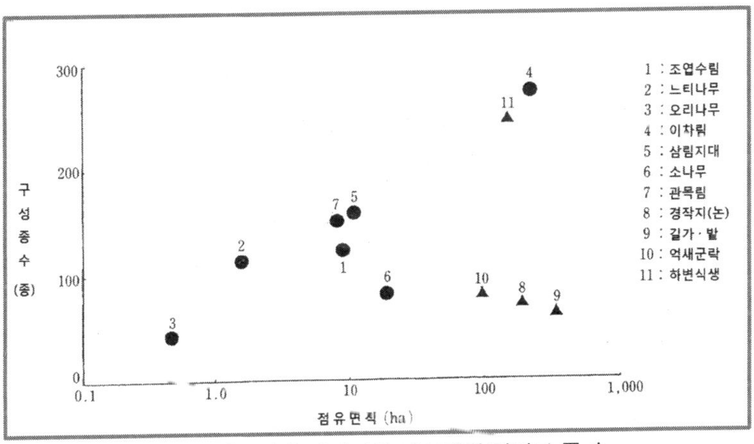

그림 1 히노시에 있어서의 서식지의 면적과 종 수

*적색목록(red data book): 야생동물의 멸종을 방지하기 위하여 국제자연보호동맹(IUCN)이 지구상에서 멸종의 위험이 있는 동식물의 종을 선정하여 그 식생상황과 생명종의 명단을 밝힌 자료집

*야마하지메: 나무꾼이 새해 처음 산에 들어갈 때 지내는 의식, 제물을 산신에게 올리고 그 해 산일의 안전을 기원함

표 1 긴키 지방의 보호상 중요한 식물, 생육 환경별·분류군별 집계결과

	수습지 환경							해변 환경				초원 환경				암석지 환경		산림 환경					
	전역	수역	빈영양 습지	부영양 습지	벌판	논	환경	염성지	모래 사장	해안	환경	산초지	억새 초원	마을초원 바위	환경	강변	밭	환경	이차림	극상림	환경	이외	특정 불능
합판화류	202	9	17	15	13	6	47	4	8	8	19	18	14	22	41	2	32	34	73	19	84	3	3
이판화류	238	10	12	14	9	3	41	4	8	15	28	19	10	29	52	2	44	46	113	29	121	3	0
단자엽류	277	31	35	33	4	9	86	7	9	9	23	22	2	19	39	1	39	40	79	67	116	4	11
나자식물	2	0	0	0	0	0	0	0	0	0	0	0	0	0	0	0	1	1	0	2	2	0	0
양치식물	143	6	3	7	1	6	11	0	1	5	6	3	0	3	5	0	48	48	86	59	106	4	6
계	862	56	67	69	27	24	185	15	26	37	75	62	26	73	137	5	164	169	351	176	429	14	20

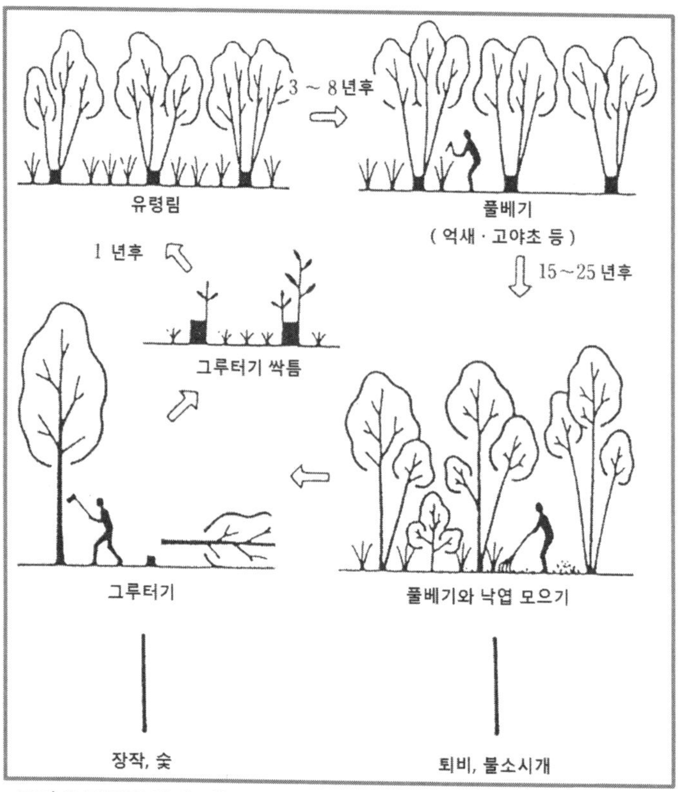

그림 2 잡목림의 수입(手入)으로 나온 생산물(미야와키, 1977)을 변경

더욱이 최근의 자연 지향적인 레크리에이션의 요구가 높아짐에 따라 잡목림의 사연 지향적 휴양 장소로서의 이용도 중요해지고 있다.

1-2 협력

식생 계획(다카하시·가메야마, 1987)을 세우기 위해서 자연의 잠재력과 이용을 조정하고 협력하는 것이 일반적으로 행해지고 있다.

그 때문에 대상으로 하는 잡목림의 주위의 토지 이용이나 자연의 중심이 되는 장소의 위치를 조사해, 대상으로 하는 잡목림이 지역 속에서 차지하는 역할을 분명하게 하고, 그 역할을 기초로 계획을 세우지 않으면 안 된다. 일본의 자연의 구성은 일반적으로 산지에서 해안으로 향함에 따라 자연의 변화가 진행되어가고 있으므로, 산지가 정리된 자연과의 사이에 생물의 왕래 가능성을 검토할 필요가 있다. 또, 주위에 잡목림이 별도로 없는 경우에 수림이 분단되는 식생 계획은 산림성 생물에 있어서 치명적일 수 있기 때문에 신중하게 취급하는 편이 좋다.

이와 같이 대상으로 하는 잡목림을 둘러싸는 사회적인 조건에도 눈을 돌리는 것이 마땅하다. 도시 안에 얼마 남지 않은 잡목림의 경우에는 인접하는 주택의 일조를 저해하거나 파리모기의 발생근원이 되고 있어 주택의 환경을 악화시키고 있는 것도 있다. 지역사회 안에 잡목림의 위치를 어떻게 설정할 것인가를 검토해야 한다. 잡목림의 식생 관리에 지역의 시민이 참가하고 잡목림의 혜택을 누리는 것은 시민에게 바람직한 것이긴 하지만, 과잉 이용에 따라 답압되어 임상식생이 파괴되어 버린다.

대상으로 하는 잡목림 그것의 자연의 잠재력을 파악하는 데는 미지형, 식생(식물 리스트, 식물 군락, 주요 수목의 갱신 가능성, 임상 식생, 매토 종자), 동물(포유류, 조류, 곤충, 수생 동물, 토양 동물)의 조사가 필요하다. 조사 항목이 많기 때문에 조사는 대규모인 것이 된다. 편의적인 수단으로서 미지형과 식생의 조사에 기초를 두어, 식생 계획과 식생 관리 계획을 책정하는 경우도 있다.

이용은 정적인 이용과 동적인 것으로 나누어진다. 정적인 이용에는 경관을 멀리 바라보기, 휴식하기, 자연 놀이를 하기, 산책하기, 식물을 관상하기, 자연관찰 등이 있다. 동적인 이용에는 자연 게임하기, 캠프하기, 필드애트랙틱(field athletic), 식생 관리 작업 참가 등이 있다(표 2).

표 2 잡목림의 이용

종류	주체의 위치	숲에 대한 영향
경관의 탐승(探勝)	임외	낮다
긴밀한 산 것의 공급원	임외	↑
들새 관찰	임외·임내	
자연 관찰	임외·임내	
식물 감상	임내	
휴식	임내	
산책	임내	
자연놀이	임내	
곤충 채집	임내	
식생 관리의 작업에 참가	임내	
자연게임	임내	
캠프	임내	↓
Field Athletic	임내	높다

*필드애트랙틱(field athletic): 산림자연에 체력을 단련하는 시설을 갖추어 놓고, 체력과 평형감각을 키우는 스포츠

이용의 종류와 자연 조건과는 관계가 있고, 각각의 이용의 장소는 특정의 자연 환경에 한정된다. 잡목림의 이용 실태의 공간적 시간적인 분포에 대해서는 그 장소에서 실태 조사를 하는 것과 동시에, 변화시킬 계획이 있는 경우에는 계획과 유사한 잡목림에 대한 조사가 필요하다.

한편, 자연의 질을 유지하기 위해서는 이용을 제한하지 않으면 안 되는 것이 많다. 공원 등의 많은 잡목림에서는 주위 주민의 이해를 얻기 위해서 어느 정도의 이용을 생각하는 일이 많지만, 자연 공원과 같이 보호와 이용을 양립시키기 위해서는 자연과 이용의 양면에서 협력의 기초적인 자료를 준비할 필요가 있다.

구릉지공원에 대해서는 협력의 예로서, 보호 관리①-A, 보호 관리①-B, 보호 관리②, 보전 관리의 4개의 구분이 일본조경학회에 의해 제안되고 있다. 이것을 개량해 도쿄도 공원 협회에서는 원로원지(園路園地) 등 관리, 보전 관리, 보호 관리A, 보호 관리B에 구

분하고 있다. 보호 관리A는 이차림으로서의 관리를 하는 구역이고, 보호 관리B는 극상림으로 유도를 도모하는 구역이다. 원지원로 등 관리는 그 이름 그대로 이용자가 들어서는 구역에서 그 주위 2m폭의 하예작업을 하고 있다. 보전 관리는 주택과의 완충 구역에서 주택에 접하고 있는 원지를 폭20m에 걸쳐 화재 예방, 병해충의 방제, 도목(倒木)의 예방을 하는 것이다. 일본조경학회가 제안한 식생 관리 수법을 크게 나누면 보호 관리B라고 말하는 "천이를 진행시키기 위한 구역", 보호 관리A라고 말하는 "이차적인 자연으로서의 식생 관리를 해 천이를 정지시키기 위한 구역", 원로원지등 관리와 보전 관리라고 말하는 "인간의 이용을 위해서 쾌적한 공간으로 변화시키기 위한 구역"의 3개로 구분할 수 있다.

이와 달리 생태계의 단위가 유역에서 떨어진 것이 많은 것과 식생과 미지형과의 관계가 강한 것으로부터 구릉지 등에서는 소유역 단위로 협력을 할 수 있다. 구릉지에 있어서는 식생과 미지형에 대응이 보이고(마츠이·타케우치·다무라, 1990), 소유역에는 다양한 미지형 단위가 포함되어 있다. 이 경우에는 소유역마다 특징에 맞게 행하고, 그 안에 미지형에 대한 목표 식생을 배치한다.

또, 종래는 식생을 고정적인 것으로 인식하고 계획을 세우는 경향이 있지만, 식생은 본래 역학적인 것이므로 동적인 식생 계획을 입안하는 것도 가능하다. 예를 들면, 타마구릉에서는 잡목림에 밭을 만들고, 밭으로 이용한 뒤에는 경제적으로 가치가 있는 상수리나무를 식재해 "사식"을 해 왔다. 모든 식생을 고정적으로 관리하는 것이 아니라, 동적인 식생 계획을 세우는 것도 할 수 있다.

1-3 식생 계획

목표 식생에 대해서 도쿄도 환경보전국이 정한 "보전 지역에 있어서의 식생 보선의 사고 방식과 관리 방침"에 의하면,

- 하예작업, 낙엽 채취를 하지 않으며, 자연림으로 이행을 도모한다(이전의 보호관리 B에 대응).
- 밝은 숲으로서 존속시키는 것이 마땅한 것에 대해서는 하예작업, 제벌 등을 한다.

• 신탄림을 유지한다(이전의 보호 관리A에 대응).
• 휴양의 장소로서, 대경목의 소림으로 한다.
• 졸참나무의 목재 생산의 장소로 한다.

이러한 숲을 형성하기 위해서는 다음 절에서 기술하는 것과 같은 식생 관리를 하는 것이 필요하다. 식생 계획 책정의 과정은 다음과 같다.

① 계획 대상지와 주위의 자연과의 관계를 검토한다.
② 미지형 분류 도형과 현존 식생도를 작성하고, 미지형과 식생의 관계를 검토한다.
③ 이용 상황을 조사하고, 식생과 이용 형태와의 관계를 분명하게 한다.
④ 동물(조류, 곤충, 포유류, 파충류, 양서류)의 생육 상황과 식생에 대한 관계를 조사한다.
⑤ 식생과 경관의 관계를 조사한다.
⑥ 잡목림에 관계되는 지역의 전통적인 문화나 기술을 조사한다.
⑦ 위 사항들을 종합해 목표 식생도를 작성한다.

1-4 식생 관리 계획

식생 관리는 주요 수목, 임상(초본 및 하층목), 낙엽(낙지를 포함)의 취급을 어떻게 할 것인지를 종합적으로 정한다. 계획의 메뉴는 다음과 같다.

1) 이차림을 유지하는 경우

(1) 왜림시업

왜림시업은 1950년 전후의 산림학의 교과서에 자세하게 기재되었다(나카시마, 1948; 나카무라, 1954; 야마우치, 1962).

구릉지공원의 보호 관리A에서 행해져 온 식생 관리는 소면적 개벌을 주체로 한 왜림시업이었다. 이 목표 식생은 졸참나무와 상수리나무를 주체로 하는 수림으로부터 완성되는 왜림이다. 여기서는 면적 2,000㎡을 표준으로 개벌 갱신하고, 그 후 그루터기 보호, 나무 정리의 작업을 한다.

개벌에서는 감독원이 지시한 수목을 잔존시키고 벌채하고 있다. 벌채한 줄기의 일부를 표고버섯 용재로서 이용할 수 있기 때문이다. 또한 발생한 가지를 이용해 울타리를 시공하고 있다. 개벌 후에는 일조조건이 변화되기 때문에 강한 빛을 좋아하는 식물이 생육된다. 이러한 식물은 임상의 토양에 매토 종자로서 존재하거나 두드러지지 않는 상태에서 생육하고 있던 것이 빛 조건의 변화에 대응해 생육하는 것이다.

개벌갱신의 작업 규모는 경관을 고려해 현재의 규모가 성해지고 있다. 그러나 아래의 이유로부터 규모를 다시 보는 것도 검토해야 마땅하다. 시나다의 연구에 의하면 숲 내의 전망이 좋은 것과 이용자의 쾌적성(평온함)은 상관관계가 높다. 그 때문에 숲 내 경관을 중시하는 경우에는 보다 대규모로 하거나 서로 부담해 벌채하는 것도 고려하는 편이 좋다.

그루터기 보호를 위해 벌채 후 2 - 3년차에 그루터기의 주위 1m 사방의 식물이나 덩굴을 손으로 제거하고 있다. 또, 그루터기에서의 맹아만으로 본수가 부족한 경우에는 실생을 남겨 풀베기를 하여 실생을 기르는 경우가 있다.

나무의 정리는 벌채 후 5년차에 맹아가지를 3개 정도 남기고 솎아주는 작업이다. 이 작업은 작업자가 장래의 수형을 상상하면서 작업할 수 있도록 지도할 필요가 있다.

이 작업은 구릉지나 무사시노의 잡목림의 전통적인 관리에 가깝기 때문에 산물을 유익하게 활용하여 시민 참가형의 식생 관리로 전개할 수 있다. 시민이 식생 관리를 하는 경우에는 인력으로 작업하는 것이 전통적인 문화의 전승에 연결되므로 일찍이 농가가 관리하고 있던 것과 같은 정도의 크기의 수목을 대상으로 하는 것이 바람직하다. 따라서 왜림시업이 적합하다.

현재는 20년 정도의 벌기를 상정해 관리하고 있지만, 평안함으로 보면 이 정도의 벌기(伐期)에서는 숲 내의 전망은 충분하지 않기 때문에 조금 더 벌기를 길게 하여 수십년을 주기로 벌채하는 것도 검토할 가치가 있다. 이 경우에는 그루터기에서의 맹아는 적어지므로 맹아가 아니라 실생에 의한 갱신을 생각한다. 위탁 관리의 경우에는 졸참나무 등의 실생을 식별하면서 작업을 하는 것은 곤란하기 때문에 졸참나무의 나무에 라벨을 사전에 붙여 베어내지 않는 방법을 취해야 한다.

(2) 교목 시업

졸참나무는 200년 정도에 벌채하므로 잡목림을 교목에 맞춰 목재를 생산하는 것도 가능하다. 졸참나무는 물참나무보다는 뒤떨어지지만 목재로 사용할 수 있다.

한편 소림(疎林)으로 조성하면 숲 내 공간이 넓어지고, 휴양의 장소로 유익하다. 또, 종래의 수형을 표준형으로 바꿀 필요가 있는 경우도 상정되므로, 그 경우에는 줄기의 수를 줄이도록 골라서 벌채하는 것으로 한다.

낙엽 광엽수림의 대경목의 숲은 수동(樹洞)을 이용하는 동물에게 생활공간을 제공한다. 한편 양지성 초본은 소림에서 빛이 임상에 들어가게 하지 않으면, 매토종자의 수명이 다해 벌채했을 때에 그 식물은 생육하지 않는 위험이 있다. 이 방법의 실제 사례가 부족하여 규모를 상상하기는 곤란하지만, 임연의 영향을 생각하면 적어도 수 ha의 규모가 바람직하다.

(3) 하예작업과 낙엽채취

하예작업과 낙엽채취는 임상의 초본의 종류를 증가시키는 효과가 있는 것으로 알려져 있다. 그 때문에 장소에 따라서 식물의 다양성을 유지하고 야생화를 보기 위해서 하예작업과 낙엽채취를 하는 것이 바람직하다.

하예작업은 베는 시기와 높이가 중요하다. *Pleioblastus chino*의 생육을 억제하기 위해서는 여름의 생육이 왕성한 시기에 베는 편이 효과가 있지만(시게마츠, 1991), 잡목림의 생물상의 보전을 생각하면 보전하는 것이 마땅한 야생초를 베어 버리거나 임상이 건조해질 위험도 있으므로 여름에 대면적의 하예작업을 하는 것은 바람직하지 않다. 다른 야생화에 영향을 주지 않는다는 점에서 겨울에 하예작업을 하는 것이 좋다. 또, 높이베기는 어깨걸이 식으로 베어 제거하는 기계로 작업을 하는 경우에는 지면에서 20㎝ 정도까지는 변화를 꾀할 수 있다. 높이베기를 높게 하면 소형의 상록 다년초를 보호하거나 이용자가 들어오는 것을 억제할 수 있다. 낙엽 채취를 하는 경우에는 지면에서 베어낸다.

낙엽채취는 종자의 크기가 작은 식물의 발아의 성공을 촉진시키고 종자 번식을 가능하게 한다. 그러나 이것은 수림지에서 유기물을 빼앗는 것이 되므로 토양이 굳게 되고 비료분도 잃게 된다. 이 때문에 숲의 상태를 보면서 작업을 한다. 경우에 따라서는 정기적으로 장소를 이동할 필요가 있다.

2) 극상림으로 천이하게 하는 경우

극상림은 어두운 숲에 사는 새나 곤충이나 야생화의 서식장소로서 중요하다.

규모에 대해서는 극상림 고유의 생물은 임연이 아니라 내부에 서식하므로 정리된 면적과 폭을 필요로 한다. 임연의 망토군락은 숲의 내부를 보호하기 때문에 남겨 두는 편이 좋다.

지금까지는 천이를 진행시키는 구역은 방치해 두는 것이 좋다고 생각되어 왔지만, 현재는 부근에 종자 공급원이 없기 때문에 천이가 좀처럼 진행되지 않는 경우가 많다. 그 사이에 새가 산포한 식물이 들어와서 편향천이로 나아가는 것도 있다. 종자 공급원이 없는 경우에는 인간이 가시나무 등의 극상림 구성종의 종자를 도입할 필요가 있다. 또, 교목층을 구성하고 있는 수목이 말라 죽었을 때 아교목이 임관 사이를 빠르게 메워, 극상림 구성종이 성장할 수 없는 경우가 있다. 이러한 경우에는, 극상림 구성종의 치수(稚樹) 위의 수목의 벌채나 가지의 제거가 필요하다. 천이하는 구역은 방치해 두면 좋다고 말할 수 없는 경우가 많은 것에 유의해야만 한다.

1-5 식생 관리 계획의 정리

식생 관리 계획의 수립에 앞서 이전의 식생 계획 수립의 작업과 함께 다음을 실행한다.

① 식생천이의 방향을 진단한다.

② 목표 식생을 유지하기 위한 식생 관리 작업의 정도에 대하여 검토한다.

③ 식생 관리의 작업 방법에 대해 방법, 시기, 횟수 등을 정리한다.

④ 식생 관리 계획도를 작성한다. 이것에 더해 각 연도마다의 작업을 추출해 도형화한다.

⑤ 모니터링의 계획과 그것을 식생 관리 계획에 피드백하는 방법을 정리한다.

계획의 정리로서는 목표 식생도와 식생 관리 계획도를 작성한다. 식생 관리 계획도의 축척은 1/1,000 이상이 실용적이다. 또, 시간의 요소가 첨가되는 연도마다의 작업의 내용과 양을 용이하게 읽어낼 수 있도록 한다.

식생 관리를 시작하면 식생 관리 계획에서 추정한 것처럼 목표 식생에게 향해 식생이 변화하고 있는지 모니터링을 할 필요가 있다. 관리자에 의한 조사에서 계획의 착오가 나왔을 때에는 본격적인 조사를 한다. 그 때의 작업흐름도 사전에 정리해 두면 좋다.

(쿠라모토 노보루)

*망토군락: 숲의 가장자리에 성립하는 관목과 덩굴식물로 이루어진 식물 군락, 망토처럼 숲을 바람과 추위로부터 보호하는 효과가 있음.

2. 잡목림의 갱신기술

2-1 잡목림의 갱신

1) 잡목림의 추이

관동 평야의 잡목림의 졸참나무나 상수리나무는 화분 분석에 의하면 야요이시대(기원전 400년~서기 300년) 이후의 농경지의 확대에 따라 증가했고, 현재는 구릉사면을 중심으로 분포하는 가시나무류와 함께 대표적인 우점수종이 되었다고 한다.

이러한 졸참나무나 상수리나무 등이 우점하는 잡목림이 방치된 경우에 어떻게 세대교대하고, 또 우점수종을 교대시켜 가는 것일까? 졸참나무의 대경목이 혼재해 교환하는 이바라기현의 오가와 학술 참고 보호림의 오래된 산림으로, 일본 산림총합연구소의 연구그룹이 Maruko모델을 사용해 장래의 우점수종의 추이를 추정했다. 그 결과에 의하면, 자연 상태에서는 졸참나무, 밤나무, 물참나무가 소실되고, *Carpinus turczaninovii*, *Fagus japonica*, *Acer palmatum* var. *matsumurae*, 까치박달나무, 층층나무, 너도밤나무, *Betula grossa* 등이 현상을 유지하거나 적은 수로 감소한다. 이와 같이 인위적인 영향에 의해 잡목림에는 졸참나무나 상수리나무 등의 특정의 수종이 우점하는 것이 많지만, 천연림에서 그것들은 우점종이 될 수 없을 뿐만 아니라 존재가 드문 것도 있다.

잡목림을 갱신하는데 있어서는 먼저 어떠한 형태의 숲을 유도하고 관리해 가는 것이 좋은지를 생각할 필요가 있다. 현장의 졸참나무림을 유지하는 것이나, 그것과도 다른 수종을 옮겨놓는 것이나, 차이 있는 취급 방법을 활용하지 않으면 안 되기 때문이다. 다만, 어떠한 형태로 유도한다고 해도, 기본은 생태적으로 무리가 없는 갱신을 하는 것이다. 여기서는, 천연림의 재생 기구와 수목의 생태를 이해한 다음, 그것을 응용하는 것을 전제로 한 잡목림의 갱신 기술에 대해서 설명한다.

2) 신탄림의 갱신

현재 잡목림이라 불리는 활엽수 이차림은 일찍이 신탄림으로서 경영 관리되어 왔다. 신탄림에서는 대부분의 경우, 비교적 짧은 주기로 반복하여 임관목을 한 번에 벌채하는 개벌방식이 취해졌다. 장작이나 숯 등은 이용 목적에 의해 벌채 이용되는 목재의 크기가 다르므로, 벌채시의 임령은 구성종의 성장에 알맞은 연 수가 되었다. 신탄용의 목재의 경우는 통나무 자체나 수개의 조각으로 나뉘어 사용되었다(사진 1). 전자에서는 직경이 10㎝ 정도나 그것 이하의 것이, 후자로도 20㎝를 넘지 않는 굵기의 것이 보통이었다. 그러한 크기에 달하는 임령은 전자에서 20년 이하, 후자에서는 30 ~50년 정도이다.

개벌은 임상을 급격하게 노출시키고, 또 벌채 작업의 과정에서 낙엽층이 교란된다. 개벌은 발아와 성장에 충분한 빛과, 교란된 토양을 필요로 하는 선구 수종에 적합한 환경을 제공한다. 신탄림 경영이 왕성하게 행해지고 있었던 시대에는 그러한 환경이 항상 만들어져 있었다. 일반적으로 선구 수종은 처음 개화 결실이 시작될 때까지의 연수가 짧기 때문에, 신탄림의 벌채 주기의 범위 내에서도 번식이 가능한 수종이 많다. 그러나 천연림 임관층에 우점하는 교목수종은 일반적으로 개화결실이 시작될 때까지의 연수가 늦다. 이 연수에 달하기 전에 개벌이 반복되는 신탄림의 면적이 넓어지면, 종자원이 될 수 있는 큰 나무가 적어지므로 교목성 수종의 실생에 의한 보충의 기회는 줄어든다.

사진 1 숯구이 가마. 탄재에는 소경의 통나무가 세로로 쪼갠 것이 사용되었다.

사진 2 졸참나무 맹아림. 양질의 탄재로서 반복하여 벌채 이용되었다.

따라서, 신탄림은 과거의 이용 빈도가 높을수록 교목성의 수종이 적게 된다. 특히, 졸참나무류가 우점 종인 숲 등에서는 양질의 탄재로서 반복해 벌채되었기 때문에 수종 구성이 비교적 단순하고, 그것들이 대부분 종자보다는 맹아에 의해 갱신되고 있다. 맹아주는 그루터기에서 다수의 맹아지가 발생해 성장한 것이다. 그루터기의 뿌리는 대량의 맹아지를 발생시키고, 또한 급속한 초기 성장을 유지할 수 있다. 맹아지의 밀노는 성장과 함께 서서히 감소하지만, 40 -50년 경과해도 다수의 줄기를 유지하고 있는 수종도 있다 (사진 2).

3) 천연림의 갱신

천연림에서는 사람이 완전히 관여하지 않고 임관을 차지하고 있는 우점종이 교대하거나 동일종의 세대 교대가 행해진다. 서남 일본에서는 주로 구실잣밤나무·종가시나무·후박나무 등 상록 활엽수가, 일본 동북지방에서는 너도밤나무·물참나무·졸참나무 등의 낙엽 활엽수가 우점한다. 이것들의 수종이 우점하는 천연림에서는 모두 갱신의 초기 단계에는 자연 교란에 의해 임관에 공간이 생긴다. 몇 개의 천연림에서 임관의 공간 특성을 분명하게 밝힌 야마모토에 의하면, 임관 공간의 평균 면적은 너도밤나무 숲에서는 92㎡, 상록 활엽수림에서는 80㎡로, 모두 400㎡를 넘는 것은 드물다. 이 면적은 성숙한 나무의 수관이 하나부터 여러 개체분에 해당하고, 활엽수 천연림의 갱신 단위는 거의 공통된다고 생각해도 좋다.

이와 같이 천연림에서 세대 교대가 행해질 때에는 먼저 상층을 차지하고 있는 임관에 공간이 생길 필요가 있다. 공간에서 이루어지는 방법은 몇 개의 패턴이 있다. 다양한 원인으로 인해 말라죽은(사진 3)것 외에, 태풍 등 폭풍에 의해 줄기가 도중에 부러진 줄기 부러짐, 큰 가지가 떨어지는 가지 떨어짐, 또 전부 뒤집히는 뿌리 뒤집히기(사진 4)도 있다. 눈이 많은 지방에서는 수관에 쌓인 눈에 의한 줄기 꺾임이나 가지 떨어짐에 의해 공간이 생긴다.

산림의 세대 교대는 이러한 자연 교란에 의해 생긴 임관 공간에 의해 임상의 빛 환경이 개선되었을 때에 일어난다. 자연 교란은 갱신의 무대를 제공하고 있고, 잡목림을 구성하고 있는 수목도 천연림에서는 각각의 특성에 응하는 편법으로 세대 교대를 하고 있다.

예를 들면, 바람에 의해 산포되는 작은 종자를 가지는 식물은 뿌리가 뒤집혀 교란된 광물질 토양의 위에 많이 출현한다. 유럽에서는 다수의 너도밤나무 치수가 뿌리 뒤집히기 사이에 발생하고 정착하는 것도 있다. 또, 필자들은 칠엽수의 치수가 뿌리가 뒤집힌 나무의 마운드(흙을 안아 옆으로 쓰러진 뿌리)에 자주 정착하고 있는 예도 관찰하고 있다. 이와 같이, 뿌리가 뒤집혀 만들어지는 갭은 많은 수종에 적합한 갱신의 장소를 제공함으로써 종의 풍부함을 유지하기 위한 중요한 역할을 수행하고 있다.

사진 3 서서 말라죽어 생길 수 있는 임관 갭

사진 4 태풍에 의해 도목되어 생길 수 있는 뿌리 뒤집히기

2-2 결실과 종자 산포의 생태

1) 결실과 종자 산포에 관계되는 잡목림의 동물

식물이 종자로 번식하는 것은 꽃이 피고 열매를 맺는다는 것을 전제로 한 것이고, 졸참나무나 구실잣밤나무 등의 수목도 식물이기 때문에 개화 결실하는 것은 당연한 일이다. 특히, 수목의 번식 과정에는 다양한 동물이 관계되고 있는 것에 주의를 기울일 필요가 있다. 표 1은 잡목림에서 자주 볼 수 있는 수종의 자웅성과 주요 번식 특성을 나타낸 것이나. 개화-결실-종자 산포의 몇 개의 과정에서 대부분의 수종이 동물에게 의존하고 있는 것을 알 수 있다.

이와 같이 숲의 동물은 생태계의 일원으로서 물질 순환을 촉진시키고 있는 것뿐만 아니라, 갱신에도 강하게 관여하고 있다. 여기서는 잡목림의 갱신을 생각할 때에 알아 둘 필요가 있는 수목의 번식과 동물과의 관계에 대해서 간단하게 소개한다. 또한, 잡목림과 관련이 깊은 동물의 생태계에 대해서는 제 I 편에서 상세하게 서술하고 있다.

표 1 잡목림에서 볼 수 있는 여러 수종의 자웅성과 번식 특성

수종	자웅성	화분 매개		종자 산포			
		곤충	바람	피식	은닉	중력	바람
소나무	동주이화		○		○		○
개서어나무	동주이화		○				○
자작나무속	동주이화		○				○
상수리나무	동주이화		○		○	○	
밤나무	동주이화	○	○		○	○	
졸참나무	동주이화		○		○	○	
구실잣밤나무							
가시나무류	동주이화	○	○		○	○	
너도밤나무	동주이화		○		○	○	
팥배나무	동주양성화	○		○			
때죽나무	동주양성화	○			○		
분단나무	동주양성화	○		○			
Acanthopanax sciadophylloides	동주야성 or 단성	○		○			
Tilia japonica	동주양성화	○					○
후박나무	동주양성화	○		○			
음나무	동주양성화	○		○			
일본목련	동주양성화	○		○			
야마벚나무	동주양성화	○		○			
매화오리	동주양성화	○					○
Fraxinus lanuginosa	이주	○					○
황벽나무	이주	○		○			
참식나무	이주	○		○			
개옻나무	이주	○		○	○		
고로쇠나무	웅성동주	○					○
Acer palmatum var. matsumurae	웅성동주	○					○

(1) 화분의 매개

개화하여 결실하기 위해서는 먼저 수술로부터 암술로 화분이 옮겨져야 한다. 자웅이

다른 식물 등에 있어서 화분의 운반은 번식의 성공 여부에 관계되는 일대사업이다. 식물은 바람이나 곤충을 화분 운반의 수단으로 활용하기 위해서, 풍선상의 구조를 가진 화분을 대량으로 생산하거나, 화분 그것의 생산량을 희생하여 곤충을 이끌기 위한 꽃이나 꿀에 자원을 투자하고 있다.

곤충에게 화분의 운반을 의존하고 있는 충매화의 수목은 꿀 등의 보수나 꽃잎 등의 유인 기관을 가지고 있고, 뒤영벌류, 갑충, 꽃등에, 나비 등에 의해 화분이 매개된다. 팥배나무, *Prunus leveilleana*, 마가목, *Prunus jamasakura* 등의 장미과의 수목, 일본목련, 함박꽃나무, *Michelia figo* 등의 목련과 수목 등이 곤충의 존재 없이 결실한다는 것은 불가능하다.

한편, 바람으로 화분이 매개되는 풍매화는 잡목림의 우점종인 졸참나무나 상수리나무 등 참나무과의 수목, *Carpinus tschonoskii*, 만주자작나무 등의 느릅나무과의 수목 등에 보인다. 즉 잡목림에 우점해온 이들 수종은 화분을 매개하는 곤충을 필요로 하지 않고, 빈약한 곤충 상에서도 유성 번식이 가능하다. 그리고 이는 사람의 영향이 강한 잡목림에서 우점종이 된 원인의 하나였다고도 생각된다.

(2) 종자 산포

결실한 종자는 다양한 방법으로 산포된다. 피식 산포되는 수종은 종자의 껍질 부분에 과육 등으로 자원이 투자되고, 이것은 새나 짐승에게는 매력적인 먹이로 보인다. 과실은 새나 짐승에게 통째로 먹히게 되고, 딱딱한 종피를 가져 소화되지 않았던 종자는 이동한 곳에서 대변과 함께 배출되거나, 또는 펠릿(pellet)으로 입에서 토해내진다. 위에서 말한 바와 같이 장미과, 느릅나무과의 수목과는 달리, 층층나무나 녹나무과의 상록수인 녹나무, 참식나무, 후박나무 등의 다육과를 가지는 수종이 이 유형이다. 산포자는 큰 부리로 많은 종의 과실을 통째로 삼킨다. 이들의 종자를 파괴하지 않고 배출하는 제주직박구리나 찌르레기 등이 중요한 역할을 담당하고 있다.

졸참나무 등 참나무과의 견과는 중력으로 산포되고 있다. 그러나, 중력 산포 종자를 가지는 수종에서도 새로운 생육지의 확보에는 빨간쥐속 등의 산림성의 쥐나 다람쥐 등의 설치류, 머치, 호시가라스, 야마가라 등의 조류가 중요한 역할을 담당하고 있다. 이들의 동물은 풍작년에 대량의 견과를 발견하면 여기저기에 숨기는 습성이 있다. 숨겨진 견과는 모두가 먹히는 것이 아니라, 일부는 잊혀져 다음 봄에 발아한다(사진 5). 이러한 동물의 습성에 의한 견과의 산포는 은닉 산포라고 불린다.

사진 5 쥐에 의하는 은닉 저장된 견과로부터 발생한 너도밤나무 치수(稚樹)

풍산포는 버드나무과나 자작나무과의 수목 같이 미소하고 경량인 종자를 바람으로 대량 산포하는 것이고, 단풍나무과의 수목 같이 가벼운 종자를 날개로 체공 시간을 연장시켜 바람으로 횡방향의 도달거리를 늘리는 것 등이 있다.

2) 결실의 풍흉성

산림을 확실하게 갱신시키기 위해서는 대상으로 하는 수종의 번식 특성을 이해해 두는 것이 중요하다. 특히 천연갱신의 경우에는 목적으로 하는 수종이 충분히 종자를 산포시킬 수 있는 상태에 있는지를 확인해 두는 것이 중요하다.

대다수의 수목이 반드시 매년, 종자를 결실하게 하는 것은 아니다. 수종에 의해서는 명료한 풍흉의 주기가 있다. 그림 1은 필자들이 니카타현의 활엽수림에서 10년 간에 걸쳐 너도밤나무와 물참나무의 낙하 견과량을 조사한 결과이다. 2개의 수종은 동일 임분에 생육함에도 불구하고, 분명하게 풍흉의 리듬이 차이가 나는 것을 알 수 있다. 너도밤나무에서는 1984, 1986, 1988, 1990, 1993년에 견과의 낙하가 기록되었다. 거의 2 - 3년에 1번의 비율로 결실하지만, 발생한 실생에서 임상이 매달리는 것 같이 대풍작이라고 부를 수 있는 것은, 1984년과 1993년이었다. 물참나무에서는 1985, 1987, 1991, 1992년에 낙하 견과가 기록되었다. 그림으로부터 알 수 있지만 2개 수종의 풍흉의 주기는 거의 겹치지 않고, 거의 서로 엇갈려 견과가 생산되고 있다. 이러한 풍흉의 주기성은 참나무과의 많은 수목이 알려져 있다. 같은 숲에서도 풍흉의 주기는 일치하지 않는 것이 많기 때문에, 수종 또는 개체마다 관찰할 필요가 있다.

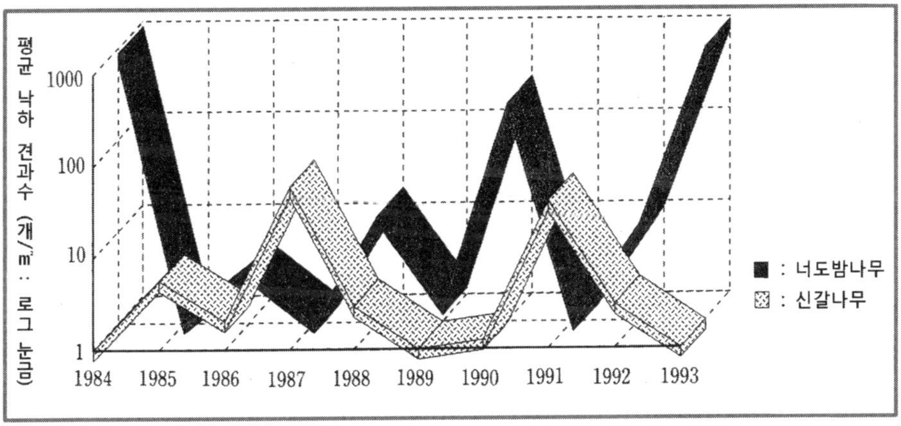

그림 1 동일 임분에 있어서 두 수종의 10년간의 낙하 견과수

2-3 갱신의 기술

1) 갱신을 위한 보조적 수단

일반적으로, 교목을 수확하고 갱신시키는 경우나, 다른 교목종으로 우점종을 교체시키거나, 또 맹아주를 실생 치수로 교체할 필요가 있는 경우에는 갱신목을 확실하게 정착시키기 위한 임관목의 유효한 제거와 보조적 수단이 필요해진다. 또, 이미 말한 것처럼 과거에 이용의 정도가 강했던 잡목림은 교목종의 밀도가 낮고, 실생으로서 천연 갱신의 가능성이 적어진다. 더욱, 벌채에 의해 맹아를 반복한 수종은 그루터기가 유합을 반복해 통모양이 되고, 그곳에서 발생한 맹아지가 좋게 성장할 수 없는 것도 있다. 그 결과, 나무의 수관이 충분히 폐쇄되지 않고 숲이 조릿대나 관목으로 깔려버려 수상(藪狀)이 되는 숲이 있다.

여기서는 실생에 의한 교목종의 갱신에 필요한 임관목의 제거 작업을 인공으로 하고, 종자 산포형별로, 그 중에서도 갱신시키는 수종군의 특성과 그것들을 갱신시키기 위한 보조적인 수단에 대해서 설명한다.

(1) 인공갭을 만든다

천연림은 자연 교란으로 할 수 있는 임관 갭 안에서 갱신한다. 천연림에 가까운 방법으로 잡목림을 갱신시키기 위해서, 여기서는 자연의 임관 갭에 유사한 크기의 인공 갭을 만든다. 갭 만들기는 임관목의 벌채에 의해 행해지지만, 수확이 전제가 아니면 반드시 베어 쓰러뜨릴 필요가 없다. 활엽수의 벌채는 소경목이면 그다지 어렵지는 않지만, 수고가 10m를 넘는 것 같은 큰 나무가 되면, 밀도가 높은 숲에서는 벌채목이 주위의 나무에 걸려 버리거나, 죽은 가지가 낙하되어 위험하다. 그러한 경우에는 줄기 주위의 나무껍데기를 형성층과 함께 폭 20㎝ 정도로 둥글게 벗겨 내는 작업을(말려 죽이기)한다(사진 6). 그러한 작업에서 일부라도 형성층이 상하로 이어지고 있으면 고사하지 않기 때문에, 완전하게 처리하지 않으면 안 된다. 또, 개엽 후에 박피를 해도 잎은 곧바로 시들지 않기 때문에 갱신을 위해서 조급하게 광환경을 개선하지 않으면 안 될 때에는 2 - 3년 전에 박피를 해 두거나, 전문가에게 부탁해 약재로 처리한다.

말려 죽이기는 임상의 급격한 환경 변화를 피한다는 의미에서도 유효하다. 말려 죽인 나무는 곤충이나 균류의 먹이나 거처가 되고, 이들의 생물이 죽은 나무를 언젠가는 부후시켜 준다. 대경목이면 딱다구리나 올빼미 등의 조류나 다람쥐나 날다람쥐 등의 설치류의 둥지목으로서의 기능도 기대할 수 있다. 다양한 생물상의 회귀를 생각하고, 산림의 기능을 충실히 수행하는 것이 필요한 잡목림에 적극적으로 활용하고 싶은 방법이다.

다만, 말려 죽인 수년 후에는 부후한 가지가 강풍에 낙하하거나, 넘어지는 것이 있으므로 주의가 필요하다.

네델란드 산림연구소의 헨·코부박사와 Amsterdam 산림 공원 관리국의 관리는 천연림의 갱신 기구를 응용한 몹시 흥미로운 산림 갱신법을 취하고 있다. 그것은 근반(뿌리 뒤집히기) 갭에 의한 토양의 교란이 가져오는 다양한 종의 번식을 얼마나 갱신에 응용할 것인지 하는 것이다. 그런데 생각해낸 것이 인공적으로 근반을 일으키는 방법이다. 도르래와 체인을 편성한 체인블록을 사용하고, 선구적인 수종으로 노령화한 것을 전부 끌어 넘어뜨려 토양을 노출시키는 것이다. 필자가 Amsterdam을 방문한 1993년에 거의 계획이 완성되고, 실행되기 직전이었다.

사진 6 시서 죽은 나무를 적극적으로 만들어내는 말려 죽이기

그 후의 갱신이 어떻게 진행되고 있는지는 모르지만, 근반 갭의 갱신에 관한 몇 개의 연구 결과 이 방법은 꽤 대담하기는 하지만 생태학적으로는 유효한 갱신 방법인 것이 분명하다. 이렇게 인공적으로 갭을 만들어 갱신시키는 방법은 임업에서 택벌이라고 불리는 방법에 가깝다. 그러나 택벌에서의 갱신은 충분히 큰 나무를 선택적으로 벌채 이용한 제거의 갱신이라는 의미가 강하다. 여기서의 인공 갭에 의한 방법은 갱신 그 자체를 전제로 하고, 산림의 구조를 공간적·시간적으로, 그리고 질적으로도 보다 다양하게 유도한다는 데 의미가 있다.

(2) 종자 산포형별 천연 갱신의 방법

가시나무류, 구실잣밤나무류, 상수리나무, 밤나무, 졸참나무 등 잡목림에 대표적인 참나무과 수목의 견과는 자연스럽게 낙하하면 대부분이 모수(母樹)의 바로 아래에 떨어지므로, 모수로부터의 도달 거리는 그다지 멀지는 않다. 이곳이 풍작년이면 들쥐에 의해 모수의 수관 아래로부터 20m 정도, 카케스에서는 100m 이상 떨어진 장소까지 견과가 옮겨진다. 관동 평야의 졸참나무림에 자라고 있는 가시나무의 치수(稚樹) 등은 새나 짐승에 의해 산포된 것이다. 그러나 많은 치수의 갱신에는 역시 갱신시키는 갭에 모수가 될 수 있는 성숙한 나무가 인접하고 있는 것이 좋다.

참나무과의 실생은 큰 견과에 저축될 영양을 사용해 크게 성장하고, 그 뿌리는 보통 낙엽층이라면 쉽게 관통한다. 그러나 발아 전에 견과를 먹이로 하는 동물에게 먹히지 않고, 또 서리의 해를 면하기 위해서도, 낙하 직후에 낙엽층의 밑에 매몰되면 효과적이다.

갭 면적은 비교적 내음성에 강한 수종에서는 200 - 400㎡는 필요할 것이다. 100㎡ 이하의 작은 갭에서는 갱신수가 임관에 달하기 전에 주변 나뭇가지가 자라서 갭을 폐쇄해 버린다.

경쟁 상대의 피음 식물은 완전하게 베어 제거할 필요는 없다. 너도밤나무나 칠엽수 등은 어릴 때에 강한 빛·고온 장해를 받기 쉽다. 참나무속의 신장 성장에는 최적 조도가 높은 것이 아니라 70%정도의 그늘이 좋다. 또, 하예작업을 완전하게 하면 쥐류, 토끼, 산양 등의 동물의 먹이를 빼앗는 것이 되고, 오히려 갱신수가 해충에 피해를 입는다. 이러한 피음 식물의 제거는 갱신수의 임관이 직접 형성되는 갱신수가 사람 크기 정도에 달할 때까지 베어 제거하면 좋을 것이다.

황벽나무, 벚나무류, 음나무, 일본목련, 층층나무 등의 새에 의한 산포 종자를 갖는 수목의 갱신은 새의 채식 행동에 좌우된다. 피식 산포 후에는 매토종자로서 토양 표층에 저축되는 것이 많다. 임관이 소개(疎開)된 임상에 태양의 빛이 비쳐 지온이 상승하면, 이것들의 종자는 휴면이 해제되어 발아한다. 그러나 어떠한 수종이 어느 정도의 밀도로 발아할 것인지는 예측할 수 없기 때문에, 이 새에 의해 산포된 종자를 갖는 수종은 다른 수종의 갱신을 생각할 때에 부수적으로 생겨난 것이라고 생각해 두는 편이 좋다.

칸바류, 시데류, *Tilia japonica*, 음나무 등의 수종은 산불이나 넓은 면적의 벌채 등 강한 교란을 받은 흔적으로부터 갱신되는 유형이다. 이들의 수종은 주로 바람에 의해 종자가 산포된다. 종자는 매우 작기 때문에, 두꺼운 낙엽층으로 가려진 임상에서는 발아해도 뿌리가 광물질 흙층까지 도달하기 전에 건조해져 말라죽어 버린다. 또, 열매는 작고 그늘에 약하다. 따라서 이들의 수종을 천연 갱신시키기 위해서는 바람의 방향을 고려해 임관을 크게 벌리고, 지소(地搔, 땅을 긁는 것)로 낙엽층을 교란하는 것과 동시에, 실생에 피음시키는 관목이나 초본은 초기의 경쟁 상태에서 벗어날 때까지는 베어서 제거할 필요가 있다.

(3) 인공식재의 방법

인공식재는 천연 갱신의 경우와 같이, 인공 갭을 만드는 것이 전제가 된다. 이 경우에는, 토양 조건이나 소개된 정도에 의해 식재수종을 정하거나 또는 식재수종에 따라 갭의 크기를 결정한다. 수종에 따라 빛에 대한 요구의 정도가 꽤 다른 것에 주의해야만 한다. 가시나무류나 졸참나무류는 생육지의 빛 환경에 순화하고, 또 강한 음지에 놓여져 있던 연수가 길면 빛 환경이 개선된 뒤에도 성장의 회복이 늦어지기도 한다. 따라서 식재하는 묘목은 식재 예정지의 빛 환경을 고려해 선택할 필요가 있다.

식재하는 수종은 가능한 성장 속도가 비슷한 복수종을 혼식하도록 한다. 식재목은 빛 환경이 좋은 갭 중앙부에서 약간 북측에 고밀도가 되도록 집중시킨다. 갭 근연부는 넓어져 있기 때문에 식재할 때에는 매력적인 공간이지만, 시간이 지남에 따라 주변목의 가지가 뻗쳐 몇 년 내에 빛 환경은 악화한다.

200㎡ 정도(직경 약 16m)의 갭이면, 비교적 내음성이 높은 수종을 식재 간격이 1m 정도가 되도록, 갭 중앙부에 25 - 50그루 정도를 심는다. 이 때 천연 갱신해 온 교목종도 식재목과 같이 기른다.

나무의 도입은 정밀하게 행한다. 식재구멍은 크게 파고, 잔뿌리가 상하지 않고 근계가 충분히 발달 할 수 있도록 심는다. 식재는 가을이 바람직하지만, 봄에 이미 개엽하고 있는 묘를 식재하는 경우에는 식재 전후에 뿌리가 건조되지 않도록 충분히 주의 한다

묘는 지상부의 길이가 50㎝ 정도로, 줄기가 큰 가지와 뿌리가 견실한 것이 좋고, 길거나 작은 뿌리의 것은 피한다. 묘포장 등에서 육묘된 것은 활착이나 성장은 좋지만, 천연 갱신한 치수가 식재지 주변에 많으면 그것들을 굴취해서 이식해도 좋다.

2) 맹아 갱신

(1) 맹아지의 발생

잡목림을 벌채하면 대부분의 수종은 맹아지가 발생한다(사진 7). 맹아는 벌채에 의해 성장 호르몬의 변화가 발단이 되어 생기는 영양 번식의 한 형태이다. 맹아지는 줄기의 휴면아나, 자른 면 주변의 유상조직의 형성층에서 발달한 부정아나 뿌리눈에서 발생한다. 맹아력의 대소는 수종에 따라 다르다. 맹아력이 큰 수종은 가시나무류, 상수리나무, 밤나무, 벚나무류, 시데류, *Tilia japonica*, 졸참나무류, 오리나무 등이고, 모두 한 때 신탄림의 대표적 수종이었다.

맹아를 발생시키기 위해서는 개엽의 2 - 3주 전에 즉, 수액 유동 개시 직전의 벌채가 최적이고, 반대로 근계에 비축한 전년도의 영양 저장이 소비되어 버린 후의 늦봄에 벌채하는 것은 좋지 않다. 벌채 높이는 실생 기원의 줄기로는 지표에서 5 - 10㎝의 위치에서, 맹아 줄기로는 그 줄기의 발생 위치의 약간 높은 곳에서 한다. 그루터기가 높으면 맹아지의 발생 위치도 높게 되고, 같은 것으로부터 몇 번이나 맹아줄기를 수확하는 것이 어렵게 된다. 또, 단간화(單幹化)에 의해 용재생산을 바꾸는 경우에도, 재적이 큰 지표에 가까운 부분의 손실이 크게 된다. 더욱, 그루터기의 높은 위치에서 발생한 맹아지는 줄기의 본수를 정리 할 때에 자른 부분으로 부후균이 침입해 남겨진 줄기의 심재부에도 부후가 미칠 위험이 크다.

사진 7 자른 나무로부터 발생한 맹아

맹아가 짧은 주기로 정기적으로 행해져 왔을 때 젊은 맹아지의 몸체는 원래의 줄기의 몸체에 용이하게 연결되지만, 벌채시의 수령이 지나치게 높으면 이 연결이 능숙하게 되지 않거나 나무껍질이 두꺼워지기 쉽기 때문에, 맹아지의 발생에 실패한다. 일반적으로, 경급이 작은 그루터기의 고사율은 낮지만, 일정한 경향이 나타나지 않는 수종도 있다. 이것은 수종에 의한 특성의 차이라고도 생각되지만, 과거 벌채 회수의 차이도 영향을 주고 있을 것이다.

맹아 갱신의 보조 작업으로서 목적으로 하는 수종의 맹아지가 다른 관목류 등에 피압되지 않도록 하는 하예작업이나 제벌 등이 있고, 기본적으로는 실생 갱신과 같다. 다만, 맹아 갱신을 주로 하는 경우에도 실생 기원의 치수가 다수 발생하고 있는 것도 있다. 이러한 경우에는 발생한 실생 기원의 치수를 모두 제거해 버리는 것이 아니라, 맹아와 실생의 양방 모두의 갱신 특성을 살려 잡목림을 갱신하는 것이 중요하다.

(2) 맹아가지의 밀도 조정

맹아지는 수년 내에 수가 감소되고, 맹아지 중에서 우열이 명료해진다. 수고가 1.5 - 2m 이상이 되어도 아직 우세한 맹아지가 다수 남아 있는 경우에는, 몇 그루까지 수를 줄인다.

더욱 10 - 20년 정도에서, 맹아주 내의 줄기 경쟁의 결과가 직경이나 수고의 차이가 되어 나타나고, 우세한 줄기는 곧은 가지를 갖고 왕성한 성장을 나타낸다. 신탄림으로서 벌채하는 경우는 이 시기이다.

대경목을 기르는 경우에는 임관을 구성하는 수관을 간벌하던가 말려 죽인다. 피압된 줄기는 특히 사를 필요는 없다. 일본너도밤나무, 계수나무, *Pterocorya rhoifolia, Tilia japonica*, 졸참나무류, 일본목련 등은 자연 상태에서도 자주 다수의 맹아지기 발생하지만, 벌채를 몇 번 반복한 여러 줄기의 수목에서는 충분히 성장하지 않는 것이 있으므로, 그 경우에는 묘목식재로 건전한 개체를 보충할 필요가 있다.

사진 8 교목과 관목을 같은 임분에 기르는 이기리스의 활엽수림 관리법

3) 실생과 맹아를 조합한 영국의 갱신법

잡목림의 갱신은 실생과 맹아의 어느 쪽에 한정할 필요는 없다. 수종이나 목적에 따라서 보다 좋게 갱신 할 수 있는 방법을 채용하는 것이 좋고, 실제로 양자가 혼재하고 있는 것이 많다.

영국에서는 오래전부터 산림의 관리 방법의 하나로, 교목과 관목을 같은 임분에서 이용하여 왔다(사진 8). 임학에서는 "중림"이라고 번역되서 온 "코피스(맹아)·위즈·스탠다드(교목)"법이다. 교목은 가구재 등 용재를 채취하기 위한 것으로 유럽의 여러 나라에서 잘 사용된다. 이것은 실생 기원의 것과 단간(單幹, 하나의 줄기)화된 맹아에서 기원의 것이 있다. 맹아는 개암나무 등의 관목을 땔감재 외에, 울타리나 농업용 등의 각종 재료에 이용되는 것이 많다. 교목이 수확될 때까지 맹아는 3 - 8회 수확된다. 이 관리 방법은 산림군락의 계층을 사용한 합리적인 공간 이용 시스템이다.

2-4 다양한 생물상의 보전을 고려한 갱신 기술

신탄림의 관리에서는 활엽수림에 서식하는 생물이 필요로 하는 어떤 종류의 환경, 예를 들면, 본래 생태계에서 서서 죽은 큰 나무나 쓰러진 나무 등도 이용해 왔지만, 천연림이 보여주는 재생 단계가 다른 다양한 패치(patch)의 중요성 등은 인식되어 오지 않았다. 잡목림을 기르는 과정에서 벌채되거나, 말려 죽는 나무가 숲 내에 남는 것은 쓸데없는 것이 아니다. 벌채목은 적당한 길이로 잘라서 식용 버섯의 균을 접종해도 좋다. 이것은 목재의 분해를 촉진시키고, 곤충의 거처가 되고, 보다 빠르게 흙으로 된다. 물론 버섯의 수확도 기대할 수 있다.

그림 2 잡목림의 인공 갭에는 차세대의 교목종이 갱신하고 많은 동물이 방문한다(츠카하라 마사미 그림)

여기서 제안한 잡목림의 갱신 기술은 천연림의 갱신 단위에 가까운 모자이크 구조를 만들어내는 것이다. 인공적으로 만들어진 갭의 밝은 환경의 밑에서, 관목이나 초본이 꽃을 피우고 열매를 맺을 수 있으면, 거기에는 많은 곤충이나 새가 드나든다. 졸참나무의 그루터기에서 발생한 맹아의 성장단계에 맞추어 노랑나비나 멧팔랑나비 등 많은 나비류가 산란하기 위해 방문한다(그림 2). 천연림에서는 식물과 그곳에 서식하는 포유동물로부터 조류, 곤충, 균류에 이르기까지 온갖 살아있는 것이 유기적으로 결부되는 것에 의해 생태계가 유지되어 왔다. 영국에서는 나비류를 보호하기 위해서 항상 잡목림의 일부를 벌채해 갱신시키는 관리가 행해지고 있다. 임업의 기술을 응용하면서, 많은 생물들과의 공존이 가능한 잡목림을 갱신시키고 싶다.

(카미타니 토모히코)

3. 임상 관리와 밀도 관리

3-1 하예작업과 낙엽채취

관동 지방의 잡목림은 졸참나무-상수리나무가 우점하는 낙엽 활엽수림이 많고, 이바라키현이나 치바현의 일부에는 적송을 주된 구성으로 한 잡목림도 있다. 또, 긴키 지방에서는 적송림이 잡목림으로서 일반적이었다. 이들 숲은 모두 잠재 자연 식생의 가시나무나 구실잣밤나무군집 등에 도달하는 중간 단계의 이차림이고, 하예작업, 맹아 갱신 등의 관리에 의해 자연 천이를 정체시켜 유지해 온 것이다. 적송림은 최근 솔잎마름병에 의해 교목층을 우점하고 있던 적송이 고사하고 대부분은 졸참나무나 굴참나무가 우점하는 낙엽활엽수림으로 변화하고 있다.

1) 전통적인 기술

(1) 임상관리의 수법

졸참나무-상수리나무림이나 적송림에서는 화석 연료나 화학 비료가 보급될 때까지 연료재와 퇴비재 등을 얻기 위해서, 하예작업이나 낙엽의 채취가 계속되어 왔다. 이런 전통적인 관리 기술의 수법은 다음과 같은 것이었다.

사이타마현 이루마군 미요시마치 상부, 도코로자와 중부·하부 일대는 "삼부신전(산토

메 신덴)"이라고 불리고, 1694~1696년에 개척된 대지이다. 이 경우의 신전(新田)이란 논이 아니라 주로 밭이 되어 있는 땅을 가리킨다. 여기서는 폭 40간(72m), 안길이 357간(675m)의 단책상으로 구획된 뒤, 내부는 주택지, 경지, 잡목림(졸참나무-상수리나무림)으로 세분되고, 각 부분이 일체가 된 토지 이용이 행해졌다.

잡목림으로서 산에서의 일은 겨울에 집중되고, 12월 상순, 숲 가장자리나 임상의 풀을 베어내어 묶어 반출(선베기)한 다음에 임상의 마른 가지나 관목, 초본류를 베어내어 묶어 반출하고 우거진 졸참나무 등의 서있는 상층목을 간벌하고, 낙엽을 모아 손질했다. 이 후에 대나무로 만든 갈퀴로 낙엽을 긁어모아 암태기(8개 바사미)에 밀어 넣었다. ha당 5,000㎏전후의 낙엽의 채취가 가능했다고 한다. 또, 낙엽은 장기간 방치하면 양분이 용탈되고, 습해지거나 모으기 어려워지기 때문에 낙엽 긁기는 강우, 강설 빈도가 높아지는 2월까지 실시되었다.

가지고 돌아온 죽은 가지나 관목류는 연료재로서 이용되고, 낙엽은 주택 가까운 곳의 퇴비장소에 쌓아 경지의 비료로 활용하거나 감자(사트마이요) 모상의 양열재나 축사의 부재로서 활용되었다. 이 지역에서 가와고에 이르는 밭이 돼 있는 땅은 감자의 산지로서 유명하고, 현재에도 감자 재배 농가가 소유하는 잡목림의 일부에서는 이런 작업이 계속되고 있다. 밭이 돼 있는 땅을 유지하기 때문에 같은 관리가 계속되고 있는 졸참나무-상수리나무림은 도쿄도 하치오지시나 사이타마현 가와고에시 등에서도 보인다(사진 1, 2).

이바라키현 나카에서 히가시이바라키 니하리, 츠쿠바에 도달하는 히타치 대지에는 적송을 중심으로 한 잡목림이 넓어지고 있고, 이들 숲에서도 산에서의 일은 겨울에 행해졌다. 순서로는, 임상의 초본류 중에서 모즙이 되는 카야를 베어내고, 묶어서 반출하고, 시든 가지의 채취, 관목, 초본류의 하예작업을 끝내고, 이것들을 반출한 뒤, 위에서 말한 사이타마현의 사례와 같이 갈퀴로 낙엽을 모으고(가산엽채기), 죽총이나 밧줄로 짠 그물에 넣어 돌아 왔다. 용도나 단위 면적당의 채취 가능량도 전례와 거의 같았다.

a. 봄철

b. 여름철

사진 1. 하예작업이나 낙엽채취가 계속되는 졸참나무-상수리나무숲과 그 임상
(도쿄도 하치오지시, 1994년)

사진 2 퇴비장소에 쌓여진 졸참나무와 상수리나무의 낙엽(사이타마현 가와고에시, 1995년)

화력이 강한 적송의 가지나 열성목의 나뭇가지는 자기 집의 연료로 되고, 장작의 불씨에는 소나무 잎이 사용되었다. 그 때문에 이 지역의 적송림은 숲이 개방적이고, 강도 있는 가지치기로 입목이 두드러지는 트인 숲으로서 관리되는 것이 많았다. 이러한 숲은 야타베초 등에 산존하고 있다(사진 3). 또한 효고현 고베시와 오사카후 도요노군 노세초에서 듣고 조사한 결과, 긴키 지방의 적송림에서도 1950년까지는 같은 관리가 계속되고 있었다고 한다.

사진 3 하예작업이 계속되어 임상식생이 초원화된 아카마트숲(이바라키현 츠쿠바시, 1994년)

사진 4 약간 건조한 입지에서 젖은 땅으로 되고, 년 1회의 하예작업과 낙엽채취가 계속되는 졸참나무-상수리나무 숲의 임상 식물, *Pleioblastus chino*나 치고유리, 야브란, *Hosta sieboldiana*, *Tricyrtis macropoda* 등이 정착하고 있다(도쿄도 하치오지시, 1994년)

(2) 관리된 임상 식생의 특징

하예작업이나 낙엽채취가 매년 겨울에 계속되는 졸참나무-상수리나무림에서는 *Rhododendron obtusum*, 가막살나무, 민윤노리나무, *Lyonia ovalifolia* var. *elliptica* 등과 같은 이차림 특유의 관목류가 쇠퇴되고, 베어내기에 저항력이 있는 *Pleioblastus chino*가 키 50㎝ 정도에서 산재하고, 이른 봄부터 여름 성장형으로 반음지에 적절한 초본류가 우점하는 경향이 강하다. 사이타마현 가와고에시의 임상 식생의 조사 결과 약간 마른 입지에서는 실새풀, 애기나리, 한라잠자리난, 삽주, 미역취, 좀딱취, 풀명자나무 등, 적윤지에서는 야마유리, *Tricyrtis macropoda*, 밀나물, 씀바귀, 참취, *Synurus pungens*, 비유도리바나, 잔대 등(사진 4), 습윤지에서는 *Cardiocrinum cordatum*, 산옥잠화, 왕원추리, 산자고, *Anemone flaccida*, 킷네노카미소리, 미나리아재비 등이 많이 보인다(사진 5).

한편, 임상이 개방적으로 강도 있게 가지치기된 히타치 대지의 적송림에 대해서는 야타베에서의 조사에 의하면, 전반적으로 참억새가 우점하고, 약간 건조한 입지의 적윤지에서는 *Pleioblastus chino*, 꿀풀, 마타리, 참취, 야마유리, 애기나리, 잔대, 씀바귀, *Cirsium japonicum,* 실새풀 등이, 또 습윤한 조건에서는 산옥잠화, 진고사리, *Cirsium tanakae*, 윤판나물 등의 출현이 현저했다.

사진 5 적윤지에서 습윤지에 성립하고 년 1회의 하예작업과 낙엽채취가 계속되는 졸참나무 -상수리나무림의 임상식물. 미나리아재비나 참취, 이삭여뀌, *Cirsium tanakae* 등이 정착하고 있다(도쿄도 八王子市, 1995년).

2) 황폐한 잡목림의 개량

(1) 황폐한 잡목림의 형태

석유 등의 화석 연료나 화학 비료가 보급되기 시작한 1950년대 이후, 대부분의 잡목림에서는 하예작업이나 낙엽 채취가 행해지지 않게 되었다. 관리되지 않기 때문에 황폐한 잡목림은 관동지방에서는 임상 식생의 형태에 의해서, 2개의 유형으로 나눠진다.

매년 겨울 하예작업과 낙엽 채취가 계속되고, *Pleioblastus chino*가 산재하고 있던 졸참나무-상수리나무림에서는 관리가 정지된 이후에는 *Pleioblastus chino*가 왕성한 성장을 개시하고, 높이가 2~3m 이상에 달해 밀생상태가 번성하고 숲 내 보행이 곤란하게 되었다. 식물상과 동물상 모두 종조성의 빈화(貧化)가 현저하고, 초본층, 관목층에서는 조도 부족 외에, 조릿대의 낙엽이 두껍게 퇴적하고 있기 때문에 관목류의 종자의 발아와 실생의 정착이 진행되지 않고, *Pleioblastus chino* 단일의 우점화에 의해 편향천이의 상태에 있었다.

이러한 *Pleioblastus chino* 밀생형 졸참나무-상수리나무림은 대도시 근교에 위치하는 도쿄도 마차다시, 하치모지시, 사이타마현 우라와시, 오미야시, 이바라키현 츠치우라시, 우시쿠시 등의 구릉지에 넓게 분포하고 있다(사진 6).

토양 조건의 차이, 하예작업, 낙엽 채취 등의 생산적 식생 관리의 강도가 약하고, 관목류의 쇠퇴가 현저하게 나타나지 않았던 잡목림도 보인다. 이러한 숲에서는 하예작업 정지 이후, *Pleioblastus chino*가 밀생화하지 않고, 때죽나무, 가막살나무, 코고메우트기, 주걱댕강나무, 작살나무, 야마우그이스카그라, 감태나무, 매화오리 등 이차림 특유 종이 번창하고 점차 다음 세대 구성종인 종가시나무, 가시나무, 스다이지, 참식나무, 쥐모치, 야브트바키, 식나무, 슈로 등의 상록 활엽수가 성장·밀생화하고 있다.

이 관목밀생형 졸참나무-상수리나무림은 *Pleioblastus chino*형 분포역의 외연(外緣)으로부터 산지로 넓어지고, 도쿄도에서는 오메시, 이츠카이치시, 오쿠타마 등 사이타마현에서는 한노시, 히다카시, 히가시마츠 야마시, 치치부군 등의 지역에 나타난다(사진 7).

사진 6 *Pleioblastus chino* 밀생형의 졸참나무-상수리나무숲(사이타마현 우라와시, 1994년)

사진 7 관목 밀생형의 졸참나무-상수리나무숲 (사이타마현 히가시마츠야마시, 1995년)

표 1 방치된 이차림에 있어서의 전통적인 임상 식생의 회복 수법

<table>
<tr><td colspan="4">A. 대상지 주변의 잡목림 관리 수법에 관한 듣기 조사
하예작업, 낙엽 채취의 시기나 빈도, 하예작업을 하는 선택성 등을 듣고 조사하고, 계획 대상지 주변의 전통적인 생산 관리의 수법, 도구 등에 관한 정보를 얻는다.
B. 형태별 하예작업 수법과 식생 유도</td></tr>
<tr>
<td>Pleioblastus chino
밀생형
↓
↓
↓
Pleioblastus chino
신생형</td>
<td>① 초기 정비에서는 먼저 최초로 도입된 나무나 떨어져 죽은 가지 등을 주워 모으고, 숲 외로 반출 처분한다.
② 초기 정비에서는 임관 구성목을 없앤다. 대상지 전면의 하예작업을 겨울에 실시한다.
③ 당초 2~3년은 봄, 여름 년 2회의 하예작업을 실시한다. Pleioblastus chino가 쇠퇴되면, 년 1회의 겨울의 하예작업, 낙엽 채취, 또는 듣기 조사에 의한 전통적인 생산 관리를 실시한다.</td>
<td>관목밀생형
↓
↓
↓
관목산생형</td>
<td>① 초기 정비에서는 먼저 최초에 도입된 나무나 떨어져 죽은 가지 등을 주워 모으고, 숲 밖으로 반출 처분한다.
② 초기 정비에서는 임관구성목을 없앤다. 대상지 전면의 하예작업을 겨울에 실시한다.
③ 2년차 이후는 하예작업을 하고, 우메모드키, 가마즈미, 트크바네우트기, 히사카키, 무라시키시키브, 야마우그이스카그라 등, 대상지의 졸참나무-상수리나무림에 있어서의 전형적인 구성종에 대해 테이프 등으로 marking을 하고, 가시나무, 참식나무, 생달나무 등의 다음 세대 구성종이나 초본류만을 선택적으로 베어내는 작업으로 바꾼다. 베어내는 빈도는 상록 활엽수가 쇠퇴되고, 관목산생형의 임상 식생이 회복할 때까지의 기간, 연 1회의 여름에 실시한다.
④관목산생형의 잡목림이 회복된 후에는 듣기 조사에 기초를 두는 전통적인 하예작업 및 낙엽 채취를 실시한다.</td>
</tr>
<tr><td colspan="4">C. 하예작업 할 때 주의 사항
a. 사용 기계와 베는 방법
Pleioblastus chino나 지표직경 약2㎝ 이하의 관목류에 대해서는 어깨걸이식 하예작업기계, 그 이상의 형상의 관목류에 대해서는 체인을 사용하고, 어떤 경우에도 지표 부근에서 베어낸다.
다만, 경사지에서는 표토의 유실과 붕괴를 피하기 위해서, 관목류에 대해서는 지표로부터 10㎝ 정도는 베고 남긴다. 또, 하예작업에 대해서는 헬멧 착용을 원칙으로 하고, 안전성과 효율성을 높이기 위해서 사면의 하부에서 상부 방향으로 실시한다.
b. 베어낸 관목류 등의 처리
인력으로 몇 개의 장소에 모아 묶어, 숲 외로 반출해 처분한다.
D. 퇴적된 낙엽·떨어진 가지의 제거
장기적으로 방치된 숲에서는 낙엽·낙지가 두껍게 퇴적되어 있고, 하예작업만으로는 표토 중에 있는 졸참나무-상수리 나무림 구성종의 초본, 관목류의 종자 발아가 진행되지 않는다. 이러한 숲에서는 초기의 관목류의 하예작업 후, 갈퀴 등을 활용하여 표토의 광물질 토양이 노출될 때까지 낙엽·낙지를 일으키고, 지면상에서 종자를 낙하시키고 모아서 숲 외로 처분한다.</td></tr>
</table>

(2) 잡목림의 개량 기술

임상에 *Pleioblastus chino*나 관목류가 밀생한 졸참나무-상수리수림에 있어서, 생산적 식생 관리가 계속되고 있던 당시에는 임상 식생을 회복하는 데 표 1의 순서에 의해 개량을 진행시킨다(사진 8). 낙엽 채취에 의해 모은 낙엽은 숲 내 또는 임연 등의 반음지에 쌓아 올려 퇴비로 하는 외에, 투구 풍뎅이의 산란과 유충의 육성장으로서 활용할 수 있다. 작업에 필요한 면적당 사람의 수는 경사나 관목류 등의 번성의 정도에 따라 다르지만 실험적으로 밝혀진 결과는 표 2와 같이 정리된다.

방치된 잡목림을 개량할 때에는 목표로 하는 산림의 유형을 명확하게 해 둘 필요가 있다. 목표로 하는 산림 유형은 위에서 말한 것처럼 한 때의 잡목림으로 복원하는 경우와, 식생 천이를 진행시켜 자연림으로 복원하는 경우도 있다.

관목밀생형의 잡목림으로는 현 상태를 방치한 대로 다음 세대 구성 종의 성장에 의해 자연천이하게 되고, 자연림으로 이행하는 것이 기대된다. 그러나 다음 세대 구성종이 대상 임지 속에 현존하지 않고, 더욱이 주변의 개발에 의해 개체군이 소실되거나 쇠퇴한 종에 대해서는 자연 침입에 의한 정착이 어렵다. 특히 아카사시나 스다지이, 트크바네가시 등의 중력 산포형의 종에 대해서는 불가능에 가깝다고 생각된다. 이들 종에 대해서는, 장래 천이해 간다고 생각되는 자연도가 높은 임지로 해당하는 종의 분산 구조, 크기 구성에 관한 기초로 원래 식재에 의한 도입을 고려한다. 이 경우, 종자와 묘목은 대상지의 근처의 장소에서 얻어진 것으로 제한하는 것이 바람직하다.

대부분의 관목류가 쇠퇴, 소실된 *Pleioblastus chino* 밀생형의 잡목림에서는 조릿대의 하예작업 만을 계속해서 관목밀생형으로 유도하고 자연천이에 맡기는 단계에 이르는 장기간을 필요로 하는 것 이외에, 자연 정착이 불확정한 경우도 있다. 이러한 숲을 자연림으로 유도하기 위해서는 하예작업에 의한 *Pleioblastus chino*의 쇠퇴 후, 전자와 같은 수법에 의한 도입을 생각한다. 한편, 이차림으로서의 임분 구조를 회복시키기 위해서는 부근의 질 높은 졸참나무-상수리나무림의 종조성, 분산, 사이즈에 관한 구성 자료를 모으고, 이것에 기초를 둔 개량을 생각한다.

a. 하예작업을 한 야생화를 잔존시킨 사례(치바市泉 자연공원, 1994년)

b. 하예작업 뒤의 낙엽 채취, 표토 중의 매토 종자의 발아를 촉진한다(치바市泉 자연 공원)

사진 8 밀생한 *Pleioblastus chino*의 하예작업

표 2 기존 이차림에 있어서의 식생 관리의 평균 작업률(重松, 1991)

	조릿대 베기		밀생관목의 하예작업		선택적 하예작업		간벌	
	인원수	작업률	인원수	작업률	인원수	작업률	인원수	작업률
초등 4~6년생	3(2)인	22.2㎡	인	㎡	인	㎡	인	본
고교생	0(0)	—	0(0)	—	8(3)	13.4		
18~30세	5(3)	41.5	10(2)	29.5	10(5)	14.2	5(3)	5.3
31~45세	7(4)	59.9	11(4)	31.9	7(3)	29.0	12(3)	7.0
46~60세	9(1)*	64.4	11(2)	29.2	8(3)	24.4	8(2)	6.7
61세이상			3(0)	35.5	2(1)	26.8	3(1)	4.9
합계·평균	24(10)	55.3*	35(8)	31.5	35(15)	21.6	18(9)	6.0

주) ( )는 여성의 수 *61세 이상의 2인을 포함한 **초등학생을 제한 평균
간벌은 벌도 후의 1m 간격의 단락과, 가지의 묶음을 포함한다.

3-2 야생 풀꽃·화목의 육성

관리가 정지되고 방치된 이차림에서는, 위에서 말한 것 같이 *Pleioblastus chino*나 관목류가 왕성하게 번성하고 있다. 이러한 숲을 개량해 자생의 야생화나 나무를 육성하기 위해 대상지에 대한 사전 처리로서 표 3, 4에 나타낸 A로부터 E까지의 작업을 실시한다. 작업에는 베어 남기는 개체의 표시나 선택적인 하예작업 이외에 생태 기술자에 의한 시공·감리가 요구된다.

이 경우 밀생하는 관목류 중에 *Hydrangea scandens*, 주걱댕강나무, *Lonicera gracilipes, Rhododendron obtusum* var. *kaempferi* 등의 화목류가 잔존하고 있다. 표 4의 B에 대한 하예작업에서는 현존하는 개체에 사전에 테이프나 끈으로 표시를 하여 베지 않도록 배려한다. 임상의 낙엽·낙지나 표토 중에는 자생 야생화의 매토 종자가 포함되어 있으므로, 육성관리를 할 때에는 이 종자를 유효하게 활용한다(그림 1).

1) 야생 풀꽃의 육성

(1) 자생 개체의 육성

하예작업이나 낙엽 채취가 계속되고 있는 졸참나무-상수리나무림이나 적송림에서는 참취, 미역취, 윤판나물, *Lilium auratum* 등의 자생 들꽃이 풍부하고, 습윤한 토양의 두꺼운 사면 하부에서 곡부(谷部)에 이르는 임상에서는 얼레지나 백양꽃, *Anemone flaccida* 등의 spring에페노랄(봄식물)이 자생하고 있는 것도 있다. 또, *Pleioblastus chino*나 관목이 밀생화되고 초본류가 쇠퇴되고 있어도, 내음성이 높은 보춘화, 맥문동 등의 들꽃은 잔존하고 있는 것이 많다. 더욱이 임상의 낙엽·낙지나 표토의 표층 중에는 여러 종류의 들꽃의 종자가 매토종자로서 혼입되어 있다.

레크레이션림 등에 있어서, 이들 자원을 활용하는 것에 따라 개화 경관이 형성되기 때문에 표 3에 나타낸 수법을 적용한다. 이 표 중에 나타난 잠재 자연 식생이란, 그 토지 조건에 있어서의 자연 식생의 잠재력을 가리키는 것이고, 대상지의 지형, 토양, 자생 식물 등이 이러한 잠재력에 영향을 미치는 것으로 추정된다.

사진 9는 국영 무사시구릉 산림 공원, 사진 10은 도쿄도 미치다시 시민의 숲에 있어서 자생 야생화를 육성함으로써 형성된 임상경관이다.

졸참나무-상수리나무림의 임상에서는 하예작업이나 관목류의 벌채로 자생 얼레지를 육성관리하면, 이른 봄에 아름다운 개화 경관이 보인다. 이것들의 군락은 당초 5~6년은 연 1회 여름에 하예작업만으로 자생개체가 성장하고, 밀도 높은 군락에서는 일면의 개화를 나타낸다.

다만, 이후에도 연 1회 여름에 하예작업만 계속한다면, 임상에 낙엽·낙지가 퇴적되고, 다음과 같은 문제점이 발생한다.

① 개화 개체의 과실로부터 임상에 떨어진 종자의 발아가 순조롭게 진행되지 않고 후계 개체의 확보가 어렵게 된다.

② 낙엽·낙지에 부착해 잠복하는 얼레지 녹병균이 증식하고, 녹병이 발생한다.

③ 얼레지와 백양꽃이 혼생하고 있는 자생지의 이른 봄에는 잎의 전개 시기가 빠른 백양꽃이 잎의 전개시기가 늦은 얼레지를 점차 압도하는 경향이 강하다.

표 3 이차림에서의 자생 야생화 육성 관리

1. 방치된 이차림에서의 자생 야생화 육성을 위한 사전 처리
   A. 도목(倒木)이나 낙지의 처분
   B. 육성 대상이 되는 자생화의 표시
   C. 관목류와 육성 대상이 아닌 초본류의 하예작업(표시된 개체를 남기고 제거) 및 베어 낸 가지와 잎 등의 처리
   D. 퇴적한 낙엽·낙지를 제거하는 것에 의한 매토종자의 발아 촉진
   E. 베어 남긴 들꽃의 손상을 억제하면서 임관 구성목 간벌·지타(枝打)로 임상의 상대 조도를 조정한다.
   * E간벌은 열성나무를 중심으로 하고, 여름의 상대 조도 50%를 확보하기 위해서는 수고 10-13m, 흉고직경 20㎝ 전후의 표준적인 수림의 경우에는, 400-500본/ha이하로 조정한다.
   * A-E의 실시 적기는 들꽃 동정이 필요한 5-9월
2. 육성 관리

대상지의 잠재 자연 식생	상산-느티나무군집 가시나무군집 느티나무아군집	가시나무군집 전형아군집 가시나무군집 느티나무아군집	자금우- 구실잣밤나무군집	홍가시나무-구실잣밤나무 군집
지형	사면 하부~곡부(산기슭부사면, 골짜기의 밑바닥 평지)	사면 중부~하부	능선부~사면 중부	사면 상부~사면 하부
발아 정착 및 현존하는 주요 야생화의 종	*Tulipa latifolia** 외대바람꽃* *Cardiocrinum cortatum* 얼레지* *Lycoris sanguinea** *Salvia nipponica* 산옥잠화 좀현호색* *Anemone flaccida** 자주괴불주머니* *Aconitum japonicum* var. *montanum* *Tricyrtis macropoda* 등	둥굴레 왜승마 *Hosta sieboldiana* 큰까치수영 촛대승마 참취 낚시제비꽃 잔대 진황정 *Cirsium tanakae* 윤판나물 *Lilium auratum* 등	미역취 한라잠자리난 삽주 좀딱취 *Pertya scandens* *Ixeris debilis* 보춘화 낚시제비꽃 애기나리 등골나물 *Paraixeris denticulata* *Lilium auratum* 등	둥근배암차즈기 *Aster ageratoides* var. *semiamplexicaulis* 큰까치수영 *Pertya scandens* *Lilium japonicum* *Ixeris debilis* 자주잎제비꽃 보춘화 낚시제비꽃 *Cirsium japonicum* *Paraixeris denticulata* *Chrysanthemum makinoi*
수림의 형태	교·중목의 단층, 또는 트인 임상의 낙엽 활엽수림 (소나무림은 소나무 건조에 의한 쇠퇴의 위험성이 있다)			
임상상대 조도	①춘기성장식물 : *란의 식물이 해당되고, 봄에만 경엽을 전개해 광합성을 한다. 이런 종에 대해서는 같은 시기에 50% 전후 이상의 빛이 요구된다. 통상, 졸참나무-상수리나무림의 아교목층, 초본층을 개벌하고, 임관구성목만을 남기는 것만으로 조정할 수 있다. ②춘기~하기성장식물 : *란 이외의 식물이 해당되고, 하기에 50% 전후의 빛이 요구된다. 졸참나무-상수리나무림의 경우, 아교목층, 관목층을 개벌하고, 임관구성목의 가지를 치고, 간벌로 조정할 수 있다.			
경합 식물의 억제에 필요한 하예작업의 빈도와 시기	①춘기성장식물 : 연 1회 여름 하예작업 키트네노카미소리 자생지에서, 개화 경관을 형성하기 위해서는 본종의 착화가 8월중·하순에 이루어져야 하며, 하예작업은 7월 중·하순에 제한한다. ②춘기~하기성장식물 : 당초 2~3년 사이 연 1회 겨울 밑베기를 계속하고, 자생 들꽃의 성장에 동반하여 2년에 1회 정도 여름 하예작업을 추가한다. 이 경우, 들꽃에는 테이프 등으로 표시를 하고, 제거하지 않는다(선택적 하예작업).			
낙엽 채취	①춘기성장식물, 춘기~하기성장식물을 불문하고, 2년에 1회 정도 1~2월에 실시한다. ②낙엽채취는 들꽃의 종자의 발아와 정착 촉진, 낙엽 중의 월동 해충, 병원균 제거를 위해 중요한 관리항목이고, 표토의 광물질 토양면이 노출될 때까지 계속한다. ③이치린소우, 카타크리, 키트네노카미소리 등은 혼생하는 것이 많고, 연 1회의 하예작업을 계속하는 것만으로는 이른 봄 가장 빠르게 전엽하는 키트네노카미소리가 점차 우점화하여 타종을 압도한다. 각종의 개체군을 평형 상태로 유지하기 위해서는 2월 하순~3월 상순 키트네노카미소리의 전엽 개시 직후에 낙엽을 채취하고, 新葉을 떨어뜨림으로써 개체군의 증식을 억제한다.			

주1) 1. 잠재자연식생 및 발아 정착하는 들꽃은 관동 지방, 관서 지방의 난대를 표준으로 한다.
2. 사전 처리의 A~D는, 표 1의 순서로 실시한다. 또, B~E의 작업에는 생태 기술에 관한 시공 감리가 필요하다.
3. 도목, 죽은 가지, 하예작업, 쓰레기, 낙엽·떨어진 가지, 간벌재 등은 모두 숲 외 방출 처분한다.

표 4 이차림에서의 자생 화목의 육성 관리

1. 방치된 이차림에서의 자생 화목 육성을 위한 사전 처리
   A. 도목이나 떨어진 죽은 가지의 처분
   B. 육성하는 화목의 표시
   C. 육성종 이외의 관목, 초본류의 하예작업
   D. 베어 낸 관목이나 초본류, 퇴적한 낙엽·떨어진 가지의 제거
   E. 베고 남긴 화목을 도상 플롯하고, 육성 화목의 배치와 밀도의 검토 실시
   F. 육성 화목의 밀도 조정, 불필요한 나무는 베어 내어 처분, 편중되어 있는 자생주는 적소로 이식
   G. 육성 화목의 정지, 전정(죽은 가지의 전정, 육성주는 1주당 맹아가지 4~5본 정도)
   H. 육성 화목을 손상시키지 않도록 임관 구성목의 간벌, 가지치기와 조도 조정을 실시, 줄기와 가지의 처분
   * H의 간벌은 열성목을 중심으로 하고, 여름 상대조도 50%를 확보하기 위해서는 수고 10~13m, 흉고직경 20㎝ 전후의 표준적인 수림의 경우에는, 400~500본/ha 이하로 조정한다. 작업 실시 적기는, 화목동정의 필요성으로 볼 때 5~9월이다.

2.육성관리

육성 대상이 되는 자생 화목	관동 지방에 많은 *Hydrangea scandens*, 주걱댕강나무, 진퍼리꽃나무 近畿 지방에 많은 *Hydrangea luteovenosa*, 좀댕강나무, *Rhododendron reticulatum*, *Rhododendron macrosepalum* 상록 활엽수 : *Pieris japonica*, 동백나무 낙엽 활엽수 : 가막살나무, 덜꿩나무, 산가막살나무, 작살나무, *Lonicera gracilipes* var, *glandulosa*, 황매화
수림의 형태	교·중목의 단층, 또는 트인 임상의 낙엽 활엽수림 (소나무림은 소나무 건조에 의한 쇠퇴의 위험성이 있다)
숲 내 상대조도 (관목층)	초여름부터 하기에 대개 50% 전후 *진달래류 착화에 필요한 숲 내 상대조도 *Rhododendron reticulatum*(화기 4월 중 하순)〉30% 진퍼리꽃나무(화기4월하순~5월)〉20% *Rhododendron macrosepalum*(화기5월중 하순)〉40%
경합식물의 억제에 필요한 하예작업	1~2년에 1회 여름의 선택적 하예작업(베어낸 쓰레기는 숲 외 방출 처분)
기타	·조도조정 : 3~4년에 1회 정도 여름에 가지치기 등으로 조도를 조정하고, 매년 착화를 유지함 ·종의 경합 억제 : 선택적으로 육성된 화목류는 연수의 경과와 함께 동일종 중에서의 맹아지의 경합에 의해 착화수가 감소하는 것이 있다. 이 경우에는, 수형을 배려해 열성지를 자르고 대체한다.

주) 1. 사전 처리의 A~D는, 표 3의 순서에 의해 실시한다.
   2. 관동 지방, 관서 지방의 난대를 표준으로 한다.
   3. 도목, 죽은 가지, 밑베낸 쓰레기, 낙엽·떨어진 가지, 간벌재 등은 모두 숲 외 방출 처분한다.

이런 점을 해결하기 위해서는 2~3년에 1회 정도, 2월 하순에서 3월 상순에 낙엽 채취를 하고, 모은 낙엽을 숲 외 처분함으로써 녹균을 억제하고, 종자 발아와 실생묘의 정착을 위해서 표토의 토양면을 토출시키는 것이 중요하다. 또, 이 시기의 낙엽 채취는 이미 지하에서 지상부 부근에 나오고 있는 백양꽃의 새싹을 떨어트림으로, 일제의 번성하는 것을 억제하는 효과가 있다.

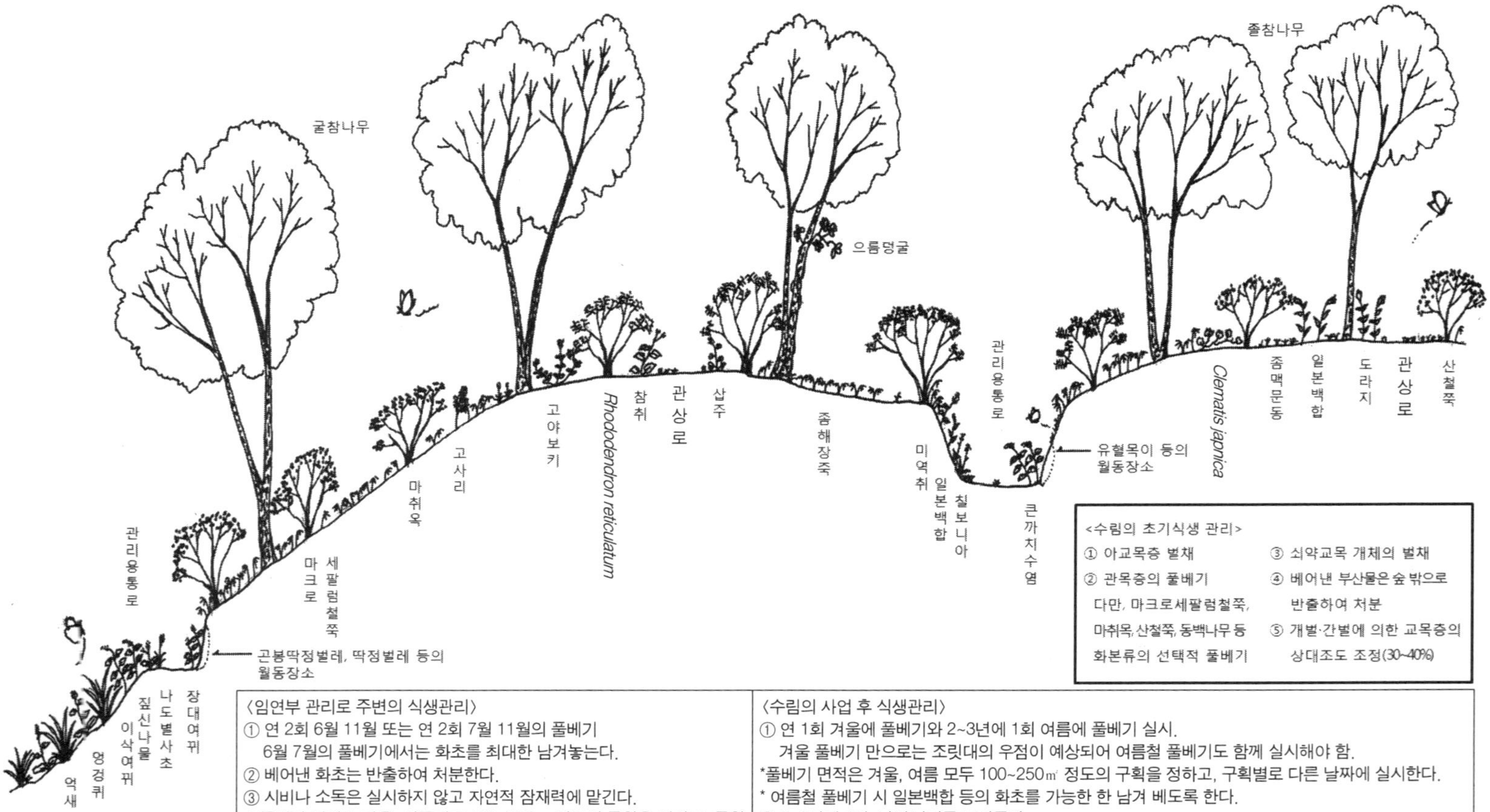

<수림의 초기식생 관리>

① 아교목층 벌채
② 관목층의 풀베기
다만, 마크로세팔럼철쭉, 마취목, 산철쭉, 동백나무 등 화본류의 선택적 풀베기
③ 쇠약교목 개체의 벌채
④ 베어낸 부산물은 숲 밖으로 반출하여 처분
⑤ 개벌·간벌에 의한 교목층의 상대조도 조정(30~40%)

〈임연부 관리로 주변의 식생관리〉

① 연 2회 6월 11월 또는 연 2회 7월 11월의 풀베기
6월 7월의 풀베기에서는 화초를 최대한 남겨놓는다.
② 베어낸 화초는 반출하여 처분한다.
③ 시비나 소독은 실시하지 않고 자연적 잠재력에 맡긴다.
* 풀베기 면적은 겨울, 여름에도 100~250㎡ 정도의 구획을 정하고, 구획별로 다른 날짜에 실시한다.

〈수림의 사업 후 식생관리〉

① 연 1회 겨울에 풀베기와 2~3년에 1회 여름에 풀베기 실시.
겨울 풀베기 만으로는 조릿대의 우점이 예상되어 여름철 풀베기도 함께 실시해야 함.
*풀베기 면적은 겨울, 여름 모두 100~250㎡ 정도의 구획을 정하고, 구획별로 다른 날짜에 실시한다.
* 여름철 풀베기 시 일본백합 등의 화초를 가능한 한 남겨 베도록 한다.
② 2~3년에 1회, 낙엽·낙지를 모아둔다.
③ 베어낸 부산물과 낙엽·낙지는 숲밖으로 반출하여 처분하도록 한다.
④ 3~4년에 1회, 가지치기 및 간벌을 통하여 산대조도 조정을 실시(30~40%)
⑤ 시비와 소독은 실시하지 않고 자연적 잠재력에 맡긴다.

사진 9 봄부터 여름 성장형의 자생 야생 들꽃의 육성사례
Lilium auratum, 등골나물, 큰까치수영 등의 증식이 인정된다
(사이타마현 국영 무사시구릉 산림공원, 1989년)

사진 10 춘기 성장형의 자생 야생 들꽃의 육성사례
얼레지나 백양꽃 등의 증식이 인정된다
(도쿄도 마치다시 시민의 숲, 1988년)

(2) 식재나 파종에 의한 육성

산림 공원을 시작으로 한 휴양림의 길가나 야생초원 등에서는 경관이나 전시를 목적으로, 재래의 야생 들꽃의 파종이나 식재를 하고, 하예작업이나 간벌 등에 의한 빛 조건의 조정과 경합하는 식물을 억제할 정도의 조방적인 관리로 육성하는 방법이 취해지고

있다. 지금까지의 연구에서, 식재, 파종이나 증식의 수법이 실험적으로 연구되고 있는 것은 미역취, 얼레지, 도라지, 백양꽃, *Lilium japonicum* 등이다. 이것들의 수법은 표 5와 같이 정리된다.

*Pleioblastus chino*나 조릿대의 번창이 현저한 임지가 대상이 되는 경우에는, 시공을 실시하기 2 - 3년 전부터 연 2회 5월과 8월에 하예작업을 실시하여 *Pleioblastus chino*나 조릿대를 사전에 억제해 두는 것이 중요하다. 또, 이러한 임지에서는 조릿대류의 낙엽·낙지가 임상에 두껍게 퇴적하여 식재종을 심는 데나 실생의 번식에 부적합하므로, 하예작업과 동시에 이것들을 반출해 처분하는 것이 바람직하다.

표 5 야생 들꽃의 도입 수법과 육성 관리 지침

항목	종류	미역취	얼레지	도라지	*Lycoris sanguinea*	*Lilium japonicum* (*L. auratum*)
성장 과 개화	전엽 영양성장	4-11월 하순	3-5월 중순 이후, 지상부 줄기와 잎 고사	4-10월	2-5월 이후, 지상부경엽고사	4-10월까지
	개화	10월 上中순~11월 하순	3-4월	통상 6월 상순~8월중 하순	8월 상순 ~ 하순 (무엽상태)	6월중순~ 7월중순 (7월중순~8월상순)
도입 적지	임종	낙엽 활엽수림 소나무림	낙엽 활엽수림 (졸참나무-상수리나무림)	낙엽 활엽수림 소나무림	낙엽 활엽수림 (졸참나무-상수리나무림)	낙엽 활엽수림 소나무림
	지형	사면 上中部	사면 하부~계곡부(북쪽 사면) (경사30° 이하)	능선부~사면 하부	사면 하부 ~ 계곡부 (경사30° 이하)	사면 중하부
	지표식물	민윤노리, *Rhododendron obtusum* 등 이차림 구성종. 조릿대류 번창지는 피한다.	*Anemone flaccida*, 상산, 황매화, *Hydrangea macrophylla* subsp. *serrata* 등	민윤노리, *Rhododendron obtusum* 등 이차림 구성종. 조릿대류 번창지는 피한다	*Anemone flaccida*, 상산, 원추리, 황매화 등	가막살나무, 작살나 무 등 이차림 구성종. 조릿대류 번창지는 피한다
	임상상대 조도	하기: 50% 전후	춘기: 40-50%	하기: 50% 전후	춘기 : 40-50%	하기: 50% 전후
도입	종자 채취의 적기	10월 중순~11월, 종자가 익고, 관모가 발달해 바람에 날리기 직전에 채취하고 짓두르지 않도록 가지고 돌아온다. 이것들은 바람에 건조시킨 후, 관모를 채취하여 파종까지의 기간 동안 비닐자루에 넣어 냉장고에 보존한다.	4월 하순~5월 하순 과실에 접촉하려고 열개(裂開)하고, 갈색의 종자가 떨어지는 상타에 있을 때	7월하순~8월,과실이 갈색으로 바뀌고, 강하게 접촉하려고 열개하고, 흑색의 종자가 떨어지는 상태에 있을 때 채종한 종자는 비닐자루에 넣어 파종까지의 기간동안 냉장고에 보존한다.	8월 하순~9월 상순, 과실에 강하게 접촉하기 위해 열개하고, 흑색의 종자가 떨어지는 상태에 있을 때	9월 하순~10월, 과실이 갈색으로 바뀌고, 강하게 접촉하려고 열개하고, 갈색의 종자가 떨어지는 상태에 있을 때 채종한 종자는 비닐자루에 넣어 파종까지의 기간동안 냉장고에 보존한다.
	식재생산을 위한 파종, 임상에로의 직파	식재실시으 2년 정도 전부터 묘포를 확보하고, 산출(山出)용으로 비닐폿트(직경 5-10㎝ 전후)에 의한 생산을 고려한 종자는 4-5월 통상 들꽃과 같이 양묘판 등에 상시(床蒔)하고, 본잎이 1-2매 나온 단계에서, 1-2본씩 포트에 심고 2년생 모종으로서 육성한다.	하예작업과 낙엽채취를 끝낸 임상에 있어서, 지표면을 긁어 일으키고 토양면의 작은 요철사이에 종자가 담겨지도록 뿌리고, 그 위에 크고 작은 낙엽을 펼친다. 파종지의 미지형으로서는 종자의 유실을 억제하기 위해 사면의 뒤쪽은 피한다.	식재실시의 2년정도전부터 묘포를 확보하고, 산출용으로 비닐포트(직경 5-10㎝전후)에 의한 생산을 고려한 종자는 4-5월 통상들꽃과 같이 양묘판 등에 상시하고, 본잎이 1-2매 나온 단계에서 1-2본포트에 심고, 2년생 모종으로서 육성함	하예작업과 낙엽채취를 끝낸 임상에 있어서, 지표면을 긁어 일으키고, 토양면의 작은 요철사이에 종자가 담겨지도록 뿌리고, 그 위에 크고 작은 낙엽을 펼친다. 파종지의 미지형으로서는 종자의 유실을 억제하기 위해 사면의 뒤쪽은 피한다.	하예작업과 낙엽채취를 끝낸 임상에 있어서, 지표면을 긁어 일으키고, 토양면의 작은 요철사이에 종자가 담겨지도록 뿌리고, 그 위에 크고 작은 낙엽을 펼친다. 파종지의 미지형으로서는 종자의 유실을 억제하기 위해 사면의 뒤쪽은 피한다.

육성 관리	임상에로의 식재	새싹이 전개되기 시작하는 4월 상순~중순에, 생산한 포트묘를 식재지로 운반한다. 이 이후의 작업은 도라지에 준하여 실시한다. 다만, 식재시기에 대해서는 6월중·하순부터의 장마기에도 가능하다	전개 잎이 시드는 5-6월 자생지에서 굴취하고, 뜨지 않도록 식재지에 운반한다. 다음에 하예작업과 낙엽채취를 끝낸 임상표토를, 30㎝깊이 정도까지 경운하고 큰돌이나 대형의 근계를 제거한 뒤, 줄기 길이의 3배정도의 깊이에 심어 모은 복토 대신, 채취한 낙엽을 덮어 식재를 완료한다. 줄기의 채취는 밀생한 자생지에 제한한다.	새싹의 전개 직전의 3월하순~4월上中순, 생산한 포트묘를 식재지로 운반한다. 다음에 하예작업과 낙엽채취를 끝낸 임상표토를, 30㎝깊이 정도까지 경운하고, 큰돌이나 대형의 뿌리를 제거한 뒤, 새싹이 지표면에 나올 정도에 심어 주어서 복토하고, 초기관수(初期灌水)만을 한다. 식재간격은 30-40㎝이상으로 한다.	전개한 잎이 시드는 5-6월 자생지에서 줄기를 굴취해서 모으고, 뜨지 않도록 식재지에 운반한다. 다음에 하예작업과 낙엽채취를 끝낸 임상 표토를, 30㎝깊이 정도까지 경운하고 큰돌이나 대형의 근계를 제거한 뒤, 줄기의 앞이 지상면에 접할정도로 얕게 심어 복토하고, 다시, 취한 낙엽을 씌운 줄기의 채취는 밀생한 자생지에 제한한다.	본종은 자생지에서의 개체군의 밀도가 낮은 경우가 많아 자생개체의 山取り을 억제하기 때문에, 편(조각)으로 도입한다. 전개한 잎이 죽는 10-11월 자생지에서 최소한의 줄기를 파서 굴취한 뒤 1본씩 박피하여 식재재료로 한다. 다음에 하예작업과 낙엽채취를 끝낸 임상을 30㎝깊이 정도까지 경운하여 큰돌이나 대형 근계를 제거한 뒤, 지하 10-15㎝의 위치에 조각을 20-30㎝간격으로 뿌려 복토하고, 채취한 낙엽을 씌운다.
	경합 식물 억제	년1회 겨울에 하예작업을 계속하고, 여름풀이 번창하면 연 1-2회 여름에 경합 식물을 선택적으로 하예작업 한다.	연 1회 여름 (단, 여름의 임상상대 조도 10% 전후의 조건 아래)	연 1회 여름종료 직후의 7월 하순에 하예작업을 실시. 경합 식물의 번창이 현저한 장소에서는 5월에 선택적 하예작업을 추가한다. 또한, 7월 하순의 밑베기에 대해서는, 도라지도 동시에 베어서 취한다.(주2)	년1회 7월 上中순의 화경 신장전 (단, 여름의 조도가 50% 전후의 경우, 초여름에 하예작업을 추가)	연 1회 겨울에 하예작업을 계속하고, 여름풀이 번창하면 연 1-2회 여름에 경합 식물을 선택적 하예작업 한다.
	병해 방제	진딧물, 흰가루병의 피해가 큰 경우는 억제한다.	얼레지녹병, 방제에는 얼레지의 경엽이 누렇게 말라죽는 4월하순~5월에, 피해 잎을 모아서 소각 큰 피해 때는 수년간 동 시기에 낙엽 채취를 계속, 낙엽·낙지는 소각처분	도라지플럼의 피해가 큰 경우는, 억제한다.	특히 없음	특히 없음
	실생증식	하예작업, 낙엽 채취에 의해 토양 표면을 노출시키고, 발아 조건을 정돈할 필요가 있다				

주) 1. 도입을 할 때 배려 사항

a. 생육 가능 초종의 선정: 계획지와 그 주변에 자생하고, 관리상, 무시비·무관수에서 정착, 착화한다고 생각되는 종을 대상으로 한다.

b. 종자와 식재식물의 채취: 지역 개체군 보전의 관점에서, 채취지는 계획지와 그 근처의 자생지에 한정한다.

2. 7월 하순의 하예작업에 의해서, 사면 중하부에서는 가을의 제2 차례의 개화기가 얻어진다. 하예작업된 도라지는 베어내어 땅에 놓아두어 종자를 임상에 확보한다.

3. 관동, 긴키 지방의 온난대로부터 냉온대 하부의 기존 이차림 대상

2) 자생 화목의 육성

자생 화목을 육성하여 임상 경관의 형성을 도모하기 위해서는 대상지의 잡목림이 위에서 말한 관목형인 것이 중요한 요건이다. 이것은 조릿대 밀생형의 임지에서는 이미 관목류의 대부분이 쇠퇴되고 있는 것이 많기 때문이다.

졸참나무-상수리나무림, 소나무림 등의 잡목림에 자생하는 화목은 관동과 긴키 지방의 도시 근교의 숲에서 크게 나누어 정리하면 표4와 같다. 관동 지방에서는 *Rhododendron obtusum*, 긴키 지방에서는 *Rhododendron reticulatum*, *Rhododendron macrosepalum* 등의 진달래류가 군생하는 임지가 분포하기 때문에, 계획지 내에 이러한 특징적인 임지가 포함되는 경우에는 유효하게 활용하고 싶다(사진 11, 12).

사진 11 자생화목 *Rhododendron obtusum*의 육성 사례(福井縣 勝山市, 1992년)

사진 12 자생화목 *Rhododendron reticulatum*의 육성 사례(와카야마현 하시모토시, 1982년)

자생 화목의 육성 관리 순서는 표 4에 정리했다. 원칙적으로는 자생 화목의 선택적인 간벌에 의한 육성을 생각한다. 또, 임상에 육성하는 화목의 밀도는 5m×5m사방으로 1그루 정도를 표준으로 하고, 이용 형태나 원로로부터의 관상상의 위치 관계를 원래대로 변화하도록 하는 것이 바람직하다.

한편, 관리 정지 후, 긴 기간이 경과된 잡목림에서 베어내고 남겨진 화목류는, 다른 종이나 동일 개체 내에서의 맹아지 간의 경쟁에 의해 웃자라거나, 화아가 형성되지 않게 되고, 맹아지의 대부분이 고사하는 경우가 있다. 이들에 대해서는 표 4의 임지 정비 후, 다음의 처리를 한다. 먼저, 죽은 맹아지는 지표로부터 베어 버리고, 도장지가 대부분을 차지하는 개체에 대해서는 지표로부터 10㎝ 정도 남기고 가지 전체를 베어 돌린 후, 다시 맹아 갱신을 시킴으로써 우세한 맹아지를 3-5본 정도 남기고, 2-4년 사이 연 1회 여름에 열세한 가지를 잘라내고, 우세한 가지에 의한 수세와 수형의 회복을 고려한다.

3-3 잡목림의 소동물

1) 곤충류의 서식 환경으로서의 잡목림

졸참나무-상수리나무림을 시작으로 한 잡목림에서는, 종래, 하예작업이나 낙엽 채취, 정기적 벌채, 간벌이라고 말한 생산적 식생 관리에 의해 유도되는 식생과, 그러한 환경에 의존하는, 투구풍뎅이나 왕오색나비, 시가도귤빛부전나비 등의 곤충류가 다수 보인다.

또, 잡목림은, 그 주위의 산골짜기의 도랑, 논, 이랑, 제방, 저수지라고 말한 토지 이용과 일체가 되고, 생물적으로는, 상호 의존적인 환경을 보관 유지하고 있다.

(1) 나비류

제비나비나 남방제비나비 등의 나비류는 벌채흔적이나 숲 가장자리에 생육하는 머귀나무나 초피나무 등에 산란하고, 이들 수목이 유충의 먹이가 되고, 벌채흔적의 갭이나, 하예작업된 임상이나 숲 가장자리에 생육하는 *Cirsium japonicum*, 등골나물, *Lilium auratum* 등은 성충의 흡밀식물로서 중요한 기능을 수행하고 있다. 시가도귤빛부전나비는 졸참나무나 상수리나무가 맹아 갱신된 뒤, 수년까지의 어린 지엽에 산란해 세대를 계승하기 때문에, 성숙한 교목림만으로는 개체군을 유지하는 것이 어렵다. 이 경향은 귤빛부전나비에서도 보여진다.

그림 2는 화고현 고베시 북구의 잡목림을 중심으로 한 마을산에서, 나비류의 확인 지점을 표시한 것이다. 이 일대에서는 6월 상순부터 하순에 총 24종이 관찰되었다. 이것들의 대부분이 숲 가장자리와 얼마 안 되는 면적을 차지하는 벌채 제거지(그림 중의 별표)에 집중했다. 생산 관리가 행해지고 있던 당시 먹그늘나비, 히카게나비, 애물결나비, 부처나비 등의 종류는 하예작업 된 숲 내에, 제일줄나비, 네발나비, 남방제비나비, 애기세줄나비, 왕자팔랑나비 등의 종류는 벌채 후 연수가 경과되지 않은 임간 갭이나 그 숲 가장자리에 생활하고 있던 것이라고 생각된다. 정기적 벌채에 의한 맹아 갱신이나 하예작업이 실시되지 않게 된 현재에는 이것들의 서식지의 일부가 거의 완전하게 소실되고 있다.

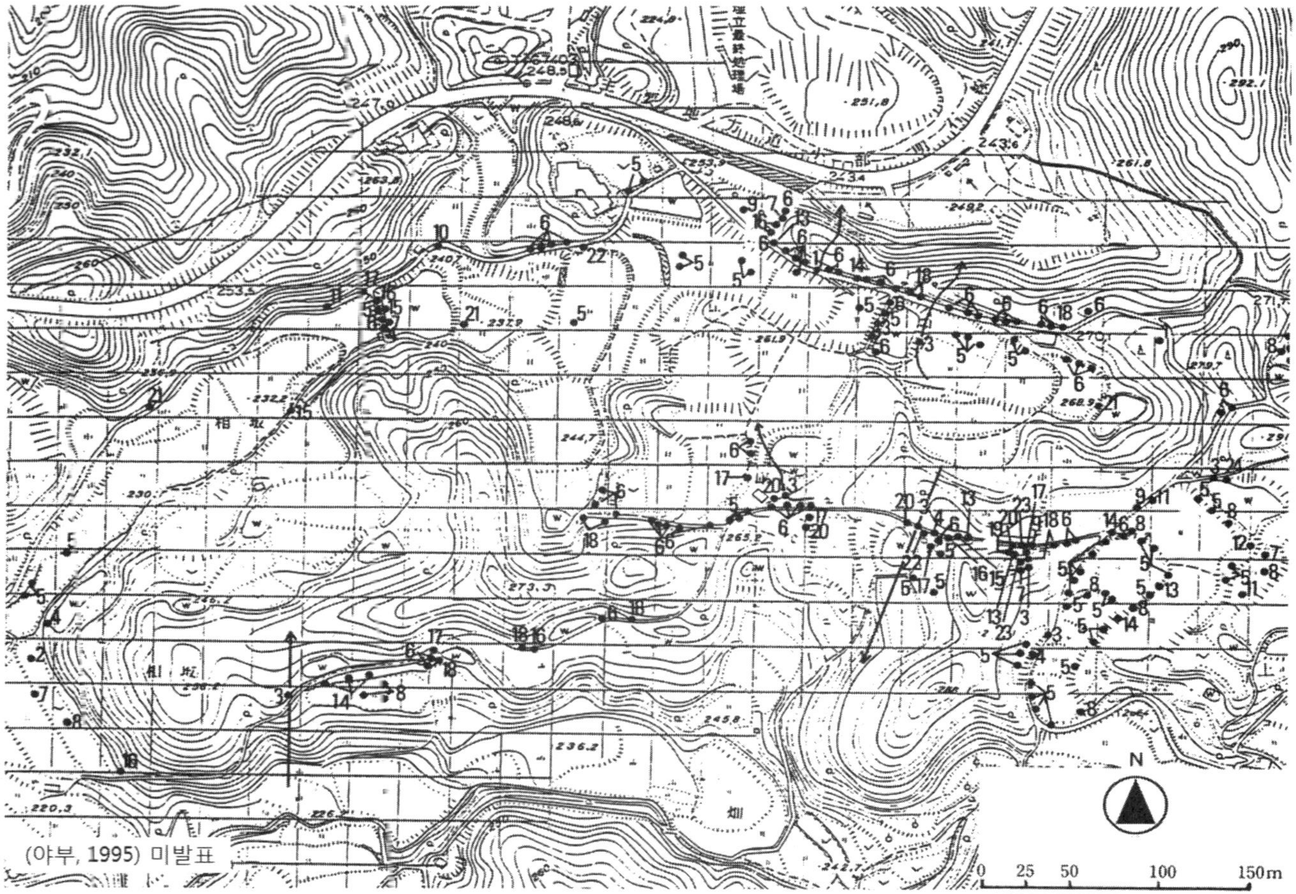

1. 호랑나비
2. 산호랑나비
3. 무늬박이제비나비
4. 남방제비나비
5. 배추흰나비
6. 큰줄흰나비
7. 남방호랑나비
8. 노랑나비
9. 뿔나비
10. 거꾸로 여덟팔나비
11. 큰멋쟁이나비
12. 네발나비
13. 흰줄표범나비
14. 암검은표범나비
15. Limenitis giorifica
16. 애기세줄나비
17. 애물결나비
18. 부체나비
19. 먹그늘나비
20. 시실리 그늘나비
21. 모름
22. 암먹부전나비
23. 오아자팔랑나비
24. Neopegoschkevitschii

그림 2 방치 이차림에서 나비류의 분포상황(효고현 고베시 북구)

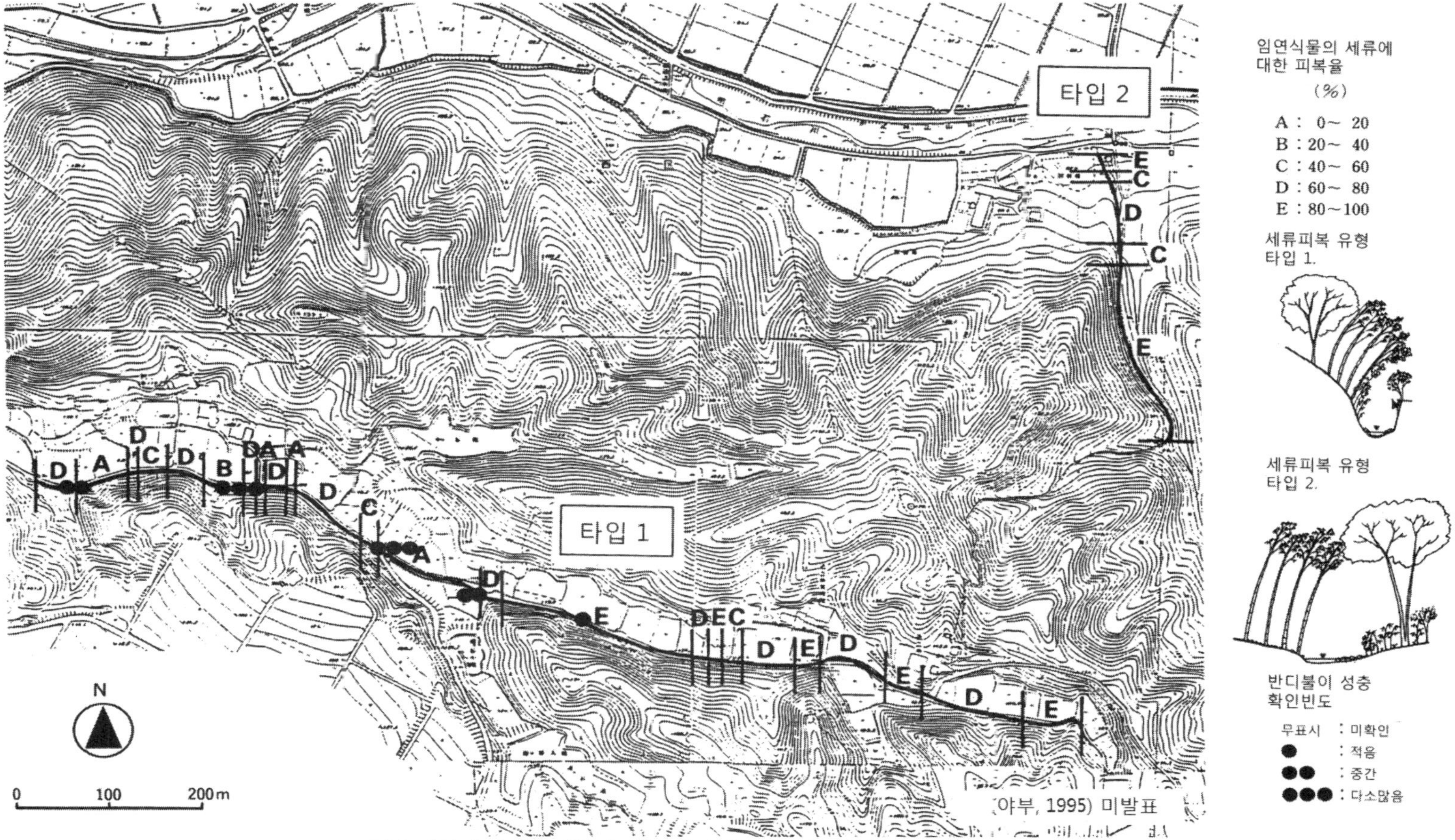

그림 3 야산의 산기슭 세류에 대한 임연식물의 수면피복률과 반딧불이의 확인 상황

(2) 잠자리류

밑베기가 계속되는 임상이나 벌채에 의해 형성되는 갭은 골짜기의 논이나 저수지에서 우화한 두점박이좀잠자리나 애기좀잠자리 등의 좀잠자리속의 종류나, 자실잠자리, 가는실잠자리, 잘룩허리왕잠자리, 먹줄왕잠자리 등의 먹이 장소나 휴게 장소가 되고 있었다.

이 중 잘록허리왕잠자리의 성충은 논두렁 가장자리의 흙탕물에 산란하고, 알에서 깨어난 유충은 다음 해 6월 하순~7월에 우화한다. 그 후, 낮에는 골짜기의 하예작업이 실시된 잡목림의 임내나 숲 가장자리에서 휴식을 취하거나 날아다니고, 저녁에는 사면림에 둘러싸인 논의 상공에서 무리를 지어 비행하고 섭식한다.

또, 골짜기 사면의 잡목림의 하부를 흐르고, 농지에로의 일조 확보나 이랑의 통행을 위해서, 베어서 개방 수면이 확보된 세류는 장수잠자리, 쇠측범잠잠자리, 산측범잠자리, 담색물잠자리류, 검은물잠자리 등의 주요한 번식 공간이 되고 있다.

(3) 반딧불이

그림 3은 고베시 북구를 대상으로, 마을 산의 산기슭을 흐르는 세류의 수면에 대한 수관이나 망토 군락 구성 식물의 피복율과, 반딧불이 성충의 상황과의 관계를 나타낸 것이다. 이 그림으로부터 반딧불이의 확인 지점은 수면의 피복율이 낮은 구간에 집중하고, 80-100%의 구간에서 감소하는 경향이 명확하다는 사실을 알 수 있다. 일찍이 수로의 유지나 논에로의 일조 확보를 위해서, 임상 하예작업이나 잡목림의 정기적 벌채가 행해질 때에는 개방적인 수면이 보다 넓은 구간에 걸쳐 유지되고 있던 것이라고 생각된다.

(4) 곤충류의 번식 환경과 식생 관리의 문제점

현재의 잡목림에서는 하예작업이나 나무 밑부분의 정지에 동반하는 임상이나 숲 주변에서의 관목류, 조릿대류의 밀생화, 정기적인 맹아 갱신에 의해 생기는 수령이 낮은 산림이나 임간 갭의 감소, 번식 환경의 균질화, 단순화 현상이 현저히 나타난다. 일부에서는, 다음 세대의 교목층 우점종인 가시나무나 종가시나무가 아교목층이나 관목층에까지 출현하고 있다.

이 때문에 잡목림과 그 생산적 식생 관리에 의존하고 있던 곤충류의 대부분은 번식 환경을 잃어 감소하는 일이 발생한다. 또, 생산력이 낮은 산골짜기의 농지는 휴경, 폐전 등에 의한 황폐화가 현저하고 이랑, 제방, 논의 소실, 숲 주변식물의 번성으로 세류의 피음 등, 생산 구조의 변화에 의해서 잡목림에 의존하고 있던 곤충류의 감소가 계속되고 있다.

2) 양서·파충류의 번식 환경으로서의 잡목림

마을산의 양서류 중에서 특히 잡목림과의 관계의 강한 종은 *Rana japonica*, 산개구리, 두꺼비, 청개구리, *Hynobius nebulosus*(가스미도롱뇽), *Hynobius tokyoensis*(트우쿄우도롱뇽) 등이고, 파충류로는 도마뱀, 장지뱀, *Elaphe quadrivirgata*, 유혈목이 등이다.

(1) 양서류

청개구리의 성체는, 골짜기의 논 안의 웅덩이나 배수용의 얕은 도랑에 산란하는 것이 많고, 성체는 논에 인접한 산기슭 잡목림의 임상이나 임연에서 생활하고 있다. 또, 두꺼비는 산골짜기에서는 저수지의 얕은 여울에서 산란하고, 성체는 약하게 하예작업 된 임지의 바위그늘 등에 잠복하고 있는 것이 많다. 가스미도롱뇽이나 트우쿄우도롱뇽도, 거의 같은 번식 환경을 선택하지만, *Rana japonica*보다도 습윤인 임지를 좋아하는 경향이 강하다.

하예작업이 정지되어 조릿대류나 관목류가 밀생 상태로 번성하면, 이들의 종류는 임상에서의 이동에 지장(支障)을 받고 낙엽·낙지가 두껍게 퇴적한 표토에 조릿대류 등의 뿌리줄기가 밀생하면, 구멍을 판 땅 속에 월동하는 것도 곤란해진다. 특히 유생으로부터 성체가 된 직후의 도약력이 부족한 젊은 개체(1㎝ 전후)는 미분해된 낙엽·낙지가 퇴적되면, 이로 인해 임상에서의 이동이 어렵게 된다.

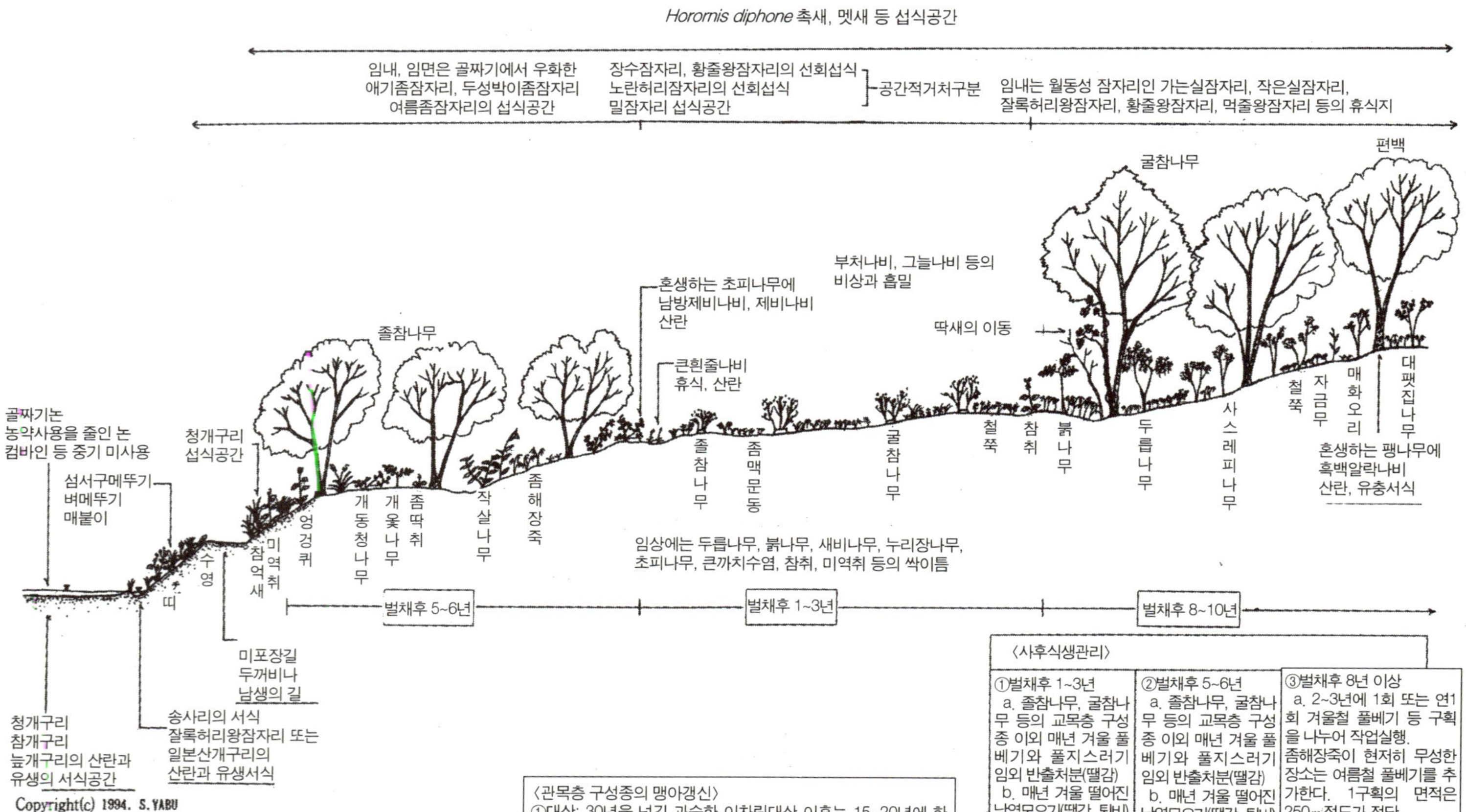

〈관목층 구성종의 맹아갱신〉
①대상: 30년을 넘긴 과숙한 이차림대상 이후는 15~20년에 한 번씩 계속 실행
②시기: 겨울
③방법: a.아교목, 관목층수목의 벌채와 가지/줄기반출
b.교목응수목의 벌채와 가지반출
④면적: 1회의 개별면적은 250㎡정도로 하고 구획을 설정하고 실행한다.

〈사후식생관리〉

①벌채후 1~3년	②벌채후 5~6년	③벌채후 8년 이상
a. 졸참나무, 굴참나무 등의 교목층 구성종 이외 매년 겨울 풀베기와 풀지스러기 임외 반출처분(땔감) b. 매년 겨울 떨어진 낙엽모으기(땔감, 퇴비) c. 교목층 구성종의 맹아지의 조정. 2~3개로 자르고, 그 외는 풀베기 할때에 전정한다.	a. 졸참나무, 굴참나무 등의 교목층 구성종 이외 매년 겨울 풀베기와 풀지스러기 임외 반출처분(땔감) b. 매년 겨울 떨어진 낙엽모으기(땔감, 퇴비) c. 교목층 구성종의 맹아지의 적정한 가지치기	a. 2~3년에 1회 또는 연1회 겨울철 풀베기 등 구획을 나누어 작업실행. 좀해장죽이 현저히 무성한 장소는 여름철 풀베기를 추가한다. 1구획의 면적은 250㎡정도가 적당 b. 2~3년에 1회 풀지스러기, 낙엽, 낙지를 모아 야외로 갖고나와 처분한다. c. 15~20년에 1회 정도 맹아 갱신 실행

그림 4 잡목림의 생물보전을 위한 육성 관리①

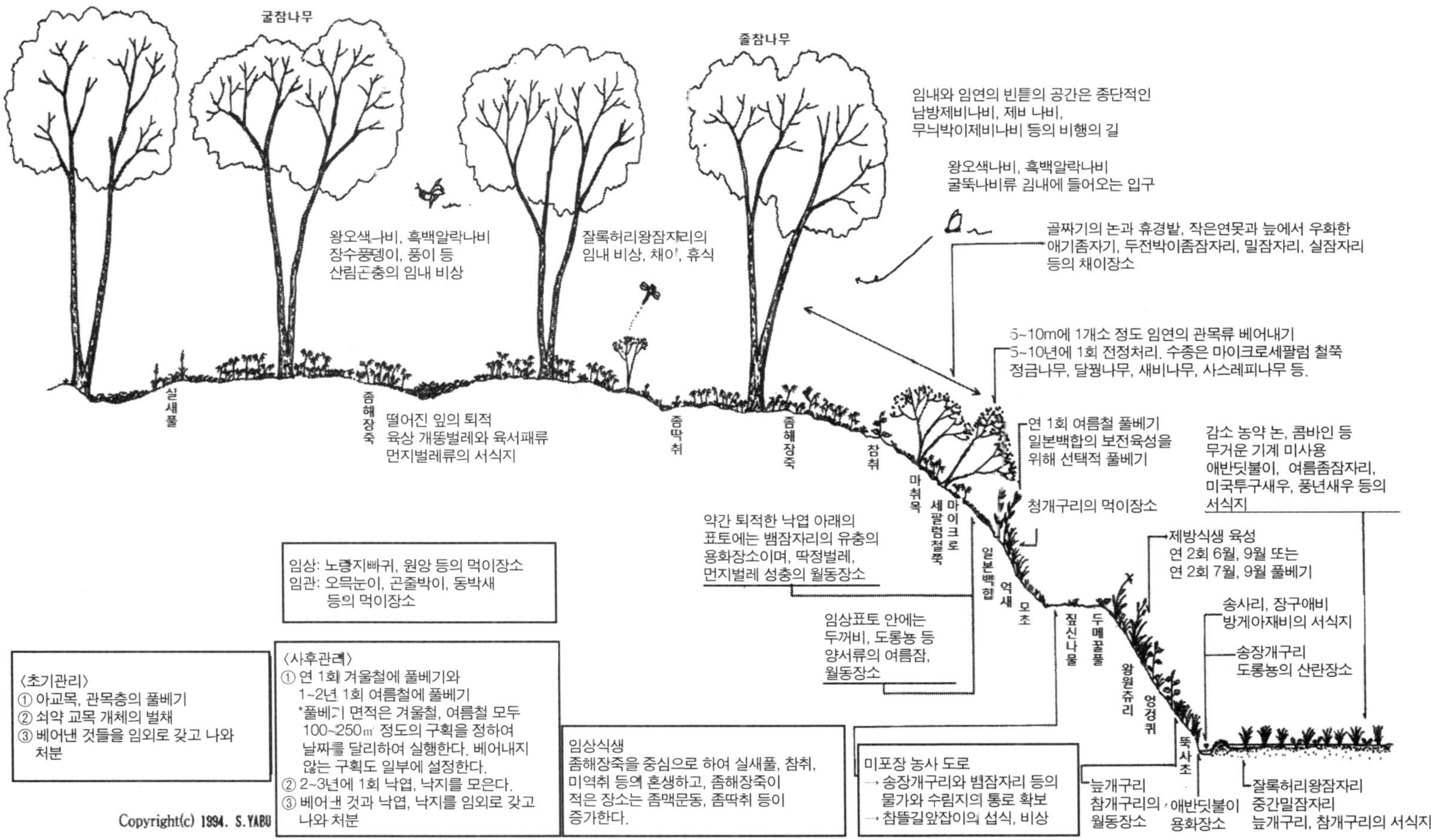

그림 5 잡목림의 생물보전을 위한 육성 관리②

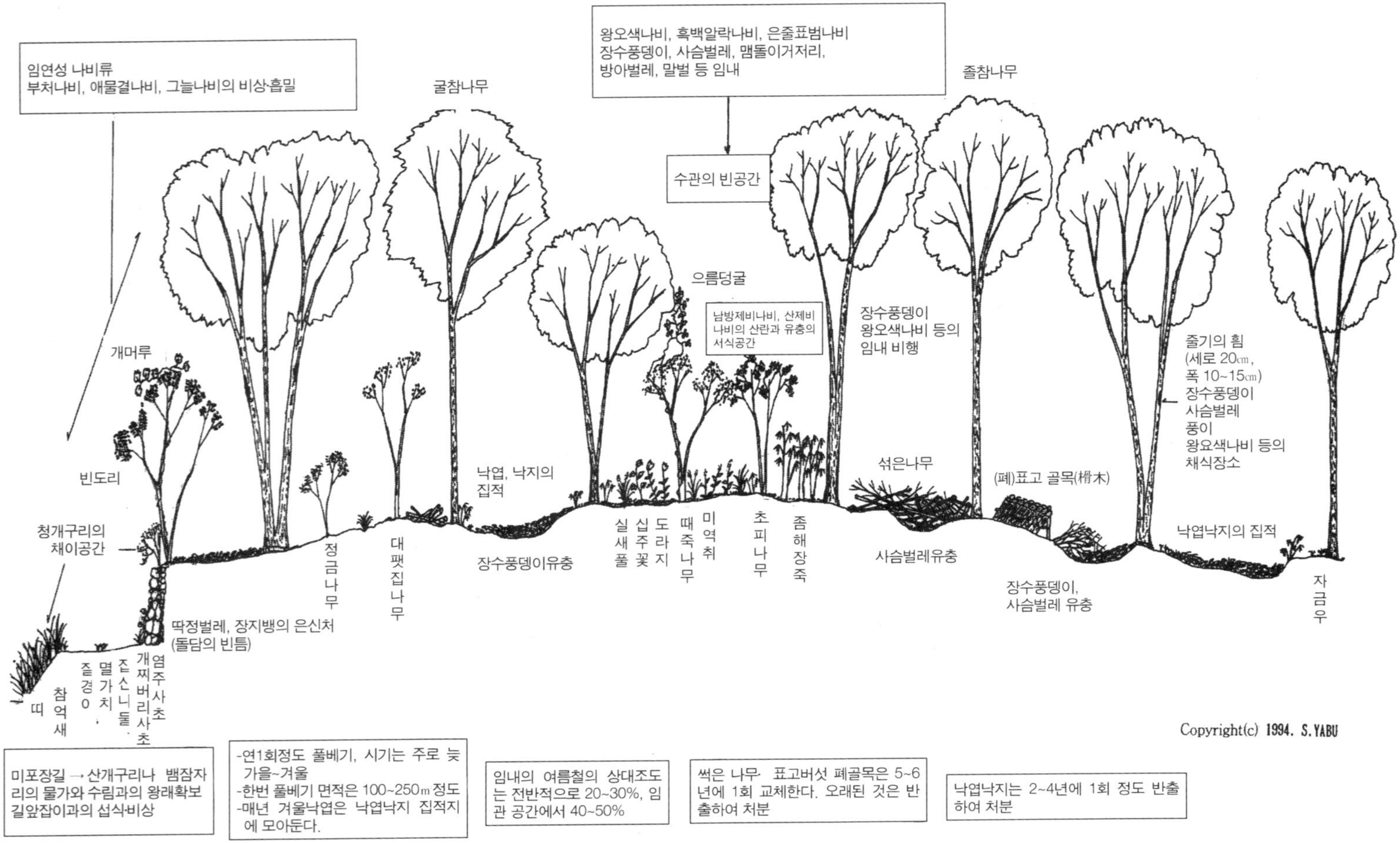
임연성 나비류
부처나비, 애물결나비, 그늘나비의 비상·흡밀
굴참나무
왕오색나비, 흑백알락나비, 은줄표범나비
장수풍뎅이, 사슴벌레, 맴돌이거저리,
방아벌레, 말벌 등 임내
졸참나무
수관의 빈공간
으름덩굴
남방제비나비, 산제비나비의 산란과 유충의 서식공간
장수풍뎅이
왕오색나비 등의
임내 비행
줄기의 흼
(세로 20㎝,
폭 10~15㎝)
장수풍뎅이
사슴벌레
풍이
왕요색나비 등의
채식장소
개머루
빈도리
청개구리의
채이공간
낙엽, 낙지의
집적
섞은나무
(폐)표고 골목(榾木)
낙엽낙지의 집적
정금나무
대팻집나무
장수풍뎅이유충
실새풀
십주꽃
도라지
때죽나무
미역취
초피나무
좀해장죽
사슴벌레유충
장수풍뎅이,
사슴벌레 유충
자금우
딱정벌레, 장지뱀의 은신처
(돌담의 빈틈)
띠
참억새
멸가치
개찌버리사초
염주사초
미포장길 → 산개구리나 뱀잠자리의 물가와 수림과의 왕래확보
길앞잡이과의 섭식·비상
-연1회정도 풀베기, 시기는 주로 늦가을~겨울
-한번 풀베기 면적은 100~250m 정도
-매년 겨울낙엽은 낙엽낙지 집적지에 모아둔다.
임내의 여름철의 상대조도는 전반적으로 20~30%, 임관 공간에서 40~50%
썩은 나무· 표고버섯 폐골목은 5~6년에 1회 교체한다. 오래된 것은 반출하여 처분
낙엽낙지는 2~4년에 1회 정도 반출하여 처분

표 6 잡목림을 대표하는 곤충류의 육성관리

장수풍뎅이

a.생활환

본종의 산란은 통상 8-9월경 퇴비장 등의 부식토 중에서 행해져 10-15일 후에 유충이 부화하고 부식을 먹이로 하여 늦은 가을까지 2-3세에 달하는 겨울을 넘긴다. 유충은 다음해 5-6월이 되면 종영에 달한 후, 퇴비장의 흙 속에 흙고치를 만들어 번데기가 되고, 6월 하순-7월 상순경에 우화하여 지상으로 나온다.

b.성충의 서식환경

① 계획 면적

장수풍뎅이의 서식지는 산림에서만 15-20ha를 한 단위로 한다. 상수리나무, 졸참나무 등의 장수풍뎅이의 서식에 적정한 낙엽활엽수림은 정기적인 채벌에 의한 맹아갱신에 의해 유지된다. 맹아갱신에 대해서는 1ha 전후를 1임반으로 하여 설계지의 산림을 15-20임반으로 구분하고, 매년 1임반씩 실시하는 것이 바람직하다. 한번에 모든 산림에 갱신을 행하면 성충의 먹이와 생활 공간, 유충의 발생지가 고갈된다.

② 서식 공간

장수풍뎅이 성충의 생활공간은 주로 상수리나무와 졸참나무의 수관과 지표층의 흙 속이나 낙엽, 낙지 속이다. 이러한 수목은 흉고직경 15-20㎝의 교목으로 형성된다. 성충은 낮 동안 지표 주위의 흙 속 등에 숨어 휴식을 취하고 있어, 그 장소에 대해서는 부분적으로 경운(깊이 약15㎝ 정도)을 실시해 놓는다. 지표에서 밟으면 지중의 성충을 밟아 죽이게 되는 것이기 때문에, 레크레이션림 등에는 울타리 등을 설치하여 출입을 방지한다.

본 종의 성충은 야행성이고 서식지 주변에 야간 조명이 있으면, 그 등화로 날아들어 정상적인 활동을 교란하게 된다. 그렇기 때문에 계획지에서의 가로 조명 등의 설치는 최소한으로 하고 그 위치는 서식지 수림에 영향이 적은 장소로 한다.

③ 먹이장소

주된 먹이는 수피가 박피된 수간에서 스며 나오는 상수리나무, 졸참나무 등의 수액이며, 야간에 그 수액을 핥는다. 수피가 건전하여 수액을 볼 수 없는 경우에는 껍질을 벗겨내는 등 상처를 내어 발생을 시킨다. 수피를 벗겨내는 것은 1본당 2-3개소까지, 길이 10㎝ 전후로 주간의 반이하의 폭으로 한다.

c.유충과 애벌레의 서식환경

① 설정조건

유충의 서식지는 상수리나무, 졸참나무가 우점하는 낙엽 활엽수림의 임상으로 설정한다. 유충 발육에 적정한 습도와 일조를 얻기 위해, 수림의 성립 지형은 북향의 사면 중턱에서 하부가 바람직하다. 습도는 임상의 낙엽 · 낙지가 젖지 않을 정도의 수분이 항상 포함되도록 하고 일조는 나무에서 떨어지는 물방울이 임상에 닿는 정도(상대조도 10-20%)가 적당하다.

② 설정방법

우선, 관목층과 초본층의 하예작업을 행한 후, 기둥이나 가지를 1m 전후의 길이로 맞추어, 임내 또는 임연에 1개소당 2-3m 사방 면적으로 쌓는다. 다음으로 임상에 퇴적된 낙엽 · 낙지(A층)를 긁어모아, 그 위에 50-100㎝ 높이까지 쌓아 올린다(퇴비장). 사용한 버섯 재배목, 가지 끝부분이 입수 가능한 경우나 해당지의 맹아갱신 등으로 산출하는 통나무에 대해서는 별도로 잘라 쌓아 놓는다.

유충의 먹이는 이러한 식물의 유체이다. 쌓아 올리는 장소는 배수가 양호하고 우수가 침수하지 않는 장소를 골라, 낙엽 · 낙지 등을 놓기 전에 표토를 20㎝ 전후의 깊이까지 경운해 유충의 흙고치 만들기를 촉진한다.

③ 산란의 배려

계획지내 또는 그 주변에 본종의 서식지가 있는 경우에는 교미가 끝난 암컷이 퇴비장으로 날아와 산란한다. 한 암컷당 산란수는 50-100개 전후이다. 서식수가 적은 경우에는 사전에 준비한 퇴비장에 대해 유충의 자연 발생이 보일 때까지 매년 8-9월 상순경, 교미후의 암컷을 퇴비장 위에서 놓아준다.

왕오색나비

a.생활환

성충은, 혼슈 저표고지에서는 6월 상순-7월 상순에 부화하여 7월 상순-8월 상순에 식목(食木)인 팽나무, 풍게나무 등에 산란한다. 1회 산란수는 30-60개 전후인 경우가 많고, 부화한 유충은 3-4세까지 나무 위에서 생활한 후에, 10월 중순경, 수목을 내려와 그 뿌리에서 반경 30-40㎝의 범위에 있는 음푹하고 습윤한 낙엽 · 낙지의 뒤에 정지하여 월동한다. 이러한 유충은 식수가 신아를 신장하는 3월 하순경부터 그 기둥을 올라가기 시작해, 3회 탈피 후 종령 유충이 되고, 5월 상순 전후부터 식목의 잎 뒤나 식목 부근의 관목, 초본류의 뒷면에서 번데기가 된다.

b.성충의 서식환경

① 계획면적

성충의 서식지로서 최저 20ha 전후의 상수리나무, 졸참나무의 숲이 필요하고, 유충의 식목과 생활에 필요한 팽나무가 우점하는 임지를 포함하면, 왕오색나비의 환경 만들기의 임지 기본 면적은 20-40ha 전후로 판단된다.

② 서식공간

성충의 주된 생활공간은 상수리나무나 졸참나무의 숲 속과 그 임간이나 주변에 괴상으로 혼재하는 벌채지나 초지이다. 임내의 비상공간을 정비함에 있어 1-3년에 1번 정도 하예작업을 행하여 관목, 아교목층의 번성을 억제하고, 또 임 외나 임연과의 왕래를 유지하기 위해서는 임연을 덮는 망토군락을 대상으로 연 1회 여름철에 하예작업을 행하여 출입구를 확보하는 것이 중요하다.

③ 먹이장소

성충의 주된 먹이는 앞의 장수풍뎅이와 마찬가지로, 수피가 박피된 상수리나무, 졸참나무 등의 줄기에서 스며 나오는 수액으로, 임내를 날아돌며 그 수액을 빨아먹는다. 수피가 건전하고 수액이 스며 나오지 않는 경우에는 가죽을 벗겨내든지, 상처를 낸다. 상처내기는 1본당 2-3개소까지로 하고 길이 10㎝ 전후로 수간의 반이하의 폭으로 한다.

c.유충과 애벌레의 서식환경

① 설정조건

유충의 식수가 되는 팽나무나 풍게나무는 경사 하부에서 계곡 밑 평지 등의 비교적 습윤한 입지에 있는 상수리나무나 층층나무, 푸조나무, 졸참나무, 쉬데류 등과 혼생하여 수림을 구성하는 경우가 많다. 이렇기 때문에 유충이나 애벌레의 서식환경의 정비 개소는 우선 식수의 자생지에 의해 규정되고, 다음으로는 월동유충의 서식환경을 확보하기 위해 상시 적윤으로 관수하지 않는 입지 조건으로 제한된다.

② 설정방법

왕오색나비성충의 산란을 유도하기 위해서는 자생 팽나무에 접근하여 생육하는 나무에 대해 2-5년에 1번정도 가지치기나 간벌을 실시하고, 임내의 팽나무는 수관이 다른 수목보다도 돌출한 상태로, 또 임연의 팽나무는 수관 이외에 주요한 가지가 다른 나무보다도 많게 하여 임연에서 돌출하도록 육성한다.

유충이 월동하는 식수의 지표 주변의 임상은 풀의 키가 70-80㎝ 정도의 중배측 초본이나 관목류가 산재하는 조금 개방적인 공간 구성인 것과 함께 낙엽이 퇴적될 필요성이 있다. 이러한 생태환경을 형성하기 위해서는 우선 팽나무의 뿌리 주변 2-3m 범위를 연 1회 여름철 하예작업만을 행하고 낙엽 채취를 하지 않고 퇴적하도록 관리한다.

다음으로, 퇴적된 낙엽의 건조와 비산을 방지하기 위해, 임연의 망토군락에 대한 하예작업 빈도를 임연길이 10m당 3-5m 전후 범위에서 5-8년에 1번 정도로 줄이고, 예덕나무, 누리장나무, 초피나무, 인동덩굴 등의 수고와 수피율을 각각 4-5m, 50-70% 전후로 안정화시키는 것으로, 임내로의 직접적인 바람의 돌풍을 억제한다. 또한, 유충이 서식하는 임지에 대해서는 이용자의 출입을 금지하고, 임상의 나지화와 지상으로 이동한 유충이 밟히는 일이 없도록 할 필요가 있다.

(2) 파충류

유혈목이, 섬뱀 등의 종은 골짜기에서 밭에 면한 사면 수림의 끝이나 임연의 둑(제방), 논두렁 등에서 먹이(개구리나 중소 곤충류)를 잡는 경우가 많다. 이러한 장소는 농지의 일조확보와 둑(제방) 유지를 위한 모서리 베기가 유지되는 잡목림의 임연이며, 띠나 억새가 우점하는 중·장초지로 되어있다. 반면, 이러한 임연부의 모서리부분은 지표 일부가 절벽으로 되어 바위, 자갈, 토양이 노출되고, 수관 등에 의해 반일 음지가 되는 장소는 장지뱀, *Eumeces latiscutatus* 등의 은신처, 먹이를 먹는 곳, 겨울을 나는 장소이다.

최근 골짜기의 잡목림에서는 하예작업이나 맹아 갱신이 실시되지 않아, 논밭으로 이어지는 임연부에서는 모서리 베기가 정지되었기 때문에, 임상이나 임연에는 조릿대류나 예덕나무, 붉나무, 칡 등이 번창하고, 먹이가 되는 개구리나 소곤충이 감소하는 등 정착한 식물의 근경이 발달하여 은신처나 겨울을 나는 장소로서의 생태 환경을 잃어가고 있다.

3) 소 동물을 위한 번식 환경의 개선

균질화, 단순화되는 잡목림에서 잔존하는 곤충류의 번식 환경을 회복시키기 위해서는 적어도 그림 4-6에 나타낸 식생관리를 할 필요가 있다. 그 목적은 정기적인 벌채를 동반하는 천이 단계가 다른 임지나, 하예작업과 낙엽채취 등에 의해 다양한 식생구조를 가진 임상과 임연을 회복시키는 것이다. 곤충류에 대해서는 잡목림을 대표하는 장수풍뎅이와 왕오색나비를 예로 이것들의 보전에 중점을 둔 임지 정리 수법을 표 6에 정리했다.

위에서 논한 것과 같이 마을의 잡목림은 주변의 습전과 세류, 둑(제방) 등과 일체가 되어 하나의 집합체 있는 환경을 형성하고 있어 수림지 뿐만 아니라 다른 환경도 포함한 관리가 중요하다.

또한 관리에 있어서는, 1회당 벌채와 풀베기, 낙엽채취의 실시 면적은 이전의 작업이 그래왔듯이, 결속 · 반출을 포함하여 2-5인(1가족)이 행할 수 있는 범위를 대상으로 하는 것이 바람직하다. 특히 주변의 시가지에 의해 독립화된 잡목림의 경우에는 한번에 많은 사람이 임지에 들어가 큰 면적에 작업을 실시하는 경우, 답압에 의해 지표나 토양중의 생물이 죽거나 손상되고 작업 개시의 식생천이 단계에 의존하여 정착하는 생물에 치명적인 영향을 미칠 가능성이 있다.

예전에 잡목림의 맹아갱신이나 모서리 베기 등의 관리 수법을 실제 체험한 인재의 노령화가 현저하다. 따라서 잡목림의 생물 다양성과 특이성을 유지하기 위해서는 이러한 기술을 조기에 기록하여 남기는 등, 살아있는 기술로서 계승할 필요성이 높다. 특히, 벌채 부위나 낙엽채취 정도와 수법 등에 있어서는 그 지역의 특유한 수법이 발달하고 있는 경우가 있어, 이런 경우에는 기술을 계승하는 작업이 시급하다.

(야부 시노부)

4. 잡목림의 조성

보통 무사시노의 잡목림은 에도시대(1603년~1867년)에 행한 새로운 밭의 조성(新田)과 함께 연료나 비료를 얻기 위해 상수리나무나 졸참나무를 식재한 것이 기원이라고 되어 있다. 잡목림은 장작이나 숯 등의 연료로서, 또 밭이나 논의 비료를 얻기 위한 농용림으로서 촌락 가까이에 확보되어 중요하게 관리되어 왔다. 농가와 농지, 잡목림이 집합되어 농촌을 형성하였고, 이는 무사시노의 전원 경관으로서도 친숙한 것이다. 이 장에서는 잡목림의 조성 사례를 소개하여 기술적 과제에 대해 논하고자 한다. 이 장에서 소개하는 잡목림의 조성은 시민의 주환경을 지키고 동식물의 서식의 장을 확보하여 향토 경관을 복원하는 것이 목표가 되고 있다. 조성된 잡목림에서는 식재년에서부터 조사구를 설치하여 모니터링을 실시하고 잡목림이 만들어진 경과가 분명히 밝혀졌다.

4-1 잡목림의 조성 경과

잡목림이 조성된 사례 지역은 동경도 히노시에 있는 토지구획 정리사업의 시행지역과 녹지보전지역 내의 사면이다. 전자에는 묘목을 이용하여 잡목림이 조성되고, 후자에는 포트를 이용하여 조성되었다.

토지구획정리사업은 1966년에 착수되어 1982년에 마무리되었다. 사업지구 내에는 대지와 저지 사이에 있는 암선의 녹지가 포함되어 있고, 녹지로서 도시계획을 결정하였다. 이러한 녹지의 약 8ha가 도시녹지로서 이용되었지만 토지구획정리사업의 준공시점에는 몇 개소의 녹지는 수목이 없는 나지상태의 곳도 있다(사진 1). 그래서 이러한 토지 녹화가 계획되었다.

녹화는 상수리나무나 졸참나무 등의 잡목림의 조성종을 식재하고, 시설은 산책로를 설치하는 정도의 최소한 정비를 실시하고, 인접하여 남아있는 잡목림과 일체화시키는 것을 목표로 정비가 진행되었다(사진 2).

사진 1 신메이우에 제 6 녹지의 조성 상태

사진 2 신메이우에 제 6 녹지의 조성 후 10년이 경과된 상태

녹지보전지역 내의 사면은 토지구획 정리사업의 녹지와 동일한 구획에 있어, 그 일부에 있었던 과수원을 매수하여 새로운 잡목림으로 조성하기 위한 식재를 행했다.

4-2 잡목림의 조성 방법

1) 묘목에 의한 조성

묘목을 이용한 잡목림 조성은 토지구획 정리사업의 시공 지역 신메이우에 제 6 녹지, 제 10 녹지, 제 11 녹지에서 행하였다. 이러한 녹지에는 식재에 앞서 기반 조성이 행해져 관동의 양토의 적토(積土)에 의한 성토(盛土)가 행해졌다. 각각의 녹지에는 표 1의 수종에 의한 식재공사가 1983-1984년에 걸쳐 행해졌다.

식재계획의 입안에 있어서는 이러한 녹지가 생활도로나 간선도로에 면하고 있고, 보행자나 차의 운전자의 눈에 보이는 경우가 많아서 때죽나무, 목련, 산벚나무, 황매화 등의 꽃이 피는 잡목을 상수리나무나 졸참나무에 섞어 식재하여 산책할 때 꽃을 즐길 수 있도록 배려하였다. 또한, 당시는 신메이우에 제 10 녹지 부근의 녹지에 너구리가 출몰하고 야생조류도 많아 열매가 달리는 야마가키, 가막살나무, 밤나무, 말오줌때를 식재했다. 식재목은 수고 3.5m인 것을 주로 심었다. 단위면적 당의 식재본수는 1ha당 1,415-1,832본이다.

기반 조성에는 불도저에 의한 성토가 행해졌기 때문에 토양이 굳어져 식재구멍을 뚫는 데 백호우를 사용했다. 이로 인해 식재 후 1년째에 식재목의 약 10%가 말라죽었으나 재식한 후에는 경쟁에서 져 말라죽은 것 이외는 거의 고손목 없이 현재에 이르고 있다. 수목의 관리는 초여름에 임연부의 하예작업을 행하고 11월에 하예작업을 하는 것뿐이다. 식재 후 5년 정도까지는 잡초가 무성하였으나 그 후는 임내의 초본층은 적어지고 식재 10년에는 주변의 기존 잡목림의 임상의 종조성과 유사한 수림이 되었다(사진 3-6).

식재 후 10년이 경과한 잡목림의 현황은 다음과 같다. 식재된 수목은 당초 수고가 2-4m이었고, 묘목으로서는 비교적 큰 편이었기 때문에, 사진 3, 5에서 보는 것과 같이 식재 직후의 수림 외관을 이루고 있었다. 그러나 지엽의 성장은 불충분했기 때문에 수관은 벌어진 채 소림(疎林)상의 외관이었다. 식재된 수목의 성장을 보면, 3곳 녹지 모두 수고는 8-15m, 흉고직경은 40-60cm가 되어 있었다(그림 1).

표 1 식재 수목의 규격과 본수

수종	규격(m) 높이 PBH	신메이우에 제 6 녹지	신메이우에 제 10 녹지	신메이우에 제 11 녹지
졸참나무	3.5 0.2	29	20	35
졸참나무(株立)	3.5 0.2	40	30	55
때죽나무(株立)	3.5 0.2	47	35	65
상수리나무	3.5 0.2	39	28	50
서어나무	3.5 0.2	35	25	46
산벚나무	4.0 0.2	26	20	35
목련	3.0 0.2	23	17	29
종가시나무(株立)	3.0 0.2	26	18	40
돌감나무	2.0 0.1		10	
밤나무	2.0 0.1		8	
교목계		265	211	355
가막살나무	1.5	19	14	
말오줌때	1.8	12	10	
황매화나무	0.5	315	290	
관목계		346	314	
식재면적㎡		1,606	1,491	1,938
ha당 고목본수		1,650	1,415	1,832

사진 3 신메이우에 제 10 녹지의 조성 전 상태

사진 4 신메이우에 제 10 녹지 조성 후 10년이 경과한 상태

사진 5 신메이우에 제 11 녹지 조성 전 상태

사진 6 신메이우에 제 11 녹지 조성 후 10년이 경과한 상태

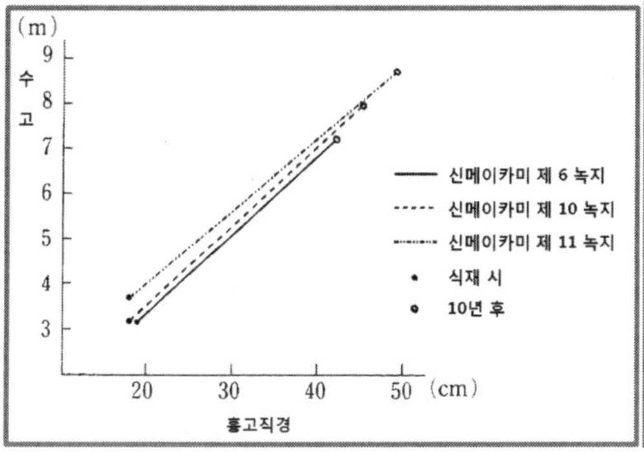

그림 1 식재한 수목의 수고와 흉고직경의 성장량

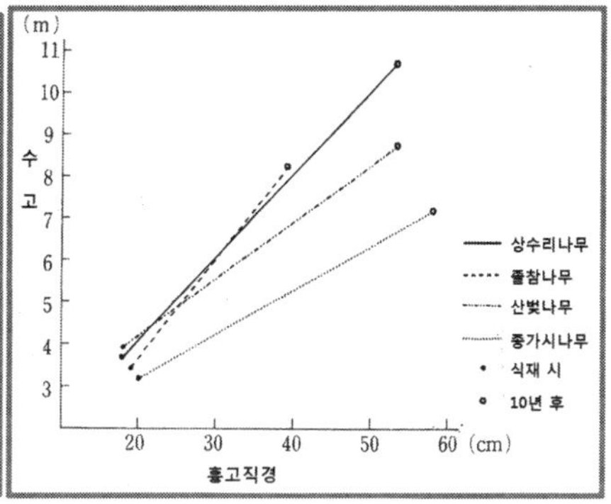

그림 2 식재한 수목의 종별 성장량

종명	수고	흉고직경
1 상수리나무	14(m)	58(cm)
2 서나무	8	22
3 졸참나무	11	38
4 산벚나무	11	58
5 상수리나무	14	59
6 종가시나무	8	27
7 목련	12	23
8 산벚나무	13	52

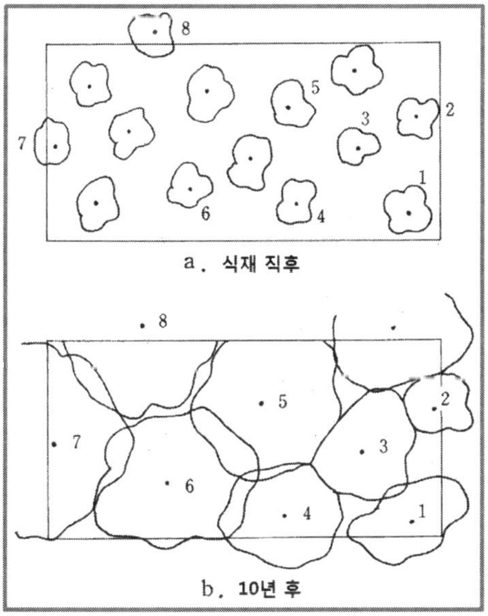

그림 3 수관 투영 추이

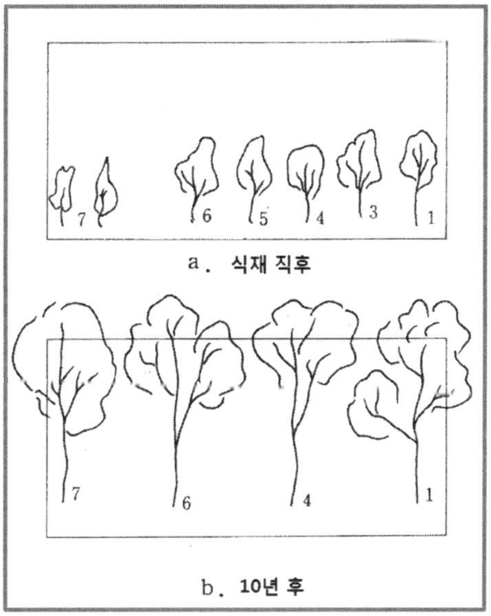

그림 4 군락 단면 추이

식재목의 밀도는 당초 1,415-1,832본/ha에서 1,200-1,300본/ha로 감소하고 있다. 식재시의 밀도가 비교적 낮은 것으로, 10년간의 밀도 저하는 약 20% 정도이며, 고갈되어 손실된 수목은 비교적 적다.

종류별 성장량을 보면(그림 2), 상수리나무의 성장이 가장 양호하며, 다음으로는 벚나무, 졸참나무 순이다. 상록수인 종가시나무는 다른 수종과 비교하여 성장이 나쁘다.

식재지에 설정된 5m×10m의 졸참나무 내에, 성장경과를 수관 투영도로 보면(그림 3), 초기에는 거의 폐쇄되어 있지 않던 수관이 10년 후에는 폐쇄돼있고, 수림이 형성되어 있는 것을 알 수 있다. 또한 군락의 단면도에서도(그림 4), 수고의 성장과 수목의 형성을 확인할 수 있다.

군락조사 결과, 잡목림의 종조성은 표 2와 같이 정리된다. 교목층과 아교목층은 모두가 관목층의 대부분이 식재된 수목으로 구성되고 있다.

초본층에는 *Pleioblastus chino*가 점유하는 것이 많고, 그 외로는 도꼬로마, 인동, 헤쿠소카즈라, 개머루 등의 덩굴성 식물이나, 낚시제비꽃, 이노코수치, 주름조개풀, 실새풀 등을 많이 볼 수 있다. 주변의 잡목림은 상수리나무-졸참나무 군집으로 분류되어 이러한 잡목림의 특유한 종은 조성 후 10년 동안에 침투되어 왔다는 것이 확인되었다.

표 2 잡목림의 종 조성

조사지		신메이우에녹지	주변 잡목림
조사구수		9	5
교목층	높이 (m)	12.5(10.5~14.5)	16.5(15~18)
	식피율 (%)	61.1(30~80)	86.0(70~90)
아교목층	높이 (m)	7.7(5.5~9)	7.0(5~8)
	식피율 (%)	43.3(30~70)	21.3(5~40)
관목층	높이 (m)	1.9(0.7~4)	2.2(1.5~3)
	식피율 (%)	14.4(5~40)	21.0(5~30)
초본층	높이 (m)	0.5(0.1~0.8)	0.6(0.2~0.8)
	식피율 (%)	21.1(5~60)	54.0(40~80)
출현종		40.3(35~51)	42.2(32~54)
T1	상수리나무	V(2~4)	
T2	졸참나무	V(1~4)	IV(1~4)
	산벚나무	IV(2~3)	
	목련	III(1~2)	
	때죽나무	V(1~2)	V(1~5)
	종가시나무	IV(2~3)	I(2)
	서어나무	III(1~2)	II(1~2)
	개서어나무		II(4)
S	황매화나무	V(1~3)	
H		V(+~2)	III(+~2)
	애기사초	V(+~1)	IV(+~2)
	팽나무	V(+)	IV(+~1)
	계뇨등	V(+~3)	V(+~2)
	좀해장죽	V(+~2)	V(3~4)
		V(+)	III(+~1)
	낚시제비꽃	V(+~1)	III(+~1)
		V(+)	V(+)
	실내풀	IV(+)	III(+)
	산뽕나무	IV(+)	II(+)
	종려나무	IV(+)	IV(+)
	백량금	IV(+)	I(+)
		IV(+)	III(+)
	광나무	IV(+)	II(+)
	개머루	III(+)	II(+)
	괭이밥	III(+)	I(+)
	뱀딸기	III(+)	I(+)
	윤노리나무	III(+)	II(+)
	초피나무	III(+)	III(+)
	맥문동	III(+)	IV(+)
	대사초	III(+)	I(+)
	찔레나무	III(+)	IV(+~1)
	개여뀌	II(+~1)	I(+)
		II(+)	II(+)
	사스레피나무	II(+)	I(+)
	느티나무	II(+)	III(+)
	좀사철나무	II(+)	II(+)
	애기나리	II(+)	II(+)
	종가시나무	II(+)	II(+)
	밀나물	II(+)	III(+)
		II(+)	II(+)
	쇠무릎	II(+)	II(+)
	이삭여뀌	II(+)	II(+)
	인동덩굴	II(+)	III(+~1)
	등나무	II(+)	III(+~1)
	푸조나무	II(+)	II(+)
	소엽맥문동	II(+)	III(+~1)
	쇠뜨기	II(+)	I(+)
	식나무	II(+)	II(+~1)
	거지덩굴	II(+)	I(+)
	노박덩굴	II(+)	II(+)
	때죽나무	II(+)	III(+~1)
	개망초	V(+)	
	서양민들레	V(+~1)	
	피라칸사	IV(+)	
	칡	IV(+)	
	작살나무		III(+~1)
	으름덩굴		II(+~1)
	참취		II(+)
	윤판나물		IV(+~2)
	산나리		II(+)
	둥굴레		III(+)
	금난초		II(+)
	금난초		II(+)

*Pleioblastus chino*는 전역에 존재하고 있으나, 우점종은 주름조개풀인 장소가 많다. 이것은 하예작업을 할때 눈에 띄기 쉽고 베기 쉬운 *Pleioblastus chino*는 베어 버리기 쉽지만, 키가 낮은 주름조개풀은 제거되지 않고 남기 때문이다.

식재 후 10년간, 잡목림에 특유한 종의 대부분이 출현하게 되나, 금난초, 은난초 등의 난과 식물이나 백합 등의 백합과 식물은 아직 침투하고 있지 않다.

조성 시, 초본층을 식재할 때에 성토에 의한 적토 매립 시 종자는 포함되지 않았기 때문에, 초본층은 모두 침투한 종으로 간주된다.

2) 포트묘에 의한 조성

포트묘를 이용한 잡목림의 조성은 히가시토요타 녹지보전지역에서 행해졌다. 이곳에서는 주민 참가에 의한 포트묘가 심어져 육성되어 왔다.

녹지보전지역은 동경도 조례에 의해 설치된 것으로, 히가시토요타 녹지보전지역은 구릉지와 저지 사이에 있는 절벽의 녹지가 지정되어 있다. 절벽 하부에서는 풍부한 지하수가 흘러나오는 녹지의 매력이 있다. 녹지보전지역에서는 보전 목표를 정하고 있고 그 보전지역에서는 밝은 잡목림이라는 보전 목표가 설정되었다. 보전지역에는 사유지도 포함되어있어, 토지 소유자들로부터 매입의 신청이 있는 경우에는 동경도에서 매입하는 것으로 하였다. 보전지역 내의 잡목림 조성지는 1985년에 과수원이었던 토지를 동경도가 공유화한 것이다. 이 토지는 평탄부와 사면으로 되어있어, 잡목림을 조성하기 전에는 평탄지에 자두 등 과수가 식재되고, 사면에는 칡과 아카시나무가 번창하고 있었다. 그래서 보전 목표에 따른 녹화와 적절한 식생관리가 필요하였다.

(1) 시민 참가에 의한 식재

시가지에서 녹화를 권장하기 위해서는 녹지의 중요성을 시민들이 인식할 필요가 있다. 니찌노시에서는 주민참가에 의한 지역 녹화의 날을 설정하고 있고, 1986년에는 히가시토요타 녹지보전지역 내의 상기 도유지를 주민의 손으로 녹화하게 되었다. 주민참가에 의한 식재 작업은 1986년 4월에 지역 자치회, 어린이회, 동경도 녹지 추진 위원, 시위원에 의해 행해졌다.

식재 예정지의 사면은 방치되어 있었기 때문에 주위에서 침투한 아카시아가 번창하였고, 그로 인해 작업에 앞서 아카시나무 벌채와 지존작업이 행해졌다. 잡목림 식재의 작업에는 지역의 어린이회 초등학생이 참가하는 것으로 되어있었기 때문에, 모종삽으로 이식이 용이하도록 포트묘를 사용했다. 포트묘의 높이는 0.5m로, 수종은 서어나무 50본, 개서어나무 100본, 때죽나무 150본, 상수리나무 150본, 졸참나무 300본, 산벚나무 50본의 계 900본이며, 이들은 잡목림의 구성종으로 포트묘가 입수 가능한 것부터 선정했다. 이것을 약 400㎡의 식재지에 심었다. 식재 밀도는 1ha당 22,500본이며, 약 2본/㎡이 된다. 식재 간격은 수평 방향으로 0.6m, 사면 방향으로 0.8m로 했다. 초기의 성장을 유지하기 위해서 고형 비료를 1본당 5개를 시용하고, 후에 행하는 벌초 때에 묘목이 잘려 버려지지 않도록 표시하는 역할과 지주의 역할을 겸해 묘목의 옆부분에 길이 0.8m의 대나무 지지대를 묶어 매어 묘목을 지지하였다.

사진 7 포트묘에 의한 잡목림의 조성지

사진 8 시공 반년 후의 시민에 의한 관리 작업

(2) 식재 후의 육성 관리

포트 식재 후의 식생관리 작업은, 7월에 1회와 10월에 1회 행했다. 구체적으로는 10월

에 지주에 결속을 다시 하는 작업, 주변으로부터 침투하는 아카시나무의 벌채와 칡 등의 풀베기 작업이 이루어졌다. 아카시나무는 잘린 부분의 맹아와 뿌리의 발아에 의해 성장하여 식재림의 방해가 되는 경우가 많고, 칡도 방치하면 식재림의 장애가 되므로 소거하기로 했다. 이러한 작업에는 많은 노동력이 필요했다. 식재 후 3년간은 초여름에 손에 의한 풀베기를 행했다. 4년째부터는 유목이 성장한 것도 있어, 기계 벌초가 행해지게 되었다.

4-3 조성 후의 모니터링

포트묘에 의한 잡목림의 조성지는 수목의 생육상태와 식물군락의 추이를 보기 위해, 5m×5m의 조사구를 설치하여, 식재 당시의 1986년부터 조사를 실시하였다.

뿌리내림으로부터 5년 후인 1991년에는 심은 유목의 수고가 5m가 되고 식피율은 70%에 달해 벌초작업이 수월해졌다. 7년이 경과한 상태는 사진 9와 같고, 성림하고 있는 조사구 내의 종수와 식피율의 변화를 보면 그림 5에서 보는 것처럼 관목층의 식피율은 5년 후에도 증가 경향을 나타내고 있으며, 초본층의 식피율은 4년 후부터 감소하고 있다. 또한 출현 종수는 5년 후 최대로 출현하였으며, 이후 감소하고 있다. 식재 후 10년간의 종구성의 추이를 보면, 식재 직후에는 서양민들레, 지칭개 등의 귀화식물과 길가의 잡초가 번식하고 있었으나, 이것들은 식재목이 성장하여 수관으로 덮임에 따라 감소하였고, 4-5년 후에는 거의 볼 수 없게 되었다. 그 대신에 잡목림의 특징인 낚시제비꽃, 맥문동, *Tricyrtis macropoda*, 인동덩굴 등의 피도가 높아져, 10년 후에는 주변의 잡목림의 종구성과 거의 동일하게 되었다.

사진 9 시공 후 7년이 경과한 상태

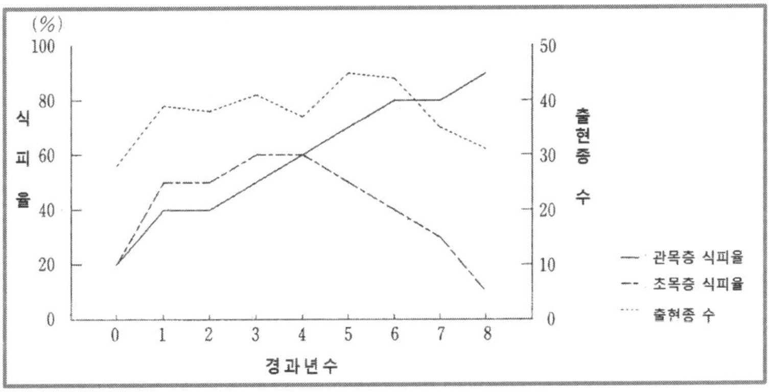

그림 5 식피율과 출현종의 변화

이러한 것을 볼 때, 포트묘에 의한 잡목림 조성은, 거의 5년 내에 안정된 수림이 형성되어, 거의 10년 내에 종 구성적인 면에서 주변의 잡목림과 동일하게 되는 것을 알 수 있다.

식재된 묘목의 추이를 볼 때, 5년 이내에 때죽나무와 개시이나무가 고사한다 개서어나무는 하늘소의 유충이 관에 들어가 말라죽은 것이 대부분이었다. 9년째의 1995년의 조사에서는 가시나무가 우점종이 되어있었다. 식재 직후인 1986년 5월의 시점에서는 높이 0.5m의 묘목이었던 것이, 8년 후의 1994년에는 수고 8m의 숲이 되었으나, 앞으로는 밝은 잡목림의 유지를 위해, 가시나무의 간벌이 예정되어 있다.

4-4 잡목림 조성의 미래

오늘날, 도시 안에 잡목림을 조성하는 이유는 고향 경관을 만들어 주민의 레크레이션 장소로 제공하면서, 동물과 인간이 공생하는 장을 만드는 데에 있다. 이것은 악화되는 도시환경에서 주민을 지키는 것도 될 것이다. 포트묘에 의한 잡목림 조성은 이벤트에서 출발한 사업이었기 때문에 규모도 작고 식재 계획도 충분히 검토된 것은 아니나, 사후의 모니터링과 함께 잡목림이 육성되는 경과를 볼 수 있는 자료로서, 지금부터 잡목림을 조성하고자 할 때 참고가 될 것이다.

잡목림을 실제로 만든 이러한 사례에서는 높이 0.5m의 포트묘의 경우, 뿌리 내리는 당초 3년간은 일정의 손작업이 필요하나, 그 후는 관리에 필요로 하는 일손을 줄일 수 있으며, 9년째에는 수고 8m의 수목이 된다. 도토리에서 묘목을 만들고 그 묘목을 활용하여 시민의 손으로 잡목림을 만드는 것도 가능하다. 이러한 잡목림의 조성은 녹지조성이나 공장 녹화 등에 적극적으로 권장되어야 할 것이다.

Chapter Ⅲ

참나무림과 인간생활

1. 잡목림의 역사와 문학

1-1 농가와 산의 관계

도쿄의 타마 구릉에 연결되는 잡목림은 만엽의 예로부터 "다마 옆산"으로 불리며, 사계절의 변화 속에 풀과 꽃, 동물, 새, 곤충 등, 그곳에 살고 있는 생물이 아름다운 자연 풍경을 만들고 농가의 사람들에게 풍요로움과 여유로움을 제공해 왔다.

잡목림이라 함은 평탄지에 졸참나무나 상수리나무가 있는 다마지역 동부에 위치한 무사시노의 잡목림을 상상하나, 다마 구릉은 높이 100-170m 정도의 완만한 경사와 풍부한 기복이 연이어 있고, 그 안에 참나무를 주로 한 상수리나무, 서어나무류(개서어나무, 서어나무의 총칭), 때죽나무, 떡갈나무, 밤나무, 목련, 메밀잣밤나무, 회양목, 호랑가시나무, 후박나무, 뽕나무, 산철쭉, 뜰단풍 등의 목본과, 새우난초, 마타리, 도라지, 금란, *Lilium auratum* var. *platyphyllum*, 고사리 등의 산야초, 참억새, 조릿대류와 수많은 초본이 있는 곳으로, 토지의 사람들이 산이라고 부르고 있었다.

구릉의 산록에서는 청수가 쏟아나와 계곡부의 경작지를 형성하여, 소하천의 흐름이 되어 논을 적시고 있었다.

집집마다 통하는 편리한 산길이 가깝게 있고, 남향에 접한 잡목림 속에는 밭이 개간되어 있으며, 능선 주변에는 적송이나 곰솔이 산재하고, 토질이 나쁜 계곡의 급경사지에 벚나무, 삼나무, 편백의 숲이 되고 곳곳에는 왕대, 죽순대 등의 죽림이 있어, 잡목림의 뒤쪽 가장자리에는 지붕재료가 되는 비자나무가 일면에 심어져 있고 “가야노”나 “가야바”로 불려 왔다.

먼 옛날부터 농가의 사람들은 잡목림에 있는 수목이나 조릿대, 초본식물에서 떨어지는 낙엽까지도 삶 속에 포함시키는 방법을 활용하여 왔다.

집에 화덕을 만들어, 산에서 솎아낸 나무를 태워 찻물을 끓이고, 음식을 만들고, 사람들이 온기를 취하기 위해 화덕의 불을 피우고 둘러 앉아 가족의 단란을 도모하였다.

토방에 설치된 부뚜막은 산속에서 퍼낸 모래를 이용하여 만든 것으로, 아침밥과 저녁밥은 부뚜막에서, 국과 간장 만들기는 큰 솥에 땔감을 땠고, 하루의 피곤함을 푸는 목욕물은 땔감을 때는 목욕 솥이었다.

아주 옛날에 잡목림의 뽕나무에 살고 있던 누에나 참나무산누에나방을 발견하고 개량한 것이 양잠의 기원이라고도 말하고 있다.

양잠은 다다미방을 칸으로 막아, 잠로(蠶爐) 등에 숯을 넣은 치잠(稚蠶)사육이며, 차밭에서 채취한 청엽을 찌거나 문지르는 데 사용하는 제차작업의 화력도 잡목산의 나무를 잘라 태운 목탄이었다.

이러한 목탄은 농가에 있어서는 환금부업이었으며, 다다미방에서 조작된 거달(炬燵)의 숯불은 눈 온 저녁의 따스함이 되어 봄의 방문을 기다리는 농가의 생활이었다.

농가는 밭을 기원으로 해서 논을 경작하여 쌀과 보리를 재배하고, 콩이나 좁쌀 등의 잡곡에서 야채에 이르기까지 생산하는 것이 직업이었다. 그 첫 번째는 땅 만들기이며, 이것에는 다량의 퇴비를 필요로 했다. 이 원비가 되는 퇴비 만들기는 잡목림 산에서 낙엽을 운반해와 말이나 소 등의 가축이 밟게 한 낙엽은 논이나 밭에도 묻어 토양 개량에 도움이 되었다.

다마지역의 특산품이라고 불려지는 메카이바구니나, 대나무 조리류는 잡목산에 자생하고 있는 조릿대를 잘라 가공·세공한 것으로 삶을 도와주는 집안의 가내 직입이었다.

농가의 초가지붕은, 산중이나 들가에 자생하는 비자나무를 베어 소죽(小竹)을 이용하여 올린 것이다. 이 지붕의 장기 보존을 위해서는 위노리(囲爐裏)나 부뚜막에서 솎아낸 나뭇가지나 장작을 태운 연기나 온기를 천장의 지붕 속으로 보내는 것이 도움이 되는 일거양득의 생활의 지혜가 있었다.

농가는 사계절의 절기마다 다양한 행사를 전해왔다. 이러한 소재가 되는 것을 잡목림산에서 많이 추구해왔다.

새해 첫날에 복을 빌며 문 앞에 꽂아놓은 소나무가지와 대나무는 산이나 공유지에서 솎아져야 하는 것들로 공급해왔다.

많은 사례에서 잡목림은 농가의 생활과 행사와 깊은 관계를 가지면서 없어서는 안될 장소가 되었고, 오랜 세월동안 사람들은 산을 지키며 키워왔다.

1-2 낙엽 채취

잡목림의 나무들은 가을이 되면 아름답게 단풍이 들고 그 후 점차적으로 잎을 떨어뜨리고 겨울철 휴면기에 들어간다.

옛 농가는 뒤편에서부터 잡목림에 연결되어 있었기 때문에 바람에 실려 정원으로 떨어지는 낙엽으로 모닥불을 피워 군고구마를 즐겼다.

바람이 소리를 내고 서리가 내려 낙엽이 잡목림 산에 쌓이게 되면, 농가는 낙엽을 긁어모아 집으로 옮겨 마구간에 넣어 밟게 하여 퇴비로 사용하거나 논에 넣어 토양 만들기에 이용했다.

이 계절은 가을 수확이 끝나는 11월말 경에서 4월말 경 사이이며, 이 낙엽 긁기를 다마 마을에서는 "쿠스하키"라고 했다.

산에 들어가는 복장은 중천에 모모히키(허리와 발목부분을 끈으로 묶는 바지의 일종), 수갑각반(手甲脚絆, 손등보호용 토시)에 노동자용 작업화로, 예전에는 짚신도 신었다. 짚신은 눈이 내렸을 때에는 따뜻하고 미끄럼 방지에도 효과가 있다. 이대의 깊은 산에서는 눈 빠짐 방지에도 효과가 있다.

도구는 칼날이 두꺼운 벌목용 낫이나 칼날이 다소 얇은 반벌목용 낫과 도끼, 떨어지는 잎을 넣어서 운반해낼 대나무 망태의 큰 것(土地에서는 '오오캉'이라고 한다), 지게와 떨어진 잎을 주어 모으는 갈퀴를 가지고 산으로 간다. 낫은 산에 물이 없으므로 집에서 갈고, 숫돌도 가지고 가서 낫이 무디어지면 갈아서 사용한다.

잡목림 산을 다듬는 작업에는 "수목의 본수정리, 산청소, 낙엽쓸기"라고 하는 세 가지 방법이 있고, 낙엽을 긁어 제거하는 작업에는 변함이 없으나, 잡목림을 벌채한 후의 년수, 기간, 잡목림에 있는 상태, 장소에 따라 부르는 명칭이 다르다.

(1) 수목의 본수 정리

산을 벌채하여 처음으로 실시하는 숲가꾸기 작업이 수목의 본수 정리하기가 되며, 장작을 채취한 후 3-5년 정도에 행한다.

너무 이른 시기에 실시하면 맹아에서 나온 어린 나무의 그루터기가 안정되어 있지 않기 때문에, 주위가 잘려 없어져 버리면 강한 바람 등에 의해 재생한 나무의 그루터기 부분이 벗겨져 그 나무를 말라버리게 하는 경우가 있다.

나무 그루터기의 주위에는 무성하게 두는 것과 맹아의 본수를 많이 해 두는 것은, 서로 경쟁하여 신장생장이 되어 작은 잎과 작은 낙엽도 연 수를 더하며 모아져 부엽이 되어 나무의 양분이 되기 때문이다.

벌채한 후의 잡목림산은 일광도 좋아지고 새로운 산야초가 일제히 싹을 내어 건강하게 자린다. 새우난초, 마타리, 얼레지, 도라지, 금난초, *Lilium auratum*, 용담, 고사리 등 다종의 다양한 꽃을 보게 되는 것도 산의 나무를 베어 수목의 본수정리를 행한 후의 신중이었다.

조릿대와 원추리, 관목, 잡초 등이 건강히 자라고 등나무 덩굴이 자라고 싶은 대로 자라 나무들을 감고 있어, 초피나무, 두릅나무, 찔레꽃 등 손이 닿을 수 없는 나무에도 많이 퍼지고 있다.

이대나 잡초 등은 낫을 사용하여 움켜잡아 베어낸다. 조릿대는 칼을 낮게 하여 지면과 평평하게 하고 자른다. 높이해서 자르면 밑둥이 남게 되어 발을 걸어버리는 경우가 있기 때문이다. 가는 나무와 가시 등은 도끼를 이용하여 자른다. 맹아는 사방으로 자라도록 건강한 것을 남기고 자른다. 마른 가지와 아래 가지는 잘라버린다. 나무의 본수는 한번에 선택해서 자르지 말고 다음의 나뭇잎 제거할 때에 행한다.

잘라낸 잡목덤불은 가는 나무, 자른 가지와 잡초로 나누어 등나무 덩굴로 묶어, 나무들 사이에 뿌리를 위로해서 건조시킨 후에 집으로 옮겨 화로나 장작불의 연료로 사용한다.

벌초가 끝나면 갈퀴를 사용하여 낙엽을 긁어모은다. 이 낙엽은 연수가 지나있기 때문에 마른 가지나 오래된 밤 껍질 등이 많이 섞여 있으므로 논에는 넣지 말고 묘상용으로 하여 퇴비에 쌓아놓거나 텃밭으로 옮긴다. 논에는 맨발로 들어가기 때문에 마른 가지나 밤 껍질로 인하여 발을 다칠 수 있으므로 피하는 것이 좋다.

낙엽의 운반은 먼 산이나 조릿대가 많은 나쁜 토양이 섞인 낙엽이 있는 곳에서는 잡목 덤불과 함께 태워 재로해서 비료로 사용한다.

수목의 본수정리가 끝난 후의 산은 나무도 젊고 낙엽의 양도 적기 때문에 2-3년 지나서부터 나무의 본수를 정돈하는 작업과 함께 낙엽을 치운다.

(2) 산 청소

땔나무 자르기가 끝난 후는 어느 산에서나 수목의 본수정리를 실시하는 것은 아니다.

잡목림은 농가의 어디에서나 소유하고 있는 것은 아니었다. 산이 없는 농가도 있다. 부재자 지주의 산도 있고, 공유지라고 하는 마을의 산도 있다. 잡목림의 대부분은 가문소유의 산으로 집주인은 농가도 농업도 하지 않고, 고용인과 머슴, 이 자가소비분만을 행하고 나머지는 팔았다.

산에 있는 농가도 산 면적에 다소가 있어 그 해에 행한 양이 적은 집과 산을 가지지 않은 집은 산주의 집으로부터 그해마다 "저 산 얼마"로 사 들여, 낙엽모으기와 조릿대 자르기를 행했다.

이러한 집집마다의 사정에 의해 인가보다 훨씬 먼 잡목림산, 토질이 나쁜 산과 돌이 섞여 낙엽의 이용이 어려운 산, 조릿대가 많고 나무가 적은 장소의 산은 땔나무를 자른 후 10년 정도 지나서 낫을 대기 시작한다. 이러한 산은 수목의 본수제거라고는 하지 않고 산청소라고 한다.

산청소도 수목의 본수제거하기와 마찬가지로, 낫과 도끼를 사용하여 조릿대, 관목, 잡초를 자르고, 세목, 가지는 따로 묶어서 집에 운반하여 이용하지만, 다른 모야는 수목의 빈 공간을 선택하여 쌓아 갈퀴로 낙엽을 긁어모아 그 위에 올려 태워서 재로 만들었다.

질 좋은 낙엽은 집에 돌아갈 때 옮기는 경우도 있으나 재로 만드는 경우가 많다. 초목재는 섬이나 가마니에 넣어 집으로 옮겨 보리밭이나 보리논에 뿌리거나 고구마의 비료로 하거나 그 외 비료로 사용한다.

이렇게 산청소 전의 장소나 조릿대가 많은 산 또는 수목의 본수제거 전의 잡목림산에는 키가 큰 양질의 조릿대가 많이 자라고 있기 때문에 필요로 하는 집은 "이 장소 얼마"라고 사서 조릿대 벌채를 행한다.

이 지방은 조릿대가 많으므로 이용을 생각하여 대나무 조리를 연구하여 다마의 특산으로 되었다. 메이지 시대(1868~1912), 디이쇼 시대(1912~1926)에는 멀리 시즈오카와 사이타마까지 판로가 있었다고 전해져 왔다.

모야가 깊은 장소는 포기의 나무도 그 수가 많고, 가늘고 키도 큰 것이 있는 것으로부터 쇼와(1926~1989) 초기에는 다마가와의 호안공사 제료로 많이 잘라 사용한 것도 있다.

(3) 쓰레기 제거

모야 제거하기가 끝난 후에 그 산의 낙엽이 쌓이는 정도를 봐서 쓰레기 제거가 2-3년 간격으로 잡목산을 자르는 해까지 행한다.

조릿대가 많은 장소는 중목용 낫으로, 그 외의 산은 초본용 낫을 사용하여 나무들 사이에 자라고 있는 조릿대와 원추리, 관목, 잡초를 잘라낸다. 류(溜)와 등나무 덩굴 등을 이용하여 단으로 묶는다. 조릿대도 잡초도 나무가 크게 사람에 따리 수와 성장이 적어지게 된다. 벌채한 후나 모야 제거하기 후에 꽃을 보이는 새우난초, 마타리, 도라지, 금난초 등은 풀로만 자라다가, 장작을 자르기 전 3-5년은 꽃을 보이지 않고 계속 견디다가 위에 덮은 나무가 제거되면 또 아름다운 꽃을 피운다.

잘라내기는 그 날에 낙엽을 실어 나를 수 있는 정도의 장소로 한다. 낫을 대게 되면 공기가 통해 낙엽이 가벼워지나, 계속 놔두면 비나 눈으로 젖어버려 반대로 무거워져지거나 바람에 날려가기 때문이다.

산 속에 밤송이가 있는 경우는 자른 후에 목롱(目籠) 등에 따로 모아 낙엽과 섞이지 않도록 조심한다.

낫 등의 도구는 눈에 띄는 조금 높은 나뭇가지에 걸어놓는다. 지면에 두면 낙엽과 함께 잃어버릴 위험이 있으므로 항상 조심한다. 부모에게도 귀에 못이 박히도록 들었던 이야기이다.

자르기가 끝나면 낙엽 청소를 한다. 지형이 높은 곳에서 낮은 곳으로 갈퀴를 이용하여 낙엽을 쓸어내린다. 나무 그루터기 주변은 갈퀴의 오른쪽이나 왼쪽의 반을 사용하도록 하여 나무가 없는 곳에 낙엽을 쓸어나간다. 한번에 세게 갈퀴를 긁어버리면 나무뿌리나 관목그루에 걸려 갈퀴가 부러지는 경우가 있으니 주의한다.

낙엽이 모아지면 옮기기 위해 큰 가마에 담거나, 사다리에 연결한다. 가마나 사다리를 준비해 두는 장소는 하측에 나무그루를 받침으로 사용한다. 경사가 있으므로 밑으로 구르지 않도록 사다리의 망을 위로 올려 나뭇가지에 연결하여 둔다.

낙엽은 갈퀴로 접듯이 모아, 양손으로 가마 속에 넣어 반 정도 넣었을 때에 가마 안으로 사람이 들어가 두발로 밟아 이것을 반복하며 조금이라도 많이 옮길 수 있도록 연구하여 넣었다(그림 1).

사다리를 연결하는 경우는 사다리 위에 돗자리를 깔아 낙엽이 몸에 붙지 않도록 한다. 돗자리는 폭이 있어 잘 걸면 가마보다 많이 옮길 수 있다. 걸을 때에는 가마 중심이 허리에 오지만 사다리는 등전체로 받아, 먼 거리를 옮기는 경우에는 도중에 쉴 때에 사다리 다리가 지탱해주어 편안했다. 목적지에 도착하여 낙엽을 털어낼 때에도 가마는 손이 많이 들지만 사다리는 망을 푸는 것뿐이라 편안하다.

그림 1 낙엽 채취의 작업(저자 원도)

보리밭으로 운반한 것은 가마에서 꺼내 물이 빠지는 들어간 곳에 밟아 넣어둔다. 봄철에 1모작하는 밭은 면적에 따라 몇 개소에 쌓아놓고 빈 가마나 사다리를 사용하여 위에서 눌러 김맬 때에는 철거하여 사용한다.

마구간에 넣을 때는 될 수 있는 대로 마른 것과 조릿대 잎이 많은 것을 골라 옮긴다. 말의 침대가 되거나, 겨울에는 푸른 것이 없는 시기이기에 기뻐하며 말은 먹고 잠을 잔다.

北타마 방면의 먼 곳에서도 계절이 되면 낙엽 긁기를 하러 왔었다. 그 사람들은 가마에 담는 것이 아니고, 솎아낸 나무, 조릿대 등을 겉으로 싸서 다발로 해서 길까지 실어 내놓고, 마차에 실어 저녁 어두워질 때에 다마천을 건너 옮겨 돌아갔다.

종전 후에 야채재배가 성해지면서 한풍을 막기 위해, 조릿대 자르기가 낙엽 긁기와 함께 다마천을 건너 구릉지의 안쪽까지 들어가 행해져 잡목림산의 청소가 행해졌던 때도 있었다.

종일을 산속에 말 상대 없는 작업과 무거운 운반은 어려운 노동이었으나, 낙엽 긁기도 즐거운 때가 있었다. 갈퀴를 사용할 때 새들이 나뭇가지에 모여든다. 낙엽이 없어지면 지면에 벌레들이 나오는지, 열매를 찾는지, 슥 날아 내려와 먹이를 잡아 나뭇가지로 돌아가 동료들에게 알리기 위함인지 울거나 작은 목을 흔들기도 한다. 그 동작은 귀엽고 뭐라 말할 수 없는 즐거움이 있다. 또한, 어떤 때에는 밤 열매가 여기저기에서 덩어리로 나온다. 어치나 비둘기가 숨겨놓은 것일까, 밤도 없는 계절에 생각지도 못한 밤맛을 즐긴 적도 있다.

산장미의 열매가 아름다운 색을 보이고 있다. 보통은 손에 닿지 않는 가시의 방해자가 나무사이에서 반사되는 태양 빛에서 보석에 가까운 광채를 보이고 있다. 낫으로 덩굴가지를 자르고 집에 가는 길에 가마니에 찔러 돌아가 마루에 장식한 적도 있다.

1-3 장작 패기

장작 패기를 시작할 때는 산에 주련을 세우고 술과 쌀을 바치고, 작업의 안전을 빌고 나서부터 시작한다.

잡목림산이 10-15년 자라면 대부분의 나무를 베어내 태양이 지면에 닿아 나무의 뿌리

확장을 도모하여 갱신을 재촉하였다.

농가는 산의 나무를 활용하는 것이 목적이기 때문에 20년 이상을 두면 성장력이 강한 나무만이 커서 위를 덮어, 성장이 늦은 나무나 관목은 말라죽게 되고 나무그루의 본수를 적게 하거나 공간을 많게 하여 장소 당 생산량을 적게하는 경우가 있기 때문이다.

벌채하는 시기는 12월에서 다음해 봄이 시작될 무렵까지로 시기를 지켜왔다. 이 이후가 되면 나무가 물을 흡수해 자르면 후에 새싹이 나쁘게 된다고 하였다. 장작 패기를 매매를 목적으로 넓은 면적을 자르는 사람도 봄이 시작할 무렵이 오면 나무그루 자르기를 먼저 행하고 장작패기는 나중에 행하였다.

산의 나무는 장작으로 자르거나 나무토막을 조타(粗朶)에 묶어 집으로 옮겨, 연료로 사용하거나 목탄으로 태워, 온방이나 양잠에 사용하거나 또는 매매하였다.

가문의 집에서도 필요한 사람에게 잡목림산의 장소를 매매하여 수입원으로 했다.

종전 후의 한 때, 도시의 연료 부족에서 환금에 의한 난벌이 있었고 국가는 치수나 자원애호에서 자가 소유 산이라 하여도 자유롭게 자르는 것을 인정치 않고 임야청에 허가 신청을 하게하고 벌채를 시켰다. 공출비율에 대해서도 지구의 사람들이 공동으로 장작패기를 행하기도 하였다. 그 당시는 버스도 목탄차가 달려 경사길도 승객이 내려서 뒤에서 밀기도 하였다.

(1) 뿌리돌리기

나무의 그루터기에서 톱으로 1본씩 나무를 잘라 내는 것을 뿌리돌리기라고 한다.

두꺼운 나무는 긴톱을 사용하고 가는 나무는 짧은 톱을 사용하여 줄기가 기우러지는 방향으로 잘라 넘어트린다.

뿌리돌리기는 대목을 중심으로 하여 자른다. 대목이라 함은 잘라낸 나무를 1본씩 대에 올려 톱으로 장작의 길이로 자르거나, 가지를 대 위에 올려 도끼를 사용하여 패거나, 가지를 잘려버려진 나뭇가지로 묶는 장소를 말한다. 산은 경사가 많기 때문에 작은 평지를 찾아 뿌리돌리기 한 나무를 옮기기 쉬운 장소로 한다.

뿌리돌리기를 할 때에는 나무그루 주변에 조릿대를 자른 그루가 있는지 없는지를 확인하고 조릿대가 남아있는 경우에는 도끼로 주변을 낮게 자르고 나서 톱을 이용한다. 잘린 그루가 있으면 톱을 가진 손이 낮게 되어 생각지도 않게 다치는 경우가 있으므로 주의한다.

톱은 나무를 넘어트리는 방향에서 조금 자르고, 다음으로 반대방향으로 자른다. 두꺼운 나무는 한 방향으로 자르면 나무가 찢어져 싹트는 것을 나쁘게 한다.

적정한 수의 뿌리돌리기가 되면 대목이 있는 장소에서 나무를 모은다. 두꺼운 가지가 많은 것은 톱과 도끼로 잘라내고, 가벼운 나무는 그대로 잡아끌어 모은다. 한번에 뿌리돌리기를 많이 하면, 나무가 겹치게 되어 꺼내는 데 용이하지 않다.

모인 나무는 선단의 나뭇가지를 남기고 다른 것은 잘라버려 장작패기에 방해가 되지 않는 곳에 보아 놓는다. 선단의 나뭇가지를 남기는 것은 다리를 걸어 안정시키기 위함이다. 가지를 잘라낸 나무는 대목의 상측의 뿌리부분을 왼쪽으로 해서 가지런히 놓는다.

(2) 대목 만들기

대목은 두꺼운 나무를 골라 허리보다 조금 낮은 높이에서 자른다. 대목은 도끼를 내려 찍어 나무를 자르는 높이로 한다. 따로 얇은 나무를 1m 정도의 길이로 잘라 앞을 도끼로 깎아 대목의 왼쪽에 교차하여 깎은 끝을 지면에 꽂는다. 대목과 교차한 삼발이가 된다.

그 삼발이에 나무를 올려 장작을 잘라내기 때문에 교차한 곳을 끈이나 등나무 덩굴을 이용하여 튼튼히 묶어 고정시킨다(그림 2,3).

그림 2 장작 패기의 대목(저자 원도)

그림 3 장작 패기(저자 원도)

⑶ 잘게 패기

잘게 패기는 긴 나무를 장작의 길이로 자르는 것으로, 옛사람들은 다마 자르기라고 했다.

가지를 잘라낸 나무의 뿌리부분을 왼쪽으로 하여 삼발이에 올린다. 자르는 사람은 대목의 하측에 서서 톱을 잡고 장작의 크기에 따라 잘게 잘라간다. 장작의 길이는 탄화용이 1척 2촌, 장작용이 1척 3촌이다. 농가의 톱의 몸집에 장작 길이의 표시를 해두었다. 톱으로 잘라 작아진 나무는 대목 위에 올려 도끼를 사용하여 장작으로 자른다. 이것은 나구리마키라고 한다. 나구리마키의 촌법은 연탄용이 장작의 2배로 약 2척 5촌정도이다.

나구리마키를 자른 나머지 나무는 옆가지를 도끼로 길이를 잘 잘라 맞추고 자른 면을 왼쪽으로 하여 후방에 쌓는다. 나무를 맞추어 자를 때 자르고 남은 가지도 이와 같이하여 잘라 후방에 쌓아놓고, 쌓이면 섶나무 가지로 묶는다.

장작을 잘라 묶으면 새끼줄을 이용하여 단을 묶는다. 줄의 길이는 판매장작용으로 1심반(尋半)의 길이로 이중으로 하여 원으로 묶은 것, 숯불용은 야비키(矢引, 약 75cm)의 길이에 1심(약 1.8m)을 더한 것이어서 이것을 보통 矢引이라고 한다. 탄용의 장작은 상수리나무와 떡갈나무를 주로 하였으나 상인들은 나라마키도 사용하였다.

매매용의 장작은 상수리나무, 졸참나무, 떡갈나무를 카타기마키라고 하고, 그 외의 밤나무, 벚나무, 소로 등은 모두 조우마키라고 하여 가격도 한층 떨어졌다.

나구리마키는 따로 하여 다발을 묶는다. 다발로 정리된 장작은 용도별로 하여 장작을 자를 때 방해가 되지 않는 장소에 쌓아둔다.

⑷ 소다 밟기

도끼로 내려쳐 장작을 자른 끝의 가는 가지를 소다(잘려버려진 나뭇가지)라고 하고, 이 가지를 정돈하여 묶기 좋게 하는 것을 소다 밟기라고 한다.

대목의 후방에 쌓여 있는 가지를 1본씩 때려 올려, 잘린 면을 왼쪽으로 하여 슬(膝)위에 가지런히 만져, 다 차면 지면에 늘어놓고 길이가 반듯해지도록 밟는다. 1把分이 되면 등나무 덩굴 등을 이용하여 2번 감아 묶는다. 다발이 된 것을 6다발을 하나로 산으로 하여 쌓아 올린다. 이 6다발을 1타(駄)라고 하고, 매매 시 단위였다. 1타에 얼마라고 하며 사용되었다.

(5) 다발 운반

반출(山出)이라고도 하고, 산에서 장작을 사용하는 장소에 운반하는 것을 말한다.

장작패기가 끝난 오랜 동안, 산중에 두면 살무사, 뱀, 지네 등이 다발 속에 들어가는 경우가 있어 위험하거나, 봄 이후에 내리는 비에 젖으면 화력이 약해지거나, 묶은 끈이 삵아 끊어지거나 하기 때문에 산에서 빨리 운반하도록 했다.

산에서 도로가 있는 곳까지는 사다리를 이용하여 지고 나온다. 산실은 산등성이의 능선을 따라 지나기 때문에 산중에서 올라가게 된다. 한 번에 세 다발을 먼 곳으로 운반하는 것은 중노동이었다. 파는 장작은 산에 두고 팔았다.

도로에서는 리어카에 실어, 탄용은 흙가마가 있는 장소로, 자가용은 집 정원에, 섶나무 가지는 장작움막에 옮긴다.

반출 길은 폭이 좁고 굽어져있고 오르막과 내리막이 있어, 적토 길은 미끄러지기 쉬워 한번에 많이 싣지 못하는 어려운 다발 운반이었다.

자가에서 사용하는 장작은 잘 타는 것으로 나누어 사용했다. 나구리마키는 별도이지만, 정원 구석의 대 위에 장작을 쌓아 두터운 나무는 길이가 긴 장작나누기로, 작은 것은 한손으로 사용하는 짧은 마에와리라고 하는 도구로 나눈다.

봄 이후 비에 젖으면 화력이 약해진다는 까닭에 아침 만들기 일이라고 하여, 조석 전에 산에서 운반하거나, 장작을 패거나, 팬 장작을 집으로 옮겨 쌓았다. 아이들도 운반에 리어카를 밀거나 잘린 장작을 집안에 들여 쌓아올리는 작업을 도왔다.

이렇게 하여 겨울에서 봄에 걸쳐 집에서 사용하는 1년분의 연료를 비축하여 놓은 것이다.

1-4 숯불 굽기

예전에는 잡목림산이 많이 있었기 때문에 숯을 굽는 흙가마도 지역의 여기저기에 있어 계절이 되면 숯을 태우는 하얀 연기가 인가가 있는 산기슭에 퍼져 정감 있는 농촌풍경을 보이고 있었다(그림 4).

숯불 굽는 가마는 집집마다 조금씩 떨어진 장소에 산 흙을 이용하여 만들어져 있고 숯 굽기를 시작할 때는 소금을 뿌려 안전을 빌고 나서 시작했다.

그림 4 숯 굽기의 풍경(저자 원도)

숯구이용의 장작을 흙가마에 넣기 쉬운 입구근처에 모아, 처음에 가마 안에 모야를 깐다. 장작이 직접 흙에 닿아있으면 그 부분이 직접 타버리는 것을 피하기 위함이다. 모야 위에는 긴 판을 2장 깐다. 이것은 장작을 던져 넣을 때에 흙먼지를 방지하기 위함이다.

장작은 안에서 두꺼운 것을 위로 하여 틈 없이 2단으로 세워서 열거하여 채워넣는다. 장작 위에는 나구리마키가 끼워 넣어질 정도가 되면 이번에는 나구리마키를 두꺼운 쪽을 앞으로 하여 천장까지 빈틈없도록 채운다.

다발과 나구리를 교대로 채워가면서 뒤로 물러나, 입구 근처의 좁게 되어진 곳에서 멈춘다. 그 전열에는 밤나무나 벚나무 등 굵은 장작을 2본 정도 길이가 되는 것을 일렬로 가지런히 세운다. 이것은 앞세움이라고 하여 타오르는 불쏘시게 용이다. 이 앞세움 다발도 숯을 태우는 사람은 장작을 팰 때 준비하여 잘라둔다.

숯 굽기 가마 안은 천장도 낮고 엎드린 자세의 작업으로 몸의 자유도 취할 수 없어 장작 채우기는 비좁한 일이었다.

채우기가 끝나면 뒤에 연통을 세운다. 불 댕김 처음에는 입구에서 소다나 모야 등을 태워 열풍이나 연기를 가마 안으로 보내, 장작을 말린다. 장작을 자른 일수에도 다르나 약 2시간정도 이렇게 하여 굽는 정도를 보고 경합(頃合)을 보아가며 안으로 불을 집어넣어 나구리마키를 타게 한다. 불가마의 불은 입구 앞에 새로운 불을 붙이는 것이 아니고 장작의 위에 있는 나구리마키로부터 불이 위로 타도록, 뒤에 세워 놓은 장작 앞에서 타 들어가도록 한다. 이것이 숯을 잘 굽는 비결이며 앞세움 다발은 이를 위해 세우는 불쏘시개 용이다.

연기를 막는 시기에도 좌우되나, 이 불 댕김 방법에 의해 단단한 숯이 되어 전방 쪽도 재가 되지 않고 가장 많은 숯을 구울 수 있는 것이다.

천장의 나구리마키는 불이 붙어 완전히 타 옮겨가면 천장의 불이 빨갛게 보여 화염이 힘 있게 입구 앞으로 되돌아온다. 이렇게 되면 괜찮은 증거로, 불당김을 멈추고 불 아궁이를 닫는다.

최초에는 점토를 물에 담가둔다. 입구의 지면 중심에 공기를 빨아들이는 토관을 준비하고, 돌을 넣은 흙으로 입구를 쌓아 막는다. 이것만으로는 열로 흙이 말라 틈이 생기기 때문에 완전하게 하기 위해서 막기 바로 전에 환태항(丸太杭)을 양측으로 집어넣어, 두꺼운 판을 내측에 옆으로 쌓아올리면서 막은 사이를 점토로 막아 공기가 들어가지 못하도록 2중으로 봉쇄를 한다.

흙가마의 외부천장에도 비가 내려서 흙이 흘러내리지 않도록 원추리나 짚으로 만든 지붕 판을 양측에서 걸어 나누어 놓는다.

흙가마에 넣은 장작의 질이나 막는 시각에도 정해지지만, 거의 하루 밤낮 반 정도 타서 연기색이 변하고 결국에는 연기가 멎게 된다. 숯 태우기의 명인은 어두운 밤에도 연기 냄새로 그 시기를 안다고 한다.

연기가 완전히 없어지면, 전방의 흡입토관을 막고 나서 후방의 연동을 제거하고 볏단을 물에 적셔 연기배출구를 막고 그 위에 흙으로 덮는다.

흙가마의 외부 천장도 젖은 점토로 바른다. 공기를 완전히 막으려 하면 만일이라도 공기가 들어가면 안의 숯이 재가 되는 경우가 있기 때문이다.

3일이 지나면 숯 꺼내기를 행한다. 처음에는 막아져있는 판과 흙, 돌을 제거한다. 이 때가 숯 굽기의 가장 즐거움이 있는 곳이며, 가마의 잿빛에 가슴을 설레게 한다.

한겨울에도 흙가마안은 열기로 맹렬히 덥다. 두건과 수건으로 얼굴을 싸고 재 꺼내기용의 대나무가마니에 숯을 담아 밖으로 꺼낸다. 이중 장갑이어도 뜨겁기 때문에 가마니 2-3포로 교대한다. 밖의 사람은 가마니의 숯을 나누어 들에 쌓아놓는다.

숯 꺼내는 것이 완전히 끝나면 안을 청소하고 다음 장작을 채워넣는다. 아침 일찍부터 시작해도 장작을 채워 넣는 것이 끝나면 점심시간이 되었다.

숯가마니 만들기는 흙가마의 불 지피기를 하면서 숯을 가마니에 넣는다. 예전에는 숯 검사가 있었기 때문에 질을 맞추어 숯을 저울에 달았다. 상숯이 1표(俵) 4관문입(貫匁入)이다. 자구숯이라는 것은 나구리마키숯이나 깨어진 숯이다.

숯 가마니는 원추리로 엮어서 숯방에서 빈 가마니를 사와 보충했다. 4관문표는 사각으로, 3관입은 동그란 가마니로 만들었다. 가마니의 양입구는 윤(輪)이라고 하여 얇은 나무를 잘라 대어 망을 대었다. 가마니에는 가로망으로 걸었다.

상수리나무 장작 숯은 사쿠라숯이라고 불리고 있으나, 상등품은 환탄이고, 굵은 탄이나 깨어진 탄은 하나 떨어진 등급이었다. 그래서 아루카에서 15년 전에 벌채되거나 잡목을 파내고 상수리나무로 바꿔 심어 산을 만들었다.

숯때기상인들은 나라숯도 구웠다. 또 단치옥(鍛治屋)의 부탁으로 소나무나 뽕나무도 숯으로 구웠다. 소나무의 장작 목욕물은 최상으로 특별히 구하고자 하는 집이 많았다. 단치옥(鍛治屋)이 철물을 만들 때 사용하는 숯은 소나무가 상급이라고 말해지고 있다.

숯은 집으로 운반하여 1주일간은 정원에 쌓아두고 절대로 실내에는 들이지 말라는 엄격한 충고가 있었다. 만일 숯에서 불이 일어나는 것을 두려워하는 배려이다. 숯은 양잠이나 차 만들기, 집의 난방에서 쌀가마 습기예방, 화장실의 악취제거로 폭넓게 사용된다든지 환금부업으로서 행하고 있다.

숯 굽기가 1955년(쇼와30년) 이후부터 석유나 가스, 전기의 보급에 의해 방치되면서 노력이 필요한 것도 있어서인지 장작은 2본 정도의 길이가 되고, 숯은 반으로 잘라 봉투에 담겨지게 되어 예전 같은 정경을 잃었다.

1-5 산림육성

잡목산은 농가에 큰 자연의 혜택을 부여하고 생활에 없어서는 안 되는 장소이었기 때문에 사람들은 산을 숭배하며 살아왔다.

산의 나무가 커졌기 때문이라든지, 나무가 필요하기 때문이라든지 무분별한 벌채를 한 적은 없었다.

정월의 일 시작에는 산에 주련을 세우고 과거에 감사하고 올해의 무사를 기원하며 산의 신의 날이나 장삼랑(長三郎)의 족절(足切)날은 산에 들어가지 않고 전언을 지켜왔다.

장작 자르기를 시작하는 날에는 그 산에 주련을 세우고 술과 쌀을 올리고 산의 용서를 구하고 무사를 빌고 일을 시작했다.

"봄의 피안(彼岸) 이후는 산의 나무를 자르지 말지어다."의 전언도 "5월의 조릿대산"도 조릿대가 깊은 산은 5월에(음력) 조릿대를 자르려면 조릿대 뿌리가 약해 말라버려 나무가 크면, 이것도 옛 사람의 교훈이라고 생각하고 있으며 산을 사랑하고 나무를 키우는 생각에서 함께 하고 있다.

숯을 굽는 데는 상수리나무가 좋은 신탄재로 참나무가 많이 필요했기 때문에, 나무 열매를 뿌려 밭을 일구고 묘목을 키워, 산의 공지나 자츠보쿠를 굴취하고, 그 후에는 묘목을 심어 주목이 되기까지 풀을 자르고 산 만들기 산 육성하기를 해 왔다.

예전에는 목초지라고 불린 공유지산은 摘み田시대의 히바코키의 장이거나 초벌하는 장이기도 했고, 지역주민의 도보청(道普請)이거나 산사태의 보수공사에, 또는 청년단이 길 안내판을 만드는 자재용지이었다.

산불은 무서운 것으로 한번에 넓은 산을 잃게 된다. 산불을 방지하기 위해서 산청소가 있었다. 산주인이 있는 산은 관리를 하나 공유지산까지는 손이 미치질 않는다. 여기서 "분수림"이 정해진 공유지산을 일성 넓이로 나누어 각 집집마다 나누어진 산을 책임지고 관리하게 했다.

단, 소각장만은 별개였다. 소각장이라는 것은 예전에는 토장이었으나, 지역에서 전염병 사망자가 있을 때 화장하는 장소이며, 화장에는 많은 땔감을 필요로 하여 주변의 잡목을 불상목(不祥木)으로서 남겨두었다고 전해지고 있다. 이를 위해 소각장은 나무가 덮여져있는 외로운 장소였다.

구릉의 잡목산에는 군데군데 소나무도 많았다. 에도시대 말기에 시나가와의 오다이바 만들기에 이 소나무 등이 재료로서 많이 잘려나갔다. 메이지 신궁의 숲에도 소나무가 운반되어 심어져있다.

옛사람은 자손을 생각하여 나무를 소중히 키워 남겨왔다. 개발 조성 전은 잡목림산 안에 눈에 띄는 큰 나무가 많았다. 옛날 사람들의 얘기에 의하면 소나무나 전나무 등은 집의 수리목으로, 밤나무는 토대(바닥보호)로 최적이고, 후박나무는 혼수가구 재판(裁板), 장판(張板), 게타에도 도움이 되기 때문이었다.

나무는 심어두면 자연히 자라는 것으로 생각해 공원의 조성림에는 수목을 밀식하여 잡목림이었던 본질을 망각하고, 단지 녹지가 중요하다고 강조하며, 갱신도 하지 않고 버려두면 나무는 위로 클 수밖에 없고, 어느 날엔가는 말라죽는 것도 나타난다.

녹지의 보존이 주장되어 남겨진 몇 안되는 자연림 안의 산책로를 만들어 모래를 깔거나, 포장까지 하는 인간 우선의 사고방식은 나무의 뿌리 부분을 밟아 딱딱하게 해버린다. 자연 본래의 모습을 잃어버린 그 장소에서는 자연은 양육될 수 없다.

잡목림의 관리가 중요하다고 매년 낙엽을 긁어모으는 곳도 있으나, 나무는 겨울에 잎을 떨어트려 낙엽을 쌓이게 하고, 내리는 눈이나 비를 축적해, 부식화시켜 토양을 만들고 그 양분을 흡수하여 자란다. 곤충들도 이것이 있음으로 해서 서식하고 있다. 매년의 낙엽 긁기는 나무의 양분을 탈취하는 것으로서 해서는 안된다.

옛 산 만들기의 산림육성은 특별하게 의식하는 것이 아닌, 삶 속의 필요에서 일정하게 장작을 자르거나, 수목의 본수정리를 하고 낙엽을 이용하여 왔다. 그 안에 동물들과 새, 곤충 등이 서식하는 모습을 보이고, 야생화가 싹을 트여 살아가고, 계절별로 다채로운 자연 색의 꽃을 피워, 사람들에게 자연의 아름다움과 혜택, 안락함을 제공해 왔다.

이것이 자연이 있어야 하는 이유이다. 사람들은 지금 한번, 산 육성에 대해서 다시 한번 생각해야 할 것이다.

(미네기시 쇼조)

자료 잡목림산의 식물과 산야초의 이용 상황

식물명	이용 상황	식물명	이용 상황
적송	건축재, 장작, 숯, 사에노키미	일본조팝나무	
으름덩굴	식용	삼나무	건축재, 나무통
일본말발도리	경계목, 칼자루	두릅나무	
때죽나무	장작, 섶	회양목	정원나무
팽나무	섶	노박덩굴	
떡갈나무	장작,숯, 농기구 손잡이, 디딜방아	화살나무	
가막살나무		덧나무	
비자나무	모깃불	붉나무	
나무딸기	식용	자귀나무	
통조화	곡키, 줄 대용	오리나무	장작, 섶
칡	줄 대용, 칡분	구골나무	귀문제거
상수리나무	장작, 숯, 섶	편백	건축재, 나무통
밤나무	장작, 섶, 건축재, 써레, 낫 손잡이	일본목련	재배 판자, 나막신, 장작
곰솔	건축재, 장작, 말뚝, 사에노키미	참빗살나무	
조장나무	섶, 이쑤시개	층층나무	
느티나무	장작, 섶	작살나무	섶
닥나무		일본전나무	장례도구재, 장작
졸참나무	장작, 숯, 섶	돌감나무	장작, 섶
목련	장작, 섶	참빗살나무	섶
말오줌때		산뽕나무	장작, 섶
비쭈기나무	신단	캠페리철쭉	
벚꽃나무	장작, 곡키, 섶	싸리	
화백나무	건축재	산머루	식용
산초	나무공이, 식용	뜰단풍	장작
구실잣밤나무	장작, 섶	비자나무	약콩

주) 다마 구릉의 필자가 살았던 잡목림산에는 많은 종류의 나무가 있었다. 농가는 특별히 나무이름을 알 필요는 없었다. 여기에 기록한 식물명도 필자의 기억에 의한 범위이며, 자가 산에서 알고 있는 것만을 들어봤다. 다른 집의 산, 습지에도 식물명을 모르는 것, 산야초가 많이 있었다고 생각된다. 또한 버섯류도 많았다.

개발 조성된 30여 년간, 먼 옛날일이 되어버려 잃어버린 것도 있을 것이라 생각되지만, 참고가 되고자 적어두었다.

2. 잡목림의 환경 교육

2-1 환경교육의 무대로서의 잡목림

1) 환경교육의 지역적 접근

1992년 지구 정상회의 전후부터, "지구에 부담 없는"은 일본의 정부와 기업, 저널리즘의 간판이 되었다. 이것에 호응하여 환경교육에 관해서도 1980년대 후반에서부터 행정, 시민 양측 면에서 구체적인 활동이 활발해지고 학교 교육의 커리큘럼에서도 드디어 환경교육이 도입되었다(아베, 1993).

이것은 환경교육 문제가 하나의 지역이나 나라에 국한되지 않고, 지구생태계 전체를 파괴하고 종으로서의 사람의 생존을 위협할 수 밖에 없는 절박감을 갖는 사회로 인식된 결과라고 할 수 있다. 그래서 그 해결을 위한 환경교육은 매우 중대한 의미를 갖는다.

환경교육의 목적은 다음과 같이 규정되어져 있다(UNESCO, 1980)

"환경 문제를 예측, 해결, 환경의 질을 관리하기 위한 지식, 가치관, 제도, 및 실제적 기능을 개인 및 사회에 취득하게 하는 것"

"환경의 보호와 개선을 보증하기 위한 국가 간의 새로운 질서를 위한 기초가 되는 것에 의해, 국가간, 지역간의 책임감과 연대감을 육성하는데 도움을 주는 일"

Think Globally, Act Locally(지구 전체를 생각해 지역에서 행동하자)라고 하는, 많이 듣곤 하던 표어는, 이것들을 달성하기 위한 방법론을 나타내고 있다. 즉, 지구적 접근과 지역적 접근의 진전에 있다(아베, 1993). 이 중 어느 것이라도 부족하면 환경 문제의 해결은 얻을 수 없다고 생각되고 있다. 이 장에서는 도시의 잔존림을 환경교육의 지역적 접근의 실천의 장으로서 취급해, 그 가능성에 대해 논하고자 한다.

2) 잡목림의 특성

잡목림은 1만 년 이상이라고 생각되는 반자연 반재배의 생산과 깊이 관련되어 온 역사성을 가지고 있다고 말해지고 있다(모리야아, 1988). 우리들의 생활환경이 가속적으로 진행되는 중에 잡목림이라는 환경은 인간이 사람으로서 살아가기 위한 활력과 지혜와 기술을 낳은 장으로서, 또 환경문제에 뛰어들기 위해서는 구체적인 체험이라고 생각되는 재료를 얻기 위해 덧없는 장이라 할 수 있다.

아베(1993)에 의하면, 사람의 생애 중에 교육환경은 주로 다음과 같은 역할을 다한다.

① 유아기의 환경교육 : 직접체험에 의해 감성을 키운다

② 학령기의 환경교육 : 지식과 기술을 생활문화를 통해 배운다

③ 성인기의 환경교육 : 문제 해결 행동에 참가한다.

이러한 활동을 행하는 장소와 대상으로서 잡목림을 생각해보면, 다음과 같은 특징을 알 수 있다.

(1) 감성 학습의 장으로서,

- 가까운 장소에 있어 다니기 쉽다.
- 임목이 관리되어진 장소에는 조망이 좋기 때문에 안정성이 높고, 숲 안에서의 활동이 가능하다. 보기에도 편안하고 친해지기 쉽다.
- 변화를 느끼기 쉽다. 낙엽수림이기 때문에 계절 변화가 확실하다. 또한 관리가 되는 숲에서는 경과되는 해에 따라 변화를 보기 쉽다.

(2) 지식·기술의 학습의 장으로서.

- 산림으로서의 입체적인 구조를 가지고 있어, 생물상호의 복잡한 관계를 볼 수 있다.
- 전통적인 생산문화의 장으로서, 지속가능한 자원이용의 방법을 배우거나, 기술을 실제로 체험하거나 하는 것이 가능하다.
- 사람과 자연생태계의 관계법의 모델로서, 자기 자신이 자연의 생산물을 이용해 보는 것에 의해 물질순환과 에너지순환을 실제로 체험할 수 있다.

(3) 행동·참가의 학습의 장으로서.

- 숲 관리에 참가하는 것으로 능동적으로 접근하는 것이 가능하며, 보통 사람이 쉽게 보전작업에 참여가 가능하다.
- 사람의 영향에 의한 결과를 보기 쉽고, 달성관을 얻기 쉽다.

즉, 잡목림은 생애에 걸친 환경교육의 좋은 필드가 되고 있는 것이다. 이것은 아이들에게도 자연의 신비나 놀라움에 눈을 돌리게 하는 감성을 개척하는 장이 되고, 다양한 자연현상이나 생활문화를 배우는 장이기도 하다. 어른들에게는 실제의 보전활동에 땀을 흘리는 장이기도 하다. 도시 가까이에 있어 일상적인 공간으로서 반복적인 이용이 가능하다는 것이 잡목림의 가장 큰 이점일 것이다.

성립에 인위의 간섭을 필요로 하고 있는 것은 지역 사람들의 장소에 참가성 · 관계성을 크게 넓힌다. 환경교육의 무엇보다도 중요한 국면이라고 불려지는 실제 행동이 필요하게 되고, 이세대간의 교류와 협조의 장으로서의 가능성도 내포하고 있다.

2-2 잡목림의 환경교육 프로그램

1) 환경교육의 활동과 프로그램

잡목림에서 행하는 환경교육 활동을 주된 목적과 대상으로 하는 연령층으로 구분하면, 다음과 같은 단계로 정리된다.

① 감성 학습

느낀다 · 놀다 : 오감을 촉발하여 풍부한 정감을 키운다.

먹다 : 물질의 순환을 체험한다.

② 지식 · 기술의 학습

발견하다 · 관찰하다 : 자연에의 객체로서 접한다.

사용하다 : 기술사를 체험한다.

③ 행동 · 참가의 학습

기르다 : 보전활동에 참가한다.

넓히다 : 보전활동에 대해 넓게 퍼트린다.

구체적인 프로그램을 표 1에 나타낸다. 프로그램의 목적은 복수로 얽혀있는 것도 많으나, 어떠한 연령층의 사람들이 참가하는 가에 의해 그 중점이 변한다. 다른 연령집단의 경우는, 연령층에 의해 받아들이는 방법이 변하게 된다. 이러한 프로그램군은, 예를 들어 "중학생이상의 연령층을 대상으로 한 잡목림 보전에 참가하기 위한 연간 프로그램"으로서 그림 1과 같이 정리할 수 있다.

표 1 잡목림을 무대로 한 계절별 환경교육 프로그램의 예

계절	프로그램	주요 목적		
		감정	지식 기술	행동 참가
봄	색을 세다(눈의 색, 꽃의 색)	○		
	수목의 새싹의 관찰 스케줄	○	○	
	들풀을 먹다	○	○	
	숲 스탬프랠리	○	○	
	봄식물(두메닥나우)의 관찰		○	
	낙엽수의 꺽꽂이		○	○
초여름	잡목림의 구조 관찰		○	
	조엽수림을 보러간다	○	○	
	귤빛부전나비 관찰	○	○	
	임상식물관찰과 풀베기		○	○
	초본의 아접		○	○
	고구마 기르기		○	○
여름	백양꽃관찰		○	
	묘목의 길이측정		○	○
	숯불바베큐	○	○	
	칡.모시풀에서 천짜기		○	
가을	덩굴을 짜다		○	
	초목염색	○	○	
	숲의 공작	○		
	나무열매줍기와 모종.화분만들기	○	○	○
	텃밭만들기와 묘목의 이식		○	○
	모닥불, 군고구마	○	○	
겨울	나무벌채, 숲의 갱신		○	○
	가지치기		○	○
	숯불	○	○	○
	숯가마니만들기		○	
	숯장이 그림연극작성.상영	○	○	○
	단재로 음악기구 만든다	○	○	
	단재로 수목이름판을 만든다		○	○
	나무 놀이도구 만든다	○	○	○
	모닥불, 숯불요리	○	○	
	곤충을 위한 통나무 쌓기		○	○
	낙엽줍기, 퇴비 뿌리기		○	○
	종이 뜨기		○	
	표고버섯, 균때리기		○	
	겨울눈관찰	○	○	
	로제트 완성	○	○	

이하의 항에서는, 잡목림에서 행하는 환경교육 프로그램의 단계별 생각하는 법과 프로그램의 구체적인 예를 들어보자.

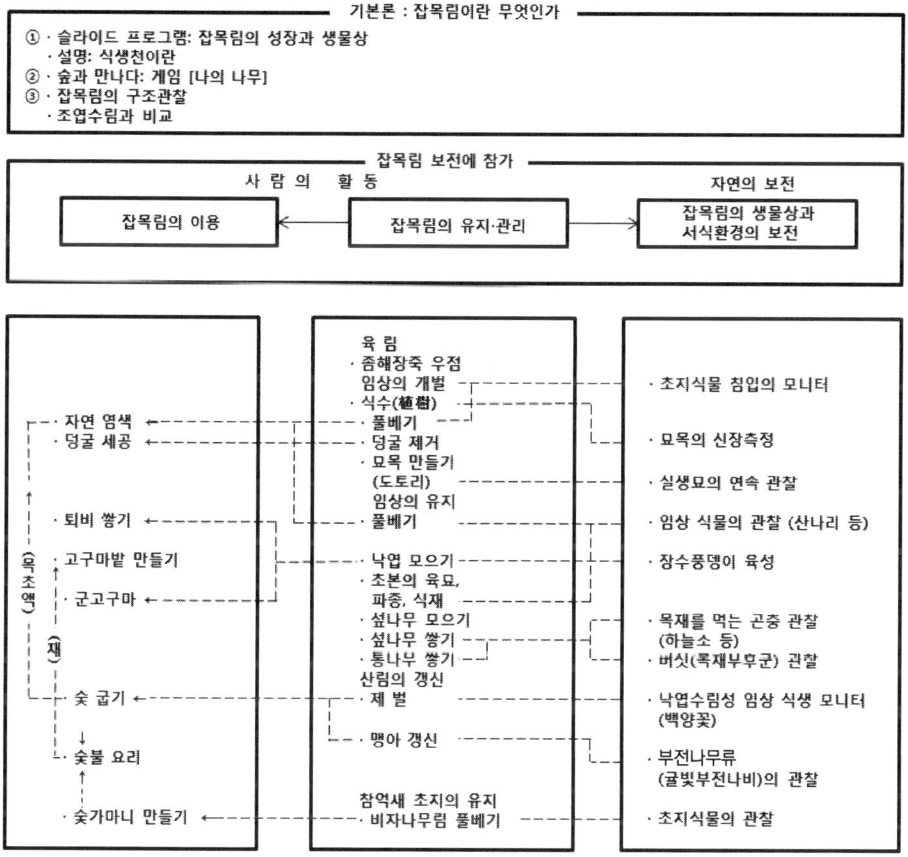

그림 1 잡목림 보전에 참가하기 위한 연간 프로그램 체계 모델

2) 감성 학습

(1) 만지다 · 놀다

자연에서 놀면서 여러 가지 감성을 촉발하는 프로그램은, 특히 오감을 발달시키는 시기인 유아기 아이들에게는 상당히 중요하다. 어른에게도 인공 환경에 흠뻑 젖어 자연을

잃어버린 생활을 하고 있는 정신을 충전한다는 의미에서, 안정감 이상의 효과가 있다. 가족 단위로 즐기는 것이 가능하다.

프로그램의 예로는 아래의 것이 있다.

a. 숲의 스탬프

나뭇잎을 문지르거나, 나무 기둥에 매달리거나 새싹을 만져본다든가 하여, 촉감을 최대한으로 사용하여 신록의 숲을 즐긴다(사진 1). 관찰코스를 설정해 두고, 새로운 설문이나 해설을 쓴 그림용 종이를 길게 붙여 지점마다 설치해 둔다.

사진 1 자연의 순환
듣다, 보다, 만지다, 쓰다. 여러 가지 감각을 사용하다

사진 2 숲의 공작. 나뭇잎, 마른가지, 열매를 사용한 그림.
자연 소재의 색과 형, 감촉을 살린 표현이 발견된다.

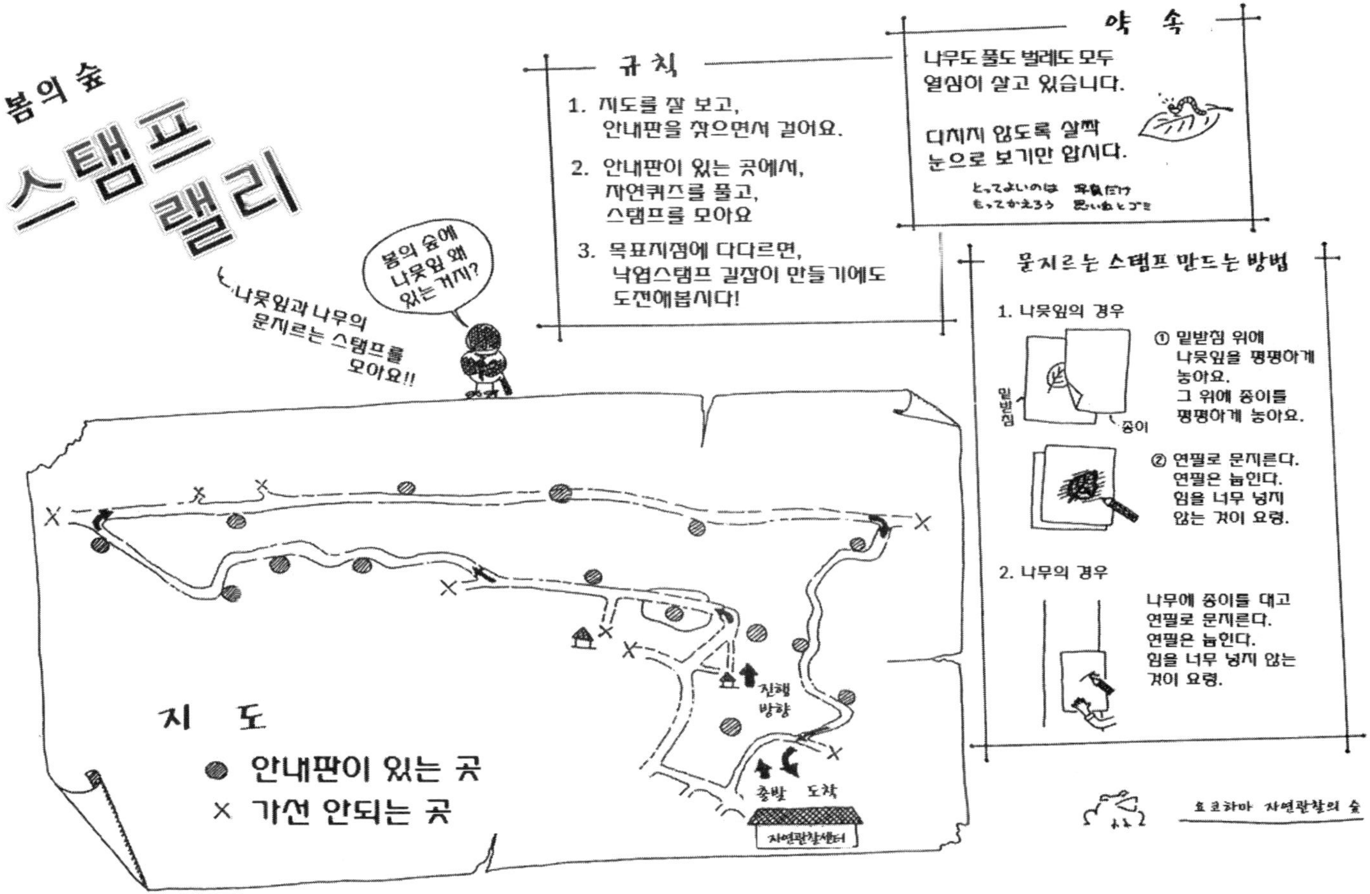

그림 2 숲의 스탬프의 워크시트(walk seat)

봄의 숲 스탬프

설문

1. 건너편의 산 그림을 그리려고 할 때 무슨 색이 필요할까요? 사용할 색의 수를 세어주세요.

   힌트 : 잎 색에도 여러 가지 녹색이 있네요. 알았나요?
   장소 : 원숭이 마을 광장　관찰대상 : 풍경　정답 : 각자 느끼는 대로

2. 나는 벚나무입니다. 벚나무의 낙엽을 찾아, 색종이에 문질러 스탬프를 만들어 주세요.

   장소 : 층층나무1　관찰대상 : 벚나무 낙엽

3. 올챙이를 살짝 잡아 주세요. 배에는 어떤 모양이 있습니까?

   ① 소용돌이 모양　② 물방울 모양　③ 꽃 모양
   장소: 애반딧불이의 습지　관찰대상: 올챙이
   정답①　해설: 장을 들여다보면 소용돌이로 보입니다.

4. 숨어있는 것을 찾아라! 밧줄의 건너편에 자연에는 없는 것(사람이 만든 것)이 숨겨져 있습니다. 어떠한 것을, 얼마만큼 감추어져 있는지 세어주세요

   주의 : 밧줄 안에는 들어가지 마세요. 다른 사람에게 물어보면 안 돼요!
   장소 : 층층나무 4 참고 : "네이쳐 게임"　백서방으로부터 '위장(camouflage)'

5. 우리들은 "좀해장죽"입니다. 조릿대의 낙엽을 찾아, 문질러 스탬프를 만들어 주세요. 자 어서.

   장소 : 졸참나무14　관찰 장소 : "좀해장죽"의 낙엽

6. 귀를 기울여 소리를 들어주세요. 어떤 소리가 들리세요?

   장소: 졸참나무15 관찰 장소 : 자연의 소리
   해설 : 쉬익(바람의 소리)　사각사각(낙엽이 부스럭거리는 소리) 웅-(벌레 날개 소리)
   호호게쿄(휘파람새) 휘오이오, 텟큐카라(새소리)

7. 나는 졸참나무야. 가을에는 물이 생겨. 대롱대롱 매달려 있는 건 꽃이야. 내 낙엽을 찾

아서 색종이에 스탬프를 만드는 거야.

장소 : 졸참나무13 관찰대상 : 졸참나무 낙엽

8. 나는 뾰족뾰족 잎의 호랑가시입니다. 잎을 따서 만져보아요. 뾰족뾰족할까요?

장소 : 졸참나무11 관찰대상 : 호랑가시 잎

9. 큰 팽나무에 대해 보자. 팽나무의 잎사귀는 저런형태. 내려오는 곳을 찾아서 문지르는 스탬프를 만들어 주세요.

장소 : 졸참나무9~8 관찰대상 : 팽나무 내리막길

10. 삼나무에 종이를 대고 문질러 스탬프를 만들어 주세요.

장소 : 졸참나무6~5 관찰대상 : 삼나무의 수피

12. 잠깐, 한번 쉬어가기. 심호흡을 하고 경치를 바라보고 확인하자. 후지산과 붉은저수지, 하코네산 보입니까? 왼쪽 아래에는 자연관찰센터가 있는 것이 보입니까?

장소 : 졸참나무5 관찰대상 : 풍경

13. 어린잎을 따서 만져봐. 어떤 느낌입니까? 감촉은 큰 잎과 같습니까?

장소 : 졸참나무4 관찰대상 : 참식나무 잎

14. 좋아하는 잎을 한 개 고르고 문질러 스탬프를 만들어 주세요.

장소 : 졸참나무3 관찰대상 : 여기저기

15. 어린 잎을 따서 만져봐. 어떤 느낌입니까?

장소 : 졸참나무 2 관찰대상 : 새비나무 잎

16. 잠깐 한번.... [낙엽에 대해] 스탬프를 만들 때, 너덜너덜된 낙엽이 있다는 것을 알아차렸습니까?

작은 생물들이 잎을 먹고 살고 있어서 너덜너덜 하게 있습니다.
잎은 점점 허물어져서 미세하게 되고 머지않아 흙이 되어버립니다.
<흙을 만드는 생물> 지렁이, 공벌레, 버섯
장소 : 졸참나무2 해설용 팻말

종이를 꼬리표에 붙이고, 포인트마다 설치해둔다. 한명 또는 소인원씩 걷기로 하여 출발시간을 조금씩 다르게 하여 보낸다. 도중에 낙엽을 주워 스탬프 대신 워크시트에 문지르도록 설문을 넣는다. 다음에 오려내어 리본을 달아 책갈피로 하는 것도 가능하다.

많은 사람이 숲을 걷게 되면, 리더의 목소리가 들리지 않기 때문에 해설을 못 듣거나, 1개소에 모여 임상을 밟아 황폐시키는 경우도 있다. 이것은 그 대책이기도 하다. 설문에 의해 계절은 언제라도 가능하다. 문지른다는 능동적인 작업을 넣는 것이 포인트이다.

b. 숲의 공작

가을에 숲에서 주운 소재로, 가을 풍경을 자유롭게 표현해 본다. 재료를 선택할 때에는 색, 형, 촉감을 충분히 느끼게 된다. 숲에 떨어져 있는 낙엽·열매·마른가지를 정성스럽게 줍는다. 주운 것으로 도화지 위에 가을 풍경을 표현한다(사진 2).

계절은 10월 하순에서 12월 중순까지가 좋으나, 주운 재료를 선별한다면 다른 계절에도 가능하다(예를 들어 지면에 떨어진 꽃, 상록수의 잎 등).

c. 로제트가 되자

생물에 감정이입하는 것은 아주 중요한 체험이다. 움직이지 못하는 식물이 겨울을 나는 기분을 체험해 본다. 임연의 로제트가 많은 초지에서, 제각기 좋아하는 장소를 골라 누워보자. 다음으로 다리 밑에 있는 로제트를 찾는다. 어떤 형태인가 스케치를 한다. 다음으로 숲에 들어가 낙엽수의 그루터기에 앉아 다리 밑의 식물을 초지의 것과 비교한다. 낙엽위에 누워 가지를 올려보고 동아를 찾아, 나무 기둥에 귀를 대고 나뭇가지 끝에서 전해오는 음을 듣는다. 계절은 12-3월의 맑은 날이 좋다(사진 3).

(2) 먹다

먹는 것은 생물의 생존 기본이다. 무엇을 먹을 수 있는 가를 식별하는 것은 자연 인식의 한 과정이라고 할 수 있다. 자연 속에서 직접 먹을 것이나 연료를 얻는 것은 물질의 순환을 체험하는 둘도 없는 경험이 된다. 무엇보다도 즐겁고 여러 사람들과 가볍게 참가할 수 있는 교류의 기회가 된다.

지나친 사용을 피하기 위해, 사전에 채취가능한 양을 파악해 두고, 그 장소에서 많이 있는 것을 재료로 하도록 신경 쓴다. 예를 들어, 외대바람꽃이나 얼레지는 먹을 수는 있는데, 남관동에서는 희귀하기 때문에 채취하지 않는다. 유독식물의 식별에는 주의를 요하기 때문에 전문서로 확인해 놓는다((재)일본자연보호협회, 1982 등). 화학약품(살충제나 제초제 등)이 뿌려져 있지 않은가의 확인도 필요하다.

사진 3 로제트가 되자. 겨울 식물이 된 양 하늘을 올려다본다.
감정 이입은 특히 저연령층에게 중요한 과정이다.

a. 봄의 야초의 싹트기

으름덩굴, 수영, 민들레, 토필, 딱총나무, 원추리, 산달래, 별꽃, 쑥 등은 재배식물과는 다르다. 독, 떫은 맛, 쓴맛, 단맛, 신맛, 점액, 향기가 있다. 이것들은 나물무침이나 튀김으로 조리한다.

b. 열매

단풍딸기(5월), 신뽕나무(6월), 보리수나무류, 이름덩굴(10월) 등은 생으로 머을 수 있다. 독이 있는 옻나무(7월), 미국자리공(9월~10월)에는 특히 주의하자.

3) 지식·기술의 학습

(1) 발견하다 · 관찰하다

소면적의 잡목림에도 자세히 보면 놀라울 정도로 다양한 생물이 관찰된다. 잡목림과 사람과의 관계를 생각하기 위해서는 잡목림의 특유한 생물에 눈을 돌려보는 것도 좋다.

a. 낙엽수림성의 임상식물의 관찰

백양꽃은 변형 봄식물이라고 불리며, 초봄에만 지상에 잎을 내고 여름에는 개화한다고 하는 낙엽수림 밑에 적응한 독특한 생활사를 갖는다. 그루마다 도장을 찍어놓고 매년 초봄에 잎 수를 조사하면, 지하부의 성장이 탐지되고 여름의 꽃수가 예상된다.

임상의 작은 관목인 왕잔디는 가을에 싹을 띠워 초여름에 낙엽하고 여름에는 잎이 없다고 하는 낙엽수림에 적응한 생활사를 갖는다. 11월 발아, 동기 녹엽, 3월 개화, 6월 결실과 낙엽은 눈에 뜨인다. 낙엽수림의 임상 조도의 1년 변화를 생각하고 그 생활사를 관찰하자.

b. 귤빛부전나비 관찰

작은녹색부전나비는 낙엽수와 긴밀한 생활사를 갖고, 저지의 잡목림에 서식하는 작은 녹색부전나비류는 후빙기의 유존종으로도 생각되어지고 있다. 성충은 초여름 일시기만 보이고, 종에 따라서 비상하는 시간대가 다르다. 그 중에서도 저녁 시간대에 수관위에 일제히 날며 돌아 눈에 의한 관찰이 쉽다.

요코하마시를 예로 들면, 5월 하순에서 6월의 오후 6시 전후의 약 1시간에, 잡목림의 수관 위에서 공중 정지하기 때문에 비상하는 활동을 볼 수가 있다. 신록의 졸참나무를 배경으로 오렌지색의 나비가 춤추는 모습은 아름답다. 쌍안경이 있다면, 비상을 쫓아 관찰할 수 있다.

c. 잡목림의 구조와 상록활엽수림의 구조 관찰

인간의 간섭 결과 생기게 된 잡목림의 자연을 이해하기 위해서는 상극인 침엽수림도 꼭 봐 두었으면 한다.

5월은 상록활엽수도 새싹이 나고, 놀라울 정도로 다양한 색깔들이 나타나는 계절이다. 절의 사찰림 등, 지역에서 보호되어 온 상록활엽수림을 방문하여 수종, 수고, 흉고직경, 임상의 식물을 잡목림과 비교해 본다.

(2) 산물의 이용

잡목림 프로그램의 특징은 숲의 관리와 관계되고, 숲의 산물을 이용하는 실체험이 가능한 것이다. 전통적인 이용 기술은 한눈에 본 우리들의 일상생활에서 사용되고 있는 기술과 비교해 원시적이고 불편한 것으로 생각된다. 그러나 석유 등의 화석연료나 전력을 사용하지 않아도 되는 고도의 기술인 것을 알 수 있다. 인간이 자연에서 무엇을 얻어 왔는가, 어떻게 기술을 발달시켜왔는가에 대해서 체험하는 것은 현재의 생활과 기술이 놓여져 있는 위치를 선명하게 한다.

a. 초목 물들이기

초목 물들이기는 시대의 낡은 기술이며, 화학약품을 이용하지 않는 염색방법으로서 완성된 기술이다. 수수하고 칙칙한 색밖에 나오지 않는다는 잘못된 생각이지만, 식물에 의해서는 놀라울 정도로 아름다운 발색을 얻을 수 있다. 녹색의 잎에서 삶아낸 즙이 천을 환한 색과 회자색으로 물들이는 불가사의는 자연의 신비과 은혜를 실감할 수 있다. 아래와 같이 다른 작업에서 나온 찌꺼기가 염료로서 사용하는 경우가 많다.

하예작업(풀베기) : 환삼덩굴, 섬모시풀, 칡, 양미역취, 쑥 등

제벌·전정지 : 통조화, 상수리나무, 느티나무, 졸참나무, 붉나무 등

그 외 : 상수리나무(각두: 도토리 껍질)

색을 정착시키기는 데 사용하는 시판 염색체는 금속이온을 포함하고 있으나, 잡목림에는 철(목산화철)과 알루미늄(생백반)에 국한되어, 토양이나 물을 오염하는 동이나 크롬 등의 중금속은 사용하지 않는다. 숯 굽기로 목초액을 뽑아 타르분을 제거한 침몰용 철을 넣어놓으면, 1-2년에 목초산철로 염색제를 사용할 수 있다.

표 2는 요코하마 자연 관찰의 숲에서 행하고 있는 초목 물들이기의 공정표이다. 또한

초목 물들이기는 세정을 위한 물이 굉장히 많이 필요로 한다.

b. 버섯 재배 · 악기 만들기 · 나무명찰 만들기

맹아갱신을 행하는 숲에서는 벌채한 목재를 유효하게 이용하고 싶다. 기둥의 주된 부분은 전통적인 숯 굽기나 버섯재배로 사용되나, 그 이외의 부분도 여러 가지 용도가 있어 거의 버리는 부분이 없다. 예를 들어 지엽은 초목 물들이기로, 가는 가지는 단추나 포크로 가공할 수 있다. 기둥의 어영부영한 재료는 경사지게 잘라 나무 명찰판으로 하거나, 악기를 가공하여 숲에서 울려보는 것도 가능하다(사진 4).

사진 4 나무 명찰판. 끝부분의 목재로 이러한 사용법도 있다.

c. 숯 굽기

숯 굽기는 대량으로 연기가 나기 때문에 주위가 주택지인 곳에서는 주의가 필요하다. 또한 시간과 체력도 필요하다. 그러나 불을 사용하기 때문에 화학반응의 지식(숯을 제조하는 유기물에서 탄소의 결정을 만드는 반응이다), 에너지 문제를 생각하는 등, 다양한 체험이 가능하다.

숯 굽기는 재료를 숯으로 하는 일에 국한되지 않는다. 요코하마 자연관찰의 숲에서 행한 숯 굽기는 6년 동안 그림 3과 같은 다양한 이용기술 체험으로 발전시켜왔다. 이렇게, 하나의 기술에 관련된 것이 관련 있는 넓은 기술 체계를 알게 되는 것과 그 실행을 만들게 하는 것으로 발전해 간 것이다.

또한 숯은 참가자가 요리를 해서 자신들이 이용하는 것 외에, 겨울 찻주전자에 의한 차 서비스나 난방 등 참가자의 커뮤니케이션의 수단으로서도 사용할 수 있다.

표 2 풀 물들이기의 공정표의 일예

벤 풀로 면을 물들인다(모시풀을 이용하여).

<table>
<tr><td>1. 전처리</td><td colspan="2">① 착용한 것은 지저분하고 비누기를 따뜻한 물에서 잘 씻어낸다. 새로운 것은 염분을 따뜻한 물에 잘 빨아낸다[*1]. 둘 다 다림질을 하지 말 것.
② 우유와 동량의 물을 넣어, 천이 잠기는 양의 액을 만든다. 1시간이상 담가두고, 잘 짜서 말린다[*2]. 또는 대두를 물에 불려 6배의 물로 혼합하여, 즙을 짠다. 30분정도 천을 담가놓은 후 잘 짜서 말린다.</td></tr>
<tr><td>2. 염액 만들기</td><td colspan="2">① 천 2-4배량의 염재(이번에는 모시풀)을 채집한다.
② 지저분한 것을 털어내고, 줄기(껍질은 벗겨 섬유를 떼어내도 좋다), 가지는 얇게 자른다(색소가 나오기 쉽게 하기 위해).
③ 탱크에 염재를 넣고 첨벙첨벙할 때까지 물을 붓는다. 염재는 눌러 넣지 말고 넉넉하게.
④ 뽀글뽀글 온도가 오르면 끓기 시작해서 20-40분을 삶는다.
⑤ 뜨거울 때 염재와 염액을 여과하여 갈라놓는다. 액은 천이 움직일 정도의 양을 만든다[*3].</td></tr>
<tr><td>3. 물들이기</td><td colspan="2">① 천을 미지근한 물에 담가, 전체적으로 균일한 수분을 흡수하도록 둔다[*4].
② 염액을 손을 넣을 수 있는 온도까지 덥혀, 천을 재빨리 넣는다. 천 전체에 염료가 흡수되도록 움직인다.
③ 뽀글뽀글 끓을 때까지 가열한다. 끓기 시작해서 20-40분간, 온도를 유지하면 물들인다[*5].
④ 탱크를 불에서 내려 그대로 식힌다[*6]. 그 사이, 천을 가끔 움직여가며 식힌다[*7].
⑤ 천에 붙어있지 않은 여분의 염료를 씻어낸다[*8].
이 과정에서 염료가 섬유에 붙는다.
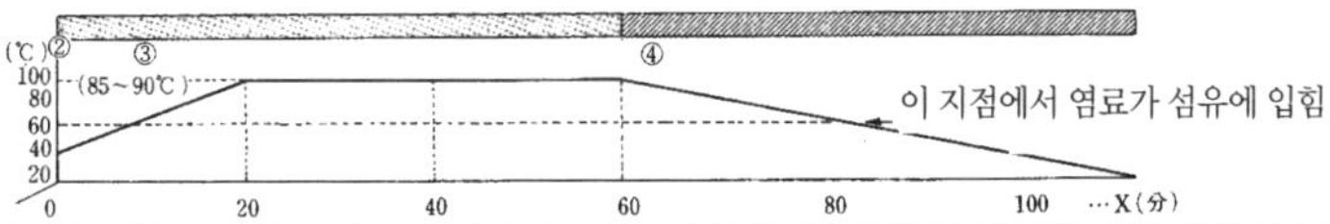
</td></tr>
<tr><td rowspan="2">4. 매염액 만들기</td><td colspan="2">[매염이란…] 여러 가지 금속을 색채와 통합시키는 것으로, 여러 가지 색을 얻을 수 있고, 또한 색채를 정착시키게도 된다. 이 작업을 매염이라고 한다.</td></tr>
<tr><td>A 철매염
목초산철[*9] 10cc/물1 ℓ
· 천이 움직일 수 있는 양의 물을 탱크에 준비한다.(천의 약20-30배)
· 목초산철을 볼에 소량의 물에 잘 녹여, 종이로 문질러서 탱크에 붓는다.</td><td>B 잿물
· 재를 물에 넣고 잘 섞어 방치하고 윗물을 묽혀서 사용한다.
· 단, 이 매염은 염색의 마지막 단계에 행한다.</td></tr>
<tr><td>5. 매염하기</td><td>① 철액에 천을 재빨리 넣고 균일하게 흡수시킨다[*10].
② 가끔 들어서 공기에 접촉시키고 다시 담근다. 약 20분-1시간정도.
③ 천에 붙어있는 필요 없는 매염제를 잘 빨아낸다.</td><td>① 잿물에 천을 재빨리 넣어 균일하게 흡수시킨다.
② 가끔 들어서 공기에 접촉시키고 다시 담근다. 5-15분 정도.
③ 천에 붙어있는 필요 없는 매염제를 잘 빨아낸다.</td></tr>
<tr><td>6. 염색하기</td><td colspan="2">상기 3의 ② - ⑤를 반복한다.
☆ 무늬 없이 염색하고 싶을 때, 진하게 하고 싶을 때는, 염색→ 매염→ 염색을 반복한다. 잔액을 사용해도 좋다.
단, 잿물을 이용하거나 염료를 균일하게 먼저 담그기 위해서는 염색을 반복하며 행하면서 매염에 옮기는 경우도 있다(염색→ 염색→ 매염→ 염색). 만지작거린 후 염색 효과가 나온다는 의미이다.</td></tr>
</table>

*1 생성 그대로인 것은, 가성소다1g/물1 ℓ 의 60℃의 뜨거운 물에 말린 채 넣어 40분간 삶는다. 식혀서 물에 잘 닦아 햇빛에 말린다.

*2 면과 같은 식물성 섬유는 색소와 결합하기 어렵다. 그러나 단백질은 색소와 결합하기 쉽기 때문에 단백질성 액을 흡수하게 하여 색소와 결합하기 쉽도록 한다. 알기 쉽게 말하면, 큰 이빨자국을 만드는 것이다.

*3 여과하는 것에는 낡은 팬티스타킹 3-4장을 겹친 것이 좋다. 같은 염료로 2-3회 액을 취해도 좋다. 어떻게 해도 모자랄 경우에는 물을 첨가해도 좋다.

*4 말라버려진 대로라면 얼룩이 생기기 쉽다. 습도를 균일하게 하기 위해 타월을 싸서 두드리면 균형하게 되기 쉽다.

*5 가열을 계속하는 것은 섬유와 섬유사이에 까지 색소를 넣기 위해서

*6 온도가 낮아져 가는 도중, 60℃정도, 색소가 섬유에 붙는다고 한다.

*7 침전한 오염물이 붙기 쉬우므로 움직인다. 또한 수면에 나오면 얼룩지기 쉽다.

*8 면은 색소가 포화상태에 달하면 그 이상을 붙지 않는다. 보다 잘 붙기 쉽게 하기 위해서는 그늘에서 한번 말린 후 다시 중복하면 잘 붙는다.

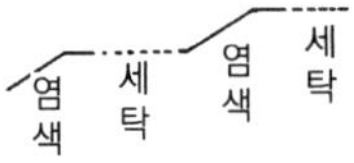

*9 숯을 태울 때에 연기에서 뽑은 목초 액에 철을 녹인 액
*10철액은 특히 더 재빠르게 할 것.

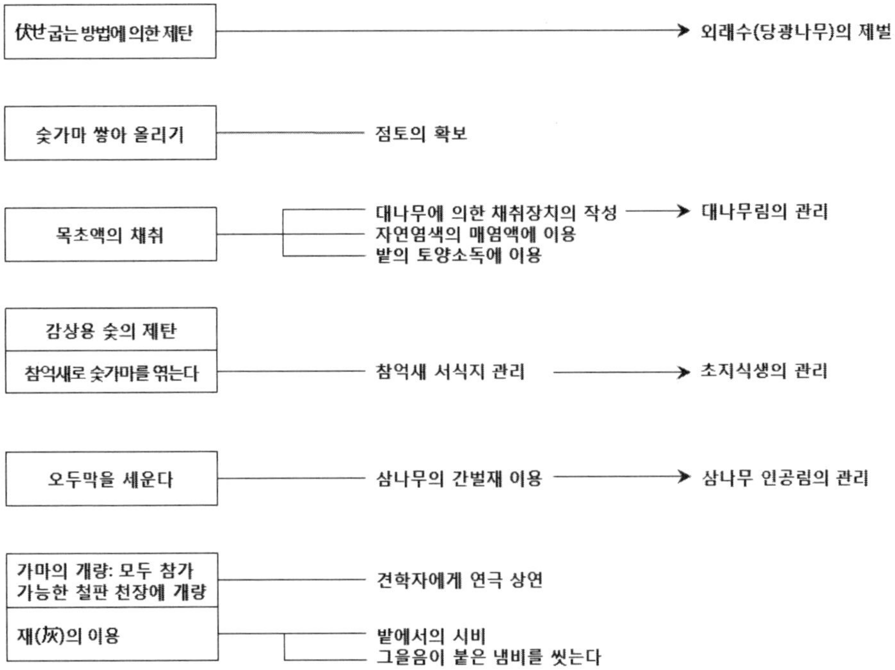

그림 3 요코하마 자연 관찰의 숲에서의 숯 굽기 프로그램의 발전

4) 행동 · 참가의 학습

(1) 육성

실제로 자신의 몸을 이용하여 잡목림의 보전작업에 참가하는 것이, 특히 어른에게는 중요한 체험이라 할 수 있다. 자신의 행동이 잡목림 보전이라는 결과가 되어 나타나고 게다가 이것은 바로 눈으로 확인하는 것이 가능하다. 이것이 보람이 되어 다음 행동을 부르는 것이다.

사진 5 열매 줍기. 다양한 색과 형태의 열매를 주워,
종류를 식별하고 화분에 심어 싹틔워 길러 본다.

a. 파종 · 육묘

가을 숲을 걸어, 성숙한 나무 열매를 채취해 온다. 종류를 조사하고 기르고 싶어 하는 것을 상의하여 정하고 화분에 심어 재배하도록 한다. 1-2년 후에 묘포장 밭으로 옮기든지, 숲에 직접 심는다. 수목은 수년의 시간을 들이면 크게 자란다는 체험을 하고 있는 사람은 의외로 적다. 숲의 녹지를 자신의 손으로 회복하는 것이 가능하다고 하는 큰 자신감으로 연결된다(사진 5).

(2) 전하다

잡목림에서 관리 활동을 하고 있으면, 산보 등으로 방문하는 사람들의 관심을 끄는 경우가 많다. 때로는 자연파괴라는 항의가 들어오는 경우도 있다. 그러나 이것은 그 활동에 흥미를 가지게 할 수 있는 절호의 기회라 할 수 있다. 또 예전의 그리운 숯 굽기나 바구니 만들기를 앞에 하며, 노인들의 옛날이야기가 시작되는 경우도 있다. 작업 활동 자체가 살아있는 교재가 되나 이것을 알기 쉽게 전하는 것 자체가 주변의 사람들에게 소도구가 있으면 더욱 좋다. 이렇게 하여 자기들의 활동을 전해주는 것 자체가 주변의 사람들에게 환경교육이 되는 것이다.

a. 숯 굽기 종이 연극을 만들다

가마를 만들어 숯을 구우면, 지나가는 사람들이 많이 몰려든다. 숯 굽기 자체는 시간이 걸리나 여유로운 일이기 때문에 작업의 곁에서 종이 연극을 상영하는 것도 좋다.

학생 리더가 생각한 내용에 따라 초등학생이 재미있는 그림을 그려 간다(사진 6). 제작도 꽤 흥미롭고 상연하는 것으로 연기하는 본인도 해설내용을 보다 쉽게 이해할 수 있게 된다(사진 7).

사진 6 숯 굽기의 종이 연극 작성
아이들이 중심이 되어 자신들이 연구한 종이 초가집을 만든다.
일러스트를 그리거나, 색을 칠하거나, 만드는 작업은 매우 재미있다.

사진 7 숯 굽기의 종이 연극 상영.
지나가는 사람들에게 메시지를 전달하는 것도 중요한 행위다.

2-3 미래의 잡목림과 환경 교육

1) 지역 안식처(Sanctuary)로서의 잡목림

도시에 남겨진 잡목림은 자연 체험에서 자연 관찰에, 환경보전 프런티어 활동으로, 연령층과 흥미 · 지향에 맞는 접근이 가능하고 또한 그 제공하는 소재도 폭넓고 환경 교육을 위한 절호의 장소라고 할 수 있다.

특히, 성인층이 프런티어로서 그 보전활동의 담당자가 될 수 있는 것은 큰 특징이 있고, 다음과 같은 효과가 기대된다.

- 자연에 대한 특별한 지식이 아닌 자연의 관심이다. 라고 하는 정도에서 참가가 가능하다. 스트레스 해소, 운동 부족이 되기 쉬운 도시 주민의 레크리에이션으로서도 적당하다. 또한 바비큐나 공예 등 오락 요소를 포함하기 쉽다. 따라서 프런티어의 공급 층이 두텁다.
- 자기 몸을 움직이는 작업이 주가 되기 때문에 피동적이지 않고 주체적으로 참가 가능하다.
- 각각의 생활 체험과 기술을 살리는 장으로서 활용하기 쉬우며, 작업에서 교육 활동으로의 이행이 쉽다.
- 참가에 의한 장으로의 애착이 생긴다. 이것에 의해 지역 전체의 환경 보전에 대해 생각하는 기회를 갖게 되어 파급 효과가 기대된다.

이러한 점은 잡목림을 취급하는 지역 사회를 접하는 형으로, 환경보전 행동을 위해 살려나가는 것이 가능하다. 즉, 지역의 자연 환경의 질을 보전하고, 환경 교육의 장을 제공하는 거점으로서의 안식처(sanctuary)를 기능시키게 하는 것이 가능하다.

거점 효과의 실례를 들면, 요코하마 시내의 시민 그룹인 케야끼오카 산림 애호회는 항북(港北) 뉴타운 내의 보존림이라고 하는 하나의 거점을 보전 관리하기 위해서, 1984년에 주변 주민 의사로 결성되었다. 이 그룹 활동이 주위로 점차 같은 그룹 만들기에 효과를 나타내고, 8년 후에는 5단체가 되는 항북(港北) 뉴타운 푸른회라고 하는 네트워크가 결성되고, 2년 후에는 여기에서 더 새로운 2개의 그룹이 탄생하였다. 신 그룹의 설립에 대해서는 종래의 그룹에서의 노하우 · 인재 · 자금의 원조가 이루어지고 있다(미도리편집부, 1994).

2) 향후의 과제

지역의 잡목림을 환경교육의 거점으로서 가기 위해서는 이후, 다음과 같은 과제를 해결할 필요가 있다.

① 토지를 확보하기 위한 시스템

② 환경교육 프로그램 만들기를 행하는 인재의 육성

③ 토지관리계획(식생 목표 · 이용 규모)의 입안

④ 관리를 행하는 프런티어 그룹, 자연지의 기록을 행하는 내추럴리스트 그룹의 지속적인 활동 확보

⑤ 잡목림을 중심으로 한 공동체 만들기를 행하는 공동체 사람들의 존재

①은, 특히 지가가 높은 대도시권에 대해 사유지를 보전하기 위해서는 무엇보다도 큰 벽이 된다고 할 수 있다. 요코하마시 녹정국에 의한 [시민의 숲]과 [경험의 수림]의 시스템은 이 과제에 관한 하나의 회답으로 생각된다(나카바야시, 1989). 요코하마시는 시가화 조정구역 내의 잡목림에 대해, 토지 소유자에게 시민 이용의 허락을 얻어, [시민의 숲]으로서 10년간을 주기로 한 사용계약을 맺고 있다. 토지소유자에 대해서는 장학금이 지불되어지고 있다. 또한, 시가화 구역 내의 소규모 잡목림에 대해서는 [경험의 수림]제도가 있어, 10년 이상의 임대계약을 맺고 있다. 또한, [경험의 수림]에 관해서는 토지소유자 · 이용자 · 시의 합의에 의해 육림계획이 만들어지는 것으로 되어 있어, 이용자에 의한 육성관리단체에의 조성도 이루어지고 있고, 과제 ③과 ④에도 대응하는 시책으로 되어 있다.

과제 ③은 광역적인 시점에서 지역의 자연환경 보전을 행할 때에는 상호 배치를 포함한 형으로 자연과학적인 조사에 기초하여 계획적으로 행하는 것이 바람직하다. 한 예로서 동경도는 구릉지의 보전녹지공원에 대해 일본조원학회에 위탁하여 식생관리수법의 조사를 행하고 있다(구라모토, 1994).

②의 과제에 관해서는, 전국에 있는 안식처(sanctuary)와 자연 관찰의 숲, 생물 경험의 마을이라고 하는 환경교육 시설의 활용이 생각되어지고 있다. 이것을 지역의 기간적인 시설로 하여 여기서 환경교육 프로그램의 실천을 체험한 프런티어가 근처의 잡목림에서 새로운 활동의 장을 찾거나, 또는 거꾸로 지역에서의 실천을 위해 시설을 연수의 장으로서 이용하는 것은 이미 일부 시설로서 시작되고 있다.

또한, 이러한 환경교육 시설에서 프런티어 코디네이터를 행하고 있는 관리원이나 직원의 활동은 과제 ⑤의 해결을 위해 참고 된다. 현재, 시설에서 행하고 있는 활동을 시설 외 지역의 많은 프런티어 그룹을 지원하는 시스템으로 발전시키고 있는 것이다. 또한, 영국 환경보전 프런티어 트러스트(BTCV)와 같은 민간의 전국적인 조직의 설립도 필요하다.

(고미나미 유키히로)

3. 잡목림의 시민 참가형 식생 관리

시작

잡목림은 농가 생활을 위해 이용하는 것으로 만들어진 2차적인 자연이다. 잡목림의 다양한 동식물과 경관은 농가의 경제활동에 의해 성립된다. 그러나 쇼와30년대(1955년대)의 연료혁명 이후, 농가에 의한 잡목림의 이용이 없어지고, 잡목림은 방치되었다. 잡목림을 성립시킨 농가에 해당하는 것이, 현대에서는 도시에 생활하는 주민이라고 생각되기 때문에 잡목림을 재생시키기 위해서는 시민이 다시 잡목림과 직접 접하는 것이 유효하다고 생각된다. 그러나 잡목림과 관계되는 시민의 활동은 활동 중에 자신과 자연과의 관계를 되묻고, 많은 시민이 공통의 목적을 갖고 활동하고 그 결과를 평가하여 다음 작업을 생각하는 것을 통하여, 한사람 한사람의 시민이 자신의 의사와 책임을 바탕으로 환경보전을 위해 행동하는 시민 자치 사회를 만들 가능성이 있다. 본 장에서는 시민 참가와 시민 자치에 대해 동경도립 사쿠라가오카 공원 잡목림 프런티어(그림 1,2; 사진 1)를 예로 들어 고찰한다.

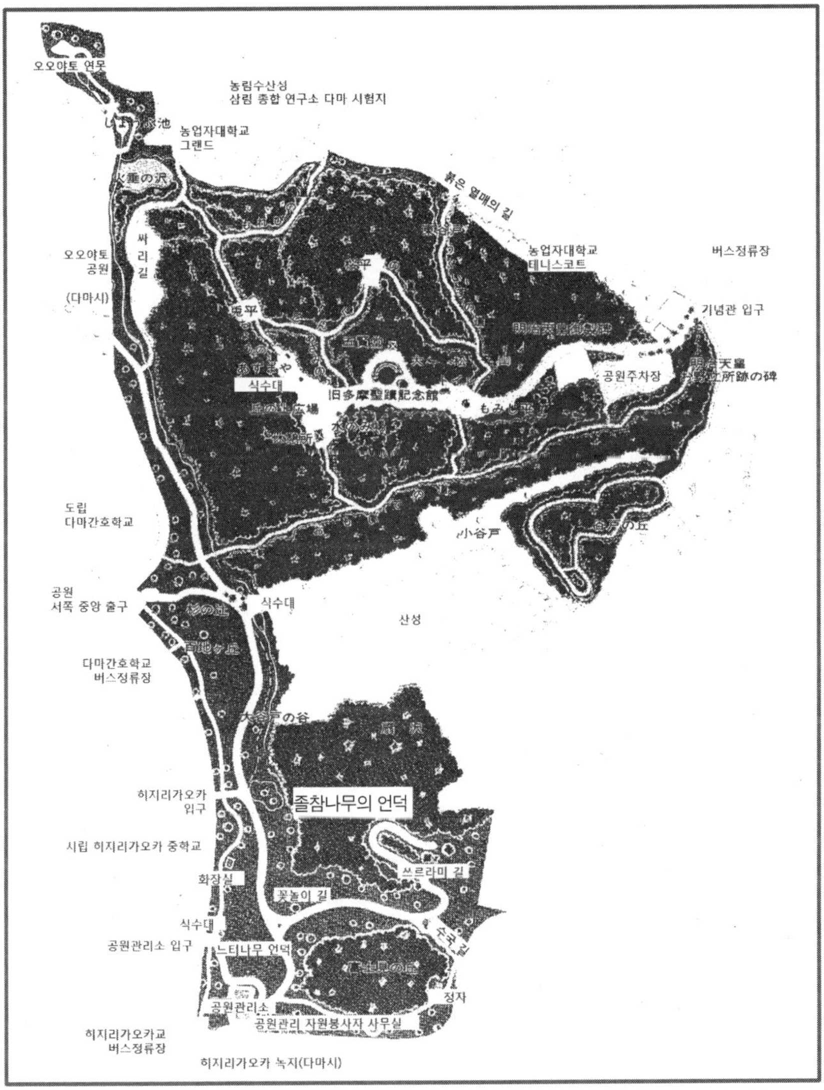

그림 1 사쿠라가오카 공원과 잡목림 프런티어 활동의 장(졸참나무의 언덕)

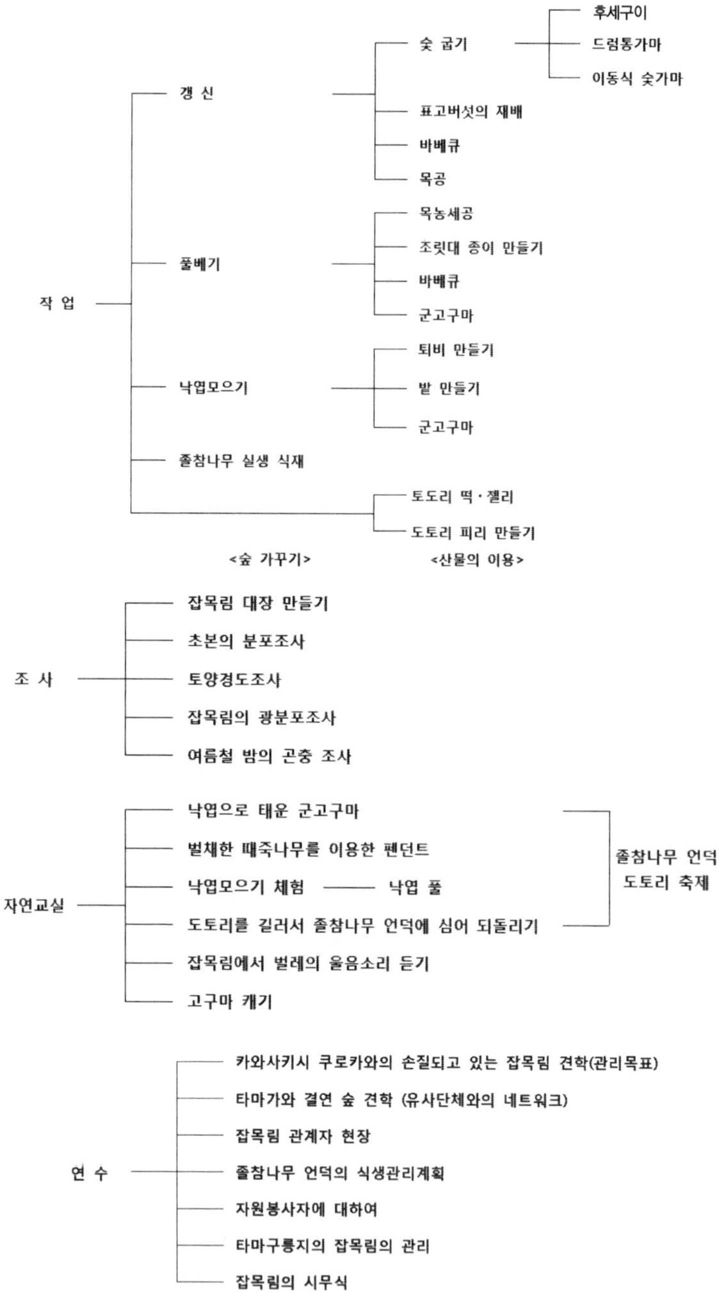

그림 2 사쿠라가오카 공원 잡목림 프런티어 활동

a. 통나무를 일정한 규격으로 절단하기

b. 숯 굽기(드럼통 가마)

사진 1 잡목림의 프런티어 활동

3-1 잡목림과 관련하는 성취감

잡목림을 시작으로 하는 이차적인 자연의 가치는 최근 재인식되어지고 있다(일본에서는 보호 상 중요한 식물종 및 군락에 대한 연구위원회, 1989). 이차적인 자연을 유지하는 경우에는 원생자연과는 달리, 자연의 힘과 취하고자할 인간의 힘이 첨가해지지 않으면 안 된다. 그것을 시민의 입장에서 생각하면, 이차적인 자연을 보전하기 위해서는 이차적인 자연에서 필요로 하고 있는 것이 된다. "소년은 필요로 하는 어른이 된다"라는 스타인벵크의 말과 같이, 사람은 사회에서 필요로 하는 것으로 살아간다. 또한 "필요로 되는 것은 필요하다. 프런티어 일을 하면, 누구라도 문제를 해결할 것이다(다카하시 · 하타노, 1990)". 게다가 "자신의 존재는 누군가를 위해서, 무엇인가를 위해 필요하다고 하는 것을 강하게 느끼게 하는 것을 추구하기 위해 사람들은 힘쓰고 있는 것이다.(가미타니, 1980)"라고 되어있어, 다른 견해로 보면 필요로 이루어지고 있는 것을 실감할 때에 사람은 성취감을 느낀다는 것이 된다.

성취감에는 자기표현에 의한 성취감이 필요로 되는 것에 의한 성취감이 있는 것으로 생각된다. 양자를 엄밀히 구분하는 것은 어려우나, 어느 것도, 성취감이 많이 있는 쪽이 정신적으로 풍부한 생활을 보내는 것이 가능하다.

사쿠라카오카 공원 잡목림 프런티어는 응모한 시민의 대부분이 잡목림의 식생관리에 대해서는 전문적인 지식을 가지고 있지 않고, 건강을 위해 자연에서 땀을 흘리고 싶다는 동기를 가지고 있다. 활동을 하는 중에 잡목림의 자연을 유지하는 것에 시민의 역할을 체험적으로 이해하고 자신이 잡목림에서 필요로 되어지고 있다는 것을 실감하게 된다.

3-2 식생 관리에의 시민 참가

잡목림의 식생관리에 참가한 시민은 잡목림의 성립에 대해 이해하고 있는 사람들만은 아니었다. 그 사람들의 공통의 목표 식생을 인식하기 위해서는 잡목림의 식생관리를 실험적으로 행하면서 잡목림의 자연과 식생관리에 대해서 이해를 깊게 하는 기간을 가질 필요가 있었다. 목표 식생과 관리 작업에 대한 이미지를 멤버가 어느 정도 갖는 것이 가능하게 되면, 이미지를 공통화하는 작업을 잡목림에서 작업하면서 또는 작업 후에 행하는 것도 좋다. 이미지의 공유화가 되고 실내에서 의견 교환이 되었을 때 식생계획과 식생관리계획을 정리하기 위한 회의를 여는 것이 가능하다. 그 후에 잡목림이 있는 공원 관리자와 시민과 조정하면서 시민의 안을 행정에 반영이 되도록 조정하고, 정리된 식생계획과 식생관리계획을 공식화한다. 시민의 멤버는 다양한 이유에서 활동을 계속 할 수 없는 사람들이 있기 때문에 교체가 불가피하다. 새로운 멤버가 참가하였을 때에는 식생계획과 식생관리계획을 공유화하기 위한 작업을 행하지 않으면 안 된다.

사쿠라가오카 공원 잡목림 프런티어의 경우에는 최초로 행한 관리 작업은 *Pleioblastus chino*를 베어내는 것이었다. 이 때에 목표로 하는 식생에 대한 이미지를 불러놓을 수 있도록 의식해서 작업에 임하는 것이 그 후 목표를 공유화하는 과정에 도움이 된다. 그래서 각자가 장래의 잡목림을 상상하여 잡목림을 구성하는 관목과 초본을 남기고 베어내기로 했다. 베어낸 후의 낙엽 채취를 할 예정이었기에 낙엽 모으기를 할 때 갈퀴가 사용될 수 있는 빈도로 관목과 초목을 남겨도 좋은 것으로 한 것이다.

이렇게 하여, 대상으로 하는 잡목림의 식생계획과 관리계획에 대한 이미지를 각자가 가진 후 목표 식생에 대해서 얘기한다. 동시에 식생관리계획에 대해서도 이야기했다. 공통의 목표를 가지는 것이 된 즈음, 공원 전체의 식생관리계획을 담당하는 부서와 협의하여 그것을 식생관리 계획에 반영했다. 그 후, 프런티어 멤버가 매년 1/3정도 교체되고 식생관리 계획의 개념을 전함과 동시에 계획을 수정하는 일을 매년 행하고 있다(그림 3).

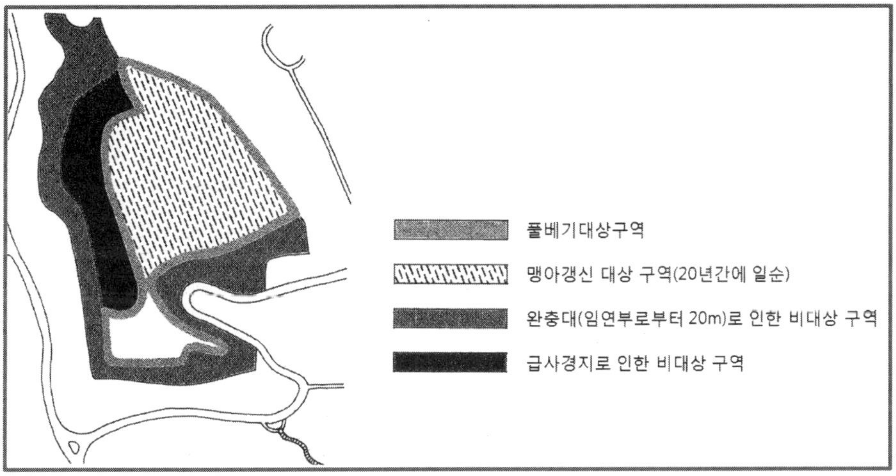

그림 3 졸참나무 언덕의 식생관리 계획도

3-3 식생관리에서 시작하는 시민자치

자치 역사가 미비한 일본에서 시민 자치를 실현하기 위해서는 시민의 자치능력을 높이는 것이 불가피하다. 식생관리에 대해서 행정에 접수되는 불만을 보면, 식생관리 개선에 관련된 것도 있지만, 대부분은 의인화에 의해 잘못된 식물의 이해에 의한 부분이 많은 듯하다. 특히, 일본인의 자연관은 이차적인 자연을 원생 자연으로서 이해하고 있어 이차적인 자연에 대해서의 이해가 결핍되어 있다. 이 때문에, 자연에 대해서 사람의 손이 더해지는 것이 어떠한 경우에도 나쁜 것으로 생각되어 왔다(가투, 1994). 나무를 벌채하고 풀을 베어내는 활동은 기본적으로 나쁜 것으로 그만두게 하는 것이 되어있는 경우가 많다. 이것은 주변의 자연과의 관계와의 체험이 없음에서 유래되는 것이다. 어떤 도립공원에는 잡목림의 개벌갱신을 행한 결과, 벌채하지 않고도 유지할 수 있는 숲으로 바꾸기를 원한다고 하는 시민으로부터의 요망이 있었다고 한다. 이것을 사쿠라오카 공원 잡목림 프런티어에게 이야기하자, 잡목림과의 활동을 해 보면 잡목림의 존재 의의와 식생관리의 필요성에 대해 체험적으로 누구라도 이해할 수 있을 것이라는 의견이 나왔다. 즉, 잘못된 선입견에 의한 식생관리에 대한 의견은 체험을 바탕으로 해서 이차적인 자연을 이해하는 의견으로 전환하는 것이 되는 것으로, 선입견에 바탕으로 다수결이 옳은 것이 아니라는 것에 유의할 필요가 있다.

전항에서 공통 목표를 가지게 된 시민이 공통의 계획을 바탕으로 활동을 계속해 나갈 때, 반드시 목표대로 자연 회복이 진행되어 간다고 할 수 없다. 목표와 현실과의 갭을 인식하고 계획을 수정하는 것이 자주 필요하게 된다. 갭을 느끼기 위해서는 모니터링을 행하는 것이 필요하다. 시민이 행하는 모니터링은 고가의 기구나 전문적인 분석을 필요로 하지 않는 간단한 지표를 바탕으로 행하게 되는 경우가 많아, 조사에 참가하는 인수가 많은 것과 일상적인 관찰이 가능한 이점을 살리는 것이 바람직하다. 우리들, 인간의 활동기회에 대해서는 자연이 그 변화에 답해가기 때문에 자연의 답에 우리들이 귀를 기울일 수 있을까 없을까가 문제이다.

목표와 현실의 갭을 의식했을 때에는 식생관리계획의 수정을 행하게 된다. 여기서는 다시 목표를 공유화하기 위한 노력을 행하는 것이 요구된다.

이렇게 하여, 현황 분석과 계획의 수정을 반복하면서, 잡목림의 식생관리를 진행시킬 때 중요한 것은 참가한 한사람 한사람의 시민의 책임이다. 한사람 한사람의 시민은 특별한 능력을 가질 필요는 없고 거꾸로 능력을 가지고 있지 않은 쪽이 전체 운영이 민주적 또한 원활히 행해지는 경우가 많다. 중요한 것은 자신이 할 수 있는 일이 무엇인가를 정하고, 그룹전체가 가능한 것의 범위를 인식하여, 자신들이 무리 없이 긴 기간 계속 할 수 있는 계획을 세우는 것이다. 왜냐하면, 잡목림의 식생 관리는 그 결과가 나오기까지는 10년 이상의 기간을 필요로 하기 때문에 도중에 활동을 방치하는 것은 역효과를 낼 수 있기 때문이다. 이것은 필드로 하는 잡목림에 관계한 시민의 책임이라는 것을 생각해야 만 한다.

이렇게 하여 자신의 책임 하에 계획을 세우고 관리계획을 행하고 모니터링의 결과를 바탕으로 계획을 재검토하는 주기를 반복하는 것은 목표를 다른 시민과 공유하여 자신의 생각을 검증하면서, 그러나 그것을 체크하면서 다음에 진행해야 하는 시민 자치의 과정을 나타내고 있다.

이러한 활동은 소수의 정예가 행하는 것이 아닌 보통 시민이 자신의 생활 안에서 가능한 범위 내에서 행하는 것을 의미한다. 지역에서 독립하지 않기 위해서라도 항상 개방적인 활동을 행하고, 지역의 다른 주민에게까지도 지지될 수 있는 잡목림의 즐거움을 지역에 환원하는 활동을 함께 행해야만 한다(사진 2).

사진 2 퇴비를 사용한 감자밭의 수확

3-4 시민 자치를 촉진하기 위한 유의점

1) 프런티어의 구성

프런티어를 모집할 때에는 프런티어가 본인의 자발적인 의사에 의한 것이기에, 위촉관계가 아닌 본인의 의사에 의한 등록이라는 시스템으로 하여야만 한다. 그 때의 등록 조건으로서도 본인의 의사를 존중하기 위해 다음의 2가지에 유의하는 것이 바람직하다. 하나는 적극적으로 잡목림에 관계하는 의사가 있는 것이며, 다른 하나는 자신의 책임으로 활동이 가능한 것이다. 본인의 의사에 의한 것이기에 원칙으로서 본인의 의사에 반하여 등록이 말소되는 일 없이, 어떻게 해서라도 집단으로서의 활동이 불가능한 경우에도 본인의 납득에 의해 자발적으로 사퇴하는 것이 된다.

프런티어는 다양한 연령과 직업을 가진 시민으로 성립된 사람들이 풍부한 네트워크가 형성될 수 있으며 활동에도 광대함을 갖는다. 그를 위해 위의 조건을 만족하는 한, 다양한 시민의 등록이 가능하도록 하고 싶다. 연령이 많은 사람이나 적은 사람들과 함께 참가할 수밖에 없는 사람도 그 사람이 가능한 범위에서 참가할 수 있는 활동을 계획하면 다양한 시민이 참가할 수 있는 것이 가능하다. 예를 들어 유치원생을 데리고 온 여성의 경우에는 낫을 사용한 작업 대신에 숲의 가장자리에서 생육하는 녹화식물인 오오브타쿠사를 뽑아내는 작업을 분담한 경우가 있다. 사쿠라카오카 공원 잡목림 프런티어의 경우에는 10-70대까지, 연령, 직업, 성별도 다양하다. 다마시에 거주하는 도민이 많으나, 사쿠라카오카 공원의 일반 이용자의 유치권보다도 넓고, 가츠시가쿠나 오오타쿠에서 참가하고 있는 사람도 보인다. 직업도 여러 가지로, 조경관계의 컨설턴트와 대학생도 있고, 주부 퇴직자도 있다.

2) 코디네이터의 역할

코디네이터는 행정 직원이 담당하는 경우와 시민이 담당하는 경우와 행정에서 위탁된 법인격을 가진 자연보호 단체의 직원이 담당하는 경우가 있다. 각각 장단점이 있지만, 행정의 구조를 이해하고 시민이 사용할 수 있도록 하기 위해서는 행정직원이 코디네이터가 되는 것이 좋다고 생각된다. 행정과 시민 사이에 상호이해를 촉진하는 것으로도 연결될 수 있기 때문이다.

사쿠라카오카 공원 잡목림 프런티어의 경우에는 활동을 시작한 헤세이(平成) 3년도에는 활동의 취지에 대한 이해를 활동 안에 늘려나가지 않으면 안 되었다. 그래서 참가하는 프런티어의 반응을 보면서 직원이 관리 작업 계획을 세워, 각각의 전문 강사를 초빙해 잡목림이 식생관리에 의해 성립되고 있음을 이해해 받았다.

1993년도 이후에는 담당 프런티어가 거의 일을 분담하고 있어서 직원은 직접 운영에 관계없이 담당 프런티어와 당일 아침에 미팅을 하게 되었다.

반면, 프런티어 활동에는 뉴스를 발행하는 등 정보의 교환을 행하는 것도 중요하다. 최근에는 뉴스의 원고 의뢰를 담당이 행하게 되어, 발송도 프런티어가 행하고 있으나 편집 작업은 직원이 행하고 있다.

프런티어가 어느 정도 자발적으로 운영할 수 있도록 된 단계에서의 직원의 역할은

① 프런티어가 사쿠라오카 공원의 잡목림에 필요한 것을 할 수 있도록 방향성을 수정

한 것

② 행정으로서의 공평성을 지킨 것, 즉 프런티어를 특별 취급하지 않은 것

③ 프런티어 중의 한사람이 열심히 한 것이 아니라 가능한 많은 사람들이 조금씩 힘을 모을 수 있도록 지켜준 것

④ 프런티어 활동을 도와주기 위해 직원이 하지 않으면 안 되는 역할, 예를 들어 예산 요구와 청산, 강사 의뢰

등에 한정된다.

그리고 직원 자신도 시민의 한사람임을 시민에게 이해시키고, 시민과 행정이 얼굴을 대할 수 있는 신뢰 관계를 만들어 가는 것도 중요하다.

4. 세계의 잡목림

4-1 살아있는 잡목림

일본에서는 연료로서의 활엽수림의 사회적 역할이 쇼와 30년대(1955년대)에 급속히 쇠퇴하여, 쇼와 40년대(1965년대)에 끝나고 있다. 한때 일본 농촌의 잡목림 이용은 생활의 구석구석까지 관계되어 있었다. 그림 1은 그 잡목림이 건전하게 운영되던 시대의 농촌 이용 형태의 흐름이다. 그러나 세계 전체에서 보면, 목재 이용으로 가장 많은 부분을 점하고 있는 연료로서의 용도이다(사진 1,2). 표 1은 이러한 목재의 용도를 나타낸 것으로, 특히 개발도상국에서 연료로서의 용도 비율이 높다.

연료로서의 목재는 중량당 가격이 염가인 것으로, 그 운반에는 수㎞ 이내라고 하는 근거리 내에서 소비되는 경우가 많다(사진 3). 또한 연료로서 이용되는 수종은 활엽수가 주이다. 그 중에서도 북반구에서는 참나무과의 수종이 많은 것이 큰 특징이다. 이것은 표 2와 같이 체적당 발열양이 많은 점, 산림의 재생력(맹아력)이 큰 이점이 있다. 그러나 주변 산림의 간벌과 관리에 의해 생산된 목재가 사용되는 예도 많다. 실례를 들면 스위스에서는 도이츠토우히 조림지가 많아 일상적으로 침엽수의 장작을 사용하고 있다.

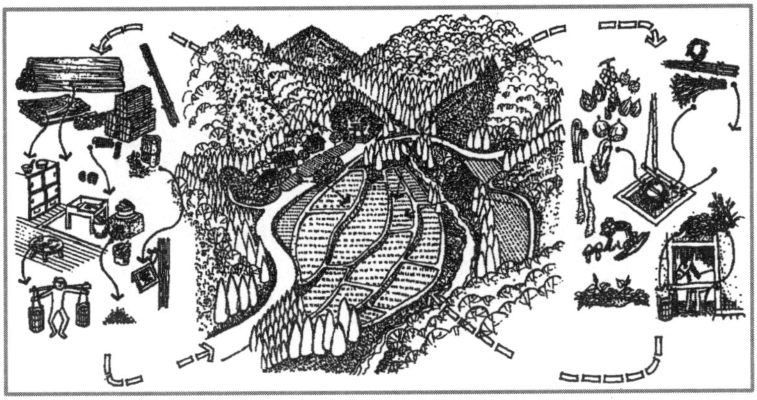

그림 1 잡목림의 이용

표 1 세계의 목재 생산량

용도	세계 생산량	도상국 생산량
연료용	1,873,330	1,628,747(천㎥)
산업용 원목	1,603,376	415,230(천㎥)
제재품	449,900	106,616(천㎥)
합판 등	121,512	29,724(천㎥)
펠렛	153,739	13,054(천t)

(FAO, 1993)

사진 1 지금까지도 채벌후의 가지를 장작으로 사용한다(프랑스, 쥬라산지)

사진 2 생활과 밀접한 관계를 갖는 산림 - 잡목림은 주로 연료로서 사용되어져 왔다(일본)

수목은 통상 종자에서 발아하여 성장하나, 벌채에서 발아하여 성장하는 맹아갱신이라고 하는 방법도 있다. 연료림 경영의 면에서는 후자의 벌채에 의한 맹아갱신이 압도적으로 유리하다. 그 이유로는,

① 연료용의 수종과 달라, 채벌 후 자연히 종자 발아에 의해 갱신하는 아카메가시와, 메루데라고 하는 벌채 적지 식생의 구성종 또는 천이 전단계의 산림 구성종은 발열량 등의 점에서 연료로서 적절하지 못하다. 반면, 졸참나무 등은 연료로서 적정한 수목으로 종자 발아에서 갱신은 불리하여 갱신함에 시간이 걸린다.

② 연료림은 단기에 벌채하는 경영 형태를 취하기 때문에 초기 성장이 큰 수종이 좋다.

③ 연료로서 이용하는 수종은 갱신이 확실하지 않으면 안 된다.

사진 3 연료를 찾으러 산으로 간다(북인도)

표 2 수종별 발열량

과명	수종명	발열량 (kcal/m³)	비중*	발열량* (kcal/kg)
참나무	졸참나무	2,833	0.62	4,562
참나무	물참나무	3,234	0.69	4,690
참나무	너도밤나무	3,241	0.69	4,700
장미	벚나무류	2,932	0.62	4,721
대극	예덕나무	2,626	0.59	4,438
층층나무	층층나무	2,703	0.57	4,730
침엽수	삼나무 등	2,084	0.42	4,960

그림 2 산림관리의 구체적인 순서

사진 4 절목에서 맹아가 나와 다수의 줄기가 생긴 예
적정한 관리로는 이것이 2-3본

이러한 조건을 만족하는 것으로, 참나무과의 참나무류, 가시나무류가 많이 이용되어져 왔다. 또한 절목에서의 맹아갱신뿐만이 아닌 각각의 지역성, 역사성을 고려하여 독자의 갱신 방법이 취해지기도 한다(그림 2; 사진 4).

4-2 잡목림 갱신의 차이

현재, 세계의 연료재로서 경영되어지고 있는 산림의 갱신방법에는 다음의 3가지 방법이 알려져 있다.

(1) Coppicing(절주 갱신법)

자른 그루터기에서의 맹아 갱신에 의한 것으로, 일본에서는 폭넓게 이 방법이 사용되고 있다. 커피싱에 의해 만들어진 숲을 커피스(coppice)라고 한다(사진 5, 6). 일이 쉽고 안전하고 효율이 높다. 맹아가지가 대량으로 발생하기 때문에 순차 이것을 잘라내면서 연료로 이용할 수 있다. 그루터기 부분부터 이용할 수 있는 것부터 벌채에 대해 출재율(出材率)이 높은 효율 좋은 방법이다.

그러나 그루터기에서 자르는 것으로 맹아 직전의 젊은 히코하네가 초식식물(대부분은 가축)에게 먹혀버리는 경우가 있어, 이러한 지역에서는 벌채지를 울타리로 막아 맹아하는 그루를 보호하거나 실생 치수를 보호하면서 갱신시키는 기술이 필요하다. 혼목림 경영과 임내 방목 등이 행해지지 않는 지역에서 많이 사용된다.

사진 5 잘라낸 그루에서 맹아한 예(커피스) **사진** 6 나라, 시데를 주로 한 커피스(프랑스 중부)

(2) Pollarding(두목법)

뽕나무 밭의 쿠와와 같이 수간부분을 남겨, 상부에서 맹아시키는 수법이다. 재생한 부드러운 맹아가 초식동물, 특히 사슴에게 식해를 받지 않는 위치가 약 1.5-2.0m의 높이이므로 그 높이에서 절단하여 맹아 갱신시키는 방법이다. 일본어의 두목법은 독일어의 Kopf Horz의 뜻으로, 맹아가 반복되면 큰 두상의 혹과 같은 상태가 되는 것으로부터 이 이름이 부쳐졌다.

맹아에서의 싹의 성장은 왕성하다. 싹은 후생지라고 하여, 기둥의 중심에서 발생하여 가지가 아닌 수피에 그 근원이 있어 본래의 가지에 비해 조직적으로 튼튼하지 못하다(사진 7). 그렇기 때문에 맹아 후 1-2년은 강풍 또는 초식 동물의 발길질 등에 의해 맹아지(후생지)가 근원에서 쉽게 부러지는 등, 갱신의 성적이 불량으로 끝나는 것도 있어 주의가 필요하다.

그 외에 습시에 생육하는 버드나무 등에서, 절단 부위가 습윤하기 때문에 갱신불량이 되지 않도록 이 방법을 택하고 있기도 하다.

영국에서는 버드나무의 바구니 만들기를 위해 버드나무 숲 조성에 그 예를 볼 수 있다. 일본에서는 이케다 지방(오오사카부와 효고현)의 차를 끓이는 연료로 사용하는 지전탄(池田炭) 생산지 다이마쿠누기 숲이 그 좋은 예다.

사진 7 자른 줄기의 측면에서 발생한 후생지의 상황을 절단한 것(상수리나무)

(3) Lopping(절지법)

포러드보다도 기둥을 길게 남겨, 도중에 가지를 발생시켜, 가지에서 발생된 맹아지를 이용하는 방법이다. 거의 강전정을 한 가로수와 같은 형이 되고, 이를 위한 수형은 독특한 형을 하고 있다. 이 방법은 맹아지를 초식동물의 식해로부터 완전히 방지 가능한 점과 기둥이 굵어질 때까지 관리가 가능하여, 용재로서 목기나 건축재라는 다양한 용도로 사용할 수 있는 이점이 있다. 또한 이용하는 가지는 단기에 수확되는 경우가 많고, 수관을 크게 하지 않고 수목을 생장시키는 요소와 임상에 빛을 주어 임상식생을 번식시켜 방목 등의 다각적인 경영을 행하는 등 다면적 요소를 가지고 있다. 가지를 자르는데 나무에 올라가야 하기 때문에 효율은 나쁘지만 다면적인 경영면에서는 좋은 방법이라고 할 수 있다.

중세 유럽에서는 이 방법을 행하였으나, 현재에는 네팔과 북인도 등 남아시아에서 볼 수 있다(사진 8).

사진 8 침엽수의 로핑 임상은 가축 방목지(인도 북부)

4-3 아시아의 연료림

아시아에서는 연료림 이용은 다양한 방법으로 행해지고 있다. 네팔, 파키스탄, 말레이시아의 전형적인 예에 대해 소개한다.

(1) 네팔

네팔에는 산림은 연료로서의 이용이 성하다. 중부지역의 저지에는 밭과 촌락 주위에 심어진 수목이, 러핑의 수법에 의해 연료로 사용되고 있다(사진 9). 양과 염소를 방목 또는 조방적인 상태로 관리하기 때문에, 임상식생이 번창할 필요가 있는 것과 밭에서 작물을 만드는 것 때문에, 수목의 수관이 자유롭게 펴져가는 것이 불리하여 가지를 잘라내는 방법이 사용되고 있다.

사진 9 연료와 사료가 채취되는 러핑의 수림(네필) **사진 10** 시무라의 장작 창고(인도 북부)

표고1,500-3,000m를 넘는 북인도의 마나리 지방에서는 대형으로 잎이 두꺼운 상록 가시나무류(*Quercus semecarpiifolia*) 외에 *Q. dilatata*, 종가시나무 등이 이용되고 보조적으로 *Picea smithiana*가 사용되고 있다(사진 10).

(2) 파키스탄

파키스탄 북부지방인 북서 변경주의 예에서는 건조지대로 예전부터 방목에 의해 수목이 매우 적은 상태가 되어있어 토양의 침식이 보이는 기암이 노출되고 있는 장소도 적지 않다. 이러한 지역에서는 조방적인 전정기법이 보인다(사진 11, 12). 연료로서의 장작은 때로는 나무그루가 캐어져, 토양 침식을 한층 심하게 하는 상태가 되고 있다.

(3) 말레이시아

말레이시아에서는 최근, 가스나 석유인 화석연료가 많이 사용되고 있으나, 농촌 지역을 시작으로 하는 도시 일부에서도 아직 목탄을 이용하는 경우도 많다.

서말레이시아의 새라곤주에서 마라카에 걸쳐서는 이러한 목탄공장은 중국인이 경영하는 것이 많고, 소규모에서 대규모까지 다양한 규모의 공장이 많지만, 일반적으로 일본과 비교해 대규모이다. 공장은 50m에 달하는 긴 것으로, 오두막을 만들어 그 속에 숯가

마(키룬)가 놓여져 있다(사진 13)

사진 11 가축으로 식생이 빈약화된 예(파키스탄 서북 변경주)

사진 12 장작더미(파키스탄 서북 변경주)

사진 13 해안에 만들어진 대규모 목탄 공장 (마루시아세란코루주)

이러한 목탄 제조 공장은 해안에 설치되고 있다. 탄재는 *Rhizophora mucronata*=Bakau를 시작으로 만그로브의 구성수종이 사용된다. Bakau는 현지에서 벌채 후, 2.5m 정도로 절단되고, 배로 목탄 공장까지 운반된다. 배가 공장 내에 접안할 수 있도록 정비된 곳도 있다. 탄재는 나무껍질을 해머 등으로 박리(剝離)한 후에, 탄화시킨다. 키룬가마는 10개 정도 늘어놓아, 차례로 사용하고, 소화, 출탄까지 1개월 걸린다. 다된 목탄은 높은 질로 마을에서의 연료로서 판매된다. 또, 최근에 일부는 일본에도 수출되고 있다.

벌채된 만그로브는 그대로 방치하고, 자연 갱신을 행한다. 그러나 벌채에 있어 배로 수로를 향해 나아가기 위해 반복하여 큰 물결이 일어나고, 만그로브로 고정하고 있던 작은 토양이 유출된다. 더욱이 벌근(伐根)이 말라죽어 토양의 긴박도가 감소하는 등의 이유로부터, 토양의 에로죤이 발생하고 갱신이 곤란한 상황이 생기고 있다.

4-4 중부 유럽의 연료림

중부 유럽의 대표적인 연료림으로서 영국의 왜림이 있다.

영국의 연료림은 4,000년 전부터의 이용한 흔적이 있다고 한다. 또 왜림의 방법은 로마시대로부터 현재까지 이어지고 있다. 17-18세기 이후에서는, 지금까지의 집의 구조재나 울타리, 연료 이외에도 철이나 유리의 정련 용해용으로 사용되고, 이 외 탄닌의 채취용으로 이용되고 있었다.

영국의 왜림은 1983년에 37,184ha이었다. 이 중 순수한 왜림은 25,711ha이고, 이것에 교목이 섞인(with standards) 왜림은 11.473ha가 되고 있다.

왜림의 평균벌기는 20년이 되고, 이것을 1왜림 주기라고 부르고 있다. 수종별 비교에서는 밤나무의 일종(*Castanea sativa*)이 51%, 서어나무의 일종(*Carpinus betulus*)이 9%, 개암나무의 일종(*Corylus avellana*)이 8% 정도 되고 있다.

교목이 섞인 왜림은 이러한 왜림 중에 장벌기의 활엽수를 남기는 방법이다(사진 14). 이것은 왜림의 수종과 동일한 경우도 있고 차이가 나는 경우도 있다. 참나무속(*Quercus*)에서는 5-6왜림 주기 100-120년에 벌채한다(사진 15). 물푸레나무의 일종(*Fraxinus excelsior*)에서는 3-5왜림 주기로 60-100년에 벌채한다(표 3).

이 외에 개암나무의 일종(*Corylus avellana*)의 왜림(Hazel coppice)도 중요하다(사진 16-18). 1956년 이전에는 60,000ha의 *Corylus avellana*가 이용되고 있었지만(Anon, 1956), 1983년에는 급속하게 이용면적이 감소하고, 3,000ha밖에 남아있지 않다. *Corylus avellana*의 왜림은 7-9년으로 벌채 이용하는 것에서, 쪽뻗은 길이 4-5m 정도의 작고 둥근 굵기로 만든다. *Corylus avellana*는 탄력있고 강하고 쉽게 부러지지 않는 것과 할렬성(割裂性)이 좋기 때문에, 가지각색의 용도로 사용한다. 전통적인 민가의 경우에는 다양한 장소에 사용되고 있다. 민가는 주로 참나무류(*Quercus*)로 뼈대를 만들고, 벽은 플러스타를 발라 마무리 하지만, 이 기초의 목무(木舞)(욋가지)에는 *Corylus avellana*를 쪼개어 또는 그대로 끼워 넣어 사용하거나, 짜서 사용한다. 또 지붕은 보리단으로 잇는 것이, 이 때의 결박용(thatching) 외에, 담짜기(wattle hurdle)에도 쪼갠 *Corylus avellana*가 사용된다(사진 19). 기타, 생활의 다양한 분야에도 사용되고, 고포용목(crate rods), 야채의 지주(sticks), 준의 타가(hoop), 카고(basket)에도 이것을 사용한다. 이것들은 일본을 포함하는 동아시아에서 동남아시아의 대나무 이용과 매우 닮아 있다(사진 20).

사진 14 참나무의 대경목이 섞인 왜림 (영국 남부·사리)

사진 15 참나무의 벌채(영국 남부·사리)

표 3 왜림 주기와 교목의 본수(本數) 변화와 명칭

코피스의 회수	1	2~3	3~4	4~6
교목본수/ha	50	30	13	7
교목의 명칭	Teller	2nd class	1st class	Veteran

(R.E. Crowther & Evans, 1984)

사진 16 개암나무류(*Corylus avellana*)를 관리하고 있는 왜림
(사진 16, 19, 20 : 영국 남부·싱글 톤·오푼에아뮤지암)

사진 17 개암나무류가 섞인 왜림
장벌기의 참나무도 섞인다(영국 남부·위스톤 바트)

사진 18 충분한 관리가 행해지지 않게 되어 형태가 제대로 잘려지지 않은 개암나무류가 많은 왜림(영국 남부·위스톤 바트)

사진 19 개암나무류는 울타리에 사용된다.

사진 20 개암나무는 일본의 대나무, 조릿대와 같이 이용된다.

4-5 아프리카의 연료림

아프리카의 연료림의 대표적인 예로서, 우간다의 연료림에 대해서 기술한다.

동아프리카의 우간다는 현재는 농업국으로서 자가용의 식용 바나나, 시코크비에, 고구마 등의 생산의 외에, 홍차, 설탕이라고 말하는 종장 작물도 생산하고 있다. 수출되는 종장 작물은 적고, 이 때문에 수입품은 적지만, 자급 자족의 체제는 갖추어지고 있고, 연료에 대해서도 각지에서 생산되고 있어 장작이나 목탄이 길가에서 판매되고, 활발하게 유통하고 있다(사진 21-23).

우간다의 연료림은 유칼리림이다(사진 24). 산지의 일부에서는 이차림의 수종을 연료용으로 사용하고 있는 곳도 있다. 연료림에 사용되는 유칼리에는 *Eucalyptus grandis*가 서부 지역에, *E. tereticormis, E. camaldulesis*가 비교적 건조지에 식재되고 있다. 현재로는 합계 30,000ha에 식재되고 있다. 유칼리는 영국에 의해 도입되고, 현재로는 지극히 보통의 연료림으로서 각지에서 볼 수 있고, 특히 서부 지방에서 많이 볼 수 있다.

갱신은 근원에서 자르는 왜림으로, 손도끼를 사용하기 때문에 부위가 약간 높은 것이 특징이다. 유칼리는 6-10년 정도 벌채되지만, 통직재는 건축재에 이용되고, 기타 부분은 연료(장작이나 목탄)에 사용된다.

사진 21 길에서 팔고 있는 목탄
(사진 21~24 : 우간다 중부)

사진 22 길에서 팔고 있는 장작 유칼리가 많다.

사진 23 장작을 팔러 가는 여성

사진 24 유칼리의 왜림

우간다의 가정을 보면, 수도 엔테베에 근처 주택지에 있는 부부와 아이 2인, 친척의 식객 2인의 가족에서는 끓이는데 목탄 20kg를 1주간에 소비한다. 이것은 연 간 1,000kg이 된다. 이것을 생의 목재로 환산하면 약 5t 이 되고, 1인당 0.8t이 되기도 한다. 이것으로부터 단순하게 계산하면 우간다의 인구는 현재 1,200만 명인 것에서, 1년간에 1,000만t의 목재가 연료로서 소비되고 있는 것이 된다.

(나카가와 시게토시)

Chapter Ⅳ

식생관리의 사례집

1. 도립 공원의 잡목림의 식생 관리

서론

메이지 시대의 도쿄도는 무사시노 대지부터 구릉지에 걸쳐 잡목림이 넓게 분포하고 있었다. 잡목림내 도립공원은 무사시노 대지에 위치한 고가네이 공원이나 샤쿠지이 공원 등과 구릉지에 위치한 사쿠라가오카 공원이나 코미야 공원 등이 있다. 이 가운데에서, 잡목림이 공원 자연의 주체를 이루고 있는 구릉지공원의 경우에는 1980년대부터 잡목림의 보전을 위한 식생관리가 행해져 왔다. 이번 장에서는 구릉지공원의 잡목림 식생 관리에 대해서 기술한다. 구릉지공원의 관리에 대해서는 관리 체제가 정비되어 있지 않기 때문에 현재로서는 시설 관리와 식생 관리에 한해서 행하고 있고, 식생 관리는 구릉지공원 관리의 주요한 업무가 되고 있다.

1-1 도쿄부의 구릉지공원

무사시노 대지나 구릉지의 잡목림은 농가가 생활을 위해서 이용하는 것으로 성립되어 있었다. 도쿄도에서는 이러한 장소의 풍치를 살려 1950년경부터 도립 자연 공원으로 지정하고 보호와 이용을 도모해 왔다. 그러나 쇼와30년대(1955년대)의 연료 혁명 이후, 농가에 의한 잡목림의 이용이 줄어들고, 잡목림은 방치되게 되었다. 그와 함께 도시화가 진행되어 잡목림이 개발되면서 지역제 자연 공원의 제도에서는 풍치의 유지가 어렵게 되었다. 그래서 주요한 공원지를 공유지화해서 도립공원으로 지정했다. 이러한 도립공원은 10곳이 있고, 구릉지공원이라고 불린다.

1-2 식생관리의 목적

식생 관리의 목표와 식생 계획에 대한 개요는 Ⅱ-1 식생계획과 식생관리 계획에서 기술하였기 때문에, 여기서는 그 상세한 내용을 구체적으로 기술하고자 한다.

구릉지공원의 식생관리의 주된 목적은 원래 ①경관의 보전이었지만, 최근 들어 ②생물의 다양성의 보전과 ③이차적인 자연에 관계되는 문화나 관리 기술의 전승을 목적에 포함하려고 하는 움직임이 있다. 또한 최근의 자연 지향적인 레크리에이션에 대한 관심 고조에 대응한, 자연지향적 레크리에이션 장소로서의 이용에 대해서는 위에 제시한 3개의 목적과 연계하여 진행시키고 있다. 여기서는 원래부터 행하고 있는 식생 관리를 중심으로 기술하고자 한다.

1-3 구릉지 공원의 잡목림의 식생 관리

도쿄도 공원 녹지부는 보전 녹지 공원(근교 녹지를 주로 하는 보전 녹지 공간)의 식생 관리 기법에 대해서 1976년도에 일본조경학회에 위탁하여 조사를 실시하였다. 이 보고서에서는 목적에 따라 4개의 구역으로 분류하고 그 식생 관리 기법을 정리하고 있다(그림 1: 도쿄도 건설국·일본조경학회, 1977 : 가네다, 1978).

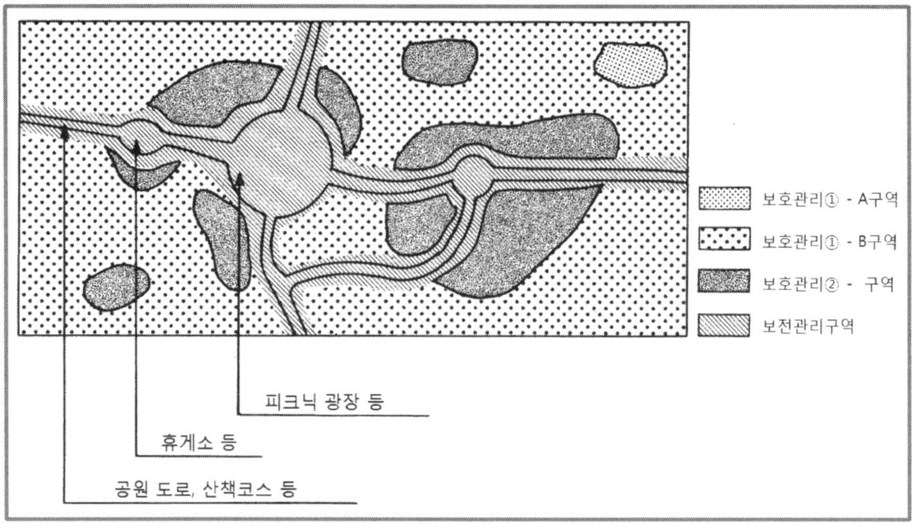

그림 1 보전 녹지 공원 식생 관리별 구역 모식도

① 보호관리①-A : 학술적으로 가치있는 식생을 격리 보호하거나 일정 범위의 주변 식생을 포함하는 구역에 대해 사람의 출입을 방지하고, 자연천이를 유도한다.

② 보호관리①-B : 입지 조건상 이용도가 낮고, 가벼운 정도의 작업 이외는 자연천이에 맡긴다.

③ 보호관리② : 관리 목표에 따라, 관리방안을 추가하여 보호한다(한 번 파괴되면 회복이 어려운 식생, 천이를 촉진시켜 극상군락으로 이끄는 식생, 향토 경관을 유지하기 위해 동결적으로 보호하는 식생 등).

④ 보전관리 : 인간의 휴양적인 이용을 위한 식생관리를 한다.

현재에는 도쿄도 공원 협회에서 일본조경학회의 방법을 개량하여, 원로원지 등 관리, 보전관리, 보호 관리A, 보호 관리B로 구분하고 있다(표 1). 보호 관리A는 이차림으로서의 관리를 하는 구역이고, 보호 관리B는 극상림으로 유도를 도모하는 구역이다. 원지원로 등 관리는 그 주위 2m의 폭으로 하예작업을 하는 것이고, 보전 관리는 주택에 접하고 있는 원지에서 폭 20m에 걸쳐 화재 예방, 병해충의 방제, 도목의 예방을 위하여 하는 것이다(가네다, 1990). 이들 4개의 관리 기법을 면적으로 하는 것으로, 구역제의 대용으로 하고 있다.

표 1 구릉지공원 식생 관리 방침

구분	사고방식	내용
원로원지 등 관리	이용자가 쾌적하게 이용할 수 있도록 임상정리 등을 적극적으로 한다.	원로·원지를 따라 약 2m폭의 하예작업을 실시한다(연1~2회).
보전관리	화재 예방, 병충해의 방제, 도목의 우려가 있는 위험수의 처리 등을 한다.	주택에 접하고 있는 원지를, 폭 20m에 걸쳐서 하예작업을 한다. 수목의 가지를 자르고, 벌채 등을 한다(연 1회~2회).
보호관리A	이용 동선의 주위에 있는 현 식생에 대해서, 레크레이션림으로서 이차림 관리를 한다.	식생마다 다르지만, 주로 택벌, 제벌, 또는 넝쿨을 자르고, 밑을 자르고, 달리 맹아 갱신을 위한 소면적 개벌 등을 한다(연 1회).
보호관리B	입지조건상 이용도가 낮은 구역에 대해서, 자연 경관의 보호에 중점을 두고 극상림으로 유도를 도모한다.	덩굴을 자르는 것 등과 같은 가벼운 정도의 작업을 한다(연 1회).

아래에 이차림을 유지하는 경우와 극상림으로 천이를 촉진하는 경우로 나누어, 식생 관리의 개요를 소개한다.

1) 이차림을 유지하는 경우

(1) 왜림시업

원래 보호 관리A에서 행해져 온 식생 관리는 소면적 개벌을 주체로 한 왜림시업이었다. 이 사업의 목표 식생은 졸참나무와 상수리나무를 주체로 하는 왜림이다. 여기서는 면적2,000㎡를 표준으로서 개벌갱신을 하고, 그 후 그루터기 보호, 맹아주 정리의 작업을 하고 있다. 수년이 경과하면, 경관적으로는 숲이 회복한다(그림 2).

다음으로 왜림시업의 작업 내용에 대해 설명한다. 개벌에서는 대부분의 교목을 벌채한다. 다만, 모든 교목을 벌채하는 것은 아니고, 계원(係員)이 지시한 수목을 남겨 놓고 벌채하고 있다. 남긴 수목은 능선부가 두드러지는 나무나 종자의 공급근원이 되는 나무와, 경관목으로서의 산벚꽃이나 소나무이다. 이 때 벌채한 줄기의 일부를 표고 버섯 용재로 활용하고 있다. 또, 벌채한 가지를 이용해, 표토의 유실을 방지하기 위하여 수책(급한 물의 흐름을 막기 위해, 말뚝을 줄지어 박고 대쪽으로 얽어 놓은 장치)을 시공하고 있다. 동시에 자료로서, 교목의 위치도를 작성하고 있다.

개벌 후에는 일조 조건이 변화하기 때문에, 강한 빛을 좋아하는 식물이 생육한다. 이러한 식물은 임상의 토양 중에 매토종자로 존재하거나, 두드러지지 않는 상태에서 생육하고 있던 것이 빛 조건의 변화에 대응해 왕성하게 생육하는 것이다. 그래서, 개벌갱신의 효과의 PR로서, 해설판에 벌채한 후의 야생초의 해설을 게시하고 있다. 개벌갱신 작업의 규모를 약2,000㎡로 한 것은 경관을 배려해서 정한 것이다.

그루터기 보호에서는 벌채 후 2~3년째에 그루터기의 주위 1m 사방의 식물과 덩굴을 베게 된다. 이때 그것 이외의 장소의 식물을 베는 경우와 베지 않는 경우가 있다. 이 작업은 맹아지의 유관속이 그루터기와 충분히 융합하고 있지 않기 때문에, 맹아가지가 근원으로부터 떨어지기 쉽다는 문제가 있어 작업실행시 충분히 주의하도록 하고 있다.

맹아주 정리는 벌채 후 5년째에 맹아지 5그루 정도 간격을 띄우는 작업이다. 이 때에는 장래의 수형을 예상해 어느 가지를 남길 것인지를 결정하는 것이 필요하다.

개벌갱신 후에 풀베기 작업을 하면 현장에서는 수종의 구별을 할 수 없는 것이 많기 때문에 남긴 나무는 나무 높이를 고려하여 나누도록 한다. 그 때문에, 졸참나무나 상수리나무의 실생이나 맹아지를 남기는 것이 어렵고, 붉나무, 예덕나무, 서어나무 등의 초기 성장이 좋은 수종이 남겨지는 경향이 있다. 풀베기를 할 때에는 작업자에게 목적과 작업 내용을 바르게 전하는 것이 중요하다.

소면적(小面積) 개벌갱신은 1981년에 평산성지 공원에서 처음으로 행해지고, 1982년부터 나가누마 공원과 히가시야마토 공원에서, 1987년부터 코미야 공원에서 행해지고 있다. 소면적(小面積) 개벌갱신은 도쿄도가 행하는 잡목림의 식생 관리의 주요한 부분을 차지하고 있다. 그 이유는 벌채→그루터기 보호→덩굴 자르기→맹아주 정리라는 작업의 흐름과 과정이 확립되어 있기 때문이라고 생각된다.

이 작업은 구릉지나 무사시노의 잡목림의 전통적인 관리에 가깝기 때문에, 산물을 유효하게 활용해, 시민 참가형의 식생 관리를 전개할 수 있다. 1990년부터 시민 참가형의 관리를 일부의 공원에서 시험적으로 실시하고 있다(Ⅲ-3. 시민 참가에 의한 식생 관리). 시민이 식생 관리를 하는 경우에는 인력으로 작업하는 것이 전통적인 문화를 전하는 것과 연관되므로, 일찍이 농가가 관리하고 있던 것과 같은 정도의 크기의 수목을 대상으로 하는 것이 바람직하다. 노력의 면에서 생각하면, 왜림시업이 적합하다.

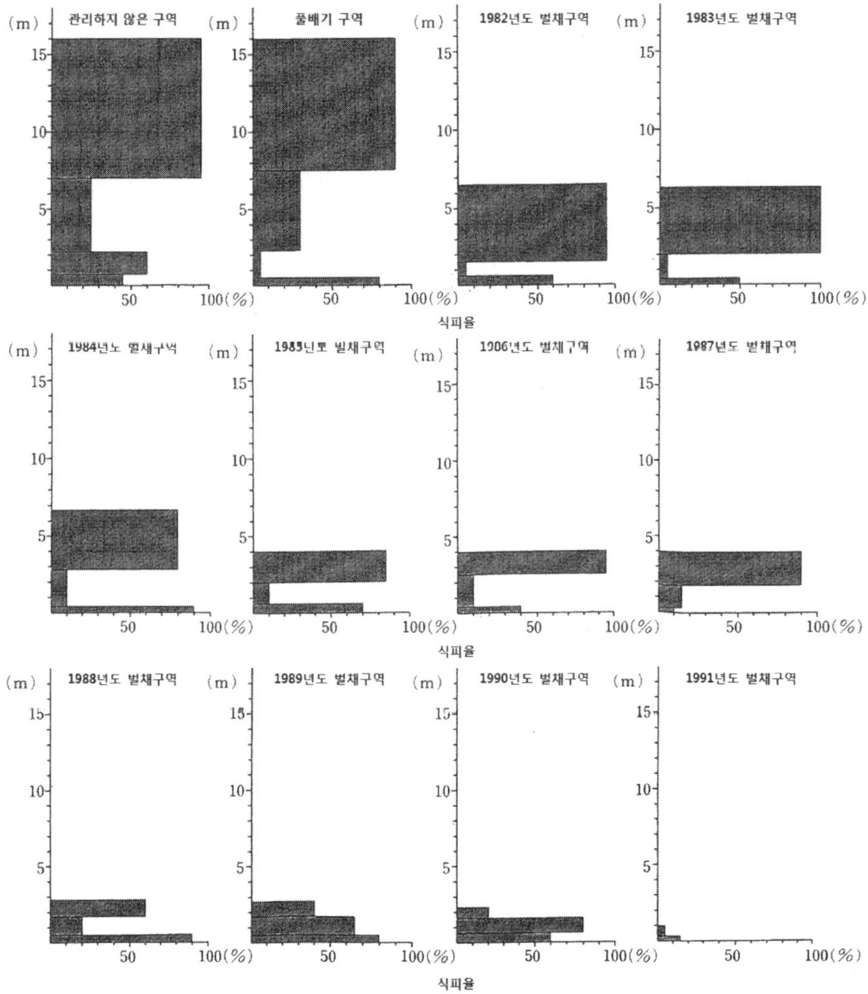

주) * 1984년도 벌채구로부터 임분고가 5m를 넘는 수림의 양상을 나타내고 있다.
** 1987년도 벌채구로부터 관목층이 뚜렷하고, 관목림의 양상를 나타내게 된다.

그림 2 "히가사야마토 공원" 계층 구조 모식도(개벌갱신을 한 임분, 1992년 6월 조사)

(2) 하예작업(下刈)

하예작업은 베는 시기와 높이가 중요하다. *Pleioblastus chino*의 생육을 억제하기 위해서는 여름의 생육이 왕성한 시기에 베는 편이 효과가 있다(시게마츠, 1987). 그러나 잡목림의 생물상의 보전을 생각하면, 보전하는 것이 마땅한 야생초를 베거나 이상이 건조해질 위험이 있으므로, 여름에 대면적의 풀베기를 하는 것은 바람직하지 않다. 겨울에 풀베기를 하면 다른 야생초에 영향을 주지 않기 때문에, 구릉지공원에서는 대부분의 경우에 겨울 1회의 베기를 실시하고 있다. 또한 기계로 작업하는 경우의 베는 높이는 땅으로부터 20㎝정도까지 변화를 줄 수 있다. *Heterotropa tamaensis* 등의 상록으로 풀의 높이가 낮은 식물이 공존하는 경우에는 베는 높이를 10㎝ 정도로 설정하여 보호하고 있다.

조릿대 덤불에 의존하여 서식하는 동물도 있다. 붉은쥐는 *Pleioblastus chino*의 군락 속에서 밀도가 높은 것으로 조사되었다(도쿄도 서부 공원 녹지 사무소·아이소크부츠(Ai-shokubutsu) 설계 사무소, 1992). 그런데 사쿠라가오카 공원에서는 *Pleioblastus chino*가 우점한 임상에 서식하는 동물들도 배려하여, 동시에 모든 조릿대를 베지 않고 항상 1ha 정도의 조릿대의 임상을 남겨 두도록 관리하고 있다.

2) 극상림으로 천이하는 경우

구릉지공원의 극상림은 가시나무림이라고 생각된다. 극상림은 어두운 숲에 보금자리가 있는 새나 곤충, 야생초의 서식 장소로서 중요하다.

지금까지는 천이되는 구역은 방치해 두는 것이 좋다고 여겨져 왔지만, 현재는 부근에 종자 공급원이 없기 때문에, 천이가 쉽게 진행되지 않는다. 하지만 종종 새가 산포한 식물이 들어와 편향천이가 진전되는 것도 있다. 종자 공급원이 없는 경우에는 사람이 가시나무 등의 극상림 구성종의 종자나 묘목을 도입할 필요가 있다.

1-4 식생 관리의 목적의 변화

1989년에 히라야마 성지공원에서 개벌갱신 작업에 대해 지역 주민의 불평이 발생하여 도쿄도는 설명회를 개최하여 이해를 구했다. 주민 측에서는 맹아 갱신 작업의 의의는 이해할 수 있지만, 우리가 요구하고 있는 것은 맹아 갱신 작업에 의해 관리되는 잡목림이 아니라, 지금 존재하고 있는 잡목림의 모습이라고 말하는 의견이 많았다(가네다, 1990). 그 때문에, 히라야마성지 공원에서는 개별갱신 작업을 중단하고 있다. 히라야마성지 공원은 잡목림의 면적이 6ha 정도로 작고, 이미 개별갱신을 실시한 숲이 1ha나 존재하므로 숲의 상실감이 현저했던 것이라고 생각된다.

히라야마 성지 공원의 개별갱신은 중단되었지만, 다른 구릉지공원에서는 계속되고 있다. 1993년도에는 개별갱신 후에 생육하는 야생초의 사진을 해설판으로 표시하고, 도민에게 잡목림의 식생 관리의 의의를 인식시키려는 노력이 있었다. 그리고 이를 통해 지금까지의 경관 중심의 관리 목표로부터 벗어나, 야생 동식물의 다양성의 보전까지를 식생 관리의 목적에 포함시켰다는 것을 볼 수 있다.

또, 시민 참가형의 식생 관리 중에서, 잡목림에 관계되는 문화 전승의 중요성이 분명해지고 있다. 잡목림의 전통적인 관리 기술을 익히고 있는 농가의 대부분은 현재 잡목림과의 관계를 잃어가고 있으므로, 잡목림에 관계되는 문화를 계승하기 위해서는 조속하게 그들로부터 배울 필요가 있다. 사쿠라가오카 공원에서는 타마시의 농가의 부업이었던 목롱세공(目籠細工)이나 잡목림과 관계된 관습인 야마하지메 등을 지역의 농가에서 배우고 있다. 잡목림의 식생 관리의 목적은 경관의 유지와 더불어, 풍부한 동식물의 보전과 잡목림의 문화 전승으로 확대되고 있다.

향후, 구릉지공원의 잡목림을 적절하게 관리하기 위해서는, 지역주민의 이해가 필수적이다. 시민 참가형의 식생 관리는 이해자를 늘리기 위한 매우 효과적인 방법이다.

지금까지의 작업은 원로원지 등 관리와 보호 관리A의 개별갱신을 중심으로 행해졌다. 전자는 일반의 공원에서 행해지는 작업이라는 점에서 후자는 설계, 감독이라는 작업과 친숙해지기 쉽다는 점에서, 각각의 작업에 친숙해지기 쉬웠던 것이라고 생각된다. 현재 식생 관리 계획에 기초를 두어 식생 관리를 하고 있는 공원은 비교적 적기 때문에 앞으로는 생물을 배려하는 식생 관리 계획을 세우고, 모니터링과 그 식생 관리 계획에 대한 피드백을 반복하여, 생물이 풍부한 자연과 이를 즐길 수 있는 공원이 되길 바란다.

(쿠라모토 노보루)

2. 자치단체가 하는 식생 관리

잡목림의 식생 관리는 구체적으로는 시읍면 등의 자치단체에 의해 행해지는 것이 많다. 따라서 이번 장에서는 자치단체가 실시하는 식생관리에 대한 목적, 방법, 관리기술 등의 사례를 초대로 설명하고자 한다.

2-1 잡목림의 실태와 식생 관리의 과제

1) 잡목림의 변천

사례지로 선정한 도쿄도 히노시는 도심에서 서쪽으로 약 35㎞에 위치하고, 27.53㎢의 시구역은 북측을 하천, 남쪽을 구릉에 의해 인근의 시(市)와 접경을 이루고 있으며, 대지와 충적저지와 구릉지로 되어 있다(그림 1). 이러한 입지 조건에서 최근까지 충적저지나 대지에서 논 경작이나 밭농사가 왕성하게 행해져 왔다. 쇼와30년대(1955년대)에 시작한 고도 경제 성장기에는 시의 전역으로 택지화가 진행되고, 동경의 주택 지역으로서 발전함에 따라, 대지·충적저지·구릉지의 수림은 점차 감소하였다.

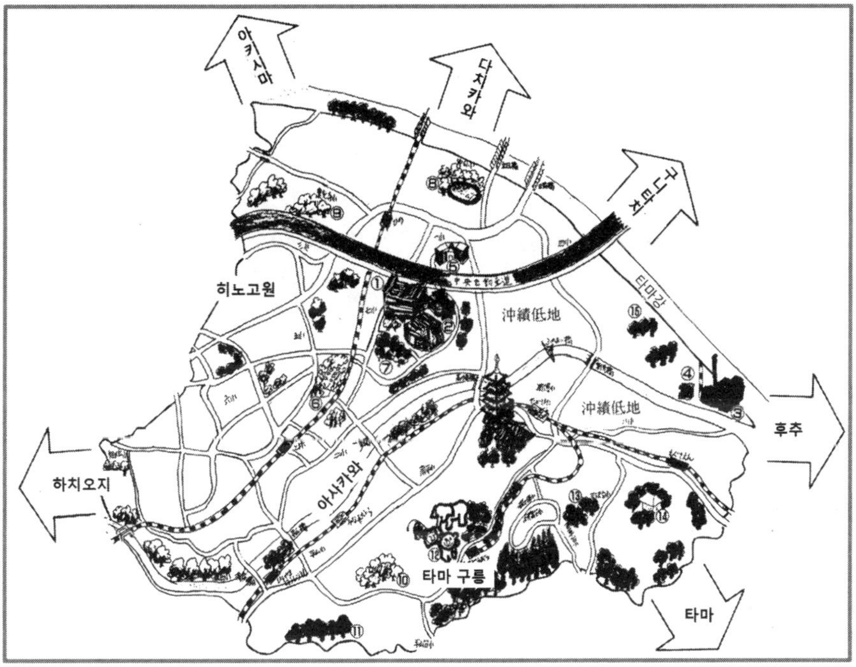

그림 1 도쿄도 히노시의 위치도

1,900(메이지 33)년부터 1,994(평성 6)년까지 94년 동안 산림 면적과 인구의 추이를 보면(그림 2), 인구 1인당의 산림 면적은 약 1/100로 감소하고 있다. 또한 1925-1988년 동안 산림의 추이는 그림 3과 같다.

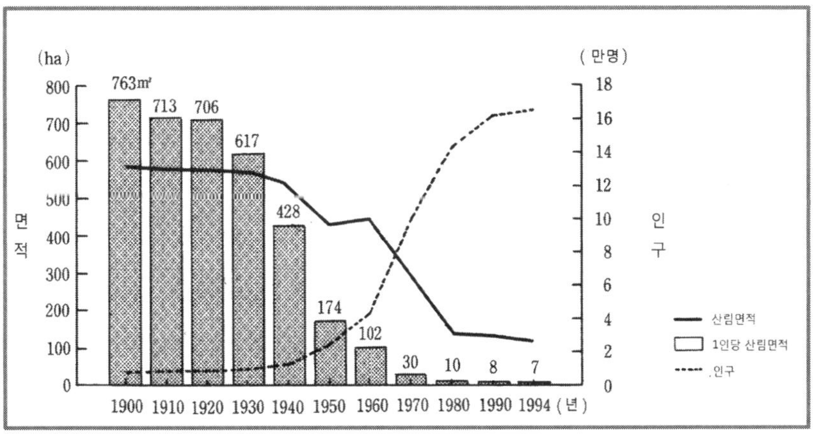

그림 2 산림(등기부상의 지목)면적과 인구의 추이

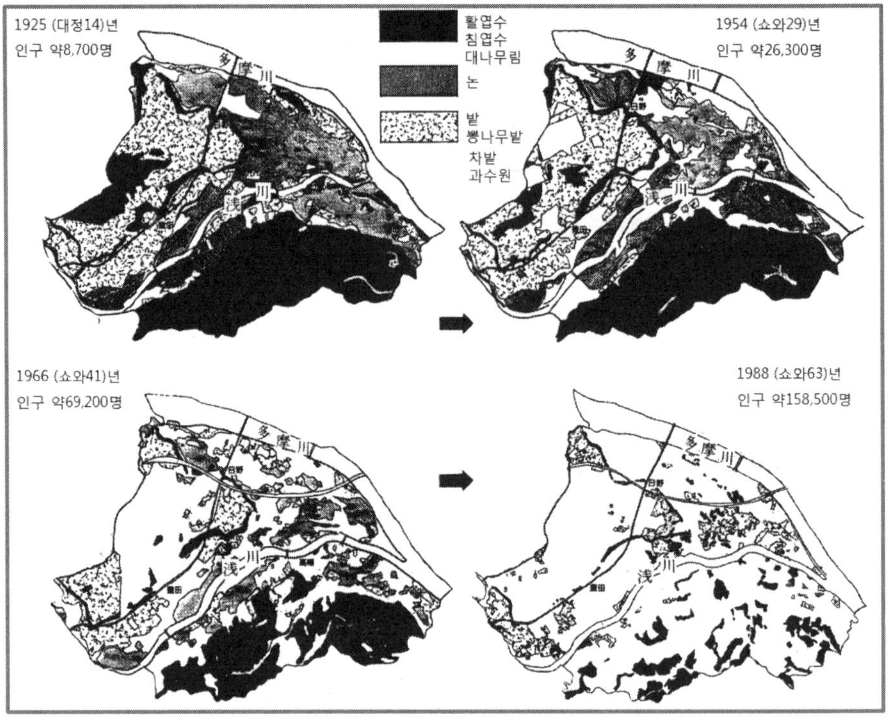

그림 3 시구역의 산림의 추이

타마천의 지류인 아사카와의 2개의 하천에 의해 형성된 벼랑선의 녹지와 구릉의 녹지는 택지화가 진행되면서 쇼와30-50년대(1955년~1975년대)동안 급격하게 감소했다. 시구역의 1994년의 녹피률은 39.6%이고, 이는 1981년부터 13년간 292ha나 감소한 것이다.

2) 잡목림의 특징과 식생 관리의 과제

시내의 수림지의 분포를 보면, 공유화된 것이나 시구역의 일부에 있는 시가화조정 구역을 제외하면, 개발하기 어려운 구릉부나 단구애*사면의 잡목림이 대부분이다. 이러한 사면에 대상으로 남겨진 상수리나무나 졸참나무 등의 잡목림은 녹색이 풍부한 시가지로

* 단구애 : 하안이나 해안에 형성된 가파른 절벽지형

강한 인상을 주고 있다.

시가 목표로 하는 도시상은 "녹색과 문화의 시민 도시"이고, 시는 벼랑선의 녹지나 구릉지의 녹지 공유화와 보전을 위해 노력해왔다. 대부분이 도시 녹지로서 자리매김된 이러한 녹지는 상수리나무나 졸참나무가 우점하는 잡목림이 대부분이고, 쇼와30년(1955년)대 전반까지는 농용림으로서, 농가의 생활과 함께해 온 숲이다.

시는 이전에는 잡목림을 녹지로서 매수(買收)하면, 현상을 보전하기 위한 밑풀베기 정도의 관리를 해 왔다. 그러나, 맹아 갱신이 이루어지지 않고 30년 이상 경과한 잡목림은 대경목이 되고, 맹아율이 저하되어 갱신이 어려워진다. 또, 잡목림이 적절히 관리되지 않고 방치되면, *Pleioblastus chino*가 밀생하게 되고, 쓰레기 불법투기 장소로 변하거나, 숲에 인접하는 주민으로부터 "어둡다" "방범상 문제가 있다" "벌레가 발생한다" 등의 불평을 받는 경우가 자주 있었다. 한편, 시내의 잡목림에는 밑풀베기와 낙엽 청소가 행해져 얼레지나 *Anemone flaccida* 등의 봄식물이 임상 일부분에 개화하는 곳도 있다. 농가에 의해 잡목림의 관리가 행해졌던 30년 정도 전까지 이러한 숲은 시내 각처에서 볼 수 있었지만, 현재는 몇 곳에서 볼 수 있을 뿐이다. *Pleioblastus chino*의 군락 중에서, 많은 야생초가 개화하지 못하고 소멸해 왔다. 그 때문에, 시구역의 야생 생물종의 보호라는 관점에서도 식생관리의 필요성이 증가하고 있다(사진 1, 2).

또한 토목 기술의 발달로 경사지의 택지 조성이 용이해지고, 경사지의 지가가 평지에 비해 저렴하게 사면림의 택지화가 진행되어 남겨진 잡목림의 공유화가 급격히 요구되고 있다. 시보유의 수림지로서 약 24ha가 확보되어 있지만, 향후에도 잡목림의 공유화가 계획되어 있기 때문에 이러한 숲을 어떻게 보전해 갈 것인지가 행정상의 큰 과제가 되고 있다.

1983년에는 대형 태풍에 의해서, 급사면 녹지의 대경목에 도목(倒木)의 피해가 나타났다. 이것을 계기로 시에서는 1984년 2월부터 개벌에 의한 맹아 갱신을 적용하여, 식생 관리를 실시하게 되었다. 현재, 매년 시내 5곳 약8,000㎡의 시보유의 잡목림에 대해서 맹아 갱신을 실시하고 있고, 20년 주기로 이러한 산림의 갱신 작업 계획을 진행하고 있다.

사진 1 방치되어 덤불이 된 잡목림

사진 2 밑풀베기를 행한 잡목림

2-2 잡목림의 식생 관리방안

잡목림을 양호한 상태로 보전하는 데는 산림의 소유자나 지방 자치단체만 유지·관리를 하는 것뿐만 아니라, 시민을 중심으로 각종 단체의 이해와 협력을 광범위하게 요구하고, 다양한 기법으로 역할 분담을 하는 것이 중요하다. 개발을 위해서 소멸되는 임지를 남기기 위해서는 그 토지를 매수해 공유화하는 것이 가장 바람직하지만, 그러기 위해서는 거액의 세금이 필요하기 때문에 시민의 이해가 없으면 녹지 매수의 사업을 진행시킬 수 없다. 1994년도에 시에서 관리하는 잡목림은 약 24ha였고, 이 중 약 13ha가 맹아 갱신의 대상지였다. 시민 1인당 시유 임지의 면적은 약 1.4㎡이고, 이 임지 관리의 주요 비용은 시민 1인당 약 222엔이다(평성 5년도 실적). 시에서 실시하고 있는 수림지 보전의 시책은 아래와 같다.

1) 잡목림의 식생 관리

잡목림의 식생 관리의 실시(實施)를 위해서는 잡목림의 식생의 상황을 정확히 파악할 필요가 있다. 그 때문에, 시에서는 10년마다 시내 전역의 식생 조사를 실시하고 식생의 상황을 파악하고 있다. 또한 식생 관리를 하고 있는 잡목림에 대해서는 매년 모니터링을 실시하고 있다.

(1) 시내 전역의 식생 조사

자연 환경의 보호와 보전에 관한 지침을 세우기 위해 시내 전역의 식생 조사를 10년 정도의 주기로 실시하고, 지금까지의 결과를 "히노의 식생(1976)", "히노의 식생Ⅱ(1989)"로 간행해 왔다. 그리고 이 간행물은 시민이 시내의 식생에 대해서 이해하는데 도움이 되도록 편집되어 있다.

(2) 식생 관리를 실시하는 잡목림의 모니터링

잡목림의 현황을 파악하고 관리의 상황을 진단해, 보전에 관한 데이터를 얻기 위해서, 매년 같은 시기(5월 중순)에 식생 조사를 실시하고 있다. 이것은 잡목림의 정기 건강 진단이라고도 할 수 있다.

2) 녹지 보전과 용지 취득의 제도

(1) 녹지 보전 지역의 지정

도쿄도는 "동경 지역의 자연 보호와 회복에 관한 조례"를 1972년에 제정했다. 이 조례에 의해 시내에 녹지 보전 지역(약 6ha)이 한군데 지정되어 있고, 시내의 다른 임지에 대해서도 지정을 검토 중이다.

(2) 녹지 신탁 제도

시는 녹지 신탁 제도로서, "히노시 녹지 신탁 등에 관한 조례"를 1989년에 제정했다. 이 제도에서는 신청이 있었던 사유림 관리 등을 시(市)에서 실시하고, 그 토지의 소유자에게 상속 등이 발생하여 토지를 처분하게 된 경우에는 시가 우선적으로 매입하도록 되어 있다. 1994년까지 이 제도가 적용된 경우는 21건이며 면적으로는 76,530㎡의 신탁을 받고, 15,198㎡의 공유화를 실현하고 있다.

(3) 녹지 매수를 위한 보조금과 기채(起債)의 도입

녹지의 확보는 미래의 시민의 환경을 지키고 윤택한 생활을 위해 투자하는 사업이므로, 일반 재원뿐만 아니라 보조금이나 기채를 도입하여 녹지의 매수를 진행시키고 있다.

(4) 녹지의 보호 육성 제도

시(市)에서는 산림·수목을 보호하기 위해서 "히노시 녹지의 보호 육성에 관한 요강"을 1972년에 제정했다. 그리고 이것에 기초를 두어, 일정 규모 이상의 산림·수목·희귀식물 군락에 대해서 보조금을 교부하고 있다. 1994년까지 산림 91건, 수목 240그루가 지정되었다.

3) 시민과의 연대

잡목림 식생 관리에 있어서 시민 참가는 시민의 가까이에 있는 자연에 관심을 가져 주는 것과 지역 주민이 관리에 참가하는 것으로 보다 좋은 상태로 잡목림의 보전을 할 수 있도록 적극적으로 추진을 생각하지 않으면 안 되는 것이다. 현재, 시내에 이러한 사업에 협력을 얻고 있는 아래와 같은 단체가 있다.

(1) 공익 법인

시의 외곽 단체인 (재)히노시 환경녹화협회가 공원의 관리나 화단의 관리, 맹아 갱신재를 사용한 숯생산 등의 업무를 하고 있다. 회원인 시민의 녹화활동의 실천에 의해서, 녹화가 추진되고 있다.

(2) 민간단체

시내의 녹지 보전을 목적으로 발족한 "히노의 자연을 지키는 모임"은 회원으로 동식물 등의 전문가를 다수 보유하고 있으며 이들은 시가 개최하는 자연관찰회의 강사나 가이드 북의 작성에 협력하고 있다. 또 "도쿄 지역의 자연 보호와 회복에 관한 조례"에 기초를 두고 설치된 "도쿄도 초록 추진 위원"은 자연관찰회의 강사를 시작으로 녹지의 청소 등, 시에서 실시하고 있는 각종 녹화 행사에 협력하고 있다.

더욱이, 시민과의 연대를 도모하기 위해 시는 시민을 향해 다음과 같은 보급 계몽 활동을 하고 있다.

a. 시민을 위한 보급 활동

봄(4월)과 가을(11월)에 녹화 기간을 설정하여 녹지의 청소, 자연관찰회, 묘목의 배포 등의 이벤트를 실시함으로써, 녹지의 중요성을 계몽하고 있다.

b. 가이드 북의 발행

시내의 식물·동물·곤충에 관한 가이드 북을 "히노의 자연을 지키는 모임"에 위탁해서 간행하고, 시민에게 가까운 시내의 자연에 대한 정보를 제공함으로써 자연의 중요성을 계몽하고 있다.

4) 생산자와 연대

잡목림의 식생 관리를 위해서는 벌채 기술이나 낙엽 채취 기술 및 벌채에 의해 발생하는 벌목의 이용 등 다양한 기술이 필요하다. 이러한 기술은 일찍이 잡목림을 관리하고 있던 고장의 농가나 산림 조합 등이 가지고 있으므로, 이들을 생산자와 연대시킬 필요가 있다.

(1) 농가와의 연대

고장의 농가가 예로부터 실시해 온 기술을 전하기 위해, 농가로부터 맹아 정리 작업에 대한 협력을 얻고 있다. 또한 시유지의 낙엽채취는 고장의 농가가 수행하고 있고, 이렇게 모인 낙엽 등은 퇴비로 이용되고 있다.

(2) 표고버섯 생산 조합과 연대

맹아 갱신 작업은 표고버섯 생산 조합에 위탁해서 실시하고 있다. 조합에서는 표고버섯 재배에 이용하는 원목(직경 10㎝, 길이 1m 정도의 표고버섯 재배에 사용하는 목재)이 부족하고, 시에서는 벌목의 처분 방법이 과제가 되고 있었다. 또한 맹아 갱신이 필요한 산림이 주택지에 인접하고 있기 때문에 작업에 고도의 벌채 기술이 필요하다는 점도 문제였다. 시에서는 이러한 작업에 대응하기 위해서, 맹아 갱신의 기술을 가지고 있는 표고버섯 생산 조합과 맹아 갱신 작업의 위탁 계약을 체결하기로 했다.

2-3 식생 관리의 실제

1960년대의 초반까지의 잡목림의 식생 관리는 농가에 의한 농용림의 작업으로서 행해져 왔다. 이 후 많은 잡목림은 소멸되었지만, 남겨진 대부분의 잡목림은 시에 매수되었으며, 맹아 갱신 작업을 실시하고 있다.

1) 농가의 농용림으로서의 관리

잡목림의 농용림으로서의 관리는 지역의 토지 이용이나 영농 형태에 따라 달라지고,

지역적인 차이가 있지만, 시에서 일반적으로 실시한 관리 작업은 다음과 같다.

(1) 신탄림으로서의 관리

- 1월에 밑풀베기와 낙엽채취(사진 3)를 실시한다.
- 12-13년 경과한 산림의 경우 맹아 갱신 작업을 겨울에 실시한다.
- 맹아 갱신 후 3년간은 방치하고, 맹아의 성장을 기다린다. 이 기간 동안 밑풀베기는 실시하지 않는다.
- 3년 후에 작업을 실시하며 이 때 맹아 정리와 함께 밑가지를 자른다. 맹아를 남기는 방법은 수종이나 수세에 따라 적절히 판단해서 실시한다. 벌레가 붙기 쉬운 졸참나무는 많이 남기는 것처럼, 작업은 경험에 기초를 두어 행해진다. 이와 같이 12-13년의 주기로 맹아 갱신을 할 수 있도록 계획이 세워지고 있다.

사진 3 낙엽채취를 실시하고 있는 잡목림

(2) 신탄림의 벌채목과 낙엽의 이용

- 장작은 목욕탕이나 아궁이의 연료로 이용된다(사진 4).
- 탄재(炭材)로서, 일부의 지역에서 숯 생산에 이용된다.

사진 4 가는 가지를 모은 농가의 앞마당

- 낙엽은 고구마나 토마토 등의 묘상에 발효열을 이용하기 위해 사용되고 그 후에 퇴비화해 비료가 된다. 벼나 보리의 짚은 이러한 용도로 사용할 수 없기 때문에, 낙엽은 오늘날에도 사용되는 곳이 있다. 또, 논이나 밭에도 퇴비로서 사용되고 있다.
- 장작은 임내에서 행해지는 표고버섯 재배에 사용되고 있다(사진 5).
- 억새는 농가에 있어서, 억새 지붕의 중요한 재료로서 메이지 시대까지 억새를 베는 곳이 남아 있었다. 대나무도 농가의 생활에 있어서 중요한 자재였기 때문에 육림되었으며, 현재에도 시내에는 죽순대림이 남아 있다.

이와 같이 지역에 밀착해 이용되어 온 잡목림도 쇼와 30년대에 시작되는 연료 혁명과 화학 비료의 보급에 의해 농용림으로서의 역할을 끝내고, 맹아 갱신이나 밑풀베기는 일부의 지역을 제외하고는 행해지지 않게 되었다. 농가의 후계자가 부족하여 고령화가 진행되고 겸업 농가가 대부분이 되었기 때문에, 잡목림은 방치되었다.

사진 5 잡목림 내 표고버섯 재배

2) 시에 의한 보전 녹지의 식생 관리

1970년대 후반부터 시는 잡목림을 도시 녹지로 매수하고, 1984년부터 맹아 갱신을 시작하여, 연차 계획에 따라 매년 약 1,000㎡씩 장소를 옮기면서 벌채해 왔다.

(1) 맹아 갱신 작업

맹아 갱신 작업은 모든 수목을 지면에서 벌채하는 개벌갱신을 원칙으로 하고 있지만(사진 6), 경관을 위해 벚나무와 느티나무는 벌채하지 않고 남기고 있다. 작업은 표고버섯 생산 조합과 조경업자에게 위탁하고 있다. 표고버섯 생산 조합에는, 맹아 갱신 후 시간이 경과하지 않기 위해 장작으로서 사용하기 쉬운 목재가 많이 생산되는 비교적 미숙림 위탁한다. 그리고 조경업자에게는 대경목화한 숲이나 장작이 되지 않는 적송 등이 섞인 숲을 위탁하고 있다. 표고버섯 생산 조합은 장작의 공급과 교환에 있어서 발생한 목재를 저렴한 위탁료로 모두 인수하고 있다. 조경업자는 발생목재를 시가 모두 인수하도록 계약하고 있다.

사진 6 맹아 갱신을 위한 벌목 작업

(2) 발생 목재의 재순환 이용

조경업자가 수행하는 작업에서 발생하는 목재는 다음에 기술하는 것과 같이 다양한 방법으로 이용을 도모하고, 재순환을 진행시키고 있다.

a. 퇴비로서의 이용

맹아 갱신재와 공원이나 가로수에서 발생하는 전정지를 칩으로 만들어(사진 7), 전용 스토크야도에 쌓아올려 정기적으로 뒤집어주어, 1년 정도 퇴비화한 것을 시민에게 배포하고 있다. 1993년에는 1인당 0.03㎥로 330명에게 배포되었다. 또, 학교 급식용의 야채를 납입하고 있는 시내의 농가에 유기 재배용의 퇴비로 배포하고 있다. 1993년에는 160㎥가 배포되었다.

b. 칩으로서의 이용

공원 내의 산책로와 수로변의 산책로에 우드칩은 포장(鋪裝)재로 사용한다(사진 8). 칩은 가볍기 때문에 구배가 있으면 흩어지지만, 걸을 때의 감촉이 부드럽기 때문에 호평을 받고 있다.

c. **표고목으로서의 이용**

상수리나무와 졸참나무의 줄기는 표고버섯균을 접종하여, 표고목으로 시민에게 배포하고 있다. 1993년에는 1인당 2그루를 50명에 배포했다.

사진 7 잡목림의 가지와 잎을 칩화하는 작업

사진 8 칩을 깔아놓은 수로의 산책로

d. **장작으로서의 이용**

시가 사회 교육으로서 행하고 있는 데이캠프나, 초등학교나 보육원이 캠프파이어에 사용하기 위한 장작으로 배포하고 있다(사진 9). 또, 초등학교의 수업 중에 교정에서 토기를 구울 때의 장작으로 이용되었다. 이 때에는 작은 가지도 많이 필요하다.

사진 9 잡목의 줄기의 장작 나누기 작업

e. 숯구이

타마구릉에는 일찍이 숯구이 오두막이 있어 잡목림을 이용해 숯을 굽고 있다. 여기저기에서 연기가 피어오르는 풍경이 보였다.

시에서는 교외 지역에 숯구이 가마를 축조하고, 맹아 갱신에서 발생한 목재를 이용해 숯을 굽고 있다. 이 숯은 "녹지와 맑은 물을 되찾자"라는 시의 시책 중 하나로서, 용수의 정화 실험에 사용되고 있다.

목탄은 다공성으로 표면적이 크고, 1g당 표면적은 100-300㎡인 것도 있다. 또한 소량이지만 미네랄이 포함되어 있고, 알칼리성이기 때문에 박테리아 등의 미생물이 번식하기 쉽다. 이 미생물이 불순물을 분해한다는 점을 이용해, 용수로에서 목탄을 활용한 용수의 정화 실험을 하고 있다(사진 10). 그러나, 현재의 용수의 수질(BOD가 15ppm 정도)에서는 1년에 여러 번이나 숯을 바꾸지 않으면 효과를 발휘할 수 없다.

사진 10 목탄을 활용한 용수의 정화 실험

사진 11 구릉지 공원에서 열린 부모와 자녀들을 숯구이 교실

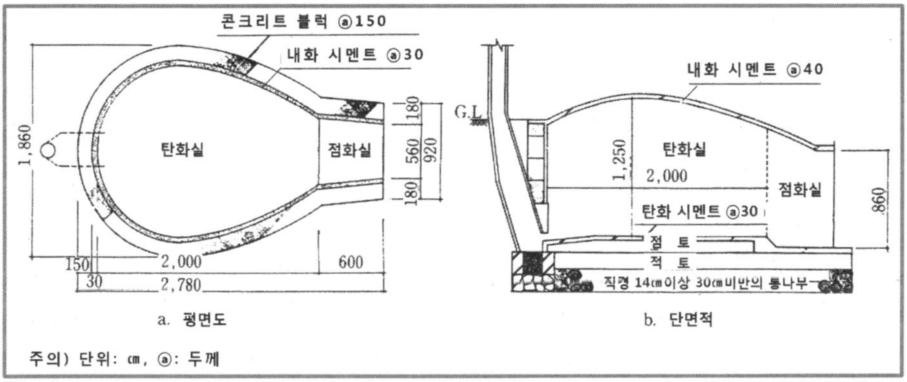

그림 4 숯구이 가마(고정식 내진성 흑탄가마)의 구조

구릉부에 만들어진 공원에서는 공원 내에 숯구이 가마(그림 4)를 설치하고, 환경 학습의 일환으로서 "부모와 아이들의 숯구이 교실"을 개최하여, 숯과 잡목림과의 관계를 해설하고 있다(사진 11). 숯구이에는 연기가 동반되고, 연기에는 초산이나 메타놀 등의 알콜류가 포함되어 있기 때문에 독특한 냄새가 발생하므로, 숯구이 가마의 설치 장소는 부근에 인가가 없는 곳을 선택하는 등의 주의가 필요하다.

(3) 맹아 정리·밑풀베기·낙엽채취

맹아 갱신 후 맹아 정리 등의 작업은 지역의 농가와 "자연을 지키는 모임"에 위탁하여, 1-2월에 걸쳐 실시하고 있다. 갱신 후 2-3년은 방치하고, 그 후에 맹아 정리와 밑풀베기를 하고 있다. 맹아 정리 후 매년 밑풀베기 작업의 후에 낙엽채취가 행해진다.

(4) 맹아 갱신지에의 보식(補植)

맹아 갱신을 하면 수년 동안은 녹지가 부족한 상태가 되지만, 모니터링 조사의 결과, 5년 정도 경과하면 산림의 상태가 되므로, 보식(補植)은 하고 있지 않다. 빨리 산림을 복원할 필요가 있는 경우에는 보식이 필요하지만, 식재한 수목에 의해 맹아에 도달하는 햇빛이 차단되기 때문에, 식재의 밀도에 대해서는 주의가 필요하다.

(5) 주민 참가에 의한 식생 관리

시내 일부의 잡목림에는 주민 참가에 의한 식생 관리가 행해지고 있다. 이것은 "자연을 지키는 모임"에의 위탁 사업으로서 실시되고 있다. 또한 "자연을 지키는 모임" 이 주체가 되어 참가자를 모집하고 잡목림의 관찰을 겸한 행사로서, 밑풀베기, 맹아 정리, 청소를 하고 있다(사진 12).

(6) 농림 생태계 복합의 형성

시내에서 조금 떨어져 있는 집단적인 우량 농지가 있다. 이 농지는 대지 위에 있기 때문에 밭농사가 행해지고 있고, 특산품으로 무가 재배되고 있다. 이 곳은 토지 구획 정리 사업의 대상이 되고 있지만, 시에서는 농가와 협력하여 이 농지를 활용하여 농업을 살리는 것을 목표로 하고 있다. 무 등의 농산물을 직매하는 시설을 공원에 인접한 곳에 마련하는 것과 동시에, 생산 녹지나 시민 농원을 이 일각에 집합 환지(換地)해 농업 공원으로 조성하는 구상을 가지고 있다. 인접한 도시 녹지에서는 낙엽이나 맹아 갱신에서 발생한 재료를 칩화해 퇴비로 공급하기 때문에, 지역 내에 공동 퇴비장을 확보하고 있다. 지역의 바깥주변에 해당하는 도시 녹지의 상부에는 공원과 녹지를 잇는 산책로를 만들어 농지와 녹지의 일체화를 이루고 녹지는 환경 보전과 레크리에이션 이용 및 농용의 각각의 기능을 복합적으로 가진 산림으로 위치설정이 되어(사진 13), 복합적 농림 생태계를 형성할 수 있도록 하고 있다.

사진 12 시민에 의한 맹아정리 작업

사진 13 농지와 인접한 잡목림

(7) 식생 관리의 모니터링

맹아 갱신에서는 갱신 후에 산림이 복원되는 경과를 충분히 파악하는 것이 중요하다. 그렇기 때문에 시에서는 자료를 구하기 위해 1984년으로부터 식생 조사를 계속적으로 실시하고 있다. 이 조사는 도시 녹지 내에 영구 방형구를 설치해 종 조성과 수목의 성장을 측정하는 군락 조사이며, 매년 5월 중순에 실시하고 있다. 조사를 처음 실시하고 10년이 경과하고, 개벌갱신을 실시한 지역에서는 나무높이가 7m의 산림이 복원되고 있다. 여기서는 조사 지점의 일부에 있는 갱신 상태를 소개한다.

첫 번째는 1984년에 개벌 맹아 갱신을 실시한 지구이고, 모니터링 조사의 결과 맹아 갱신 후 5년에 나무높이가 5m에 도달하면 산림의 형태가 되며 10년 후에는 나무높이가 7m로 수관이 울창해 주변의 잡목림에 가까운 상태가 된다(사진 14, 15).

두번째는 1984년에 칡에 가려진 사면지를 손질한 뒤에 높이 0.8m의 잡목의 폿트묘 740그루를 식재했다. 식재내역은 상수리나무 200그루·졸참나무 390그루·때죽나무 150그루이다. 식재한 묘목은 10년 후에는 맹아 갱신과 같이 높이 7m의 산림으로 성장한다(사진 16, 17).

세번째는 1993년에 개벌갱신을 실시한 지구이고, 갱신 후 1년에 맹아지가 1.5m정도 향상된 것이 확인되었다(사진 18, 19).

사면림을 맹아 갱신하기 위해서 벌채하면, 표토가 노출되어서 토양 유실의 위험이 발생하게 되지만, 봄이 되면 1년생 초본으로 지표는 곧바로 피복되고 모든 지구에서도 토양 유실 없이, 맹아 갱신 후에 꾸준히 산림을 형성하고 있다.

식생 조사는 전문적 기술이 필요한 작업이지만, 산림의 상태를 해석하여 적절한 관리의 지침을 얻을 수 있기 때문에 중요한 조사이다.

사진 14 맹아 갱신을 위해서 벌채된 잡목림 (1984년 5월)

사진 15 왼쪽과 같은 잡목림의 10년 후의 상태(1994년 5월)

사진 16 묘목을 식재해 조성한 잡목림 (1984년 5월)

사진 17 왼쪽과 같은 잡목림의 10년 후의 상태(1994년 5월)

사진 18 맹아 갱신을 위해 벌채된 직후의 잡목림(1993년 5월)

사진 19 왼쪽과 같은 잡목림의 1년 후의 상태(1994년 5월)

2-4 향후의 과제

시에는 옛날부터 유지 관리가 행해지고 있는 잡목림이 존재한다. 낙엽 채취가 행해진 밝은 숲 내에는 최근까지 시의 각처에서 볼 수 있는 마을산의 경관이 남아 있다. 잡목림의 매력에는 사계절의 변화가 먼저 거론된다. 봄의 신록, 여름의 진한 초록, 가을의 단풍,

그리고 잎이 떨어진 겨울나무, 1년 동안 변하는 자연을 친밀하게 느낄 수 있다. 임상에 피는 야생초도 매력적이다. 밑풀베기와 낙엽채취가 행해진 잡목림에서는 봄의 얼레지로부터 여름의 *Lilium auratum*, 가을의 *Tricyrtis latifolia*와, 임상의 야생초가 방문하는 사람을 즐겁게 해준다.

또한 잡목림은 곤충이나 들새를 관찰할 수 있는 장소이기도 하다. 자연을 알기 위해서는 식물이나 곤충을 채집하는 것이 필요하지만, 시내의 녹지에서는 이들의 개체수가 적기 때문에 채집을 제한하지 않을 수 없는 것이 현실이다. 잡목림에는 잡목림의 특징이 되는 여러 가지 곤충이 서식하지만, 이 곤충들이 필요로 하는 수액은 대경목으로부터는 나오기 어렵기 때문에, 이 점에서도 숲의 변화가 필요하다.

도시화가 진행되는 가운데 풍부한 생물상과 뛰어난 경관을 가지는 잡목림은 시민의 생활환경을 지키는데 중요한 산림이다. 때문에 잡목림의 식생 관리를 다양한 각도에서 조사 연구하고, 적절한 식생 관리를 실행에 옮기는 일이 필요하다고 할 수 있다(사진 20).

(가타 카츠야스)

사진 20 이른 봄의 잡목림의 경관

3. 골프장의 잡목림

3-1 골프장의 경관

골프의 발상지는 영국이다. 영국에서 골프장을 방문해 보면, 골프장의 경관이 주변의 전원 풍경과 동일한 것을 잘 알 수 있다. 왜냐하면, 골프는 전원 풍경을 이용해 시작된 스포츠 레크리에이션이기 때문이다.

영국의 교외 전원풍경은 완만하게 기복이 있는 대지 위에 목초지의 잔디밭과 나무 그늘을 만들어주는 나무에 의해 특정화 되어 있다(사진 1). 그리고 영국의 어디를 가더라도 거의 같은 풍경을 볼 수 있다. 이 풍경 중에서 골프장을 찾아내는 것은 어려운 일이고, 전원 풍경 속에서 골퍼가 있는 곳이 골프장이라고 보는 방법 이외에 골프장을 발견해 내는 방법은 없다. 골프장의 풍경은 영국의 전원 풍경 그 자체인 것이다(사진 2)

사진 1 완만한 기복에, 잔디밭과 나무로부터 완성되는 영국의 전원 풍경(웨일즈 지방)

사진 2 영국의 전원 풍경 중에 만들어진 골프장(Sheffield市)

골프장이 마음 편한 공간인 것은 공원이 마음 편한 공간인 것과 닮아 있다. 그것은 골프장의 경관과 공원의 경관이 같기 때문이다. 골프가 영국 전원의 경관에서 시작되었던 것에 비해, 공원의 랜드스케이프는 다음과 같은 역사를 가지고 있다.

유럽의 왕후 귀족의 정원은 18세기의 중순까지 베르사이유 궁전의 정원과 축선을 통한 좌우 대칭의 구성으로, 기하학 모양의 화단이 아름다운 정원이었다. 이러한 정원의 정형식의 양식에 비해 18세기의 중순에 새로운 양식으로 등장한 것이 영국 풍경식 정원이다(사진 3). 그것은 정원 중에 잔디밭과 나무로 구성된 완만한 전원 풍경을 도입한 것이고, 정형식의 기하학 모양의 딱딱함으로부터 벗어난 경관은 유럽의 나라들의 왕후 귀족의 정원에 쉽게 받아들여졌다. 이들의 정원 중에는 나중에 시민에게 개방되어 공원이 된 것도 있다.

19세기가 되면서 산업 혁명에 의해 도시화가 진행되고, 과밀화된 도시에서는 사막의 오아시스처럼 공원이 만들어지게 된다. 그 공원의 경관도 영국 풍경식 정원의 양식을 받아들이고 있고, 여기에서도 영국의 전원 풍경이 재현된다(와코, 1994). 그리하여 골프장과 공원은 영국 전원의 경관을 공유하는 것이 되었다.

골프장의 경관은 잔디밭과 나무로 완성되고 있고, 그것은 잡목림을 이용해 만들어지는 것이 많다. 그런데, 골프장의 건설에 있어서는 잡목림의 활용이 큰 과제가 된다. 골프장의 랜드스케이프를 풍부한 것으로 보고, 매력있는 코스를 만들기 위해서는 잡목림을 활용하는 것이 중요하다.

사진 3 전원 풍경을 받아들인 영국 풍경식 정원은 잔디밭과 나무의 랜드스케이프가 넓어졌다. (다비주, 체트와스하우스)

3-2 골프장의 건설에 관한 법적 규제

골프장을 건설할 때에 관계되는 법적 규제로 전국에 적용되는 산림법의 임지 개발 허가제도가 있고, 도도부현에서는 환경 영향 평가의 절차에 따라 무언가의 지도가 이루어지고 있는 것이 많다. 또한, 도도부현이나 시읍면 등의 자치단체에 의해서 골프장의 개발에 대해 독자적인 조례나 요강을 제정해 지도하고 있는 곳도 있다.

산림법의 임지 개발 허가 제도는 1974년의 산림법의 개정에 의해 창설된 제도이다. 그 이전에는 특히 공익적 기능의 높은 산림에 대해서는 보안림 제도에 기초를 두고, 그 보전 등에 노력을 해오고 있었지만, 보안림 이외의 산림에 대해서는 어떤 법적 규제도 없었기 때문에, 지역사회에 악영향을 미치는 난개발을 막기 위해서 만들어진 것이다.

임지 개발 허가 제도는 보안림 제도와 연대를 도모하며 임지의 적정한 이용을 확보하는 것을 목적으로, 사유림에 있어서 1ha를 넘게 개발 행위를 하는 경우에는 도도부현 지사의 허가를 받도록 한 것이다.

이것은 보안림 이외의 산림이라도 수원의 함양, 재해의 방지, 환경의 보전 등의 공익적 기능을 많든 적든 가지고 있고, 그것을 통해 국민 생활의 안정과 지역사회의 건전한 발전에 기여하고 있는 것인지를 보고, 이 산림에 있어서 개발 행위를 하는 것이 맞는지, 이 산림이 가지는 공익적 기능을 저해하지 않도록 적정히 행할 필요가 있고, 또 그것이 개발

행위를 하는 사람의 권리에 내재하는 당연한 책무라고 말하는 관점에서 허가제로 한 것이다.

임지 개발 허가 제도는 이 후, 1990년에 임지 개발 허가 기준의 개정이 행해지고 남겨야할 산림의 비율이나 임지의 규모 등에 대해서 허가 기준이 다시 재검토 되었다.

골프장에 관한 허가 기준에는 아래와 같은 것이 있다.

산림율(사업 구역 내에 있어서 잔존하는 산림, 조림하는 산림 또는 녹지의 비율)은 대개 50% 이상으로 한다. 잔존하는 산림율(잔존하는 산림 중 15년생 이하의 유령림을 제외한 면적의 사업 구역 내의 산림의 면적에 대한 비율)은 대개 40%이상으로 한다.

산림의 배치 등에 대해서는

① 원칙적으로 주변부에 약 30m 이상의 폭으로 잔존 산림 또는 조성산림(잔존 산림은 원칙으로서 대개 20m 이상)을 배치한다.
② 홀 간에 폭 크기가 30m 이상의 잔존 산림 또는 조성산림(잔존 산림은 대개 20m 이상)을 배치한다.

환경 영향 평가 제도는 골프장의 개발시 제시된 자연 환경을 보전하는 관점에서 여러가지의 지도가 실시되고 있는 것이 많다.

수도권에서의 골프장계획의 사례가 있는 치바현을 보면, 최근의 10건의 골프장 조성계획에 관계되는 환경 영향 평가서에서 잡목림의 구성비는 전체의 면적의 1-20%이다(그림 1).

자치단체에서 수행하고 있는 독자적인 지도 방침의 예로서, "치바현의 골프장 등 개발취급방침"을 보면, 개발 구역 50% 이상의 산림 확보와 더불어, 30% 이상 잔존 산림 확보가 의무화되고 있다. 잡목림은 이 잔존 산림의 일부로서 토지 이용 계획에 받아들여지고 있다. 따라서 잡목림의 비율은 개발전의 식생의 구성비에 의한 곳이 많고, 면적에는 차이가 있다. 그러나 모든 골프장에서 잡목림이 인정된다. 거기서 이 잡목림을 적극적으로 거론하여 골프장의 매력을 늘리는 것이 골프장의 경영에 있어서 중요하다.

국립공원이나 국정 공원 등의 자연 공원 내에서 골프장의 건설에 관한 규제는 보다 엄격하다.

1990년 환경청 자연보호국장 통지에 의하면, 국립공원의 보통 지역에 골프장을 조성할 때에도 "국립 공원 보통 지역의 골프장 조성 계획에 대한 지도 지침" 국립공원의 자연환경을 대체적으로 보전하는 관점에서 수림지를 보전하는 것이 요구되고 있다. 여기서는 조성 후 수림지의 면적은, 자연 수림지를 중심으로 부지 면적의 60% 이상으로 하는 것과 코스 간 및 부지 안의 주위에 존재하는 수림지에 대해서는 30m 이상의 폭을 갖고 남기는 것이 규정되고 있다. 이 자연 수림지는 이차림을 포함하고 조림지는 포함하지 않는 것으로 되어 있어서 이차림의 대표인 잡목림의 취급이 중요해지고 있다. 또한 자연 식생의 보전을 위해 향토종을 사용한 수경(修景)녹화에 노력하는 것과, 들새, 곤충, 수생생물 등의 서식 환경의 보전과 창출에 대해서도 적절한 배려가 행해지도록 규정하고 있다. 일반적으로 수림지와 비교해 초원에는 동식물이 많지 않고, 골프장의 잔디밭에는 잡초종을 없애 동식물의 종수는 적다. 잡목림에는 동식물이 많이 있으므로, 동식물의 서식 환경의 보전 및 창출에 대해서는 잡목림의 취급이 중요한 의미를 가진다.

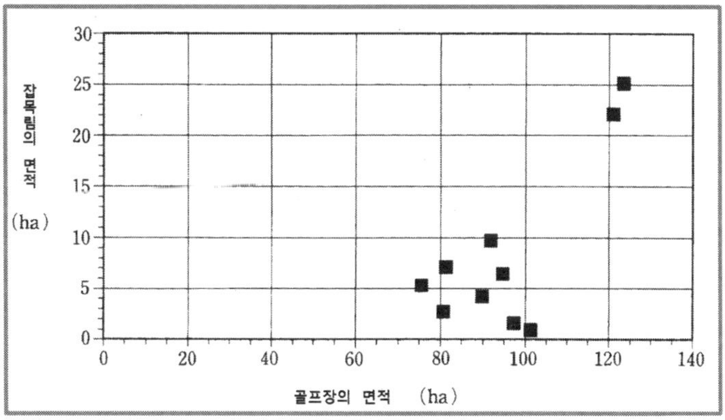

그림 1 치바현의 골프장 면적과 잡목림 면적
(최근의 10건의 환경 영향 평가서로부터)

3-3 골프장의 잡목림의 유형과 기능

1) 골프장 잡목림의 유형

골프장의 잡목림은 그 기능과 위치에 따라 다음과 같이 분류할 수 있다.

① 코스와 코스와의 사이를 차단하는 숲

사진 4 코스 간의 수림은 코스의 랜드스케이프를 높이는 중요한 역할을 수행하고 있다.(후추 컨트리클럽)

코스와 코스 사이의 수림이나 나무는 코스의 랜드스케이프에 있어서 중요한 역할을 하고 있다(사진 4). 그것은 시각적으로 다른 코스를 차단하는 역할뿐만 아니라, 다음 코스에 대한 기대를 높이기 위한 기법으로서도 도움이 되는 것이다.

코스의 잔디밭에 주변 수림의 나무를 심는 것은 영국 전원 풍경에서 근원한 골프 코스의 경관에 있어서도 효과적인 것이 된다(사진 5).

사진 5 코스의 잔디밭과 주변의 수림을 편성한 랜드스케이프(후추 컨트리클럽)

② 그린의 배경이 되는 숲

코스의 목표인 그린의 배경은 시인성(視認性)과 목표성을 중시한 경관이 요구된다. 잡목림은 목표성을 높이기 위해서 숲 내의 식생을 개량해, 화목형 임상경관이나 야생화형 임상경관으로 하는 것도 있다(사진 6).

사진 6 그린의 목표성을 높이기 위해서 잡목림의 숲 내에 철쭉류를 식재하고 있다.(후추 컨트리클럽)

③ 코스와 외부를 차단하는 숲

코스와 외부를 차단하는 산림은 외부의 경관특성에 의해 달라지게 된다. 외부가 시가화되어 있거나 택지화되고 있는 경우에는 시가화된 경관을 차단하기 위해서 빽빽한 산림으로 만드는 것이 바람직하다(사진 7). 또한 주변 경관이 산림인 경우에는 그것과 일체감 있는 경관이 되도록 하는 배려가 필요하다.

사진 7 주변의 시가화와 코스를 차단하려는 빽빽한 수림(후추 컨트리클럽)

2) 골프장의 잡목림 기능

골프장의 수림지에는 다음과 같은 기능이 있다(오오쿠보쇼, 1989).

① 전략성을 높힌다
② 원근감을 드러낸다
③ 방향 지표가 된다
④ 거리 표식
⑤ 보안
⑥ 환경 보전

보안 기능과 환경 보전 기능에는 아래의 기능이 포함된다.

① 소음이나 악취의 완화
② 미스샷에 의한 사고의 방지
③ 녹음과 방풍
④ 토양 침식 방지
⑤ 골프장이 밖으로 보이지 않도록 한다
⑥ 농약이나 제초제가 외부로 날아가는 것을 방지한다
⑦ 경관을 향상시킨다

골프장의 잡목림은 봄의 새싹과 가을의 단풍 시기가 특히 아름답다. 이 시기를 시작으로 잡목림은 골프장에 계절감을 가져다 준다.

그림 2 잡목림 임연부의 처리

잡목림을 이용해, 코스에 원근감을 내기 위해서는 임연을 곡선으로 하고, 일부를 섬 형상으로 하면 좋다(그림 2). 반대로, 임연을 일직선으로 하면 원근감을 잃게 된다.

코스와 외부를 차단할 때에는 시계를 완전하게 차단하도록 배려한다. 한편, 홀 간을 분리할 때에는 완전히 차단하면 불안감을 자아내므로, 틈 사이로 일부가 보이는 것을 이용한다(나카노, 1974).

최근 골프장에서 사용되는 농약에 대한 관심이 높아지고 있는 것에 있어서 잡목림은 농약이 비산하는 것을 막는 완충대로서의 기능도 갖추고 있다.

3-4 골프장 잡목림의 보전과 관리

1) 잡목림을 남기는 방법

수목은 시간과 함께 성장하므로, 수목의 성장을 고려하여 계획을 세울 필요가 있다.

코스의 경관은 티(tee)에서 그린까지 향한 경관이 중시된다. 남긴 잡목림의 임연부 수목에는 수형목과 우세목을 선택한다. 잡목림에 통로를 만드는 경우에는 직선으로 하지 않도록 하여 홀과 홀 사이가 보이지 않도록 한다(그림 3 : 나카노, 1974). 그린 주위는 음지와 낙엽의 영향을 피하기 위해서, 그린으로부터 10m 정도 떨어져서 잡목림을 남긴다.

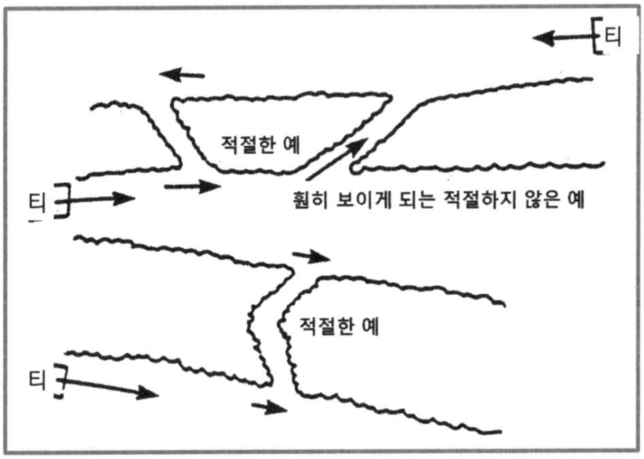

그림 3 잡목림에 통로를 만드는 경우

남긴 나무는 건조나 풍해에 노출되어 말라죽기 쉽기 때문에 보호할 필요가 있다. 지주로 버팀목을 하거나, 가지를 어느 정도 제거해 나무가 넘어지는 것을 방지한다. 지주 대신에 와이어를 사용하면 경제적이지만 발에 걸리기 쉽기 때문에 플레이어(player)에게 위험하다.

1m 이상에 걸쳐 뿌리를 메워야 하는 경우에는 파형관(corrugated pipe) 등으로 뿌리를 토사로 직접 메우지 않도록 하고, 배수관을 마련해 빗물이 흘러 들어가는 일이 없도록 한다(나카노, 1974).

작업 중에는 중기나 트럭이 나무 껍질을 손상시킬 수 있으므로, 특히 통로 양측의 수목은 수간의(나무줄기, 樹幹) 적당한 높이에 거적 등을 감아 파손방지 시설을 하는 동시에 오퍼레이터에게(나카노, 1974) 주의시킨다.

잡목림을 코스에 받아들인 사례로서, 타카노다이(Takanodai country club)를 소개한다.

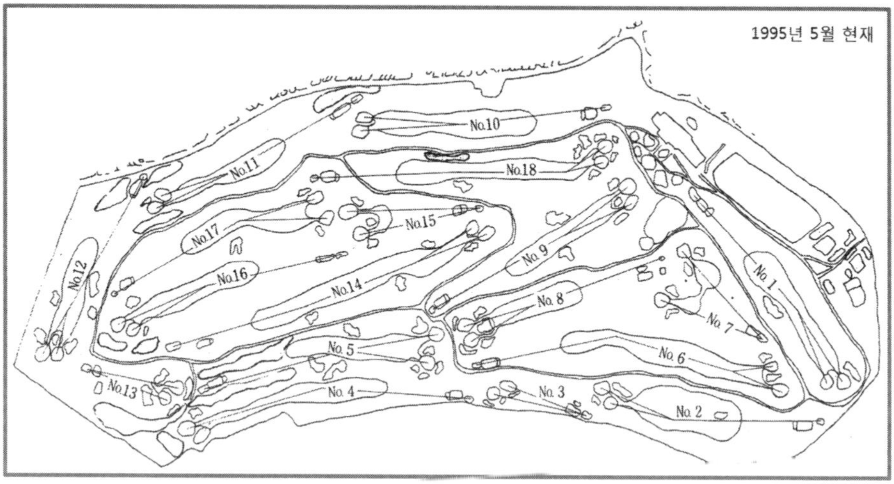

그림 4 타카노다이 컨트리클럽의 잡목림 배치

사진 8 코스 간 경관을 특징짓는 상수리나무의 열식(列植)
(타카노다이 컨트리클럽)

타카노다이 컨트리클럽은 치바시에 위치하고, 그 면적은 약 70ha이다. 이 코스에서는 잡목림을 살려, 코스에 계절마다의 경관을 구성하고 있다(그림 4). 이는 그린 등의 관리에 지장이 되기도 하지만, 경관을 중시해 잡목림을 최대한 남기고 아래가지도 올리지 않고 유지하고 있다.

잡목림에 의해 특징이 있는 홀은 4, 5, 10~13, 16, 18번 홀이다. 이 중에서도 11번 홀은 코스 가이드에게 각 코스의 특징으로서 오른쪽에 숲이 있는 것을 알려주도록 하고 있다. 또, 4번 홀과 5번 홀과의 사이의 상수리나무가 줄지어 서 있는 것은 훌륭하다(사진 8).

2) 골프장 잡목림의 식생 관리

골프장의 잡목림은 경관 보전을 위해 개별갱신은 하지 않고, 대경목의 숲을 목표로 하는 것이 좋다. 그 때문에 수목의 성장을 위해, 적정한 밀도가 되도록 수목을 제벌(除伐)한다.

수목의 밑가지는 잔디밭의 관리에 지장이 되지만, 가지가 낮게 늘어져 있으면 푸르름이 더해 보여 아름다운 잡목림이 완성되므로, 밑가지는 전정하지 말고 관리한다.

사진 9 코스의 전반적인 이용을 위해서 낮게 가지치기한 잔디밭형 임상 (후추 컨트리클럽)

사진 10 코스와의 경관의 연속성을 유지하기 위해 임상의 조릿대류를 낮게 깎아 손질하고 있다 (후추 컨트리클럽)

사진 11 휴게소 주변의 아름다운 경관의 조릿대형 임상 (후추 컨트리클럽)

잡목림의 임상은 코스의 관계에 따라 다양한 유형의 관리가 행해진다. 코스에 인접해 있는 것은 코스의 전반적인 이용을 하기 위해서 낮게 깎아 작업한 잔디밭형 임상이다(사진 9). 코스에서 떨어진 잡목림은 코스와 경관의 연속성을 지키기 위해서 임상의 조릿대류는 낮게 깎아 손질한다(사진 10).

또한 코스에서 떨어진 잡목림은 휴게소 등의 시설 이용을 위해서 아름다운 경관의 조릿대형 임상이 된다(사진 11).

더욱이 골퍼(golfer)의 시선이 닿지 않는 곳에는 너구리나 토끼나 꿩 등의 야생 동물을 위해서 큰 산림의 임상으로 해 두는 것도 중요하다(사진 12).

잡목림 중에는 소나무와 졸참나무 등의 이단림이 되는 것도 많다. 소나무림에서는 최근 소나무가 대량으로 말라죽고 있다. 소나무 마름에 의해 말라죽은 소나무는 건전한 소나무로의 감염을 방지하기 위해 솔수염하늘소가 우화(羽化)하는 5월 경까지 베어서 소각하거나 약제로 훈증처리해 살충한다. 골프장 안의 병든 소나무를 완전하게 처리해도 주위에 처리되지 않은 피해목이 있으면 그곳에서 소나무 마름병이 옮겨지기 때문에, 경관의 구성에 있어서 중요한 소나무에 대해서는 약제를 수간(나무줄기)에 주입하는 등의 예방적인 조치를 강구해 둘 필요가 있다.

골프장의 잡목림은 가을에 대량의 낙엽을 발생시킨다. 또 코스에 음지가 생기거나 주변 주택지에 음지가 생기기 때문에, 가지치기나 벌채를 하는 경우가 있다. 이들의 유기 폐재의 처리는 식생 관리의 과제가 되는 것이 많다.

이들의 유기 폐재의 이용 방법으로서, 낙엽을 퇴비화해 비료로서 이용하거나 벌채한 가지나 줄기를 칩화해 관리용 도로의 포장재로 활용할 수 있다. 또한 낙엽이나 가지를 태워 대량의 재를 만들어, 비료나 강설 후의 융설제로서 활용하고 있는 예도 있다.

골프장의 잡목림은 이러한 환경 보전형 골프장의 기본으로서, 도움이 되는 자원으로서 재검토되고 있다.

(쿠라모토 노보루 · 가메야마 아키라)

사진 12 산토끼와 꿩 등의 야생동물을 위한 덤불모양의 임상으로 하고 있다(후추 컨트리클럽)

4. 교육과 잡목림

잡목림은 다양한 종류의 활엽수와 임상 식생으로 구성되어 있다. 이것은 삼나무나 편백과 같은 침엽수의 인공 조림지에 비해, 산림을 구성하는 수종의 종류가 다양한 것이 큰 특징이다. 이러한 다양한 종이 공존하는 공간인 산림은 생태학적인 공간인 것과 동시에, 개인의 개성을 인정하는 교육의 공간이기도 한다. 이 외에 산림에는 같은 종이지만 다른 수령(연령)의 종이 실생 1년생부터 성숙한 큰 나무에 도달할 때까지 함께 살고 있다. 이와 같이 일목요연한 조성은 삼나무나 편백의 인공림에는 없는 인간에 대한 포용력을 가지고 있다. 한편, 자연림과 다른 짐은 인간의 이용을 전제로 성립되고 있는 숲이라는 것이다. 인간이 숲 내에 들어가서 관리하고 수확하는 것을 전제로 잡목림은 성립되고 있다. 현재로는 아이, 교사를 포함해 산림을 취급하는 방법을 모르기 때문에, 산림에 일절 손을 대지 않는 것이 좋다고 생각하는 경향이 많다. 이러한 자연과 인간과의 관계에 대한 인식을 바꾸어 가기 위해서도 산림이 교육의 장소로 만들어지는 것은 아주 뜻 깊은 일이다. 물론 이러한 사고방식은 반자연 식생으로서의 잡목림이 가장 적합하다는 것은 말할 필요도 없다.

4-1 학교 교육의 장소

1) 학교 교육의 장소에 필요한 산림

환경 교육의 장소로서 산림 조성은 중요하며, 특히 벌채·재생을 전제로 한 학교공원의 잡목림은 환경 교육에 유익하다. 기존에 설립된 학교에서는 실제로 잡목림을 조성하는 경우, 부지의 제한, 일조 등과 같은 점에 대한 충분한 이해와 계획성 없이는 실현시키기 어려운 면이 있다. 표 1은 산림의 유형별로 몇 개의 환경 항목에 대한 이해의 용이함에 대해서 나타낸 것이다. 이 표에서 잡목림이 환경 교육에 적절한 산림이라는 것을 알 수 있다.

이와 같이 한정된 면적 밖에 얻을 수 없는 기존의 학교에서는 작은 면적이라고는 해도 먼저 잡목림을 조성하는 것이 중요하다(사진 1).

이 외, 뉴타운 등에서 주변에 잡목림을 시작으로 하는 산림이 있고, 산림을 소유자로부터 빌릴 수 있다면 빌려서 이러한 산림의 활용을 많이 해야 마땅하다. 일반적으로 잡목림은 경제적으로 가치가 적은 것으로 여겨져 관리가 행해지고 있지 않은 것이 많기 때문에 학교에서 책임을 가지고 관리하는 것이 분명하면 빌리는 것은 비교적 용이하다. 새로운 형태의 학교림은 이러한 방법으로 만들 수 있다. 또, 가까이에 있는 고장 수호신을 모신 숲은 이들의 잡목림과 함께 지역의 자연 식생을 이해시키기 위한 중요한 산림이다. 고장 수호신을 모신 숲은 자연 상태가 양호하기 때문에 많은 아동이 함부로 들어가는 것은 식생의 보호를 위해서 삼가는 편이 좋고, 참배길이나 도로변에서 관찰하는 것을 권한다.

표 1 산림 유형별의 환경 이해

산림유형		안정	경쟁	계절 변화	치수	소장	천이	구성수종
자연 식생	상록 활엽수림 표고600m이하	◎	○	○		○	○	구실잣밤나무, 후박나무, 동백나무
	낙엽 활엽수림 표고600m이상	○	○	◎		○	○	너도밤나무, 모미지단풍, 물참나무
	상록 침엽수림 표고1,500m이상	○	○	○		○	◎	*Abies veitchii, Tsuga diversifolia,* 일본젓나무, 솔송나무
대상 식생	잡목림 표고600m이하	○		◎			○	졸참나무, 상수리나무, 개서어나무
	인공림A 표고800m이하	○	○	○	○		○	삼나무, 편백
	인공림B 표고600m이하		○	○	○		○	소나무

주) ◎ 잘안다, ○ 안다 (中川중년, 1994)보다 개표

사진 1 잡목림은 산림 교육의 장소, 학교에서 표고버섯 만들기

새롭게 만들어진 학교에서는 부지에 인접한 산림을 남기고 있는 예(요코하마시 고오쿠 뉴 타운)나, 교내에 소규모의 숲이 남겨져 있는 예(가나가와현 아츠기시 모리노사또)가 있고, 대규모 뉴 타운 내에서의 학교 건설에는 향후 이러한 산림의 배치에 대한 배려가 필요하다고 생각된다. 더욱이 이러한 산림이 연속적으로 공원이나 잔존 녹지를 잇는 "그린벨트(green belt)"가 되고, 지역의 자연 환경 교육의 장소로서 전개되는 것이 바람직하다(그림 1).

이 외, 학교의 주변에 학교림을 조성하는 것이 곤란한 경우에는 여름학교에서 이러한

기능을 가진 산림을 만드는 것도 가능하다. 여름 시설을 학교가 단독으로 가질 수 없는 경우에는 공동으로 관리 운영하는 것으로 하면 좋다. 그 경우에는 넓은 산림을 빌려, 그림 2와 같이 교재림, 수예품의 숲, 생활 체험의 숲이나, 삼나무, 편백, 일본잎갈나무 인공림을 조성 관리하거나, 그 토지에 자연 식생의 도입을 도모하는 것도 의의가 있다(사진 2-4).

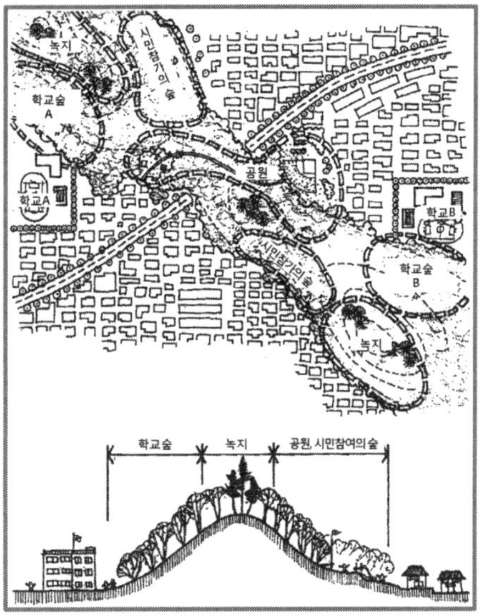

그림 1 학교를 중심으로 한 산림의 벨트
(중탁인사원도)

그림 2 여름 시설에서의 교육림의 배치
(중탁인사원도)

사진 2 환경 교육의 장소로서 이용되는 코피스(영국 남부·싱글 톤·오픈 에어 뮤지엄)

사진 3 층층나무, 참빗살나무의 잡목을 이용해 만든 나무의 수예품

사진 4 낡은 그루터기를 활용하여 만든 수예품

2) 산림의 재생 주기

대형의 야생 동물을 포함하는 생태계로서의 산림은 광대한 면적이 필요하지만, 식물을 중심으로 한 생태학적인 통합이 있는 산림의 최소 면적은 나무높이를 한변으로 하는 방형 정도라고 여겨지고 있다. 이 때문에 잡목림의 최소 면적은 수고를 10m로 하면 100㎡는 필요하고, 나무수령이 다른 산림을 배치하는 경우에는 그 배수의 면적이 필요해진다. 삽복림에 있어서의 수목의 밀도는 15년생을 대략 2,000본/ha으로 하면, 100㎡당 20그루가 된다. 또, 20년생의 활엽수림은 1ha당 대략 60㎥의 목재를 생산하고 있고, 따라서 100㎡의 산림은 0.6t의 목재를 축적하고 있다.

학교에 있어서 교재림으로서의 규모와 벌기(伐期)는 최소한 표 2와 같이 하면 좋다.

또 벌기(伐期)후의 숲은 2-3년째부터 맹아지를 정리하고, 임상의 낙엽채취 등의 관리가 필요하다(표 3). 낙엽채취는 그 후 매년 1회씩하고, 이것을 퇴비나 연료로서 이용한다. 낙엽채취의 적절한 기간은 가을부터 2월까지로, 봄의 임상 식물의 발아를 촉진시키는 효과가 있다.

북관동 지방의 잡목림의 벌기는 대략 20년, 남관동 지방은 17년 정도이다. 이것은 장작숯으로서 이용하기 쉬운 굵기로 성장하기까지 걸리는 것에서 벌기(伐期)가 결정된 것이다. 실제로 이 정도까지 방치해 두면 수고도 12-15m에 달하고, 벌채시 혹은 교실이나 인접하는 시설에 해가 보이지 않는 등의 폐해가 발생할 가능성도 생긴다. 이러한 주변의 상황을 고려해 벌채 주기를 정하면 좋다. 그림 3과 같이 3구의 다른 임령구(林齡區)를 마련한 경우, 18년 벌기에서는 6년에 1회, 15년 벌기에서는 5년에 1회, 12년 벌기에서는 4년에 1회의 벌채가 필요해진다. 또 이러한 숲은 임령(숲의 연령)을 분명히 구분한 것으로, 각각의 임분을 비교하여 성장의 차이를 쉽게 이해할 수 있는 배치가 된다.

표 2 교재원으로서의 잡목림의 규모

목표군락	토지의 역사적 대상 식생(관동 지방에서는 상수리나무-졸참나무군집)
군락구분	18년(12-18년) 벌기의 3구
면 적	1구 100㎡ 합계 300㎡ 이상

표 3 잡목림 관리의 연간 계획과 교재 이용

월	3	4	5	6	7	8	9	10	11	12	1	2
0~12(18)년					밑베기					낙엽채취		맹아 정리
벌채연차	임상정비 완료				밑베기			벌채·원목 자르기			표고버섯균의 접종 등	
교 재		봄의 꽃 발아	성장	여름꽃	곤충		가을꽃		나무의열매 단풍낙엽		겨울싹 월동	

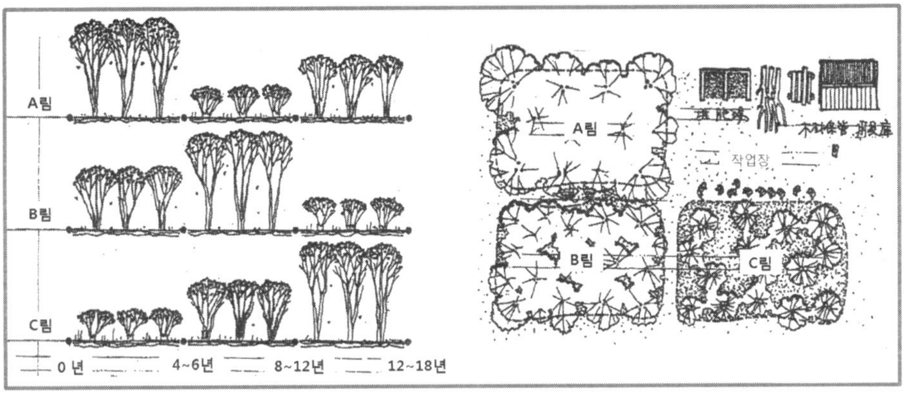

그림 3 계열(系列)을 이해시키기 위한 평면 배치

3) 잡목림의 벌채

잡목림의 벌채의 적기는 10월부터 이듬해 2월까지이다. 표고버섯의 장작을 만드는 경우는 11~12월에 베는 것이 좋다(사진 5). 1개월 정도 가지를 붙인 채로 두면 목재가 건조되고, 균의 활착이 좋다. 시간이 없으면 생략해도 상관없다. 1월에 장작 길이로 자른다.

그 이외의 계절에 벌채하면 맹아의 성적(成績)이 나쁘기 때문에 주의가 필요하다. 또, 목재도 부후하거나 내구성이 없으면 가치가 떨어진다.

벌채는 숲의 외측에서 시작한다. 일반적으로 바깥주변의 나무는 외측으로 기울고 있으므로, 기우는 방향으로 넘어뜨려 진행한다. 벌채는 보통 근원에서 자르지만, 웅크려서 작업하는 것에 능숙한 경우가 아니면 위험하기 때문에, 학교원(學校園)에서는 서서 작업을 한다. 벌목용 톱을 손에 쥐고 작업하기 쉬운 허리의 위치에서 자른다. 양날톱은 건조재를 자르기 위해서 톱니가 작게 되어 있기 때문에 자르기 어렵다. 넘어뜨린 쪽을 반정도 자른다. 너무 자르면 나무가 기울어 톱이 움직이지 않게 된다. 이 때는 줄기를 손으로 누르면 톱을 다룰 수 있다. 그 다음에 넘어뜨릴 쪽을 잘라간다. 넘어지는 방향에 사람이 없도록 해 두는 것은 당연한 일이고, 사고에는 충분히 주의한다. 이 작업은 어른이 하는 편이 좋다. 벌채 후에는 그 때 마다 넓은 장소로 옮긴다. 자른 그루터기는 맹아가 잘 자랄 수 있도록 다시 뿌리에서 자르고 정리를 한다. 이 작업은 아이도 할 수 있다.

사진 5 표고버섯 원목용으로 벌채한 원연료림(元燃料林)이었던 상수리나무-졸참나무림

사진 6 인공적으로 식재한 임분 조사하기

벌채한 나무는 작게 절단해 간다. 표고버섯의 장작은 1배 정도의 길이로 자르고, 굵기는 5㎝ 정도보다 굵으면 된다. 장작이나 숯의 경우에는 길이를 60-80㎝ 정도로 굵기를 맞추어 모아둔다. 가지는 끈으로 묶어 모아 둔다. 1년 이내에 이용한다면 그대로 비에 노출되어도 상관없지만, 장기간에 걸쳐 보존하는 경우는 헛간이나 처마 끝 등에 보관한다.

벌채작업과 병행하며, 높이별로 연륜수의 변화를 측정해 성장을 이해하는데 유용하게 쓰고, 목재의 중량 등을 측정해 두면 수목의 성장에 대한 이해가 깊어진다(사진 6).

4) 생산물의 활용

잡목림은 15-20년에 대략 높이 10-15m, 재적은 1ha당 60㎥가 된다. 이러한 생산물을 벌채 및 이용하는 것이 잡목림의 건전한 관리에 필요하다. 이 벌채한 목재를 무엇에 사용할지는 생활과(生活科), 이과(理科), 사회과(社會科) 등의 교과와 밀접한 관계가 있으므로, 자원의 유효 이용을 생각해 연구할 필요가 있다. 표 4는 자른 목재의 부위별 이용 방법을 나타낸 것이다.

표 4 목재의 부위별 이용 방법

부위	이용방법
줄기	
근원	의자 등의 수예품
대부분	시이타케의 장작, 목탄, 학교원이나 화단의 목책
가지	연료(캠프 파이어), 목탄, 훈제, 수예품
잎	수예품, 퇴비, 연료(태우기)
실(열매)	수예품

나카가와 시게토시 : "잡목림 탐험", 전국 임업 개량 보급 협회, 1995

4-2 생애 학습의 장소

최근 생애 학습의 장소로서 지역 주민이 잡목림의 재생에 관심을 가지고 있는 예가 급증하고 있다. 그것은 아래와 같은 이유 때문이다.

① 환경에 대한 이해가 깊어지고 있다
② 환경 보전을 시민의 손으로 하려는 움직임이 정착되고 있다
③ 지역에 대해 개인이 참가해 무엇인가 할 수 있을지를 고민하고 있다
④ 자연이나 산림에 대한 그리움이 강해지고 있다
⑤ 아웃도어(outdoor) 활동의 긴밀한 장소가 요구되고 있다

가나가와현에는 쇼와 60년경(1985년경)부터 시민 참가형의 산림 보전 활동이 각지에서 일어나기 시작했다. 가나가와현에서의 "인연의 숲" 30ha, 요코하마시 "시민의 숲" 기타 450ha, 시가미하라시 "햇살의 숲" 73ha 등이다. 현재, 가나가와현의 사유림 면적은 85,000ha, 이 중 활엽수림(대부분이 잡목림)이 49,638ha이고, 이 중 실제로 1%를 넘는 500ha 이상의 산림에서 이러한 형태의 잡목림 보전이 행해지고 있다(사진 7). 이것들의 대부분은 자치단체 주도형이 많지만, 최근에는 요코하마시, 하라츠카시, 에비나시, 아츠키시 등에서, 완전한 시민 참가형의 잡목림 보전 활동으로도 행해지고 있다(사진 8). 또 산림을 소유하고 있는 공공 시설에서도 산림 관리에 대해서 자원 봉사 그룹을 결성해 보전 활동에 대처하고 있다.

사진 7 방치된 잡목림을 재생시키는 시민 그룹(가나가와현)

사진 8 잡목림의 보전 그룹(가나가와현 아츠키시)

이 외, 미야기현, 사이타마현, 이바라키현, 치바현, 동경도 아이치현, 오사카후, 돗토리현, 히로시마현, 카가와현 등 다양한 지역에서 잡목림에 대한 연구가 행해지고 있다. 연구의 내용은 가지각색이며, 대상으로 하는 산림도 낙엽활엽수, 상록수가 섞인 낙엽수림, 소나무의 혼생림, 소나무림 등 다양하다. 그 대부분은 손질이 행해지고 있지 않은 현재의 산림을 간벌(間伐)하고, 청소하여 사람이 들어가기 쉽도록 하는 예가 가장 많고, 관리 지표식물로서, *Lilium auratum*, 제비꽃류, 금난초(가나가와현), *Lilium japonicum*(아이치현), *Rhododendron dilatatum*(오사카후) 등을 들고 있다. 이러한 지표식물의 증가는 숲에 손을 대기 시작한지 3년 정도가 지나면 효과가 나타난다. 그러나 최종적으로는 압도적으로 넓은 면적을 차지하는 40-50년생 활엽수림을 일부 벌채해 식생을 젊어지게 하는 것이 필요하다. 현재 이런 환경 보전을 위해서 산림을 벌채하는 사례는 많지 않지만, 향후 이와 같은 사례가 증가하리라고 생각된다. 벌채작업을 하면 문제가 되는 것이 베어 쓰러뜨린 수목이나 베서 제거한 풀 등의 처분이다(사진 9, 10). 이러한 것을 능숙하게 그룹이나 지역에서 활용하는 것이 필요하고, 충분한 재활용을 생각하는 시스템을 산림의 벌채와 동시에 시작하는 것이 필요하다. 현재 소규모 면적의 산림에서 이러한 작업을 실험적으로 수행하는 사례가 있긴 하지만 대규모인 시설을 만들어 대응하고 있는 예는 거의 볼 수 없다.

사진 9 낙엽으로 퇴비 만들기

사진 10 나뭇가지의 새로운 처리

생애 학습으로서의 잡목림을 관리하고 있는 사례로서, 가나가와현 아츠기시의 "다마가와 인연의 숲"(이하 "인연의 숲")의 연구를 소개한다.

여기서는 0.5ha의 방치된 잡목림을 소유자의 호의로 7년간 빌려 약 20명의 인원이 연구해 왔다(사진 11). 조릿대류 베기에 1년(사진 12, 13), 베고 남은 부분과 밟혀서 조릿대의 뿌리가 노출된 부분의 조정과 유희시설 등의 정비에 1년, 3년째가 되어 임상식물이 증가하여 낚시제비꽃, 금난초, 큰구슬붕이, *Lilium auratum*가 여기저기에서 보이게 되었다(사진 14~16). 그리고 이러한 가운데 숲에서의 "놀이"를 중심으로 활동을 계속해 오고 있다(사진 17~20). 지금까지 임업적인 숯구이, 버섯 재배 외에 장작이나 숯을 사용한 다양한 아웃도어(outdoor) 요리의 실천(사진 21, 22), 나무 위 하우스, 트램포린형 네트 등을 만들고, 텐트를 활용한 캠프를 하고 있다. 현재는 각지의 그룹과의 교류의 장소로서 "인연의 숲"이 사용되고 있다(사진 23~25).

사진 11 시민의 손으로 재생한 잡목림(사진 11~25는 다마가와 인연의 숲)

사진 12 방치한 잡목림은 임상에 조릿대가 무성하다

사진 13 잡목림의 지저분한 덩굴을 조심스럽게 채취해, 바스케쿠리로 사용한다

사진 14 임상식생이 회복된 상태(관리 후 3년)

사진 15 회복된 임상 식생을 유지 관리한다.

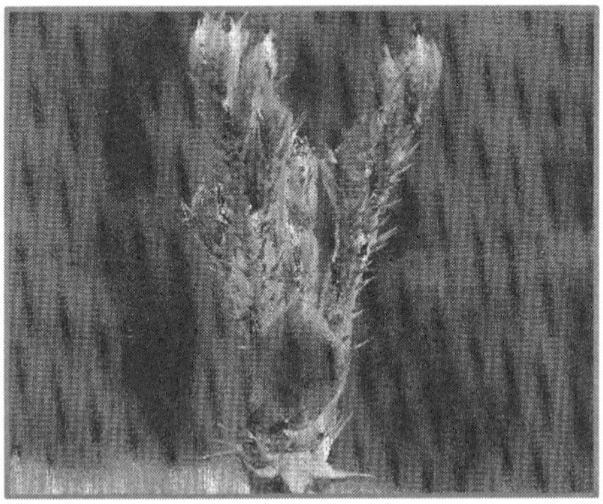

사진 16 밝은 공터에 생기는 두릅나무, 산채(山菜)로서 즐긴다

사진 17 로프 1개를 나무의 가지에 걸어 논다

사진 18 로프를 활용해 나무가지에 오르기

사진 19 정비된 잡목림에서 논다

사진 20 정비된 숲에 설치된 네트에서 논다

사진 21 불을 활용해서 논다(대나무로 빵을 굽는다)

사진 22 목탄을 만드는 드럼칸 가마에서 빵을 굽는다

사진 23 임상 정비에서 생긴 조릿대를 시민 축제에서 판다

사진 24 잡목림에 모여서 둥그렇게 둘러앉는 한때(가나가와현)

사진 25 도시락을 앞으로 무리를 나누다

1994년 8월에는 "인연의 숲"의 멤버가 중심이 되어 말레이시아사바주에 95명의 환경교육 여행을 실시, 제2회 전국 잡목림 회의(1994)의 사무국으로서 회의를 개최했다.

지금까지 7년 동안 해 온 "인연의 숲"의 활동에서, 시민이 참가한 숲 만들기, 즉 생애학습의 장소로서의 잡목림 보전 활동에는 다음과 같은 관점을 갖고 연구하는 것이 필요하다는 것이 분명해졌다.

① 참가자의 인격의 존중

- 참가자는 제각기 한 사람의 사회인이다

• 가족단위로 참가할 수 있도록 분위기를 만든다
• 지역의 다른 기관과의 연대를 도모한다
• 장기간 동안 사고에 대한 보험 등을 들어둔다

② 열린 조직
• 조직을 폐쇄적으로 운영하지 않고 항상 새로운 멤버를 받아 들인다
• 주변의 지역 주민과도 타협을 잘 한다
• 획득한 지식을 사회에 환원한다

③ 활동의 시점
• 숲을 항상 시야에 넣고 활동을 한다
• 장기간에 걸친 산림 관리에 무리 없는 연구로 대처한다.

이러한 활동의 목적은, 그 잡목림에서 지금까지 행해져 오고 있던 역사적인 이용을 아는 것은 물론이거니와, 지금부터의 새로운 잡목림의 이용을 찾아내지 않으면 안된다. 그림 4는 이러한 잡목림의 이용을, 과거와 장래 2개로 나누어 나타낸 것이다.

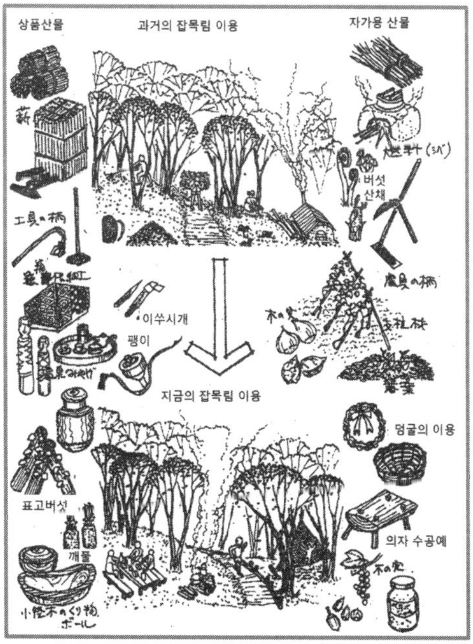

그림 4 잡목림의 이용/옛날과 지금, 장래 (타카나와 히토시 사원도)

산림 관리의 구체적인 순서는 아래 같이 행해져 왔다.

① 계획 단계
• 해당 산림이 관리하는(식생 유형)비율을 어떻게 할것인지(자연 식생으로 유도, 대형의 이차림, 유령림) 정한다
• 우선의 달성 기간(1 - 2년)을 정한다

② 제1기(사진 26 -28)

사진 26 잡목림의 정비시에 생기는 가지를 태운다

사진 27 잡목림에 침입하고 있는 마다케를 제거한다

사진 28 정비시에 생긴 가지는 태워 재를 이용(가나가와현) 한다

사진 29 비타파르코스(스위스)

사진 30 숲의 스포츠 이용, 유지 관리는 시민의 손에서 (스위스)이루어진다

사진 31 이탈리아, 밀라노에서의 숲 만들기의 예(Bosco in Citla)

- 임상식물의 베어 내기 (조릿대류, 마른나무류)
- 고사목(枯死木)의 제거
- 피압목(被壓木)의 제거
- 목적에 따른 수종의 선택적 제거*

*자세하게는 (가나가와현 임무과 : 가나가와현 활엽수림 정비 지침. 1995)을 참조, 여기서는 공원형, 생산형, 임지 보전형, 방재형, 수경경관형의 광엽수림의 정비 방법을 나타내 있다.

③ 제2기

- 임상식물의 선택적 베어 내기 (조릿대류, 산딸기 등의 제거)
- 임상식물 종류의 증가
- 임상식물 양의 증가

④ 제3기

- 벌채에 의한 젊어지기

이렇게 평상시의 생활 속에서 나무나 숲을 조금이라도 살려 가는 것으로, 새로운 산림 공간이 태어난다고 생각된다.

우리들이 잡목림과의 관계를 잃고 난 뒤 이미 30년이 경과했다. 지금, 이러한 산림의 재생 환경 보전 활동을 행하여 가는 것은 "새로운 문화 창조의 장소로서의 산림"을 조성하기 위한 것이며, 산림 소유자나 행정뿐만이 아니라, 새로운 지역 주민이 참가해 만들어 가기 시작함으로써, 세계 수준에서의 조류가 되고 있다(사진 29 ~ 31).

(나카가와 시게토시)

5. 건축 외부 공간의 잡목림

5-1 외부 공간의 특성

건축의 외부 공간은 외공간(外空間)이라고도 하며, 외부 공간을 구성하는 것 또는 구성된 외부 공간의 것을 건축의 외구(外構)라고 한다. 외부 공간은 인공적인 구조물인 건축과 외부의 오픈 스페이스에 있는 자연을 잇는 접점이고, 그곳에는 인공의 논리와 자연의 논리가 날카롭게 대립한 긴장된 공간이 태어난다. 전통적인 일본 정원의 기법은 이 인공과 자연의 관계를 양식화해 완성시킨 뛰어난 것이고, 현재도 많은 주택 정원이나 일본식 건축의 외구(外構)에서 그 기법이 이용되고 있다. 주택이나 다른 일본식 건축은 일반적으로 목조의 저층계이기 때문에 일본 정원의 기법을 적용시키기 쉽기 때문이다.

현대의 철과 콘크리트로 만든 고층의 대규모 건축양식은 그 외구에서 일정한 양식을 찾아내는 것은 어렵다. 그것은 인공적인 구조물인 건축과 외부의 자연과의 사이의 힘 관계가 건축에 압도적으로 우위인 상태에 놓여져 있기 때문이다.

외부 공간의 특성은 공간적 특성, 생태적 특성, 형태적 특성의 측면에서, 아래와 같이 정리된다.

1) 공간적 특성

건축의 외부 공간은 도시 공간에 대해 접속하고 있는 곳에 공간적 특성이 있다. 특히, 초고층 빌딩의 외구(外構, 외부 꾸밈)는 공개 공지로 되어 있는 것이 많고, 도시 공간과의 공간적 연속성을 지키는 것은 중요한 과제이다. 정원은 건축과 결부된 외구이지만, 그 공간은 주택의 부지 내에서 완결되고 있는데 반해, 공개 공지의 특징은 부지 외의 도시 공간과의 연속성이 요구되고 있다는 점에서 본질적인 차이가 있다.

2) 생태적 특성

건축은 도시 생태계 속에 놓여진다. 그것은 도시 생태계에 새로운 영향을 미치는 것이고, 이러한 영향을 최소화하려는 사고방식이나, 새로운 자연 환경을 창출하려고 하는 사고방식이 요구되고 있다. 외부 공간은 토지의 자연과의 연속성이 보다 강하게 자각되어야 마땅한 공간이다.

3) 형태적 특성

외부 공간은 공간 디자인에 있어서, 건축과 대치하는 것이고, 그 형태적 특성에 있어서는 도시 공간 속의 인공적 경관요소가 가지는 시각적 영향을 완화하는 역할이 요구되고 있다.

또, 공간적으로는 특정의 출입구를 가지는 것이 아니라, 어디서나 접근할 수 있는 구조가 바람직하다. 시각적으로는 정원과 같이 특정 시점 장소에서 고정된 시야로 관상하는 것이 아니라, 시점 장소를 정하지 않고 어디서나 볼 수 있는 디자인이 요구된다.

5-2 외부 공간과 잡목림

위에 기술한 외부 공간의 특성에 있어서, 그곳에 잡목림을 도입하는 것은 아래와 같은 이점이 있다.

1) 공간적 연속성

외부 공간과 도시와의 공간적 연속성을 확보하기 위해서는 잡목림 같이 연속 가능한 개방성이 있는 수림을 조성하는 것이 바람직하다. 정원같이 공간적으로 완전히 폐쇄적인 공간은 도시와의 연속성을 가지는 것이 어렵다.

2) 생태적 연속성

잡목림은 낙엽 활엽수가 주를 이루고 있기 때문에, 신록·단풍·낙엽 등의 계절 변화가 명확하다. 계절 변화는 시계열적(時系列的)인 자연의 현상이고, 그것에 의해 자연을 느낄 수 있다.

또, 잡목림의 구성종의 대부분은 그 토지의 향토 식물이고, 그 토지의 자연과 깊세 결부되어 있다는 것도 중요하다.

자연수형이 유지되고 있는 잡목림은 정원에 식재된 정원수같이 강도로 전정되어 수형이 만들어지고 있는 인공적인 자연과는 다르고, 자연성을 느낄 수 있는 수림으로서 주변 환경과의 생태적 연속성을 얻기 쉽다.

더욱이 잡목림은 조류나 곤충류의 서식 환경으로서도 도움이 되는 것이고, 도시 환경 속에서 생물과의 생태적 연결을 도모하기 쉬운 것이다.

3) 형태적 연속성

잡목림은 정원같이 특정한 입구를 갖고 있거나, 시크엔스 경관을 가지는 것이 없기 때문에 어디서나 접근할 수 있는 것이 큰 특징이 되고 있다. 그 때문에 도시 공간 속에서도 형태적 연속성을 얻기 쉬운 것이 특징이다.

또 정원과 같이 완성도가 높은 공간 디자인이 아니기 때문에 건축에 비해 산뜻하고, 왕성하게 일체화할 수 있는 것에 특징이 있다.

5-3 잡목림을 이용한 외구(外構)

잡목림을 이용한 외구의 사례로서 잡목의 정원, 호텔의 외구, 사업소의 외구의 예를 소개 한다.

1) 잡목의 정원

정원에 잡목을 식재하게 된 것은 비교적 최근의 일이며 관동지방에서는 이이다주키나 소형연삼(小形硏三) 등의 작품이 알려져 있다. 일반적으로 잡목은 작품화된 정원보다도, 정원의 일부로 식재되어 자연의 분위기를 만들어 내는데 도움이 되는 것이 많다.

사진 1 졸참나무를 식재한 잡목의 정원

사진 1은 숙박 시설의 정원에 심어진 잡목이고, 여기에서는 졸참나무가 이용되고 있다. 강도의 전정을 받지 않은 졸참나무는 정원의 작품성을 약하게 하고, 보다 자연적인 분위기를 높이는 데 도움이 된다.

2) 호텔의 외구(外構)

초고층의 근대 건축을 대표하는 것의 하나로서 호텔이 있다. 초고층 빌딩의 외부 공간은 도시 공간으로 이어지는 공개 공지인 것이 많기 때문에, 외구(外構)의 계획·설계에 있어서 도시 공간과의 연속성을 만들어 내는 것이 요구된다. 특히, 호텔은 도시 공간을 대표하는 숙박과 사교의 장소이기 때문에, 도시공간과의 일체성이 강하게 요구되는 것이다. 잡목림은 그러한 공간의 제재로서 유효하다(사진 2, 3).

잡목림을 초고층 호텔의 외구로서 작품화한 사례가 동경 신주쿠부 도심의 게이오(京王)프라자호텔에 있다. 이 외구는 후카야코키씨가 작품화한 잡목림이고, 그것을 소개하는 데에는 토쿄 농업대학 신지이소야 58 교수의 다음 문장을 인용하는 것이 최적이다.

「케이오 플라자 호텔에는 현대 동경을 상징하는 명원(名原)이 있다.

거기에는 홍칠의 다리도 등불도 없다. 연못도 학과 거북이·쑥, 명아주도 아무것도 없다. 그러나 이 정원은 틀림없는 일본 정원이다. 그것도 실세로 아름다운 일본 정원이다.

그것은 호텔 북측에 있는 폭15m, 길이90m, 면적 약1,400㎡의 잡목림의 정원이다.

그것은 외공간 작가-후가야코키씨가 제작한 현대 일본의 대표적 조원 공간이다. 주제는 “원풍경에로의 사유-잡목림에 의한 무사시노의 재창조” 였다.

사진 2 무사시노의 잡목림을 이미지한 외구의 잡목원(경왕플라자 호텔)

사진 3 임상에 잡목림의 이미지로서 식생을 표현한다(경왕플라자 호텔)

잡목림의 정원 그것이 왜 명원인가? 그것은 거대 도시 동경이라는 인공 환경의 극에 있는 도심 지구에 있음에도 불구하고, 진정한 자연이 계속 되는 것이다. 나무의 초록은 싱싱하고, 신록·심록·황홍엽·낙엽으로 사계절을 연이어, 대지에서 샘솟는 물이 흙을 축축하게 하고, 가련(可憐)한 풀꽃을 피우고, 들새들이 나무의 열매를 쪼아 먹고, 사랑을 속삭이고, 둥지를 튼다.

"사막 도시 동경의 초록과 물의 오아시스" 이렇게 부르는 것은 너무나도 가볍다. 후카야씨가 말하는 잡목의 세계는 더욱 넓고, 또 깊기 때문이다.

원풍경이라고 하는 중요한 단어가 있다.

무사시노의 숲은 동경인에게 있어서 몸과 마음을 의지할 수 있는 보람이 있고 그리운 "원풍경" 이다. 인간이 손을 대고 생활화해 온 수림 - 그것을 이차림이라고 부르지만 이차림은 일본인, 아니 인간 모두에 공통되는 국민적 원풍경, 인간의 원풍경이라고 말해도 좋다. 사람들을 따뜻하게 보살펴 주는 숲이다.

원풍경을 현실의 세계로 재생하는 것, 그것이 현대의 환경 창조의 원점이다. 무사시노(武藏野)의 풍경을 "현풍경"으로서 재창조해 보인 것, 그것이 케이오 플라자 호텔의 정원인 것이다.

케이오 플라자 호텔의 외구에 있어서 주경치가 되는 것은 잡목림이다. 이 잡목림을 구성하는 수종은 교목으로는 졸참나무, 서어나무, 개서어나무, *Carpinus japonica*, 벚나무, 때죽나무, *Stewartia monadelpha* 등이 있고, 관목으로는 화살나무, 작살나무, 사스레피나무 등의 들새가 좋아하는 수종이 식재되어 있다.

이 잡목림에는 자연의 잡목림에는 없는 몇 개의 노력이 보인다. 그것은 고층 빌딩이 숲처럼 서있는 도시 공간 속에 잡목림을 유지시키기 위한 다양한 방안이라 할 수 있다.

그 중 하나는 스프링클러의 설치이다. 잡목림이 만들어져 있는 장소의 지하는 구조물로 되어 있고 잡목림은 그 인공 지반의 위에 만들어져 있으나, 그 때문에 토양의 건조화를 막는 방법으로 스프링클러를 설치한 것이다.

다른 하나는 지표면의 처리방법에 있다. 잡목림은 사면을 이용해 식재되고 있기 때문에 지표면의 토양의 유실을 막을 필요가 있다. 그 때문에, 장방형으로 잘린 돌을 계단 형태로 깔아놓아, 토양의 유실을 방지하고 있다(사진 4).

사진 4 장방형으로 자른 돌에는 코케가 살고 있다 (경왕플라자호텔)

사진 5 벌채한 나무로부터 맹아가 나온 졸참나무 (경왕플라자호텔)

이것은 잡목림의 평탄부의 부석의 포장과 일체된 랜드스케이프를 형성하고 있다. 또, 임상에는 잡목림의 임상의 조릿대라든가, *Vinca major*나 사이슈우트우하기 등의 소형의 관목과, 타마류우노히게나 트키와시노브 등의 소형의 상록 초본이 심어져 있다. 이것은 작은 공간에 대형의 식물을 도입하면, 경관적으로 스케일이 어지러워지는 것을 막는데 효과적이다.

잡목림의 관리에는 도심부에 있어서는 드물게 맹아 갱신의 기법이 이용되고 있다(사진 5). 맹아 갱신은 수목의 벌채로 인해 사람의 눈에 띄기 쉽기 때문에 사람의 눈에 띄기 쉬운 곳에서는 사용하기 어려운 관리 수법이다. 그러나 여기 잡목림에서는 수목이 신장성장(수고성장)되어 가지와 잎이 올라가서 시야로부터 초록이 멀게 보이고, 비대 성장은 경쟁 관계에 있는 수목을 고사시키기 때문에 수림의 밀도를 낮게 해 숲 내에 있는 감각(感覺)을 줄이는 것이 된다. 그 때문에 나무의 키를 억제하는 것과 수목의 밀도를 보존하는 것이 관리의 목적으로서 중요해진다. 맹아 갱신은 이러한 목적에 맞추어 행해지고 있는 것이다(사진 6). 맹아 갱신은 너무 커진 수목의 벌채에 힘쓰고, 맹아지가 나기 어려운 서어나무 등은 벌채 후에 보식(補植)을 해 잡목림의 유지에 힘쓰고 있다.

사진 6 건물 가운데의 경관을 지키기 위해서, 수고(樹高)를 억제해 밀도가 일정하도록 관리한다(경왕플라자호텔)

3) 사업소의 외구(外構)

무사시노 대지의 서부에 후카야 코우키(深谷光軌)씨의 또 하나의 잡목림 작품이 있다. 도쿄부 히노(東京部 日野)시에 있는 히노(日野) 자동차 본사의 외구는 일찍이 이 근처 대지의 원풍경으로서의 잡목림을 재현한 것이다. 이 외구의 주경은 본사 현관 앞의 폭포 석조이고, 일본 정원의 기법을 현대 건축의 외구로 승화시킨 작품성이 높게 평가되고 있다

(사진 7). 잡목림은 그 배경으로서 만들어진 것이다(사진 8).

사진 7 무사시노 대지의 물의 경치를 표현한 사업소의 외구(일야자동차본사)

사진 8 잡목림의 경관(일야자동차본사)

사진 9 잡목림의 숲 내에 심어진 *Lilium auratum*(일야자동차본사)

사진 10 밝은 숲의 가장자리에 경관을 만든 청나래고사리 (일야자동차본사)

사진 11 식재하고 15년 후에 개벌 갱신한 잡목림 (일야자동차본사)

사진 12 개벌 갱신의 사이에 보식(補植)한 잡목 (일야자동차본사)

사진 13 잡목림에 만들어진 새의 둥지

사진 14 개벌갱신 후 10년 경과한 잡목림 (일야자동차본사)

식재된 수목은 교목으로는 졸참나무, 야마벚나무, 서어나무, *Carpinus japonica*, 때죽나무, *Stewartia monadelpha*, 산딸나무 등이 많고, 관목으로는 가막살나무, 화살나무 등의 열매가 되는 나무나 사이슈우트우하기 등의 소형의 싸리가 식재되었다.

또, 초본으로는 *Lilium auratum*, 진황정, 낚시제비꽃, 초롱꽃, *Hosta sieboldiana*, 둥굴레, 참억새 등의 잡목림 임상에서 많이 보여지는 종류가 심어져(사진 9) 있고, 더욱더 밝은 숲의 가장자리 부분에는 청나래고사리가 심어져 잡목림 특유의 경관을 보여주고 있다(사진 10).

잡목림의 식생 관리는 개벌에 의한 맹아 갱신으로 하고 있고, 식재된지 15년 후에 개벌작업이 행해졌다(사진 11). 졸참나무나 야마벚나무 등은 맹아가 생기기 쉽지만, 맹아하기 어려운 서어나무 등은 보시(補植)하고 있다(사신 12).

개벌 작업 시에는 잡목의 가지에 들새의 둥지가 몇 개 확인되고 있어(사진 13), 이 숲이 들새의 서식환경으로서 유용하게 쓰여지고 있는 것이 확인되었다.

개벌하고서 10년 후에 행한 조사에서는 잡목림이 건전하게 갱신하고 있는 것이 명확하게 나타났다(사진 14).

(가메야마 아키라)

6. 고카이가와의 강가 숲

6-1 강가의 잡목림의 모습

그림 1 관동 지방에 있어서의 도네강수계고카이가와의 위치
시모츠마시 황근과 미츠카이도시 야카토다리 부근에는 종 다양성이 높은 강가 숲이 남겨져 있다.

강의 주변에는 물 흐름의 영향을 가지각색으로 받아, 다양한 식물의 생육 장소가 존재한다. 그 중에서 입자가 작은 보수력이 있는 토양이 퇴적되고, 유수의 영향이 그다지 강하지 않은 장소에는 버드나무류, 오리나무, 상수리나무 등으로 구성되는 강가 숲이 발달한다. 근계의 대부분이 항상 지하수면에 닿는 낮은 장소에는 버드나무류가 생육하지만, 고수시기(물이 높은 시기)를 제외하고 근계가 지하수위보다 위에 있는 약간 높은 장소에서는 오리나무림이나 상수리나무나 팽나무의 숲이 발달한다.

교목층에 오리나무, 상수리나무, 팽나무가 있고, 관목층에 *Viburnum sieboldii*나 쥐똥나무가 있는 강가 숲은 식물 사회학적으로는 *Viburnum sieboldii*-오리나무군집으로 분류되고, 이는 관동 지방의 평야부나 동북 지방의 연안저지의 하천 하류역에 특징적인 자연 식생의 하나이다. 그러나 그러한 강가 숲은 개발에 의해 잠재 입지가 현저하게 감소하고 있어서, 잔존림은 관동 지방에서는 지극히 적다고 한다.

고카이가와(小貝川)는 관동 지방의 도네가와 수계에 속하는 유로 연장118.8㎞의 하천이다(그림 1). 도찌기겐내의 미나미나스마치 부근을 발원지로 하여 마시코마치나 모모카시의 구릉지대를 흘러 이바라기겐시모다테시로 들어온다. 그곳에서 기도강과 평행해 흐르고, 시모치마시, 水海道시 등을 지나 取手시에서 도네가와로 합류한다. 下妻시 부근보다 하류는 하천 구배가 1/4,000이하가 되고, 완만하게 사행한다. 하천 구배가 작은 하류역의 하천 부지에는 크기가 가지각색인 강가 숲이 각처에서 보인다(사진 1, 2).

고카이가와 하천 부지에서 보이는 교목림은 얼마 안되는 현존하는 관동지방 평야부의 강가 숲으로서 아주 귀중한 존재이다. 오리나무림이나 팽나무가 섞인 상수리나무숲은 위에서 말한 것처럼 본래 강가가 안정된 입지에서 발달하는 자연림이지만, 인간의 생활구역에서는 신탄림이나 농용림으로서도 이용되고, 정기적으로 벌채, 밑풀베기, 낙엽긁기 등의 관리가 행해져 왔다. 고카이가와 강가 숲도 수십년 전까지는 이용·관리가 행해지고 있었다. 그러나 그러한 숲과는 달리, 최근에는 강가 숲의 이용은 거의 행해지지 않게 되고, 관리가 되지 않고 있는 숲이 많다. 그러나 나중에 기술한 것처럼 자연의 영위로 상이 숲다운 자연림으로 복귀했다고 여겨지는 숲이나, 자원 봉사에 의해 적극적인 관리가 행해져 다수의 레드 데이터 식물(red data plants)을 포함하는 다양성 높은 임상식물상을 보전하고 있는 숲도 있다. 그런 숲은 이 지역에 있어서뿐만 아니라, 일본의 생물 다양성 보전의 관점에서도 지극히 귀중한 것이 되고 있다.

사진 1 봄의 강가 숲

사진 2 강가 숲의 관목층이 특징이 되는 *Viburnum sieboldii*의 꽃

6-2 레드 데이터 식물들의 보고

고카이이가와에는 생활지역이 습한 입지의 식물 중에서 최근 그 감소가 현저하며, 멸종의 위험에 있는 식물이 많고, 레드 데이터 식물(red data plants)이 집중적으로 분포하고 있는 하천으로서도 주목을 받고 있다. 그 강변에는 다른 강에서는 소멸해 버린 벌등골나물이나 배암차즈기 등이 지금도 도처에 보인다. 현재 고카이이가와 하천 부지에서 생육이 확인되고 있는, 수십종의 적색자료집(red data book) 기재종의 대부분은 강가 숲과 그 둘레의 갈대밭 등에서 생육하고 있다.

고카이이가와의 강가 숲 중에서도 숲과 그 주위에 멸종위기 목록 기재종이 가장 많이 생육하고 있는 적지이라고도 말할 수 있는 숲은 미츠카이도시의 아라이나무마을 야마토다리 하류 부근(도네강과의 합류점까지 약30㎞ 상류의 지점)에 존재한다. 면적은 1,500㎡의 소규모 숲이며, 그 둘레에 멸종위기식물인 벌등골나물, 일본 고유 1속 1종으로 취급되는 위급종의 *Apodicarpum ikenoi*, 위급종으로 잎을 편 모습이 학이 춤추는 것과 같은 두루미천남성(사진 3)과, 11종의 멸종위기 목록이 확인되고 있다(표 1). 또, 초본층의 종 다양성도 매우 높아, 숲에 40종의 초본식물이 생육하고 있다.

사진 3 적색목록(red data book) 기재 종인 두루미천남성.
밝은 강가 숲이나 개브, 주변의 갈대밭 등에 생육한다.

표 1 고카이이가와의 강가 숲과 그 주변에서 확인된 레드 데이터 북 기재종

멸종위기종	벌등골나물	국화과
위급종	*Hypericum oliganthum*	물레나물과
	Apodicarpum ikenoi	산형과
	Pterygopleurum neurophyllum	산형과
	낙지다리	돌나물과
	선제비꽃	제비꽃과
	정향풀	협죽도과
	Thalictrum simplex var. brevipes	미나리아제비과
	Galium tokyoense	꼭두서니과
	두루미천남성	천남성과
	배암차즈기	꿀풀과

상수리나무와 오리나무를 주요수종으로 하는 그 숲은 예전부터 신탄림으로서, 10수년마다 벌채되어 맹아갱신에 의해 유지되어 왔다. 상수리나무는 1950년대에 식재한 것도 있다. 현재는 이용을 위한 숲의 관리는 행해지지 않고 있지만, 아래에 소개하는 것처럼 식생의 보전을 목적으로 한 숲의 관리가 행해지고 있다. 이 숲은 소규모이며, 측면에도 빛이 흘러 들어오고, 관목층의 발달이 숲의 손질로 억제되고 있기 때문에 여름에도 임상이 비교적 밝다. 7월의 산란광상대광량자 밀도의 평균치는 15%이고, 산란광상대광량자 밀도가 20%를 넘어가는 지점도 조사지점 1,000점 중의 7.8%정도 존재한다. 이 밝은 빛 환경이 여름형의 초본식물, 벌등골나물, 정향풀 등을 숲 내에서 생육을 가능하게 하고 있다고 할 수 있다. 한편, 그것은 *Pleioblastus chino*의 생육에 적절한 조건도 동반하고 있다. 그 때문에, 관리가 태만하면 숲 가운데에 *Pleioblastus chino*가 퍼져, 다양한 임상식물의 생육 조건을 잃게 될 가능성이 있다.

6-3 *Rhododendron pulchrum*의 숲

사진 4 관수한 시모츠마시 횡근의 강가 숲(*Rhododendron pulchrum*의 숲)

고카이이가와의 강가 숲으로서 무엇보다도 큰 규모를 자랑하는 것이 시모즈마(下妻)시 요꼬네(도네강과의 합류점으로부터 약54-55㎞ 상류의 지점) 강가 일대에 펼쳐져 있는 숲이다. 교목으로는 상수리나무, 팽나무, 오리나무 외에, 지금은 여러 곳에서 자생하고 있는 것을 보기 어려운 주엽나무의 성목도 보인다(사진 5). 숲에는 *Viburnum sieboldii*나 쥐똥나무의 관목층이 발달하고 있고, 식물상과 상관점에서 볼 때 고카이이가와에서도 가장 전형적인 오리나무-*Viburnum sieboldii*군집의 특징을 갖춘 숲이라고 말할 수 있다. 상수리나무와 팽나무가 함께 높은 밀도로 존재하는 숲에는 *Rhododendron pulchrum*가 자라고 있고, 오리나무의 밀도가 높은 임분에는 미도리시지미가 발생한다.

고수(高水)부지에는 상수리나무·팽나무림, 오리나무림 외에, *Salix chaenomeloides* 등의 버드나무림이나 물억새, 갈풀, 갈대 등의 벼과 초본이 우점하는 습성 초원이 펼쳐진다. 하천부지는 예전에 꽤 많은 부분이 농림업에 이용되었다. 상수리나무·팽나무림의 일부는 예전의 신탄림이 버려진 것이고, 숲 내에는 벌채에 의해 맹아림이 된 상수리나무가 약간 보인다. 예전에는 농용림으로 이용된 숲도 버려져 수십 년의 세월이 경과하는 동안에 자연적으로 강가 자연림의 모습을 되찾고 있다. 관수 빈도가 높고, 계층 구조가 발달한 숲의 임상에서는 초여름부터 가을에 걸쳐 발생하는 교란과 약한 빛 스트레스에 의하여 식물의 생육이 억제된다. 6-10월까지의 관수 일수는 최근 10년간의 평균으로 9.2일, 여름 임상의 산란광 상대 양자 밀도는 7-9%이다. 그 때문에, 갭 이외의 임상에는 여름형의 식물은 적고, 여름의 임상피도는 최고 30% 정도 밖에 되지 않는다. 조릿대류의 생육도 억제되므로, *Pleioblastus chino*가 우점하지도 않는다. 이러한 자연 환경 조건을 지닌 원래 입지에 인간의 힘이 가해지지 않아도 일단 성립한 숲에 조릿대류가 번성하는 것이, 자연의 교란에 의해서 관리된 숲과 닮은 임상의 상태가 유지되는 이유라고 생각된다.

사진 5 강가 숲 특유의 주엽나무의 나뭇가지.
일본의 콩과 식물의 나무치고는 최대인 사야가후라 아래에 있다.

여름의 피도는 낮아지고, 대조적으로 관수 빈도가 낮고, 임상이 밝은 늦가을부터 봄에 걸쳐서는 자주괴불주머니, *Stellaria neglecta,* 별꽃, 갈퀴덩굴, 산달래, *Sceptridium ternatum, Sceptridium japonicum* 등이 임상에 모습을 나타낸다. 4월에는 연 간 최고의 약 80%의 임상피도가 기록된다. 이 숲의 대표적인 spring에페노랄은 *Tulipa latifolia*이다.

강가의 숲은 수면에서의 상대적 높이가 약간 높은 장소에 발달하고 있고, 한결같이 넓어지기보다 옛 하도(河道) 등 비교적 고도가 낮은 미세지형에 의해 분단되어, 거기에는 꽤 큰 갭이 만들어지고 있다. 광조건이 양호한 그 갭에는 벌등골나물(사진 6), *Thalictrum simplex var. brevipes, Galium tokyoense* 등의 적색목록(red data book) 기재 종을 비롯한 다양한 초본 식물이 생육하고 있다.

사진 6 강가 숲 갭의 벌등골나물의 꽃을 방문한 아사기마다라

6-4 숲을 지키는 사람들의 고리

미쓰 카이도(水海道)시 야마토(大和)교 부근의 강가 숲은 "미쓰 카이도(水海道) 자연친구의 모임"을 중심으로 많은 사람들에 의해 귀중하게 지켜져 왔다. 수십종의 적색목록(red data book) 기재종이 생육하는 귀중한 숲은 오랜 세월에 걸쳐서 그것을 따뜻하게 지켜보고, 필요한 때에는 어떠한 힘도 아끼지 않는 진정한 내츄럴리스트들의 오랜 세월의 노력에 의해 지켜져 온 것이다. 그 활동 장소는 다른 장소가 그랬던 것 같이, 그들 종의 대부분이 이미 절멸되어 있던 것일 것이다.

고카이가와는 하천 구배가 완만하기 때문에 홍수가 일어나기 쉬운 강이다. 강가의 숲은 홍수시에 물의 흐름을 정체시켜서 그 피해를 크게 만든다는 이유때문에, 1986년 대홍수 후에 건설성은 각처의 강가 숲의 벌채를 계획했다. 야마토(大和)교 부근의 강가 숲도 그 때 벌채의 대상이 되었지만, "자연 친구의 모임"의 사람들의 강한 설득으로 건설성의 이해를 얻어 가장 중요한 숲은 벌채를 면했다. 또한 치수 때문에 벌채를 어쩔 수 없이 하게 된 숲도 임상식물의 재생 가능성을 해치는 일이 없도록 토양의 교란을 최대한 억제하도록 했다.

적색 목록 식물들의 귀중한 숲은 이른 봄, 춘계단명(spring ephemeral)이 피는 무렵이 가장 아름답다. 혼슈에 드문 고유종인 애기중의무릇(사진 7)는 적색 목록 기재종에는 없지만, 그 분포가 한정되어 있고, 이 숲은 그 수가 적은 자생지로서도 귀중하다. 황색의 화려하고 가련한 꽃은 봄 숲의 그 둘레에서 한 때 사람의 눈을 끄는 식물이다. 사람들의 도굴로부터 이 식물을 지키기 위해 모임의 사람들은 꽃이 피고 있는 동안은 순찰을 빠뜨리지 않는다.

또한 멸종위기식물의 생육 조건을 확보하기 위해서, 이용을 위한 관리가 되지 않아 오래된 강가 숲이나 갈대밭의 손질을 적극적으로 하고 있다. 이 숲을 관찰회의 필드로서 이용하고 있는 다른 단체와 함께 겨울에 오래된 갈대나 숲 내에 침입하는 Pleioblastus chino를 베어내고 있다. 멸종위기식물의 귀중한 장소가 되고 있는 숲은 규모가 작고, 숲 안에는 옆에서도 빛이 흘러들어 온다. 비교적 밝은 조건이 숲의 임상식물의 다양성을 유지하는데 도움이 되지만, 만약 손질을 하지 않으면 Pleioblastus chino이 번성하게 된다. 숲을 방치하고 *Pleioblastus chino*가 임상을 피복하게 되면, 숲은 멸종위기식물의 대부분을 잃을 것이다. 또, 오래된 갈대 자르기가 갈대밭 특유의 식물의 생육 조건의 유지에 도움이 되고 있는 것은 말할 필요도 없다.

사진 7 강가 숲의 봄의 요정, 애기중의무릇의 꽃

사진 8 숲을 보존하기 위해서는 숲의 현장을 잘 파악하는 것이 필요하다.
매목조사를 하는 "*Rhododendron pulchrum*와 숲의 문화의 회의" 사람들

시모즈마(下妻)시 부근의 강가 숲은 이 숲의 보전을 목적으로 활동하는 시민단체 "*Rhododendron pulchrum*와 숲의 문화의 모임"의 사람들에 의해 보전되고 있다(사진 8). 모임의 중심이 되고 있는 것은 중년 분들이지만, "아이 때 놀던 장소인 강변의 잡목림을 보전하고 싶다"는 강한 의지를 가지고 정력적으로 활동을 계속하고 있다. 이 강가 숲의 보전을 시모즈마(下妻)시에 열심히 알린 결과, 하천 부지 일대가 대규모 공원("고카이이가와 접한 공원")으로서 정비를 받아, 숲을 자연관찰 구역으로서 그대로의 형태로 보전하게 되었다.

고카이이가와의 강가 숲은 모두 그것을 따뜻하게 지켜보고, 보전을 위한 노력을 아끼지 않는 사람들이 있었기 때문에, 지금까지 양호한 상태로 남겨져 있는 것이다. 잡목림은 사람에 의해 지켜지고, 관심을 가지지 않으면 그 아름다운 모습을 지킬 수 없다. 고카이이가와의 강가 숲은 이 지역 뿐만 아니라 일본의 생물 다양성의 보전이라는 관점에서도 그 가치가 높다. 그 숲과 생물상을 지키는 사람들의 고리가 한층 더 커지기를 바란다.

(와시타니 이즈미)